大飞机出版工程

总主编　顾诵芬

推进原理与设计
（第 2 版）

Jet Propulsion Principle and Design

（Second Edition）

滕金芳　朱铭敏　羌晓青　马　威　编著

上海交通大学出版社
SHANGHAI JIAO TONG UNIVERSITY PRESS

扫描二维码
获取本书配套课程视频

内容简介

本书共分 10 章和 1 个附录。前 9 章讲解航空燃气轮机发动机的原理与设计,包括航空燃气涡轮发动机综述、气动热力学基础、航空燃气涡轮发动机的基本工作原理、部件工作原理及其特性、发动机共同工作和控制规律、发动机稳态特性和过渡态特性、发动机总体性能方案设计、发动机结构设计以及发动机部件设计等内容。第 10 章讲解火箭发动机原理,包括火箭发动机概述、主要参数、热力学关系式和喷管理论、液体火箭发动机以及固体火箭发动机等内容。附录讲解叶轮机气动热力学基本方程。该书第 2 版进行了新形态教材的打造,将教材的知识点录制成教学短视频,便于学生采用多媒体学习。

本书可作为航空航天工程专业高年级本科生和航空宇航科学与技术专业研究生的教材使用,亦可供有关专业技术人员参考。

图书在版编目(CIP)数据

推进原理与设计/滕金芳等编著.—2 版.—上海:
上海交通大学出版社,2023.12
ISBN 978 - 7 - 313 - 29720 - 4

Ⅰ.①推… Ⅱ.①滕… Ⅲ.①航天器-推进系统-高
等学校-教材 Ⅳ.①V43

中国国家版本馆 CIP 数据核字(2023)第 232183 号

推进原理与设计(第 2 版)
TUIJIN YUANLI YU SHEJI(DI-ER BAN)

编　　著:	滕金芳　朱铭敏　羌晓青　马　威			
出版发行:	上海交通大学出版社	地　　址:	上海市番禺路 951 号	
邮政编码:	200030	电　　话:	021-64071208	
印　　制:	上海万卷印刷股份有限公司	经　　销:	全国新华书店	
开　　本:	710mm×1000mm　1/16	印　　张:	27.75	
字　　数:	553 千字			
版　　次:	2015 年 12 月第 1 版　2023 年 12 月第 2 版	印　　次:	2023 年 12 月第 4 次印刷	
书　　号:	ISBN 978 - 7 - 313 - 29720 - 4	电子书号:	978 - 7 - 89424 - 474 - 1	
定　　价:	98.00 元			

大飞机出版工程

丛书编委会

总主编

顾诵芬（中国航空工业集团公司科技委原副主任、中国科学院和中国工程院院士）

副总主编

贺东风（中国商用飞机有限责任公司董事长）

林忠钦（上海交通大学原校长、中国工程院院士）

编委会(按姓氏笔画排序)

王礼恒（中国航天科技集团公司科技委主任、中国工程院院士）

王宗光（上海交通大学原党委书记、教授）

任　和（中国商飞上海飞机客户服务公司原副总工程师、教授）

刘　洪（上海交通大学航空航天学院教授）

李　明（中国航空工业集团沈阳飞机设计研究所研究员、中国工程院院士）

吴光辉（中国商用飞机有限责任公司首席科学家、C919飞机总设计师、中国工程院院士）

汪　海（上海市航空材料与结构检测中心主任、研究员）

张卫红（西北工业大学副校长、中国科学院院士）

张新国（中国航空工业集团原副总经理、研究员）

陈迎春（中国商用飞机有限责任公司CR929飞机总设计师、研究员）

陈宗基（北京航空航天大学自动化科学与电气工程学院教授）

陈　勇（中国商用飞机有限责任公司工程总师、ARJ21飞机总设计师、研究员）

陈懋章（北京航空航天大学能源与动力工程学院教授、中国工程院院士）

金德琨（中国航空工业集团公司原科技委委员、研究员）

赵越让（中国商用飞机有限责任公司原总经理、研究员）

姜丽萍（中国商用飞机有限责任公司制造总师、研究员）

曹春晓（中国航空工业集团北京航空材料研究院研究员、中国工程院院士）

敬忠良（上海交通大学航空航天学院教授）

傅　山（上海交通大学电子信息与电气工程学院研究员）

总　序

国务院在 2007 年 2 月底批准了大型飞机研制重大科技专项正式立项,得到全国上下各方面的关注。"大型飞机"工程项目作为创新型国家的标志工程重新燃起我们国家和人民共同承载着"航空报国梦"的巨大热情。对于所有从事航空事业的工作者,这是历史赋予的使命和挑战。

1903 年 12 月 17 日,美国莱特兄弟制作的世界第一架有动力、可操纵、比重大于空气的载人飞行器试飞成功,标志着人类飞行的梦想变成了现实。飞机作为 20 世纪最重大的科技成果之一,是人类科技创新能力与工业化生产形式相结合的产物,也是现代科学技术的集大成者。军事和民生对飞机的需求促进了飞机迅速而不间断的发展和应用,体现了当代科学技术的最新成果;而航空领域的持续探索和不断创新,为诸多学科的发展和相关技术的突破提供了强劲动力。航空工业已经成为知识密集、技术密集、高附加值、低消耗的产业。

从大型飞机工程项目开始论证到确定为《国家中长期科学和技术发展规划纲要》的十六个重大专项之一,直至立项通过,不仅使全国上下重视我国自主航空事业,而且使我们的人民、政府理解了我国航空事业半个多世纪发展的艰辛和成绩。大型飞机重大专项正式立项和启动使我们的民用航空进入新纪元。经过 50 多年的风雨历程,当今中国的航空工业已经步入了科学、理性的发展轨道。大型客机项目产业链长、辐射面宽、对国家综合实力带动性强,在国民经济发展和科学技术进步中发挥着重要作用,我国的航空工业迎来了新的发展机遇。

大型飞机的研制承载着中国几代航空人的梦想,在 2016 年造出与波音公司

B737和空客公司A320改进型一样先进的"国产大飞机"已经成为每个航空人心中奋斗的目标。然而,大型飞机覆盖了机械、电子、材料、冶金、仪器仪表、化工等几乎所有工业门类,集成数学、空气动力学、材料学、人机工程学、自动控制学等多种学科,是一个复杂的科技创新系统。为了迎接新形势下理论、技术和工程等方面的严峻挑战,迫切需要引入、借鉴国外的优秀出版物和数据资料,总结、巩固我们的经验和成果,编著一套以"大飞机"为主题的丛书,借以推动服务"大飞机"作为推动服务整个航空科学的切入点,同时对于促进我国航空事业的发展和加快航空紧缺人才的培养,具有十分重要的现实意义和深远的历史意义。

2008年5月,中国商用飞机有限公司成立之初,上海交通大学出版社就开始酝酿"大飞机出版工程",这是一项非常适合"大飞机"研制工作时宜的事业。新中国第一位飞机设计宗师——徐舜寿同志在领导我们研制中国第一架喷气式歼击教练机——歼教1时,亲自撰写了《飞机性能及算法》,及时编译了第一部《英汉航空工程名词字典》,翻译出版了《飞机构造学》《飞机强度学》,从理论上保证了我们的飞机研制工作。我本人作为航空事业发展50多年的见证人,欣然接受上海交通大学出版社的邀请担任该丛书的主编,希望为我国的"大飞机"研制发展出一份力。出版社同时也邀请了王礼恒院士、金德琨研究员、吴光辉总设计师、陈迎春副总设计师等航空领域专家撰写专著、精选书目,承担翻译、审校等工作,以确保这套"大飞机"丛书具有高品质和重大的社会价值,为我国的大飞机研制以及学科发展提供参考和智力支持。

编著这套丛书,一是总结整理50多年来航空科学技术的重要成果及宝贵经验;二是优化航空专业技术教材体系,为飞机设计技术人员的培养提供一套系统、全面的教科书,满足人才培养对教材的迫切需求;三是为大飞机研制提供有力的技术保障;四是将许多专家、教授、学者广博的学识见解和丰富的实践经验总结继承下来,旨在从系统性、完整性和实用性角度出发,把丰富的实践经验进一步理论化、科学化,形成具有我国特色的"大飞机"理论与实践相结合的知识体系。

"大飞机出版工程"丛书主要涵盖了总体气动、航空发动机、结构强度、航电、制造等专业方向,知识领域覆盖我国国产大飞机的关键技术。图书类别分为译著、专著、教材、工具书等几个模块;其内容既包括领域内专家们最先进的理论方法和技术成果,也包括来自飞机设计第一线的理论和实践成果。如:2009 年出版的荷兰原福克飞机公司总师撰写的 *Aerodynamic Design of Transport Aircraft*(《运输类飞机的空气动力设计》);由美国堪萨斯大学 2008 年出版的 *Aircraft Propulsion*(《飞机推进》)等国外最新科技的结晶;国内《民用飞机总体设计》等总体阐述之作和《涡量动力学》《民用飞机气动设计》等专业细分的著作;也有《民机设计 1 000 问》《英汉航空缩略语词典》等工具类图书。

　　该套图书得到国家出版基金资助,体现了国家对"大型飞机"项目以及"大飞机出版工程"这套丛书的高度重视。这套丛书承担着记载与弘扬科技成就、积累和传播科技知识的使命,凝结了国内外航空领域专业人士的智慧和成果,具有较强的系统性、完整性、实用性和技术前瞻性,既可作为实际工作指导用书,亦可作为相关专业人员的学习参考用书。期望这套丛书能够有益于航空领域里人才的培养,有益于航空工业的发展,有益于大飞机的成功研制。同时,希望能为大飞机工程吸引更多的读者来关心航空、支持航空和热爱航空,并投身于中国航空事业做出一点贡献。

2009 年 12 月 15 日

再 版 前 言

　　《推进原理与设计》教材是根据上海交通大学航空航天学院 2009 年制定的航空航天工程本科专业培养计划规定编写的,可以供航空航天工程专业高年级本科生和航空宇航科学与技术专业研究生作教材使用。本教材讲解航空燃气涡轮发动机与火箭发动机的基本工作原理、结构和设计方面的基础知识,使学生在理论和实践上都有所收获,为学生毕业后从事航空航天推进装置的设计、生产、研究、实验和使用维护等工作奠定一定的基础。

　　本教材的编写特色主要有 3 项。一是针对航空航天工程本科专业而编写。《推进原理与设计》课程内容多,涉及内容至少是航空航天院校的 5 门课程,包括《叶轮机械原理》《燃烧与燃烧室》《航空发动机原理》《航空燃气轮机结构设计》和《火箭发动机教程》。为了保证学生在有限的学时里学到更重要、更深入的知识,就必须精炼教学内容,找出推进通用的原理和方法,有所侧重,以点带面组织好;本书推进原理部分的重点内容为航空发动机压气机部件原理(着眼于航空发动机是靠旋转叶片做功的特点),航空发动机部件共同工作、控制规律以及特性(这是航空发动机原理的重点和难点)。二是注重航空发动机设计方法的讲解和实例演练,在教科书与工程实用设计手册之间搭建了一座桥梁。在掌握推进原理基本知识的基础上,增加了发动机总体性能方案,总体和部件结构设计分析,以及压气机、涡轮、燃烧室三大部件的设计内容,既有设计要求和设计流程方面的介绍,又有原理和设计相结合的实例演练,不仅加深了对发动机原理的理解,了解了航空发动机的设计工作,还增强了分析解决科研问题的实战能力。三是民机特色;在国家大飞机立项之际,我国的航空行业迎来了前所未有的发展机遇和挑战,为此书中侧重于大涵道比涡轮风扇发动机(主要应用于大型客机),并着重讲解了其总体性能、结构和部件设计等多方面的内容。另外,本书还对近期已采用和今后即将采用的航空燃气轮机以及火箭发动机的设计新技术和发展趋势进行了简单介绍。

　　本教材共分10章和1个附录。前9章讲解航空燃气轮机发动机的原理与设计,第10章讲解火箭发动机原理。除第9章航空燃气轮机发动机部件设计中9.2节涡轮设计由羌晓青和9.3节燃烧室由马威执笔外,本书其余内容由滕金芳执笔。本书再版的全部数字资源由朱铭敏后期制作。《推进原理与设计》教材第1版于2015年出版,获得了2015年度"上海高校服务国家重大战略出版工程"立项。其作为上海市高校精品课程"推进原理"的配套教材,在使用过程中,迫切需要对其进行修订再版,主要是进行新形态教材的打造,将教材的知识点录制成教学短视频,便于学生采用多媒体学习,使得教材同时具备了纸质版和附带的数字资源。

　　本教材在编写过程中,继承了国内外编写和使用过的多种教材和讲义中的经典内容,并重点参考了北京航空航天大学、西北工业大学和南京航空航天大学航空发动机专业以及哈尔滨工业大学航天专业的相关教材和授课内容,在此表示感谢!

　　本教材内容已经经过了十多年的授课积累,但由于编者水平有限,书中可能存在错误、遗漏之处,敬请批评指正!

编者

2023 年 11 月

符 号 表

符号	释 义
A	面积
AR	展弦比
a	声速,叶型最大挠度与前缘的距离
B	涵道比
b	弦长
c	比热容,叶型厚度,有效排气速度
C/const	泛指常数
c_p,c_V	比定压热容,比定容热容
C_p	压力系数
C_F	推力系数
C^*	特征速度
C_v	尾喷管速度损失系数
C_{xi}	进气道外阻系数
c_{T0}	相对功率提取系数
d	含湿量
$\bar{d}$	轮毂比
EPR	发动机压比
e	单位质量能量,叶型最大厚度与前缘的距离,压比参数,多变效率,厚度
F	力,推力
F_e	有效推力(安装推力)
F_s	单位推力
D	直径,特征尺寸,扩散因子
e_c	多变效率
f	挠度,油气比

f_V	质量力
f_0	最恰当油气比
$f(\lambda)$	气动函数
H	飞行高度,高度
H_u	燃油低热值
h	单位质量气体焓,拉梅系数
h'	转焓
i	攻角
I	容热强度,冲量
$\boldsymbol{I}$	单位矩阵
J	转动惯量
k	完全气体比热比
K	常数
K_1	模化系数
K_w	速度比例系数
K_T	经验参数
l	单位质量机械能,叶片高度,长度
l^*	特征长度
l_{CH}, l_{CL}	高压压气机功,低压压气机功
l_{TH}, l_{TL}	高压涡轮功,低压涡轮功
l_f	流阻损失功
l_u	轮缘功
l_s	比轴功
l_0	1kg 航空煤油完全燃烧所需理论空气量
L	动量矩
M	扭矩
m	平均子午流线,质量
Ma	马赫数
MR	质量比
N	叶片数
n	多变指数,转速,数目
$n_1(n_L)$	低压转子的转速
$n_2(n_H)$	高压转子的转速
n_s	比转速
$\boldsymbol{n}$	流线的单位法向矢量,控制体表面外法向矢量
$OTDF$	燃烧室出口总温的总不均匀度

P	功率
$\mathbf{P}$	平面应力
P_{st}	起动机功率
PLA	油门角度
p	压强
p^*	总压(滞止压力)
q	单位质量气体热量,物理量
Q	加热量
q_V	体积流量
q_m	质量流量($\mathrm{kg/s/m^2}$)
$q(\lambda)$	流量函数
R	气体常数
r	半径,径向坐标,燃速
Re	雷诺数
$RTDF$	燃烧室出口总温的径向不均匀度
S	转差率,熵,流面
$\mathbf{S}$	变形速度张量
s	比熵,叶片基元栅距
sfc	单位燃油消耗率(耗油率)
SOT	涡轮导向器出口温度
SM	喘振裕度
T	静温
TR	节流比
t	热,时间
u	单位质量气体内能,叶片切线速度
V	体积,试取值
v	比容/比体积,绝对速度
w	相对速度
w_f	肉厚系数
$\dot{W}$	重量流量
W	重量
x	轴向坐标
y	切向坐标
z	径向坐标
X	阻力
Y	载荷参数

| Z | 级数,残差量 |

希腊字母	**释　义**
α	绝对气流角,余气系数,锥角
β	相对气流角
β_y	叶型安装角
β_{1k}	几何进口角
β_{2k}	几何出口角
δ	落后角,叶尖径向间隙,冷却空气量,角度
ξ	损失系数,推进剂质量分数
ε	应变参数,周向倾角,面积比,幅角系数
Δ	增温比,叶排间轴向间隙
γ	径向流面角,叶片安装角,射流角,混合比
η	效率,η 参数,系数
η_{mH}，η_{mL}	高压轴、低压轴机械效率
φ	流量系数,叶型弯角,圆柱坐标系周向方向
λ	速度系数,轴向流面角,导热系数
μ	动力黏度系数,燃气分子量
π	压比,膨胀比
$\boldsymbol{\pi}$	应力张量
π_{eco}	最经济增压比
π_{opt}	最佳增压比
θ	叶型弯角,燃烧效率相似准则参数,扩张角,加热比
ρ	密度
σ	总压恢复系数,压应力
τ	稠度,总温比,切应力
$\boldsymbol{\tau}$	黏性应力张量
ω	角速度
$\overline{\omega}$	总压损失系数
χ_1/χ_2	叶型前缘/尾缘角
Ω	反力度
ψ	载荷系数,相对湿度

下标	**释　义**
a	空气,绝对坐标系下
ad	绝热过程

av	平均值
b	燃烧室,壁面
C	压气机
c	压缩
CH	高压压气机
CL	低压压气机
ch	堵点
co	工作点(线)
cone	锥形
col	冷却
cor	折合(成标准大气状态下的)量
cr	临界
cs	失速/喘振点(线)
d	设计点,畸变
D	扩散器
e	有效
eco	经济
eq	当量
f	摩擦,燃油,燃料,最终
F	风扇,涡扇,推力
g	燃气,总的
h	叶根/轮毂
H	高压转子
HPC	高压压气机
HPT	高压涡轮
i	进气道,轴向,各个截面,各个级
id	理想状态
idl	慢车
in	内部
IN	进口
is	等熵过程
j	加力燃烧室,径向
jet	射流
J	涡喷
k	几何的
L	低压转子

LE	前缘
LPC	低压压气机
LPT	低压涡轮
M	扭矩
m	质量机械,混合,子午分量,中径
mb	主燃烧室
max	最大值
min	最小值
MPC	中压压气机,增压级
N	喷管
n	法向
nb	涡轮导向器喉部
o	工作点(线)
opt	最佳
out	外部
OUT	出口
p	推进,膨胀螺桨,叶片压力面,氧化剂
pol	多变过程,拉伸
R	转叶,辐射
res	停留
r	径向分量
r	转叶
S	风扇,涡扇,静止
s	单位质量的,叶片吸力面,失速/喘振点(线),静叶
st	起动,标准状态,级
T	涡轮
TH	高压涡轮
TL	低压涡轮
t	总的,滞止的,叶尖,热
u	轮缘的,切向分量,切向速度的
w	相对速度的
x	轴向分量,任意点
y	任意点
zh	折合
0	总的,涡轮导向器前,发动机远前方未扰动截面
1	激波前,转叶进口,进气道进口截面,火箭发动机进口

2	激波后,转叶出口,低压压气机或风扇进口,火箭发动机出口
2.5	高压压气机进口
3	静叶出口,高压压气机出口、燃烧室进口
4	燃烧室出口、高压涡轮进口
4.5	低压涡轮进口
5	低压涡轮出口
5 II	外涵气流混合室进口
6	混合室出口,加力燃烧室进口
7	加力燃烧室出口,尾喷管进口截面
8	尾喷管喉部截面
9	尾喷管出口截面
I	涡扇发动机内涵
II	涡扇发动机外涵
Σ	和

上标	释　义
—	无量纲的,进出口平均的
*	总的,滞止的,参考工况的

目　　录

第 1 章　航空燃气涡轮发动机综述

　　1903 年 12 月 17 日,由美国莱特兄弟设计、制造的第一架带动力、持续稳定可操纵、重于空气的载人飞机"飞行者"1 号升空飞行,开创了人类现代航空的新纪元。飞机的动力来源于航空发动机。根据牛顿第三定律,流经发动机的气流受到力的作用产生加速度,气流必定产生一个大小相等、方向相反的反作用力,并作用于发动机。航空发动机之所以可以为飞机提供推动力,就是因为喷出的高速气流或通过螺旋桨的气流产生强大的反作用力。

　　二战以前,各种飞机用的发动机均是活塞式发动机。这种发动机工作时只输出功率,不能直接产生飞机前进的推力或拉力,因此需采用空气螺旋桨(简称螺旋桨)作为推进器,螺旋桨由发动机驱动后,在桨叶上产生推进飞机前进的力。这种由活塞式发动机与螺旋桨组成的飞机动力装置,在二战中得到了极大的发展,发动机的性能提高很快,成为战斗机、轰炸机、运输机等的动力,在战争中发挥了重大作用。到二战结束时,活塞式发动机已经发展得相当成熟,但是,采用活塞式发动机作动力的飞机,飞行速度受到限制,不可能接近或超过声速,飞行高度也受到了限制。

　　二战结束至今 70 年来,航空燃气涡轮发动机取代了活塞式发动机,开创了喷气时代,一直处于航空动力的主导地位。英国的惠特尔在 1937 年首次研制成功了涡轮喷气发动机,德国的奥海因在 1939 年 8 月 27 日率先将其研制成功的涡轮喷气发动机装在世界上第一架喷气式飞机(He-178)上试飞成功,由此开创了喷气推进新时代和航空事业的新纪元。

　　本章将从航空发动机的分类与工作特点、民用客机发动机简介、航空燃气涡轮发动机研制特点与设计概况 3 个方面进行简要介绍。

1.1　航空发动机的分类与工作特点

1.1.1　航空发动机的分类

　　飞行器发动机的分类,如图 1.1 所示。燃气涡轮发动机(gas turbine engine)是以空气作为工作介质,将燃料燃烧产生的热能加入气体,并将热能转换成对外输出机械功率的一种动力装置;广泛应用于航空、航天、航海、能源、交通等各个领域。航空燃气涡轮发动机是现代固定翼飞机和直升机的主要动力装置,为飞机提供推动力,为直升机提供升力。航空燃气涡轮发动机有 4 种基本类型,即涡轮喷气(简称涡喷)发动机、涡轮风扇(简称涡扇)发动机、涡轮螺旋桨(简称涡桨)发动机和涡轮轴(简称涡轴)发动机。这些发动机中,均有压气机、燃烧室以及驱动压气机的燃气涡轮,因此,这类发动机统称为燃气涡轮发动机,作为飞行器动力装置则称为航空燃气涡轮发动机,简称航空发动机。在技术发展的推动下,涡轮喷气发动机、涡轮风扇发动机、涡轮螺旋桨发动机和涡轮轴发动机在不同时期和不同的飞行领域内发挥着各自的作用,使飞行器性能不断跨上新的台阶。

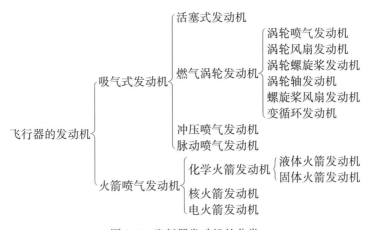

图 1.1 飞行器发动机的分类

除了上述航空发动机的 4 种基本类型外,下面再简要介绍螺旋桨风扇(桨扇)发动机、变循环发动机和冲压喷气(冲压)发动机。

桨扇发动机与涡桨发动机相类似,性能上介于涡桨发动机和涡扇发动机之间。一般由 8~10 片后掠叶片组成桨扇,具有叶型薄、最大厚度位置后移等特点,克服一般螺旋桨在飞行马赫数达到 0.65 后效率就急剧下降的缺点,推进效率较高,优越性保持在飞行马赫数 0.8 左右,更适用于巡航马赫数为 0.7~0.8 的短途运输机。在 20 世纪 80 年代后期,一些著名的发动机公司都在不同程度上进行了预研和试验,其中美国通用电气公司的 GE36 完成了飞行试验,俄罗斯、乌克兰的 D-27(安-70 飞机上)投入了服役,但已因为噪声和故障多等问题而退役。

在起飞、加速和超声速飞行时,以涡喷发动机模式工作;在亚声速巡航时,又以涡扇发动机模式工作,在整个飞行包线内通过改变气动热力循环来达到最佳工作状态的喷气发动机称为变循环发动机(variable cycle engine, VCE)。这种发动机通常是使一个或几个主要部件的几何形状、位置、尺寸等能随飞行状态的改变而改变,以调节发动机的热力循环,使其接近最佳工作状态,故又称为变几何发动机。自 20 世纪 70 年代中期开始,美国普惠和 GE 公司、英国罗罗和法国斯奈克玛公司都研究变循环发动机,在众多的变循环发动机方案中只有 GE 公司的 F120 发动机最为成功。

未来战斗机上比较有前途的变循环发动机就是变几何参数的涡轮外涵加力式涡扇发动机。该发动机是分开排气外涵加力式涡扇发动机，内涵不加力，外涵喷管喉道面积可以调节，以使其在外涵加力时工作匹配。单级高压涡轮与二级低压涡轮均采用面积变化可达 40% 的涡轮导向器。内涵喷管面积也可调节，以便于与在较大的膨胀比范围内工作的可变涡轮相匹配。与固定几何涡轮的涡扇发动机相比，其主要技术特点为：在不同飞行条件下，改善了热力循环，使推力增加或耗油率降低；实现了等流量的巡航推力调节，减少了安装损失，增加了发动机工作的稳定性；改善了发动机起动及加、减速性能，还可补偿由于制造误差造成的部件匹配不良。这种新型发动机已通过了台架试验。结果表明，其性能指标明显优于当前使用的固定几何涡轮的涡扇发动机。

冲压发动机是靠飞行器高速飞行时的相对气流进入发动机进气道中减速，将动能转变成压力能（如进气速度为 3 倍声速时，理论上可使空气压力提高 37 倍）。当飞行马赫数增加到 4.0 以后，再用压气机增压气流反而是不利的，这时应该取消压气机和涡轮，即采用冲压发动机。冲压发动机只有进气道、燃烧室和尾喷管 3 个部件，结构简单、重量轻，但在飞行速度为零时不能产生推力。在低速飞行时，由于进气道的增压作用小，燃烧室内的压力低，所以冲压发动机的性能较差。冲压发动机主要可以分为两种类型，即亚声速燃烧（简称亚燃）冲压发动机和超声速燃烧（简称超燃）冲压发动机。亚声速飞行器使用的亚燃冲压发动机，虽然在亚声速飞行时，其性能不如燃气涡轮发动机，但由于其结构简单，在某些低速飞行器（例如靶机）上仍可用其作为动力装置。该冲压发动机的进气道是截面扩张型的通道，燃烧室一般是等截面的圆筒，其中设有供油喷嘴、火焰稳定器等构件，燃烧室进口的气流速度为 $70 \sim 90 \, \text{m/s}$，以保证发动机在大加热比时工作稳定，以及燃烧室具有较高的总压恢复系数，而尾喷管则做成简单收敛型。超声速飞行器用的亚燃冲压发动机，为了减少超声速气流滞止过程中的总压损失，发动机采用超声速进气道，气流经进气道的波系由超声速变为亚声速，然后在进气道的内管道中进一步减速增压以保证燃烧室进口有较低的马赫数（$Ma = 0.19 \sim 0.23$）。尾喷管一般是超声速尾喷管，如收敛-扩张型的拉瓦尔尾喷管、塞式尾喷管等。超声速飞行的亚燃冲压发动机可作为最大飞行马赫数 $Ma = 4 \sim 6$ 的飞行器，如导弹和超声速飞机等的动力装置。在高超声速飞行时（$Ma > 6.0$），如果仍然采用亚声速燃烧，冲压发动机的性能将严重恶化，要使发动机具有满意的性能，应该采用在整个流程中气流都是超声速的冲压发动机，即超燃冲压发动机。超燃冲压发动机可以作为高超声速飞机、空射中远程导弹的动力装置以及航天飞行器等的加速动力装置。

在 21 世纪前半叶，有旋转部件的燃气涡轮发动机仍将占据军、民用航空动力的主要地位；根据军、民用飞行器的不同需求，分别以高推重比（军用）和低油耗率（民用）为主要发展目标。预计 2020 年后能够研制出推重比为 $15 \sim 20$ 的战斗机用涡轮风扇发动机；第五代战斗机将装备推重比为 $15 \sim 20$ 的发动机，在 21 km 高空以马赫数 3~4.5 做持续巡航飞行。利用推重比为 15~20 的军用涡轮风扇发动机核心机,配以大展弦比宽弦风扇、整体叶盘增压级和多级高效低压涡轮,可研制出涵道比超过 10 的超大涵道比涡轮风扇发动机,形成新一代大型民用旅客机和运输机的动力。与目前使用中的大涵道比民用涡轮风扇发动机相比,除耗油率可望下降 10%~20% 外,由于采用了军民通用核心机,研制和生产成本也可大幅度下降。

在 21 世纪后半叶,超高速飞行器(指飞行马赫数大于 4 的飞行器)将占据主导地位。在高空高速工况下,燃气涡轮发动机已经失去了优势,必须依靠其他动力形式比如超燃冲压发动机,或与其他动力形式形成组合动力,如涡轮喷气+超燃冲压发动机、超燃冲压+火箭发动机、变循环涡扇发动机+冲压发动机等。

1.1.2 航空燃气涡轮发动机的工作特点

在航空燃气涡轮发动机中,发动机工作时,进入发动机的空气经压气机压缩提高压力后,流入燃烧室与喷入的燃油(航空煤油)混合后燃烧,将燃料中的化学能转化为热能,形成高温、高压燃气再进入涡轮,燃气在涡轮中膨胀做功,使涡轮高速旋转并输出能量以驱动压气机及发动机的附件系统。由燃气涡轮出来的燃气是仍具有一定压力、一定温度(即具有一定能量)的燃气;所有的燃气涡轮发动机都是由于这股燃气具有一定的能量,才能产生发动机的推力或发动机的输出功率,利用这股燃气能量的方式可以有多种形式,因而可相应地得出不同类型的发动机。

由于压气机、燃烧室以及驱动压气机的燃气涡轮(简称涡轮)所组成的装置是用来提供高压、高温燃气的,因此称它为燃气发生器。如图 1.2 所示,燃气发生器后紧跟一个尾喷管;由燃气发生器出来的燃气在尾喷管中膨胀并以高速从喷管中排出,产生推力,这种发动机称为涡轮喷气发动机,简称涡喷发动机。在我国军标中以"涡喷"两字的拼音字母组成词冠"WP"表示,并紧跟产品代号(如 WP6,WP7 等)。由此可见,涡喷发动机的基本组成部件包括进气道、压气机、燃烧室、涡轮(透平)和尾喷管,其工作过程就是进气道进气,压气机增压,燃烧室加热,涡轮膨胀做功带动压气机,尾喷管膨胀加速,排气到体外。

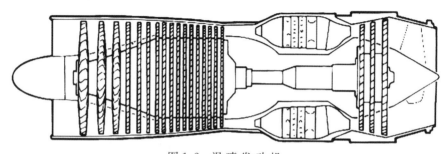

图 1.2 涡喷发动机

在燃气发生器后面,如果再装配一套涡轮(一级或多级),让燃气在其中继续膨胀,驱动此涡轮高速旋转并产生一定功率,使涡轮的前轴穿过燃气发生器转子中心,带动一个外径比压气机大的一级或多级风扇,这就是涡轮风扇发动机(简称涡扇发动机,国产代号为 WS),流入发动机的空气在风扇中增压后,一部分流入燃气发生器,称为内涵气流,一部分从围绕燃气发生器外壳的外环中流过,称为外涵气流,发动机推力由内、外涵气流分别产生的推力组成;外涵、内涵空气流量之比称为流量比或涵道比。涡扇发动机按照涵道比的大小可以分为小涵道比涡扇发动机和大涵道比涡扇发动机两大类,分别如图 1.3 和图 1.4 所示。涡扇发动机按照排气的方式可以分为分开排气涡扇发动机和混合排气涡扇发动机两大类。分开排气涡扇发动机基本组成部件包括进气道、风扇、压气机、燃烧室、涡轮、外涵道和内外涵尾喷管;其工作过程就是进气道进气,风扇增压,气流分为两股,内涵气流经压气机增压,燃烧室加热,涡轮膨胀做功带动风扇和压气机,内涵尾喷管膨胀加速,排气到体外,外涵气流经外涵道由外涵尾喷管膨胀加速后,排气到体外。混合排气涡扇发动机基本组成部件包括进气道、风扇、压气机、燃烧室、涡轮、混合器和尾喷管;其工作过程就是由进气道进气,风扇增压,气流分为两股,内涵气流经压气机增压,燃烧室加热,涡轮膨胀做功带动风扇和压气机,然后进入混合器,外涵气流经外涵道进入混合器,两股气流在混合器中掺混,然后由尾喷管膨胀加速后,排气到体外。

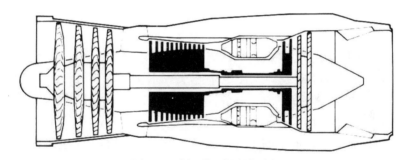

图 1.3　小涵道比涡扇发动机

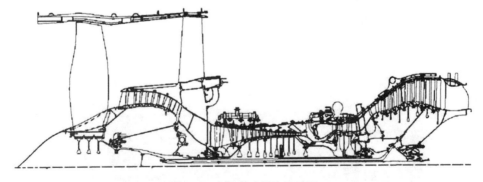

图 1.4　大涵道比涡扇发动机

　　燃气发生器出来的燃气流入其后的另一涡轮中继续膨胀做功,这个用于传动其他部件的涡轮,一般称之为"动力涡轮";大多数发动机中,动力涡轮与燃气发生器的涡轮没有机械联系,它们各自工作于不同的转速,动力涡轮也可称为"自由涡轮";燃气能量几乎全部在动力涡轮中膨胀,动力涡轮通过减速器(多级)驱动直升机旋翼和尾桨旋转,直升机旋翼产生向上的升力和向前的推动力;由尾喷管中喷射出的燃气的温度和速度极低,基本上不产生推力;这就是涡轮轴发动机,简称涡轴发动机,国产代号为WZ,如图1.5所示。涡轴发动机的基本组成部件包括进气道、压气机、燃烧室、涡轮、尾喷管、功率输出轴和主减速器等;其工作过程就是进气道进气,压气机增压,燃烧室加热,涡轮膨胀做功带动压气机和旋翼,尾喷管膨胀加速,排气到体外。

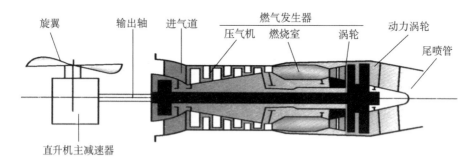

图1.5 涡轴发动机

如果燃气发生器出来的燃气经涡轮驱动减速器然后带动螺旋桨,那么就成为涡轮螺旋桨发动机,简称涡桨发动机,国产代号为WJ,如图1.6所示。从涡桨发动机燃气发生器出来的燃气能量的绝大部分转换为涡轮功(95%),涡轮输出功率带动螺旋桨高速旋转,使通过桨叶的气流加速,气流对叶片产生反作用力而使桨叶产生巨大的拉力;热机获取机械能中的少部分能量转换为动能增量,产生喷气推进力;因此,涡桨发动机除输出轴功率外,还输出少量推力。涡桨发动机的基本组成部件包括进气道、压气机、燃烧室、涡轮、尾喷管、减速器和螺旋桨等;其工作过程就是由进气道进气,压气机增压,燃烧室加热,涡轮膨胀做功带动压气机和螺旋桨,尾喷管膨胀加速,排气到体外。

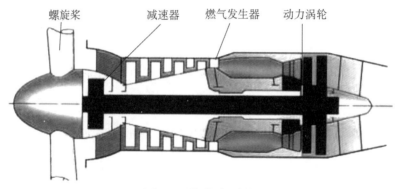

图1.6 涡桨发动机

　　由此可见,从工作特点上看,同一燃气发生器,可以配上不同的部件,成为不同类型的发动机,而燃气发生器则是这些发动机的核心部分,因此,燃气发生器又称为核心机。

1.2　民用客机发动机简介

　　涡轮喷气发动机在航空发展史上占据了重要的地位,但是它的经济性较差,耗油率较高。涡轮风扇发动机是一种能产生大的推力而排气速度较低的发动机,与涡轮喷气发动机相比,它的经济性有较大的改善,耗油率约降低 1/3,因此,当第一种涡轮风扇发动机问世后,很快被各种新型民用客机所选用,有些原采用涡轮喷气发动机作动力的民用客机也换装了涡轮风扇发动机。如 B707 飞机,原装有 4 台"JT3C"涡轮喷气发动机,更换涡轮风扇发动机"JT3D"后,使发动机推力加大,耗油率降低,大大改进了 B707 的性能。目前世界干线客机的动力 100% 均采用涡轮风扇发动机,这种状态在未来相当长的时期内不会有根本性的变化。

　　民用涡轮风扇发动机以涵道比 B 不断增大、耗油率不断下降作为划代分类的基础。其发展经历了如下几个阶段。

　　(1) 初期阶段:20 世纪 70 年代初至 80 年代中。发动机总压比约为 22～30,涵道比约为 4.2～5.0,代表机型为 JT9D, CF6 - 50, RB211 - 524;用于飞机 B747 - 200/- 300, L1011, DC - 10;CF6 - 6/- 50 和 JT9D 发动机的纵剖图如图 1.7 和图 1.8 所示。发动机基本采用了常规的设计技术、材料与制造工艺。

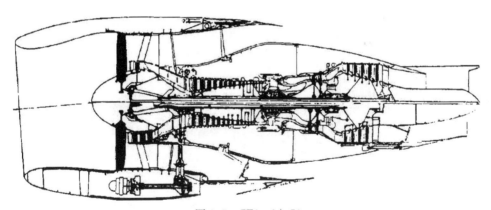

图 1.7　CF6 - 6/- 50

　　(2) 中期阶段:20 世纪 80 年代初至 90 年代初。总压比约为 28～34,涵道比约为 5.0～6.0,代表机型为 PW4000, CF6 - 80C2, RB211 - 524G/H, CFM56 - 3 等;用于飞机 B747 - 400, B757 B767, B737 - 300, A300, A310, A320 等;PW4000 发动机的纵剖图如图 1.9 所示。发动机在设计技术、材料、工艺以及调节器上均有较大的改进,如叶型设计已由二维逐渐向准三维、全三维发展,整体焊接的压气机转子、取代螺栓连接的结构,定向结晶、单晶涡轮叶片以及粉末冶金的涡轮盘被广泛采用,FADEC 取代了传统的燃油调节器,完善了状态监测系统等。

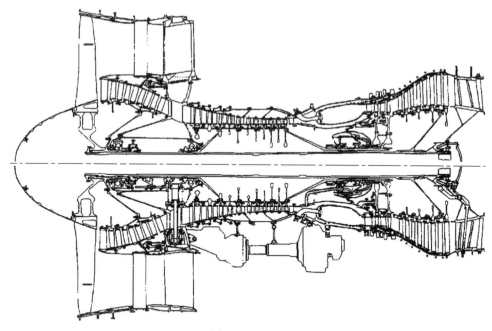

图 1.8　JT9D

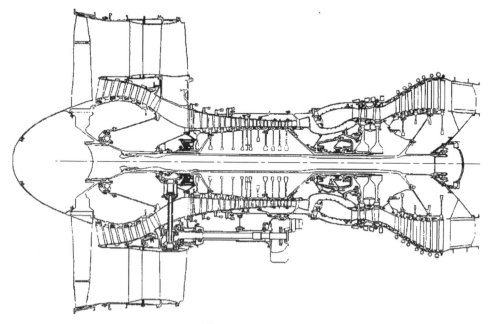

图 1.9　PW4000

（3）近期阶段：90 年代初至 90 年代末。总压比约为 34～40,涵道比约为 6.0～
8.0,代表机型为 PW4168,PW4084,CF6 - 80E1,遄达 700,PW4090,GE90,遄达
800;用于飞机 A330,B777,B737 - 700/800,A318,A319,A321,A340 等;
PW4084 和 GE90 - 94B 发动机的纵剖图如图 1.10 和图 1.11 所示。发动机采取多
种提高部件效率的措施:所有叶片均采用,风扇叶片采用无突肩小展弦比(宽弦)设
计;为减轻风扇叶片重量分别发展了复合材料、带夹芯与空心的风扇叶片,发展了扩
散连接/超塑性成型(DB/SPF)的加工方法,压气机中采用整环设计的外环,刷式封
严装置用于气封与油封,采用了性能更好的耐高温材料与涂层,新一代 FADEC 与
完善维修性设计等。发动机性能有了大的提高,可靠性与寿命也有较明显的提高。

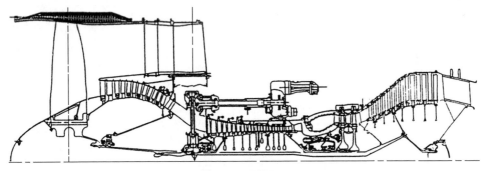

图 1.10　PW4084

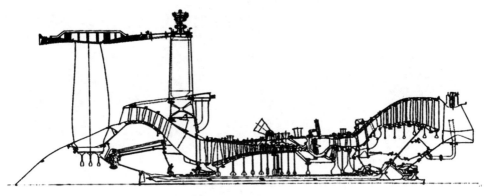

图 1.11　GE90 - 94B

（4）世纪交替阶段:20 世纪末到现在。总压比 40 以上,涵道比 8.0 以上,用于
飞机 A380(GP7200,Trent 900),A350XWB,B787(GEnx,Trent 1000),B747 -
8,GEnx - 1B 发动机的纵剖图如图 1.12 所示。发动机的叶片采用新一代的三维气
动设计,风扇叶片采用掠形设计,复合材料已用于制造尺寸较大的风扇机匣,低排放
的燃烧室设计与完善的降噪设计已超过 21 世纪严格的环保条例的要求,同时还采
用了高效的涡轮叶片冷却技术,智能化的发动机状态监视系统。

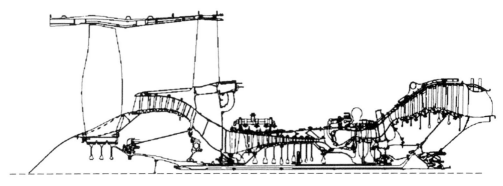

图 1.12　GEnx-1B

　　大型客机涡轮风扇发动机的技术指标——耗油率呈现不断下降的趋势,如图 1.13所示。大型客机涡轮风扇发动机的技术发展还呈现出总压比不断上升、涡轮前温度不断提高、排放越来越低、噪声不断降低等趋势。

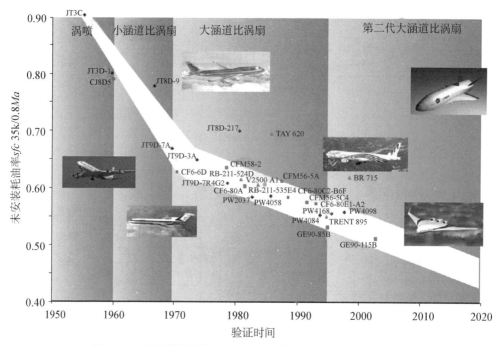

图 1.13　民用涡轮风扇发动机发展年代图谱(耗油率不断降低)

　　根据飞机的需要,发动机按推力的大小可分为特小推力发动机(69~80 kN)、小推力发动机(90~150 kN)、中等推力发动机(170~190 kN)、大推力发动机(230~300 kN)和更大推力发动机(300 kN 以上)。表 1.1 为现役典型发动机的推力等级分类。但是,大型客机对发动机的要求远不仅是推力,可靠性、适应性、维护性、环保要求和直接使用成本等因素也决定着飞机的竞争力。

表 1.1　典型民用飞机及其发动机的推力等级分类

序号	推力	发动机类型	飞机名称
1	特小推力发动机 （69～80 kN）	BR710，BR715，PW6000	A317
2	小推力发动机 （90～150 kN）	CFM56(11 000 kg) V2500(12 900 kg)	B737，A319，A321， A320，A340，MD90
3	中等推力发动机 （170～190 kN）	RB211 - 535E4(17 800 kg) PW2037(17 800 kg)	B757
4	大推力发动机 （230～300 kN）	PW4000(25 000 kg) CFM56 - 80C2(26 200 kg) RB211 - 524G/H(25 800 kg) CF6 - 80E1(30 000 kg)	B747，B767，MD11
5	超大推力发动机 （300 kN 以上）	PW4168(30 900 kg) TRENT700(30 700 kg) TRENT800(31 750/37 580 kg) PW4074/4084(32 500/37 200 kg) GE90(34 250/38 660～52 200 kg) Trent 900、GP7200(31 780～35 400 kg) Trent 1000、GEnx(24 000～31 600 kg)	A300，B777，A380， B787

目前大型客机大涵道比涡扇发动机达到的设计水平：最大推力已超过 50 000 daN[①]，巡航耗油率从 1950 年代涡喷发动机的 1.0 kg/(daN·h)下降到约为 0.5 kg/(daN·h)，空中停车率不大于 0.002～0.005 次/1 000 飞行小时，寿命约为 50 000 h。

1.3　航空燃气涡轮发动机研制特点与设计概况

1.3.1　航空燃气涡轮发动机的研制特点

航空燃气涡轮发动机产业是国家战略性产业，体现了一个国家科技、工业、经济等的发展水平与综合实力，具有产业链长、辐射面宽、技术扩散率高、连带效应强等特点，能引领新型材料、现代制造、电子信息、自动控制等领域关键技术的群体突破，带动众多高技术产业的快速发展，促进空气动力学、工程热物理、传热传质、机械、强度、振动、传动、密封、电子、自动控制、数学、材料学、工艺学与计算机等多门类学科快速发展，对科学技术进步和国民经济发展具有巨大的带动作用。

航空燃气涡轮发动机的主要作用是为飞行器提供推进动力或支持力，是飞行器的心脏。高温、高压、高转速、高可靠性、耐久性是其基本特点。在这些相互矛盾的高要求的推动下，经过长时间的发展，航空发动机已经成为人类有史以来最复杂、最精

---

① daN 为大牛，1 daN = 10 N。

密的工业产品,每台零件数量在万件以上,其研制工作是在挑战工程科学技术的极限。正因此,航空发动机有"工业之花"的美誉,它是一个进入门槛极高的行业,是一个"零容错"的行业,在一国社会经济的发展中具有重要的战略地位与作用,是关系国家安全及大国地位的战略性产业,是世界航空强国优先发展、高度垄断的高科技尖端技术。

航空燃气涡轮发动机在提高飞机性能的作用方面,推进系统(含燃油)占飞机起飞重量的40%～60%,基本维持不变,但发动机性能不断提高,体现在:①推重比从2提高到8,目前发展到10,使得飞机具有超声速巡航能力;②耗油率从开始的1.1kg/(daN·h)发展到0.6kg/(daN·h),使飞机航程成倍增加;③飞机推重比从0.4提高到1.2,使飞机机动性得到巨大提高,即短距起降能力和过失速机动能力提高;④旋转喷口和升力发动机技术成全了垂直起降飞机;⑤矢量喷口技术使飞机具有超机动能力;⑥反推力装置有效减小了机场跑道长度。

由于航空燃气涡轮发动机研制难度高、周期长,必须采取"动力先行"的发展战略。为在航空发动机市场竞争中取得优势,美国、欧洲和俄罗斯都非常重视并已经实施航空发动机研究和发展计划。美国自20世纪80年代末开始实施新的涡轮发动机技术发展计划,已经实现了2005—2008年使发动机能力翻番的技术目标。新计划已开始实施,将在2017年实现推重比为20、"经济可承受性"翻10倍的目标。我国目前也迎来了航空发动机高速发展的良好时期。

1.3.2　航空燃气涡轮发动机的设计概况

航空燃气涡轮发动机的设计应根据国家总的航空发展规划,详细了解国内外飞机和发动机行业的实际发展情况,并结合材料、冷热工艺等各行业的最新进展等来进行。

发动机总体性能的发展,一方面由飞机性能需求牵引;一方面由发动机各部件性能改进、发动机设计的新概念和新技术成果的推动,如图1.14所示。

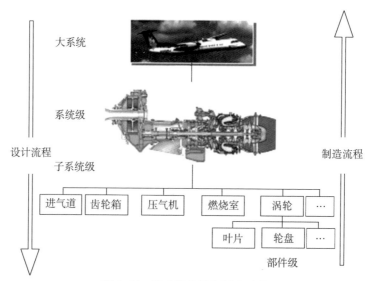

图1.14　发动机设计和制造过程

发动机的设计要求是设计单位自己通过调研和市场分析后拟定的。各单位之间竞争很激烈,很高的研制费用主要是多方筹集,风险很大。因此在设计时要综合考虑发动机所能采用的技术水平以及经济成本,方案的经济性占重要地位。

民航部门对大型客机的技术要求如下:

(1) 飞机起飞重量、载客量。

(2) 飞行性能:巡航高度、巡航速度(或马赫数)、最大航程、续航时间等。

(3) 每架飞机发动机台数及安装方式。

(4) 直接使用成本[成本/(座·公里)]。

大型客机对发动机的技术要求如下:

(1) 起飞推力及推重比(满足要求)。

(2) 巡航耗油率(要低)。

(3) 发动机结构和安装(包括安装节、轮廓尺寸及重量重心)。

(4) 可靠性、耐久性及维护性(要好)。

(5) 燃气排放污染(要小,满足标准)。

(6) 噪声要求(符合适航条例)。

(7) 有一定发展潜力。

航空发动机的设计是涉及多部件、多学科的复杂工作,如图 1.15 所示;发动机的典型设计过程如图 1.16 所示。航空发动机设计时,首先要进行发动机总体方案的设计任务的制订:按照用户的具体要求,根据需要与可能,经过对比分析,提出一

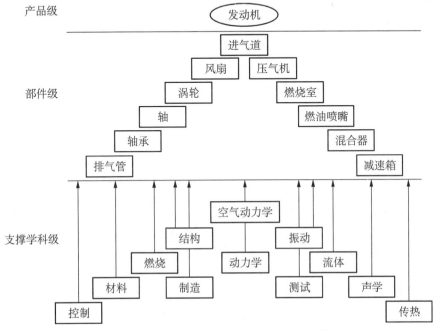

图 1.15　航空发动机、部件及支撑的多学科

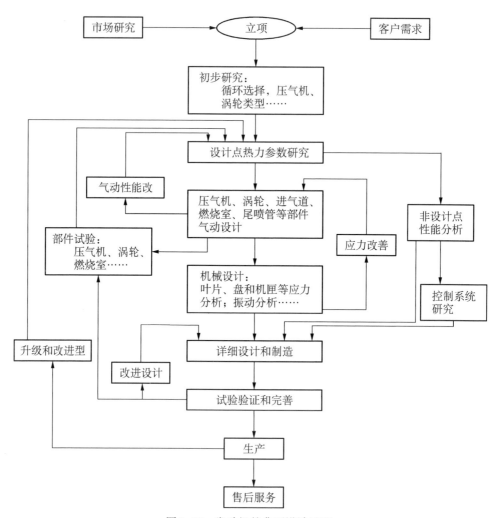

图 1.16　发动机的典型设计过程

种(或几种)能最大限度满足用户需要的,技术上和经济上都可行的设计方案。

总体方案设计的主要工作项目如下:

(1) 进行发动机循环分析,确定发动机循环参数。

(2) 按确定的循环参数计算发动机性能,编写总体方案设计报告及相关文件。

(3) 提出可能的与飞机协调发展的关键技术项目及试验设备项目。

(4) 进行研制经费及全寿命周期费用估算。

(5) 编制研制规划。

(6) 进行总体方案评审。

在进行发动机总体方案设计前,首先需收集资料,进行统计分析,考察国内外发动机的发展趋势。统计数据的用途是指出发动机参数按年代的进展,得出某些用理论分析不出来的参数间的函数关系;例如,重量和发动机结构参数及过程参数的关系曲线。只有这样,才能做出有技术根据且客观上正确的任务选择。表 1.2 列出了典型大涵道比涡扇发动机的发展历程和循环参数。

表 1.2　典型大涵道比涡扇发动机的发展历程和循环参数

取证时间	1977—1992 年	1993—2007 年	2008 年以后
典型发动机	RB211,PW4000,CFM56,V2500,PW2037,JT9D,CF6-80C2/E1	Trent800,PW4084,GE90,Trent900,GP7200	GEnx,Trent1000,PW8000
涵道比	4～6	6～9	10～15
风扇压比	1.7	1.5～1.6	1.3～1.4
总增压比	25～30	38～45	50～60
涡轮前温度/K	1500～1570	1570～1850	>1900
巡航耗油率/[kg/(daN·h)]	0.58～0.7	0.565～0.6	0.5～0.55

参 考 文 献

[1]《航空发动机设计手册》总编委会. 航空发动机设计手册(第五册　涡喷及涡扇发动机总体)[M]. 北京:航空工业出版社,2001.

[2] 陈光. 航空发动机结构设计分析[M]. 北京:北京航空航天大学出版社,2001.

[3] 廉小纯,吴虎. 航空发动机原理[M]. 西安:西北工业大学出版社,2005.

[4] Y Panchenko, H Moustapha, S Mah., et al. Preliminary multi-disciplinary optimization in turbomachinery design [R]. RTO-MP-089,2002.

[5] 陈懋章,刘宝杰. 风扇/压气机气动设计技术与挑战[R]. 中国航空学会 2007 年学术年会,2007.

思考和练习题

1. 浏览主要参考网站:http://www.avic.com.cn,http://www.geae.com,http://www.pratt-whitney.com,http://www.rolls-royce.com/,http://www.nasa.gov,写出世界三大发动机公司和我国的主要发动机产品型号。

2. 上网浏览总结中国航空发动机发展现状。

3. 写出飞行器发动机的分类。

4. 写出 WP, WS, WZ, WJ 共 4 型发动机的部件组成和工作过程。

5. 查阅文献,写出 WP, WS, WZ, WJ 共 4 型发动机的发展简史。

第 2 章　气动热力学基础

　　本章将对推进原理涉及的与工程热力学和空气动力学相关的基础知识进行简要回顾。工程热力学研究工质的性质、能量守恒与转换规律，以及在遵循这些规律的条件下，如何才能使热机将热能最大可能、最经济地转换为机械能。气体动力学的研究对象为气体，是研究气体在各种装置内流动过程中所遵循的规律。下面简要介绍热力学第一定律、热力学第二定律和气体动力学基本方程。

2.1　热力学第一定律

　　在燃气轮机工作过程中，气体的状态是在不断变化的。变化的原因是与外界之间有功能交换（加热或放热，压缩或膨胀），一种形式的能量转换为另一种形式的能量（加速或减速，静止或流动）。气体状态无论怎样变化，无非是气体能量从一种存在形式转变为另一种存在形式，以及气体与外界之间能量的相互传递与交换，能量的相互传递与交换需遵循一定的规律，即热力学定律。

　　热力学第一定律如下：

$$dq = de + dl \tag{2.1}$$

式中：dq 为单位质量热量；de 为单位质量能量；dl 为单位质量机械能。

　　热力学第一定律的描述为，外界与体系的热量交换等于体系总能量的变化，并对外做功。其揭示了各种形式的能量可以传递、相互转换，但不能消失，即能量守恒。

　　在研究燃气轮机工作时，通常把实际气体简化为完全气体来处理。完全气体的状态变化方程如下：

$$pv = RT \quad 或 \quad \frac{p}{\rho} = RT \tag{2.2}$$

式中：p 气体压强；v 比体积；R 完全气体常数；T 温度；ρ 密度。

　　气体与外界的热量交换中，单位质量气体温度每升高 1℃ 所需的热量即为比热容，用 c 表示：

$$c = \frac{dq}{dT} \tag{2.3}$$

$$q = c(T_2 - T_1) \qquad (2.4)$$

比热容是气体成分和热交换过程的函数。其中,比定容热容用 c_V 表示,比定压热容用 c_p 表示。完全气体 c_V 和 c_p 之间的关系如下:

$$c_V + R = c_p \qquad (2.5)$$

完全气体比热比 k 的定义如下:

$$k = \frac{c_p}{c_V} \qquad (2.6)$$

在热力学关系式中,特别是在分析单位质量流动气体的能量转换时,通常内能 u 与流动功 pv 同时出现,因此将这两个状态量组合为一个物理量,称为焓 h。微分形式的焓用 $\mathrm{d}h$ 表示:

$$\mathrm{d}h = \mathrm{d}u + \mathrm{d}(pv) \qquad (2.7)$$

pv 理解为气体微团抗拒外界压力占据空间 v 所做的功,由状态方程得

$$\mathrm{d}h = \mathrm{d}u + R\mathrm{d}T \qquad (2.8)$$

焓为温度的函数,即 $h = f(T)$,T 是状态量,因此 h 也是状态量。气体温度变化,则焓的改变量为

$$h = c_p(T_2 - T_1) \qquad (2.9)$$

$$\mathrm{d}u = \mathrm{d}h - p\mathrm{d}v - v\mathrm{d}p \qquad (2.10)$$

热力学第一定律解析式可以表示如下:

$$\mathrm{d}q = \mathrm{d}h - v\mathrm{d}p \qquad (2.11)$$

$$q = c_p \int_{T_1}^{T_2} \mathrm{d}T - \int_{p_1}^{p_2} v\mathrm{d}p$$

$$q = c_p(T_2 - T_1) - \int_{p_1}^{p_2} v\mathrm{d}p \qquad (2.12)$$

$$q = (h_2 - h_1) - \int_{p_1}^{p_2} v\mathrm{d}p \qquad (2.13)$$

式(2.13)表明对气体的加热转换为气体焓值变化,并对外做功。

对于流动气体,h 为状态量,而沿过程 A 和过程 B 的 $\int_{p_1}^{p_2} v\mathrm{d}p$ 是不同的,如图 2.1 所示。由图可见,对流动气体的加热量及气体所做膨胀功是与过程有关的过程量。

气体从一个状态变化到另一个状态,中间所经历的过程称为热力过程。航空燃气轮机内气体经历的实际

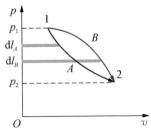

图 2.1　沿过程 A 和过程 B 的做功对比

热力过程十分复杂,如果进行如下假设:完全气体、理想的可逆过程、比热比为常数,则实际热力过程可近似为一些具有简单特征的特殊热力过程。

定压过程,也就是气体压力不变,p=常数。由气体状态方程可知,气体比容与温度成正比:

$$\frac{v_2}{v_1} = \frac{T_2}{T_1}$$

$$\mathrm{d}p = 0$$

$$l = p(v_2 - v_1)$$

$$q = \Delta u + l$$

$$q = c_V(T_2 - T_1) + R(T_2 - T_1)$$

$$q = c_p(T_2 - T_1) = \Delta h \tag{2.14}$$

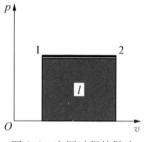

图 2.2　定压过程的做功

定压过程中,加入气体的热量,用于增加气体的内能,并对外做功,也就是加入的热量等于焓值的变化。定压过程的做功如图 2.2 所示。

绝热过程,也就是与外界无热量交换,$\mathrm{d}q = 0$。由热力学第一定律可知,绝热过程气体的内能变化用于与外界进行功的交换,则 $\mathrm{d}u = -\mathrm{d}l$,由此可以进行如下推导,得出绝热过程方程:

$$\mathrm{d}u + p\mathrm{d}v = 0$$

$$c_V\mathrm{d}T + p\mathrm{d}v = 0$$

$$pv = RT$$

$$p\mathrm{d}v + v\mathrm{d}p = R\mathrm{d}T$$

$$c_V\left(\frac{p\mathrm{d}v + v\mathrm{d}p}{R}\right) + p\mathrm{d}v = 0$$

$$(c_V + R)p\mathrm{d}v + c_V \cdot v\mathrm{d}p = 0$$

$$c_V + R = c_p = kc_V$$

$$kp\mathrm{d}v + v\mathrm{d}p = 0$$

$$k\frac{\mathrm{d}v}{v} + \frac{\mathrm{d}p}{p} = 0$$

$$pv^k = \mathrm{const} \tag{2.15}$$

代入完全气体状态方程,可得

$$T^{k-1}v = \mathrm{const} \tag{2.16}$$

$$\frac{T}{p^{\frac{k-1}{k}}} = \mathrm{const} \tag{2.17}$$

流动气体绝热压缩功（或膨胀功）如下：

$$l = \int_1^2 v \mathrm{d}p = \Delta h$$

$$\Delta h = c_p(T_2 - T_1) = \frac{c_p}{R}(p_2 v_2 - p_1 v_1) = \frac{c_p}{c_p - c_V}(p_2 v_2 - p_1 v_1)$$

$$\Delta h = \frac{k}{k-1} p_1 v_1 \left(\frac{p_2 v_2}{p_1 v_1} - 1 \right) = \frac{k}{k-1} RT_1 \left[\left(\frac{p_2}{p_1} \right)^{\frac{k-1}{k}} - 1 \right]$$

$$l = \Delta h = \frac{k}{k-1} RT_1 \left[\left(\frac{p_2}{p_1} \right)^{\frac{k-1}{k}} - 1 \right] \tag{2.18}$$

即气体靠内能减小对外做膨胀功，外界对气体做压缩功，增加气体内能。流动气体绝热压缩功（或膨胀功）的 $p\text{-}v$ 图像如图 2.3 所示，其数值为

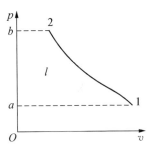

图 2.3　绝热过程压缩功（或膨胀功）

$$l = \int_1^2 v \mathrm{d}p = \text{面积 } a12ba$$

如果一种热力过程，既可以正向进行，也可以逆向进行，并且在逆向过程中，不仅气体所经历的全部状态都与正向过程所经历的状态相同，最后回到起始状态，而且参与这个变化的系统也回到最初的状态，这种热力过程称为可逆过程，反之为不可逆过程。不可逆过程的绝热过程是一种多变过程，通常在这种热力过程中会有摩擦产生的热加入系统中。与外界无热交换时，通常称为不可逆绝热过程，不可逆绝热过程是一种多变过程。

一个热力过程所有参数均发生变化称为多变过程，其参数变化仍遵循一定规律，多变过程的过程方程可以表示为

$$pv^n = \text{const} \tag{2.19}$$

式中：n 为多变指数。

可将各典型的定容、定压、定温、定熵（绝热）4 个基本热力过程看作是多变过程的特例，多变过程的 $p\text{-}v$ 图如图 2.4 所示。相对于多变过程的过程方程，多变指数为：

当 $n = 0$ 时，$p = \text{const}$，即定压过程；

当 $n = 1$ 时，$pv = \text{const}$，即定温过程；

当 $n = k$ 时，$pv^k = \text{const}$，即绝热定熵过程；

当 $n = $ 无穷大时，$v = \text{const}$，即定容过程。

在多变膨胀过程中，气体工质对外界做的功有一

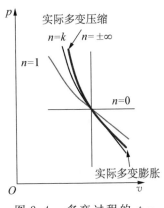

图 2.4　多变过程的 $p\text{-}v$ 图

部分变为摩擦损失,减少了机械能的输出。在航空发动机中,压气机多变压缩过程 $n > k \approx 1.6$;理想情况为绝热压缩过程 $k = 1.4$;涡轮多变膨胀过程 $n < k \approx 1.2$;理想情况为绝热膨胀过程 $k = 1.33$;燃烧室理想情况为等压加热过程 $n = 0$。

2.2 热力学第二定律

热力学第一定律只说明能量可相互转换,未涉及转换的方向性。第二定律指出能量转换的方向性,其典型描述为:自然界中凡是关于热现象的自发过程都是不可逆的;如果不消耗外功,热量不可能从温度低的物体自发地传给温度高的物体。

引入熵 S 的概念,气体的熵是一个抽象的热力学参数,比熵 s 的微熵 ds 的定义为

$$ds = \frac{dq}{T} \tag{2.20}$$

$$ds = \frac{du + pdv}{T} = \frac{dh - vdp}{T} = \frac{c_p dT - vdp}{T}$$

$$ds = c_p \frac{dT}{T} - R \frac{dp}{p}$$

$$\Delta s = c_p \ln\left(\frac{T_2}{T_1}\right) - R\ln\left(\frac{p_2}{p_1}\right) \tag{2.21}$$

因为熵增是只取决于始点和终点的状态参数,因此熵也是状态量。

因为 dq 与 ds 同号,加热即熵增。具有摩擦的实际过程,即使外界未对气体加热,但因摩擦产生的 $dq_f > 0$,$ds > 0$。用温-熵图可表示出温度、热量的变化。各种热力过程均可以描述在 T-s 图上,如图 2.5 所示。

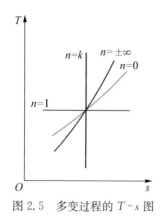

图 2.5 多变过程的 T-s 图

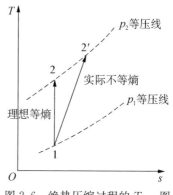

图 2.6 绝热压缩过程的 T-s 图

从 p_1 绝热压缩到 p_2,不考虑摩擦损失的理想等熵过程 $1 \rightarrow 2$,考虑摩擦损失的实际不等熵过程 $1 \rightarrow 2'$,如图 2.6 所示。

燃气轮机的理想热力循环为等熵压缩、等压加热、等熵膨胀和等压放热。

2.3　气体动力学基本方程

在航空燃气轮机工作时,气流连续不断地运动,在流动中完成能量转换,在流动中的气流与装置间的相互作用应遵循气体动力学。气体动力学基本方程包含了连续方程、能量方程、动量方程和动量矩方程。在航空发动机的叶轮机中,这 4 个方程都是三维非定常的,其各种具体形式见附录 A 叶轮机气动热力学基本方程。在研究航空燃气轮机总体性能时,通常进行合理简化,将气流的流动视为一维定常流动,下面将给出这 4 个方程的一维定常流动形式。

连续方程是质量守恒定律在气体动力学中的数学表达式为

$$q_m = \rho_1 v_1 A_1 = \rho_2 v_2 A_2 \tag{2.22}$$

式中:q_m 为质量流量(kg/s);ρ 为密度(kg/m³);v 为速度(m/s);A 为通道面积(m²),下标 1 和 2 分别表示任意截面 1 和 2。

无因次密流或流量函数 $q(\lambda)$ 定义如下:

$$q(\lambda) = \frac{\rho v}{\rho_{\mathrm{cr}} v_{\mathrm{cr}}} \tag{2.23}$$

式中:ρ_{cr} 为临界密度;v_{cr} 为临界速度。

通过气动参数的计算,则连续方程还可以写成如下形式:

$$q_m = \rho v A = K \frac{p^* A q(\lambda)}{\sqrt{T^*}} \tag{2.24}$$

$$q(\lambda) = \left(\frac{k+1}{2}\right)^{\frac{1}{k-1}} \lambda \left(1 - \frac{k-1}{k+1}\lambda^2\right)^{\frac{1}{k-1}} \tag{2.25}$$

式中:$K = \sqrt{\dfrac{k}{R}\left(\dfrac{2}{k+1}\right)^{\frac{k+1}{k-1}}}$,对于给定的气体($k$ 和 R 一定),K 是个常数。对于空气,$k = 1.4$,$R = 287.06\,\mathrm{J/(kg \cdot K)}$,$K = 0.0404\,\mathrm{s}\sqrt{\mathrm{K}}/\mathrm{m}$。

能量方程是能量守恒定律在气体动力学中的数学表达式,其热焓形式的能量方程为

$$\pm q \pm l = (h_2 - h_1) + \frac{v_2^2 - v_1^2}{2} = h_2^* - h_1^* \tag{2.26}$$

式中:"+"号表示外界对气体加入热量或机械功;"−"号表示气体对外界输出热量或机械功;上标 ∗ 代表总的或滞止的。

热焓形式的能量方程没有显式地包含摩擦力功。气体是有黏性的流体,气体与外界传递机械功以及气体在流动的过程中都存在摩擦损失。摩擦损失使一部分机械功(包括气体的动能)转变为热能。这部分机械功称为摩擦损失,转变成的热能称

为摩擦热;摩擦热全部加在气体内。由于摩擦功与摩擦热两者在数值上完全相等,因此前面所述的能量方程应用于有摩擦损失存在的情况下也是正确的。在有摩擦损失存在时,能量方程增加两项,一项是摩擦功,一项是摩擦热,这两项数值相等符号相反,互相抵消。为了便于分析比较,往往假设没有摩擦损失存在的气体状态变化过程为理想过程,没有摩擦损失存在的气体流动过程为理想流动。

压气机中热焓形式的能量方程为

$$l_u = (h_2 - h_1) + \frac{v_2^2 - v_1^2}{2} = h_2^* - h_1^* = c_p(T_2^* - T_1^*) \tag{2.27}$$

式中:下标 l_u 代表轮缘功。

无冷却的涡轮中热焓形式的能量方程为

$$l_u = (h_1 - h_2) + \frac{v_1^2 - v_2^2}{2} = h_1^* - h_2^* = c_p(T_1^* - T_2^*) \tag{2.28}$$

有冷却的涡轮中热焓形式的能量方程为

$$l_u = (h_1 - h_2) + \frac{v_1^2 - v_2^2}{2} - q = h_1^* - h_2^* - q \tag{2.29}$$

绝能流动时,即当 $q = 0$, $l_u = 0$ 时,气流与外界无能量交换,能量方程则变成

$$h_1 + \frac{v_1^2}{2} = h_2 + \frac{v_2^2}{2} \tag{2.30}$$

$$h_2 - h_1 = c_p(T_2 - T_1) = \frac{v_1^2}{2} - \frac{v_2^2}{2} \tag{2.31}$$

气体沿管道做绝能流动时,热焓能量(静温)与动能之间的相互转换遵循式(2.30)。在相对坐标系下,动叶中气流速度与静温的转换遵循式(2.32)。

$$h_{1w}^* = h_{2w}^* = c_p T_1 + \frac{w_1^2}{2} = c_p T_2 + \frac{w_2^2}{2} \tag{2.32}$$

式中:下标 w 代表相对的;w 为相对速度。

由热焓形式能量方程和热力学第一定律联立,两者相减可得到机械能形式的能量方程,又称为(广义)伯努利方程,是另一种形式的能量方程,反映了机械能间的转换。

$$\pm l_u = \frac{v_2^2 - v_1^2}{2} + \int_1^2 \frac{\mathrm{d}p}{\rho} + l_f \tag{2.33}$$

式中:l_f 为流阻功。

由式(2.33)可以看出,压气机输入给气体的轮缘功消耗在压缩功、增加气流动能和克服流阻功上。在相对坐标系下,(广义)伯努利方程可变成

$$\int_1^2 \frac{\mathrm{d}p}{\rho} + \left(\frac{w_2^2 - w_1^2}{2}\right) + l_f = 0 \tag{2.34}$$

由式(2.18),可得压气机等熵压缩功和涡轮等熵膨胀功分别如下:

$$l_{C, \text{is}} = \frac{k}{k-1} R T_1 \left[\left(\frac{p_2}{p_1} \right)^{\frac{k-1}{k}} - 1 \right] \tag{2.35}$$

$$l_{T, \text{is}} = \frac{k'}{k'-1} R T_1 \left[1 - \frac{1}{\left(\dfrac{p_1}{p_2} \right)^{\frac{k'-1}{k'}}} \right] \tag{2.36}$$

式中:k 为空气比热比;k' 为燃气比热比。

动量方程又称为欧拉方程,表明作用于气体的外力与气体动量变化的关系,物体动量变化率等于作用于物体沿该方向全部外力的矢量和为

$$\sum \boldsymbol{F} = q_m (\boldsymbol{v}_2 - \boldsymbol{v}_1) \tag{2.37}$$

动量方程无须知道气体与物体间的作用细节。因此,在计算压气机的轴向力时,控制体进、出口气流动量变化等于全部轴向力的合力,控制体选取如图 2.7 所示。

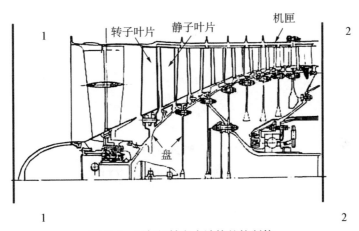

图 2.7　压气机轴向力计算的控制体

动量方程还可以用来推导压气机的轮缘功,控制体选取如图 2.8 所示。

叶片的轴向和周向作用力为

$$F_x = q_m (w_{1x} - w_{2x}) + (p_1 - p_2) s \tag{2.38}$$

$$F_u = q_m (w_{1u} - w_{2u}) \tag{2.39}$$

式中:F_x,F_u 分别为轴向力和切向力;w_x 和 w_u 分别为轴向和切向相对速度;s 为栅距。

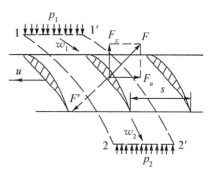

图 2.8　压气机轮缘功计算的控制体

F_u 在切向做功为 $F_u \cdot u$,其单位质量的功即为轮缘功。

$$l_{Cu} = u(w_{1u} - w_{2u}) = u\Delta w_u \tag{2.40}$$

式中:l_{Cu} 为压气机的轮缘功。

动量矩方程,即应用于物体上的外力矩的总和等于动量矩对时间的变化率。

$$\sum L = q_m(r_2 v_{2u} - r_1 v_{1u}) \tag{2.41}$$

式中:L 为动量矩。

当 $r_2 \neq r_1$ 时,应用动量矩方程求压气机轮缘功。

$$l_{Cu} = L \cdot \omega = v_{2u}u_2 - v_{1u}u_1 \tag{2.42}$$

式中:ω 为转子转动角速度,单位 rad/s。

应用动量矩方程同样无须知道气体与物体间的作用细节。

下面再回顾一下声速和马赫数的概念。

声速 a 是声波在介质中的传播速度,它在各种介质中的传播速度是不同的。声波在气体中的传播速度可用式(2.43)表示:

$$a = \sqrt{\frac{\mathrm{d}p}{\mathrm{d}\rho}} = \sqrt{kRT} \tag{2.43}$$

马赫数 Ma 是气体的流动速度 v 与当地声速 a 的比值,表示为

$$Ma = \frac{v}{a} \tag{2.44}$$

$Ma > 1$ 时是超声速流动,$Ma < 1$ 时是亚声速流动。

气流在管道中流动时,截面积、流速、Ma 的关系如下:

$$\frac{\mathrm{d}A}{A} = (Ma^2 - 1)\frac{\mathrm{d}v}{v} \tag{2.45}$$

$$\frac{\mathrm{d}p}{\rho} + \mathrm{d}\left(\frac{v^2}{2}\right) = 0 \tag{2.46}$$

由式(2.45)和式(2.46)可以看出:$Ma < 1$ 时,$\mathrm{d}A > 0$, $\mathrm{d}v < 0$, $\mathrm{d}p > 0$,扩张管道,减速增压;$Ma > 1$ 时,$\mathrm{d}A > 0$, $\mathrm{d}v > 0$, $\mathrm{d}p < 0$,扩张管道,加速膨胀。

当气流的速度被等熵滞止到 0 时,称为气流处于滞止状态,对应的参数即为滞止参数或总参数。由绝能流动过程热焓形式的能量方程可以得出,气流的动能和焓是可以转化的;气流速度增加时,气流的焓值下降,反之,当气流速度减少时,气流的焓值增大。当气流速度完全滞止等于 0 时,气流的动能就全部转化为焓,这时气流的焓值最大,称为滞止焓,或称为驻点焓、总焓。

与滞止焓相对应的温度称为滞止温度,或称为驻点温度、总温,表示为 T^*;与滞

止温度相对应的压力称为滞止压力,或称为驻点压力、总压,相应的为滞止密度。

静参数是相对总参数而言,为气体状态的真实参数,与选取的坐标系无关,并不是指静止气体参数。总参数与静参数存在一定关系,这就是气动函数。

总温和总焓代表总能量,绝能流动过程,$q = 0$,$l = 0$,则

$$h_2^* = h_1^*$$

加热(或放热)过程,$\mathrm{d}q > 0$,$\mathrm{d}l = 0$,则

$$q = h_2^* - h_1^*$$

压缩(或膨胀)过程,$\mathrm{d}q = 0$,$\mathrm{d}l > 0$,则

$$l = h_2^* - h_1^*$$

等熵滞止过程在 T-s 图上的表示,如图 2.9 所示。

对于绝能流动过程,则

$$h^* - h = c_p(T^* - T) = \frac{v^2}{2}$$

绝能过程中气流总压发生变化,气流在管道中的流动,不考虑流动损失的等熵过程,则总压不变;考虑有流动损失,产生摩擦热,是熵增的过程,则总压下降;用总压恢复系数 σ 表示管道中的流动损失为

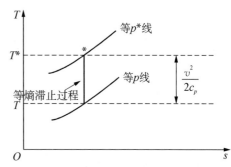

图 2.9 等熵滞止过程在 T-s 图上的表示

$$\sigma = \frac{p_2^*}{p_1^*} < 1.0 \tag{2.47}$$

临界状态为气流速度滞止到等于当地声速所对应的状态。临界参数就是临界状态的气流参数,如 p,ρ,T 等加下标"cr"表示。速度系数 λ 的定义如下:

$$\lambda = \frac{v}{a_{\mathrm{cr}}} \tag{2.48}$$

$$a_{\mathrm{cr}} = \sqrt{\frac{2k}{k+1}RT^*} \tag{2.49}$$

式中:a_{cr} 为临界声速。

速度系数 λ 与马赫数 Ma 的关系如下:

$$\lambda^2 = \frac{\dfrac{k+1}{2}Ma^2}{1 + \dfrac{k-1}{2}Ma^2} \tag{2.50}$$

由式(2.50)可以看出,$Ma = 1$,则 $\lambda = 1$.对绝能流动,T^* 不变,a_{cr} 不变,只要已

知 λ 即可求出 v。v 增加,T 降低,声速减小,当 v 达到 v_{max} 时,$Ma \rightarrow \infty$,而 λ 仍为有限值。

$T = 0$ 时,可得

$$\lambda_{max} = \sqrt{\frac{k+1}{k-1}} \tag{2.51}$$

流动的总参数与静参数之比可以写成马赫数的函数,也可以写成速度系数的函数,静总温之比、静总压之比和静总密度之比的公式如下:

$$\frac{T}{T^*} = \tau(\lambda) = \left(1 - \frac{k-1}{k+1}\lambda^2\right) \tag{2.52}$$

$$\frac{p}{p^*} = \pi(\lambda) = \left(1 - \frac{k-1}{k+1}\lambda^2\right)^{\frac{k}{k-1}} \tag{2.53}$$

$$\frac{\rho}{\rho^*} = \varepsilon(\lambda) = \left(1 - \frac{k-1}{k+1}\lambda^2\right)^{\frac{1}{k-1}} \tag{2.54}$$

由式(2.25)、式(2.50)、式(2.52)~式(2.54)可以看出:这些气动函数公式都只是速度系数(或马赫数)的简单代数式。常用的气体种类也不多,最常用的有空气、航空发动机的燃气和火箭发动机的燃气。这样就可以把一些常用的气动函数用符号表示,以速度系数(或马赫数)为自变量,做成一系列的数值表;使用时可以通过查表求出,也可以通过函数值去查对应的速度系数(或马赫数),非常方便。

参 考 文 献

[1] 童钧耕. 工程热力学(第四版)[M]. 北京:高等教育出版社,2007.
[2] 潘锦珊,单鹏. 气体动力学基础[M]. 北京:国防工业出版社,2012.

思考和练习题

1. 推导绝热过程中的 p、T 关系式。
2. 推导压气机等熵压缩功公式。
3. 推导涡轮等熵膨胀功公式。

第 3 章　航空燃气涡轮发动机的 基本工作原理

　　本章首先介绍航空发动机的主要性能指标,发动机性能方面的基本要求就是推重比高,单位迎风面积小,单位燃油消耗率低,工作稳定,可靠性好,发动机寿命长,使用成本低。然后讲解航空发动机的基本工作原理,通过理想循环和实际循环分析来解答如何设计航空发动机可获得更大推力和更低耗油率的问题。

3.1　航空发动机的主要性能指标

3.1.1　推力

　　发动机推力是气流作用在发动机内、外表面上作用力的合力,即发动机所产生的推动飞行器运动的力。在海平面标准大气条件下,发动机在静止状态的推力称为海平面静推力。对于装有矢量喷管的发动机,通过偏转喷管矢量角来改变喷管排气方向,发动机产生矢量推力。对于全方位偏转的矢量喷管,其推力可分解为轴向、飞机俯仰和偏航方向的 3 个分量。发动机设计和制造部门所提供的推力是非安装推力。发动机在飞机上安装后,与飞机进气道和飞机排气系统组成推进系统,推进系统产生的推力称为安装推力或可用推力。

　　下面介绍计算推力的公式以及非安装推力 F 和安装推力 F_e(又称有效推力)的区别。图 3.1 表示计算推进系统推力的各个控制表面,0 截面表示远前方,01 截面表示进气道进口,9 截面表示喷管出口。

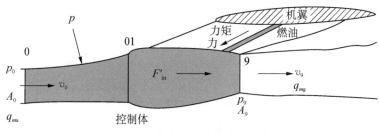

图 3.1　推力计算选取的控制体

推进系统内部所有表面的气体作用力的轴向合力 F_{in} 可用动量定理计算,即

$$F_{in} = q_{mg}v_9 - q_{ma}v_0 - p_0 A_0 - \int_0^{01} p\,dA + p_9 A_9 \tag{3.1}$$

式中:下标 in 表示内部的;q_{mg} 为燃气流量;q_{ma} 为空气流量;v_9 为推进系统排气速度;v_0 为飞行速度。

发动机各部件受力的分布示例如图 3.2 所示。

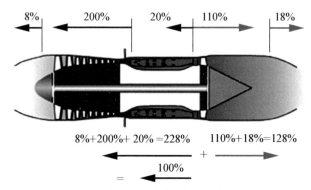

图 3.2 发动机各部件受力的分布示例

推进系统外表面的作用力由压力和摩擦力 X_f 组成,其轴向合力 F_{out} 为阻力方向,用式(3.2)表示:

$$F_{out} = -\int_{01}^{9} p\,dA - X_f \tag{3.2}$$

式中:下标 out 为外部。

由于 $F_e = F_{in} + F_{ex}$,则可得

$$F_e = q_{mg}v_9 - q_{ma}v_0 - p_0 A_0 - \int_0^{01} p\,dA + p_9 A_9 - \int_{01}^{9} p\,dA - X_f \tag{3.3}$$

如控制表面上的压力全为大气压力 p_0,沿控制表面积分,其积分值恒等于 0,即

$$\oint p\,dA = p_0 A_0 + \int_0^{01} p_0\,dA + \int_{01}^{9} p_0\,dA - p_0 A_9 = 0 \tag{3.4}$$

将式(3.3)和式(3.4)相加,则推进系统推力 F_e 的表达式为

$$F_e = q_{mg}v_9 + (p_9 - p_0)A_9 - q_{ma}v_0 - \int_0^{01}(p - p_0)\,dA - \int_{01}^{9}(p - p_0)\,dA - X_f$$

$$\tag{3.5}$$

式(3.5)中的前三项就是发动机非安装推力 F，即

$$F = q_{mg}v_9 + (p_9 - p_0)A_9 - q_{ma}v_0 \tag{3.6}$$

式中：q_{ma} 和 q_{mg} 为发动机的空气流量和排气流量；v_0 和 v_9 为飞行速度和排气速度；p_0 和 p_9 为大气压力和排气压力。

式(3.5)中的第四、五项是附加阻力和发动机外表面的压差阻力。由此可以看出：推导发动机非安装推力 F 的假设条件是发动机外表面作用着均布的大气压力，以及用远前方截面作为控制体的进口。后者使得式(3.5)包含了 0→01 截面的动量变化，实际上发动机是得不到这部分推力的，将其称为附加阻力，所以应从非安装推力中减掉。发动机在安装条件下，外表面的压力不同于大气压力，由此造成的压差阻力，也应从非安装推力中减掉。总之，从非安装推力中减掉附加阻力、压差阻力和摩擦阻力 X_f 就得到了推进系统的推力。

附加阻力是由发动机进口前"自由"流发生变化引起(见图 3.3)，特别在超声速飞行条件下，由于激波的出现(见图 3.4)，气流压力 p 将发生剧烈变化，附加阻力将增大。

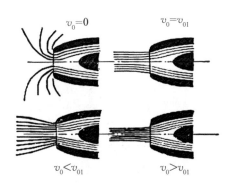 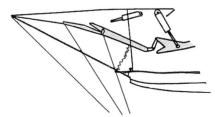

图 3.3　发动机进口前"自由"流变化　　　　图 3.4　超声速飞行时激波的出现

有时将压差阻力写成如下形式：

$$\int_{01}^{9}(p - p_0)\mathrm{d}A = \int_{01}^{I}(p - p_0)\mathrm{d}A + \int_{I}^{N}(p - p_0)\mathrm{d}A + \int_{N}^{9}(p - p_0)\mathrm{d}A \tag{3.7}$$

式(3.7)右端第一项为进气道外阻力/前体阻力，第三项为喷管/后体阻力。中间项是推进系统中段的压差阻力，由于其形状接近圆柱体，外表面在轴向的投影面积接近于零，故忽略不计。前体阻力和后体阻力的分界点选在发动机短舱或机身的最大直径处，前体阻力主要是由于进气道唇口外流分离或外罩存在激波而产生，后体阻力主要是由于外表面外流压力变化而造成。

也可将附加阻力和进气道外阻力合并，称为进气道溢流阻力，表示为 $\int_0^{I}(p -$

$p_0)dA$。

必须指出:为改进飞机性能应提高推进系统推力,除提高非安装推力外,必须重视减少进气道外阻力和喷管/后体阻力;对于亚声速飞机,由于发动机对气流扰动较小,可以近似认为 $F_e \approx F$,对于超声速飞机在超声速飞行时激波的出现,则 $F_e \neq F$,三项损失不容忽视。为此应采用飞机/发动机一体化的设计方法,由飞机设计者和发动机设计者共同努力实现。

三项阻力又称为安装损失,除以上影响因素外,还与发动机在飞机上的安装位置有关。F 又称为非安装推力,F_e 又称为安装推力。飞机机体设计必须与发动机工作相互匹配,以减小安装损失。

一般情况下,将式(3.5)右端前两项称为总推力 $F_g = q_{mg}v_9 + (p_9 - p_0)A_9$,第三项称为冲压阻力 $q_{ma}v_0$,由气体动力学可知 $q_m v + pA = p^* A f(\lambda)$,所以总推力 F_g 可写成如下形式:

$$F_g = q_{mg}v_9 + p_9 A_9 - p_0 A_9 = A_9 \left[p_9^* f(\lambda_9) - p_0 \right] \tag{3.8}$$

在发动机飞行试验和发动机压比控制中常采用这种形式的推力公式。

涡喷发动机的推力如式(3.6)所示,如果假设 $p_9 = p_0$,则

$$F = q_{mg}v_9 - q_{ma}v_0 \tag{3.9}$$

如果假设 $q_{mg} \approx q_{ma}$,则

$$F = q_{ma}(v_9 - v_0) \tag{3.10}$$

分排涡扇发动机的推力推导如下:

$$F = F_{\mathrm{I}} + F_{\mathrm{II}}$$
$$F_{\mathrm{I}} = q_{m9\,\mathrm{I}} v_{9\,\mathrm{I}} + A_{9\,\mathrm{I}}(p_{9\,\mathrm{I}} - p_0) - q_{m\,\mathrm{I}} v_0$$
$$F_{\mathrm{II}} = q_{m\,\mathrm{II}} v_{9\,\mathrm{II}} + A_{9\,\mathrm{II}}(p_{9\,\mathrm{II}} - p_0) - q_{m\,\mathrm{II}} v_0$$

式中:下标 I 为内涵;II 为外涵。

假设

$$p_{9\,\mathrm{I}} = p_{9\,\mathrm{II}} = p_0 \tag{3.11}$$

$$q_{m9\,\mathrm{I}} \approx 9_{m\,\mathrm{I}} \tag{3.12}$$

则分排涡扇发动机的推力为

$$F = q_{m\,\mathrm{I}} \left[(v_{9\,\mathrm{I}} - v_0) + B(v_{9\,\mathrm{II}} - v_0) \right] \tag{3.13}$$

$$B = \frac{q_{m\,\mathrm{II}}}{q_{m\,\mathrm{I}}} \tag{3.14}$$

式中:B 为涵道比,定义为外涵流量与内涵流量之比,如图 3.5 所示。

在推导混排涡扇发动机的推力时,式(3.11)和式(3.12)同样作为假设,具体

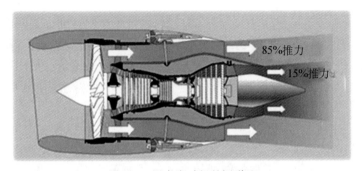

图 3.5　涡扇发动机的涵道比

如下:

$$F = q_{m9\sum} v_9 + A_9 (p_9 - p_0) - q_{m\sum} v_0$$

$$q_{m9\sum} = q_{m9\,\mathrm{I}} + q_{m\mathrm{II}}$$

$$q_{m\sum} = q_{m\mathrm{I}} + q_{m\mathrm{II}}$$

$$F = q_{m\,\mathrm{I}} (1 + B)(v_9 - v_0) + A_9 (p_9 - p_0)$$

式中:下标$\sum$为内外涵之和。

则混排涡扇发动机的推力为

$$F = q_{m\,\mathrm{I}} (1 + B)(v_9 - v_0) \tag{3.15}$$

需要注意的是,发动机推力大小仅仅反映飞机的推力需求,并不能反映不同推力等级的发动机之间的性能优劣。

3.1.2　单位推力

单位推力 F_s 是每秒通过发动机的每公斤工质产生的推力,单位为 N·s/kg,公式如下:

$$F_s = \frac{F}{q_{ma}} \tag{3.16}$$

它是喷气发动机的一个重要性能指标。完全膨胀并假设 $q_{mg} \approx q_{ma}$,则

$$F_s = v_9 - v_0 \tag{3.17}$$

在一定的设计推力要求下,单位推力越大,空气质量流量的设计值越小,相应的发动机尺寸和重量也越小。现代先进军用涡扇发动机在加力状态下的单位推力可达 $120 \sim 140 \, \mathrm{daN \cdot s/kg}$,在不加力状态可达 $80 \sim 90 \, \mathrm{daN \cdot s/kg}$。

3.1.3　推重比和功重比

推力重量的比值简称推重比。发动机推重比是在海平面静止条件下发动机最大推力与重量(力)之比,是发动机重要性能指标之一。发动机推重比直接影响飞机

飞行性能和载重,提高推重比是发动机的一个重要发展趋势。国际上已经服役的第四代先进超声速战斗机使用的加力涡扇发动机的推重比已达到 10,正在研制推重比达到 15~16 的技术验证机,并已经着手研究推重比为 20 的发动机关键技术。飞机推重比是在海平面静止条件下发动机最大推力和飞机起飞重量(力)之比,是重要的飞机总体设计参数,它对飞机的尺寸、重量以及主要飞行性能都有很大影响。有时还用到飞机作战推重比。现代战斗机的起飞推重比可达 0.7~1.2,而运输机和旅客机的起飞推重比约为 0.25~0.4。

功率重量的比值简称功重比。发动机轴功率或当量功率与发动机重量之比是评定涡轴和涡桨发动机的重要性能指标之一。功率重量比越大,发动机越轻巧,可减少飞机质量和提高飞机性能。活塞发动机的功重比接近 2 kW/daN,涡轴和涡桨发动机的功重比最大可达 7 kW/daN 左右。

3.1.4　耗油率

耗油率又称单位燃油消耗率,对于涡喷和涡扇发动机,它表示发动机产生 1 N 推力时每小时消耗的燃油量 q_{mf},单位为 kg/(N·h),公式如下:

$$SFC = \frac{3\,600 q_{mf}}{F} = \frac{3\,600 f}{F_s} \tag{3.18}$$

式中:f 为油气比,$f = q_{mf}/q_{ma}$。

对于活塞式发动机、涡轴和涡桨发动机,耗油率为燃油质量流量与轴功率或当量功率之比,单位为 kW·s/kg。

耗油率是发动机的重要性能指标之一。在海平面条件下,现代军用加力喷气发动机的起飞状态耗油率约为 2 kg/(daN·h);民用大涵道比涡扇发动机的起飞状态耗油率约为 0.3~0.5 kg/(N·h);涡桨或涡轴发动机的起飞状态耗油率约为 0.25~0.4 kg/(kW·h)。

涡桨发动机性能指标有效功率 P_e、螺旋桨功率 P_p、推进功率 P_p'、推进效率 η_p 和螺旋桨拉力 F_p、喷气推力 F_9、总推力 F 和耗油率 SFC,定义分别如下:

$$P_e = q_{mg} l_{Te} \tag{3.19}$$

式中:l_{Te} 为单位质量流量的涡轮输出至螺旋桨的有效功,下标 e 为有效的。

$$P_p = P_e \eta_m \tag{3.20}$$

式中:下标 p 为螺旋桨;η_m 为机械效率。

$$P_p' = P_p \, \eta_p = F_p v_0 \tag{3.21}$$

$$F_p = \frac{P_p \, \eta_p}{v_0} \tag{3.22}$$

$$F_p = P_p'/v_0 \tag{3.23}$$

$$F_9 = q_{ma}(v_9 - v_0) \tag{3.24}$$

$$F = F_p + F_9 \tag{3.25}$$

$$\mathrm{SFC} = \frac{3\,600 q_{mf}}{P_p} \tag{3.26}$$

当量功率 P_{eq} 和当量耗油率 SFC_{eq} 定义如下:

$$P_{eq} = \frac{(F_p + F_9)v_0}{\eta_p} = P_p + \frac{F_9 v_0}{\eta_p} \tag{3.27}$$

式中:下标 eq 为当量。

$$\mathrm{SFC}_{eq} = \frac{3\,600 q_{mf}}{P_{eq}} \tag{3.28}$$

涡轴发动机性能指标,功率 P、单位功率 P_s、耗油率 SFC 定义如下:

$$P = \eta_m q_{mg} l_{Te} \tag{3.29}$$

$$P_s = P_e / q_{mg} \tag{3.30}$$

$$\mathrm{SFC} = \frac{3\,600 q_{mf}}{P} \tag{3.31}$$

3.1.5　热效率、推进效率和总效率

从能量转变观点,发动机是将燃油化学能转变为推动飞机前进的推进功率,图 3.6 描述了这个能量转变过程,其中发动机作为热机将燃油化学能转变为可用功(气流的动能增量),发动机作为推进器将气流的动能增量转变为推进功率。进入发动机的空气流量为 $q_{ma}(\mathrm{kg/s})$,燃油流量为 $q_{mf}(\mathrm{kg/s})$,燃气流量为 $q_{mg}(\mathrm{kg/s})$,H_u 为燃油低热值,η_b 为燃烧效率。

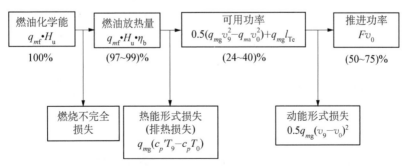

图 3.6　发动机能量转变过程

3.1.5.1　热效率

热效率 η_t 是发动机的可用功率 l_e 和燃油化学能 q_0 之比,定义如下:

$$\eta_{\mathrm{t}} = \frac{l_{\mathrm{e}}}{q_0} \qquad (3.32)$$

式中：下标 t 表示热；e 表示有效的，可用的。q_0 为对 1 kg 工质的加热量，l_{e} 为 1 kg 工质产生的机械能。

加入燃烧室的燃油流量完全燃烧释放的总热量 Q_0、对 1 kg 工质的加热量 q_0 以及实际释放的热量 q_1 的计算公式分别如下：

$$Q_0 = q_{mf} H_{\mathrm{u}} \qquad (3.33)$$

$$q_0 = \frac{q_{mf}}{q_{ma}} H_{\mathrm{u}} = f H_{\mathrm{u}} \qquad (3.34)$$

$$q_1 = q_0 \eta_{\mathrm{b}} \qquad (3.35)$$

式中：η_{b} 为燃烧效率。

每秒流过涡喷发动机的 1 kg 工质的能量守恒方程为

$$c_p T_0 + \frac{v_0^2}{2} + l_{\mathrm{Cu}} + q_0 \eta_{\mathrm{b}} = l_{\mathrm{Tu}} + q_{\mathrm{out}} + \frac{v_9^2}{2} + c_p T_9 \qquad (3.36)$$

式中：l_{Tu} 为涡轮轮缘功；q_{out} 为排出热量。

对涡喷发动机而言，$l_{\mathrm{Cu}} = l_{\mathrm{Tu}}$。

发动机作为热机，只能把燃油的一部分化学能转变为可用功率，其余大部分以热能形式随燃气排入大气，无法利用。热效率表示燃油化学能的利用程度，是衡量发动机经济性的重要性能指标之一。热效率的大小取决于发动机类型、飞行条件、发动机循环参数及其部件的性能参数。

3.1.5.2　推进效率

推进效率 η_{p} 是发动机所产生的推进功率与可用功率之比。喷气发动机本身就是推进器，它把一部分可用功率转变为推进功率，其余部分以动能形式散失在大气中，所以推进效率是衡量发动机作为推进器的经济性的重要指标。

发动机每公斤工质单位时间对飞机所做推进功为

$$N_{\mathrm{p}} = F_{\mathrm{s}} \cdot v_0 = (v_9 - v_0) v_0 \qquad (3.37)$$

涡喷发动机机械能：

$$l = \frac{1}{2}(v_9^2 - v_0^2) \qquad (3.38)$$

涡喷发动机推进效率：

$$\eta_{\mathrm{p}} = \frac{(v_9 - v_0) v_0}{\dfrac{v_9^2 - v_0^2}{2}}$$

$$\eta_{\mathrm{p}} = \frac{2v_0}{v_0 + v_9} = \frac{2}{1 + \dfrac{v_9}{v_0}} \tag{3.39}$$

推进效率与 v_9/v_0 成反比。两种极端情况,当 $v_0 = 0$ 时,$\eta_{\mathrm{p}} = 0$,即飞行速度为 0 时,推进效率为 0,因为发动机产生推力,但不做推进功;当 $v_9 = v_0$ 时,$\eta_{\mathrm{p}} = 0$,因为 $F_{\mathrm{s}} = 0$。$v_9 \neq v_0$,$0 \leqslant \eta_{\mathrm{p}} < 1(0.5 \sim 0.75)$,机械能到推进功的转换必有"损失"。随着飞行速度增大,推进效率增加。

损失 = 机械能 − 推进功 = $\dfrac{1}{2}(v_9 - v_0)^2$,在绝对坐标系中气流以绝对速度 $(v_9 - v_0)$ 排出发动机所带走的能量称为"余速损失"。

以螺旋桨为推进器时,其推进效率就是螺旋桨效率。

3.1.5.3　总效率

总效率 η_0 是发动机所产生的推进功率与燃油化学能之比,即热效率和推进效率的乘积,是全面评定发动机经济性的重要性能指标。

$$\eta_0 = \frac{F_{\mathrm{s}} v_0}{q_0} \tag{3.40}$$

$$\eta_0 = \eta_{\mathrm{t}} \eta_{\mathrm{p}} \tag{3.41}$$

总效率表示发动机作为热机＋推进器的效率,描述发动机经济性指标,一般情况下,总效率 = 0.2～0.3。涡喷发动机在一般飞行条件下,总效率为 0.15～0.25,在高速飞行时可达 0.4 以上。

以涡喷为例,由式(3.18)、式(3.34)和式(3.40)可得出总效率 η_0 和耗油率 SFC 的关系为

$$\mathrm{SFC} = \frac{3\,600 v_0}{H_{\mathrm{u}} \eta_0} = \frac{3\,600 a_0 M a_0}{H_{\mathrm{u}} \eta_0} \tag{3.42}$$

在同样飞行速度下,可以用 η_0 或 SFC 来比较发动机的经济性。而在不同飞行速度下,只能用 η_0 来衡量发动机的经济性。发动机地面试车时,飞行速度为零,总效率也为零,无法用总效率来评价发动机的经济性,此时用耗油率作为性能指标。

3.1.6　发动机总效率对飞机燃油利用率的影响

飞机的经济性不仅仅取决于发动机耗油率,应该用飞机燃油利用率来代表飞机的经济性。在巡航时,发动机推力 F = 飞机阻力 X,飞机升力 Y = 飞机重力 W,则飞机燃油利用率的定义和计算公式可写成

$$飞机燃油利用率 \left(\frac{\mathrm{t \cdot km}}{\mathrm{kg}} \right) = \frac{商务载重\ P_{\mathrm{S}}(\mathrm{t}) \cdot 航程\ L(\mathrm{km})}{消耗的燃油\ W_{\mathrm{f}}(\mathrm{kg})}$$

$$飞机燃油利用率 = \frac{P_\mathrm{S} \cdot Y \cdot L/T}{W \cdot X \cdot W_\mathrm{f}/F/T} = \frac{P_\mathrm{S}}{W} \cdot \frac{Y}{X} \cdot \frac{v_0}{\mathrm{SFC}} \tag{3.43}$$

式中:T为飞行时间;P_S/W为飞机结构设计水平,与飞机结构重量和发动机重量有关;Y/X为升阻比,表示飞机气动设计水平;v_0/SFC比例于发动机总效率,表示发动机经济性。

由式(3.43)可知,提高飞机经济性要从以上几个方面着手,提高发动机总效率是其中的一个重要方面。

3.2　航空发动机的基本工作原理

本节的学习将有助于理解如何设计发动机可以获得更大的机械能(更大推力)和更高的热效率;如何设计发动机可以减少余速损失,获得更高的推进效率;以及在满足推力需求的同时,怎么可以获得更高的总效率(更低的耗油率)的问题。

3.2.1　理想循环

理想循环也称布莱顿(Braton)循环,即燃气轮机工作时,不断地从外界吸入空气,经过一系列热力过程,最后从喷管排出,排出后气体在外界逐步散失能量最终达到与外界大气平衡,构成一个不断循环的过程。

理想循环需做如下假设:

(1) 工质为空气,完全气体,定比热比。

(2) 忽略流动损失。

(3) 一维定常流,气流在尾喷管达到完全膨胀。

(4) 除进口自由流、尾喷管出口截面采用气流静参数外,其他截面采用总参数。

3.2.1.1　涡喷发动机理想循环

涡喷发动机的截面符号如图3.7所示。涡喷发动机理想循环由4个热力过程组成:0→3:等熵压缩;3→4:等压加热;4→9:等熵膨胀;9→0:等压放热。

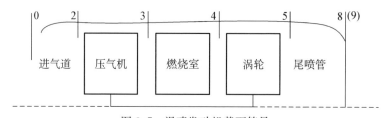

图 3.7　涡喷发动机截面符号

描述热力循环过程的参数有:增压比 π、增温比 Δ、压缩功 l_c、膨胀功 l_p、加热量 q_1 和放热量 q_2。将热力过程和上述各参数描述在 $p\text{-}V$(压-容)图和 $T\text{-}s$(温-熵)图上,如图3.8和图3.9所示。发动机理想循环的压缩功为图3.8中"$a03^*ba$"所包围的面积,膨胀功为图3.8中"$a94^*ba$"所包围的面积。发动机理想循环的加热量 q_1 为图3.9中加热过程 $3^* \to 4^*$ 以下的面积,放热量 q_2 为放热过程 $9 \to 0$ 以下的面积。

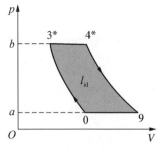
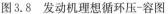
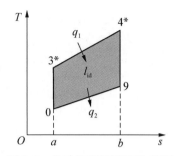

图 3.8 发动机理想循环压-容图　　图 3.9 发动机理想循环温-熵图

增压比 π 是等压加热($3^* \to 4^*$)压力与等压放热($9 \to 0$)压力之比,表示气流压力增加程度:

$$\pi = \frac{p_3^*}{p_0} \tag{3.44}$$

增温比 Δ 是燃烧室出口(4^*)温度与外界(0)温度之比,表示气流温度增加程度:

$$\Delta = \frac{T_4^*}{T_0} \tag{3.45}$$

压缩功 l_c 和膨胀功 l_p 如下:

$$l_c = c_p(T_3^* - T_0) = c_p T_0 (\pi^{*\frac{k-1}{k}} - 1) \tag{3.46}$$

$$l_p = c_p(T_4^* - T_9) = c_p T_4^* \left(1 - \frac{1}{\pi^{*\frac{k-1}{k}}}\right) \tag{3.47}$$

加热量 q_1 和放热量 q_2 如下:

$$q_1 = c_p(T_4^* - T_3^*) \tag{3.48}$$

$$q_2 = c_p(T_9 - T_0) \tag{3.49}$$

理想循环功和热效率如下:

$$l_{id} = q_1 - q_2 = l_p - l_c \tag{3.50}$$

$$\eta_{t,\ id} = \frac{q_1 - q_2}{q_1} = \frac{l_{id}}{q_1} \tag{3.51}$$

式中:下标 id 表示理想状态。

理想循环功=循环过程所包围的面积,理想循环热效率=理想循环功占加热量的比值,如图 3.8 和图 3.9 所示。

研究理想循环的目的就是解答如何获得尽可能大的循环功以及如何获得尽可

能高的循环热效率的问题。

下面进行理想循环热效率的公式推导。

$$\eta_{\text{t, id}} = 1 - \frac{q_2}{q_1} = 1 - \frac{c_p(T_9 - T_0)}{c_p(T_4^* - T_3^*)} = 1 - \frac{c_p T_0 (T_9/T_0 - 1)}{c_p T_3^* (T_4^*/T_3^* - 1)}$$

由于等压加热和等压放热,气体压力有如下关系式:

$$\frac{p_3^*}{p_0} = \frac{p_4^*}{p_9}$$

由于等熵绝热过程,有如下温比关系:

$$\left(\frac{p_3^*}{p_0}\right)^{\frac{k}{k-1}} = \left(\frac{p_4^*}{p_9}\right)^{\frac{k}{k-1}}$$

$$\frac{T_9}{T_0} = \frac{T_4^*}{T_3^*}$$

将温比关系代入理想循环热效率公式中,得

$$\eta_{\text{t, id}} = 1 - \frac{1}{T_3^*/T_0} = 1 - \frac{1}{\pi^{*\frac{k-1}{k}}} \tag{3.52}$$

由式(3.52)可见,理想循环热效率,只与循环增压比有关,且与循环增压比成正比。增压比越高说明将热能转换为机械能的能力越强。

理想循环功的计算公式推导如下:

$$l_{\text{id}} = q_1 \eta_{\text{t, id}} = c_p(T_4^* - T_3^*)\eta_{\text{t, id}} = c_p T_0 \left(\frac{T_4^*}{T_0} - \frac{T_3^*}{T_0}\right)\left(1 - \frac{1}{\pi^{*\frac{k-1}{k}}}\right) \tag{3.53}$$

由绝热方程,可知 $\frac{T_3^*}{T_0} = \pi^{*\frac{k-1}{k}}$,令

$$e = \pi^{*\frac{k-1}{k}} \tag{3.54}$$

则理想循环功的计算公式为

$$l_{\text{id}} = c_p T_0 (\Delta - e)\left(1 - \frac{1}{e}\right) \tag{3.55}$$

由式(3.55)可知,理想循环功与循环增温比成正比;存在有使理想循环功达最大的循环增压比,称为最佳增压比 π_{opt}^*。存在的原因为:当循环增压比 $\pi^* = 1$ 时,因热效率为0,循环功为0;循环增压比增高到使 $e = \Delta$ 时,因循环加热量为0,循环功再次为0;其在 $T\text{-}s$ 图上的表示如图3.10所示。π^* 一定时,Δ 对理想循环功的影响如图3.11所示。增压比对理想循环功和热效率影响的示例如图3.12和图3.13所示。

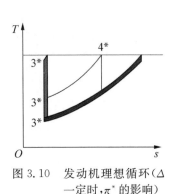

图 3.10　发动机理想循环（Δ 一定时，π^* 的影响）

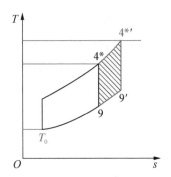

图 3.11　发动机理想循环（π^* 一定时，Δ 的影响）

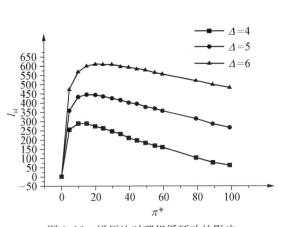

图 3.12　增压比对理想循环功的影响

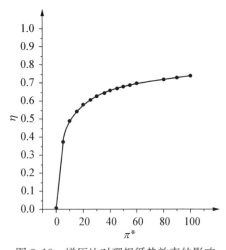

图 3.13　增压比对理想循热效率的影响

由理想循环功的公式，求循环功对增压比的偏导数，并令其等于 0，获得最佳增压比如下：

$$\pi_{\mathrm{opt}}^* = \Delta^{\frac{k}{2(k-1)}} \tag{3.56}$$

综上分析可以得出理想循环分析的重要结论：

（1）提高循环温比是增加理想循环功的主要途径之一。

（2）在循环温比一定的条件下，存在最佳增压比，对应的理想循环功最大。

（3）循环最佳增压比随循环温比的提高而增加，为获得更大的理想循环功，应当提高温比的同时提高增压比。

（4）为提高循环热效率，应尽可能提高循环增压比。

因此，高增压比 π^* 和高燃烧室出口温度 T_4^* 是提高发动机理想循环功和改善热效率的重要途径。

3.2.1.2 涡扇发动机理想循环

分开排气(简称分排)涡扇发动机理想循环分为外涵和内涵气流理想循环热力过程,发动机截面符号如图 3.14 所示。外涵气流理想循环热力过程:0→22 等熵压缩,22→9Ⅱ等熵膨胀;内涵气流理想循环热力过程:0→3 等熵压缩,3→4 等压加热,4→9Ⅰ等熵膨胀,9Ⅰ→0 等压放热。其中,Ⅰ表示内涵道,Ⅱ表示外涵道。

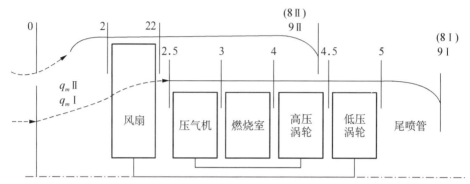

图 3.14 分排涡扇发动机截面符号

分排涡扇发动机外涵道的理想循环只有等熵增压和等熵膨胀过程,没有加热过程 $p_0 = p_{9Ⅱ}$,如图 3.15 所示,压缩功等于膨胀功,因此不产生循环功。分排涡扇发动机内涵道的理想循环如图 3.16 所示,其中 4.5 截面是高、低压涡轮的分界面。

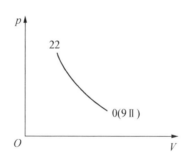

图 3.15 分排涡扇发动机外涵
道的理想循环

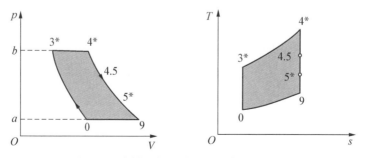

图 3.16 分排涡扇发动机内涵道的理想循环

进行分排涡扇发动机热效率的计算。首先,将分排涡扇与"同参数"的涡喷进行比较。分排涡扇与涡喷发动机"同参数"的含义是:涡扇发动机内涵空气流量与涡喷发动机相同,内涵总增压比与涡喷发动机相同,涡轮前温度和燃油流量分别相同,则"同参数"的不同类型发动机,加热量 q_0 相同,机械能 l 相同;作为热机,只要"同参数",则具有相同的热效率。也就是说,与涡喷发动机"同参数"的涡扇发动机具有相同的热力循环、理想循环功及理想循环热效率;那么涡喷发动机热力循环分析的重要结论就同样适用于涡扇发动机。

分排涡扇的机械能 l 推导如下所示。

内涵:
$$c_p T_0 + \frac{v_0^2}{2} + l_{CI} + q_0 \eta_b = l_T + q_{out} + \frac{v_{9I}^2}{2} + c_p T_{9I}$$

外涵:
$$c_p T_0 + \frac{v_0^2}{2} + l_{CII} = \frac{v_{9II}^2}{2} + c_p T_{9II}$$

$$l_T - l_{CI} = B l_{CII}$$

$$l = \left(\frac{v_{9I}^2 - v_0^2}{2} \right) + B \left(\frac{v_{9II}^2}{2} - \frac{v_0^2}{2} \right)$$

如果 $v_{9I} = v_{9II}$,则

$$l = (1+B)\left(\frac{v_{9I}^2 - v_0^2}{2} \right) \tag{3.57}$$

分排涡扇发动机与涡喷发动机内涵气流热力循环的区别,仅在于在 $4^* \to 9$ 的膨胀过程;如图 3.17 所示,$4^* \to 4.5^*$ 为压缩内涵气流(含风扇内涵和压气机)提供的涡轮功 l_{TI},$4^* \to 5^*$ 为压缩风扇外涵气体提供的涡轮功 l_{TII},$5^* \to 9$ 转换为动能 $e = v_{9I}^2 / 2$。

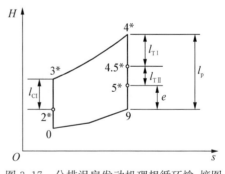

图 3.17　分排涡扇发动机理想循环焓-熵图

下面讲解质量附加原理。假设不考虑从内涵气流向外涵气流能量传递过程的损失,且气流在尾喷管出口达到完全膨胀。通过公式推导比较"同参数"涡喷发动机和涡扇发动机的排气速度和推力大小。下标"J"表示涡喷,下标"F"表示涡扇。

假定分排涡扇:
$$v_{9I} = v_{9II} = v_{9F}$$

因为循环功相同,则

$$q_{maJ}\left(\frac{v_{9J}^2 - v_0^2}{2} \right) = (q_{maI} + q_{maII})\left(\frac{v_{9F}^2 - v_0^2}{2} \right)$$

$$q_{maJ} = q_{maI} = q_{ma}$$

$$q_{maF} = q_{ma} + q_{ma\mathrm{II}} = q_{ma}(1+B)$$

$$\frac{v_{9J}^2 - v_0^2}{2} = (1+B)\left(\frac{v_{9F}^2 - v_0^2}{2}\right) \tag{3.58}$$

因为 $B = \dfrac{q_{ma\mathrm{II}}}{q_{ma\mathrm{I}}} > 0$,所以

$$v_{9F} < v_{9J}$$

$$F_J = q_{ma}(v_{9J} - v_0)$$

$$F_F = q_{maF}(v_{9F} - v_0) = q_{ma\mathrm{I}}(1+B)(v_{9F} - v_0) \tag{3.59}$$

同参数 $q_{ma} = q_{ma\mathrm{I}}$,则

$$\frac{F_F}{F_J} = \frac{q_{ma\mathrm{I}}(1+B)(v_{9F} - v_0)}{q_{ma}(v_{9J} - v_0)} \tag{3.60}$$

联立式(3.58)和式(3.60),可得

$$\frac{F_F}{F_J} = \frac{v_{9J} + v_0}{v_{9F} + v_0} > 1 \tag{3.61}$$

当 $v_0 = 0$ 时,则

$$\frac{F_F}{F_J} = \sqrt{1+B} \tag{3.62}$$

由式(3.58)~式(3.62)可以看出,在"同参数"条件下涡扇发动机的排气速度低,涡扇发动机使更多的工质(内外涵气流之和)参与做功,因此推力更大。B 越大,速度越低、推力越大,这就是质量附加原理。

当内、外涵尾喷管完全膨胀且排气速度相同时,则

$$v_{9\mathrm{I}} = v_{9\mathrm{II}} = v_9$$

$$p_{9\mathrm{I}} = p_{9\mathrm{II}} = p_0$$

$$F_s = (v_{9\mathrm{I}} - v_0) + B(v_{9\mathrm{II}} - v_0) = (1+B)(v_{9\mathrm{I}} - v_0)$$

$$l = \frac{1}{2}(1+B)(v_{9\mathrm{I}}^2 - v_0^2)$$

$$\eta_p = \frac{2}{1 + \dfrac{v_{9\mathrm{I}}}{v_0}} \tag{3.63}$$

由式(3.63)可以看出,涡扇发动机的推进效率公式形式与涡喷发动机相同。下面来比较涡扇发动机与涡喷发动机的推进效率的大小,通过推导可以得到

$$\eta_{pJ} = \frac{2v_0}{v_{9J} + v_0}$$

$$\eta_{pF} = \frac{2v_0}{v_{9F} + v_0}$$

$$\frac{\eta_{pF}}{\eta_{pJ}} = \frac{v_{9J} + v_0}{v_{9F} + v_0} > 1 \tag{3.64}$$

$$\eta_{0F} > \eta_{0J} \tag{3.65}$$

$$\frac{\mathrm{SFC_F}}{\mathrm{SFC_J}} = \frac{3\,600 q_{mF}/F_F}{3\,600 q_{mF}/F_J} = \frac{\eta_{0J}}{\eta_{0F}} < 1 \tag{3.66}$$

同参数条件下,因循环功、加热量均相同,热效率相同。涡喷发动机将从热能中获取机械能完全用于增加气流动能,v_9 较高;涡扇发动机将从热能中获取的机械能除用于增加内涵气流的动能外,还用于增加外涵气流的动能,因此 $v_{9\mathrm{I}}$($v_{9\mathrm{II}}$)较低。假定在不考虑损失的理想情况下,当 $v_{9\mathrm{I}} = v_{9\mathrm{II}}$ 时,分排涡扇发动机的推进效率更高,且涵道比越大,推进效率越高;更高的推进效率使涡扇发动机的总效率提高、耗油率降低。一般情况下,$B = 0.3 \sim 1.5$ 时,$sfc = 0.055 \sim 0.07\,\mathrm{kg/(N \cdot h)}$;$B = 5 \sim 8$ 时,$\mathrm{SFC} = 0.03 \sim 0.04\,\mathrm{kg/(N \cdot h)}$。

混合排气(简称混排)涡扇发动机理想循环分为外涵、内涵和内外涵气流掺混后气流理想循环热力过程;发动机截面符号如图 3.18 所示。外涵气流理想循环热力过程:0→22 等熵压缩;22(5II)→6 等压加热;内涵气流理想循环热力过程:0→3 等熵压缩;3→4 等压加热;4→5 等熵膨胀;5→6 等压放热;内外涵气流掺混后:6→9 等熵膨胀。

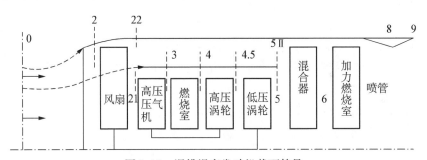

图 3.18　混排涡扇发动机截面符号

混排涡扇发动机理想循环的 p-V 图如图 3.19 所示,混排发动机理想循环的 T-s 图如图 3.20 所示。

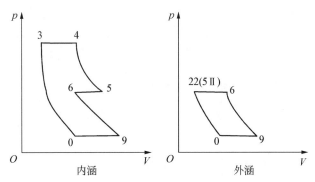

图 3.19　混排涡扇发动机理想循环 p-V 图

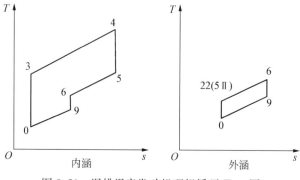

图 3.20　混排涡扇发动机理想循环 $T-s$ 图

与涡喷发动机相比,混排涡扇发动机内涵理想循环缺少的循环过程所包围的面积,在理想情况下恰好等于外涵循环过程包围的面积。

根据质量附加原理,混排涡扇发动机在一定条件下比涡喷发动机具有更高的推进效率。

3.2.1.3　涡桨和涡轴发动机理想循环

涡桨和涡轴发动机理想循环与分开排气涡扇发动机内涵气流理想循环热力过程是一样的。也就是说,与涡喷发动机"同参数"的涡扇发动机、涡桨发动机、涡轴发动机具有相同的热力循环、理想循环功及理想循环热效率;那么涡喷发动机热力循环分析的重要结论就同样适用于涡桨和涡轴发动机。

根据质量附加原理,涡桨发动机在一定条件下比涡喷发动机具有更高的推进效率。涡喷、涡扇、涡桨和涡轴发动机的推进效率比较如图 3.21 所示。涡喷、涡扇和涡桨发动机的工作过程比较如图 3.22 所示。

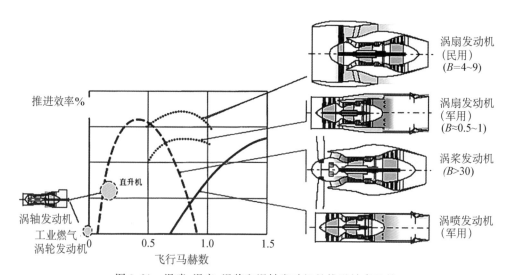

图 3.21　涡喷、涡扇、涡桨和涡轴发动机的推进效率比较

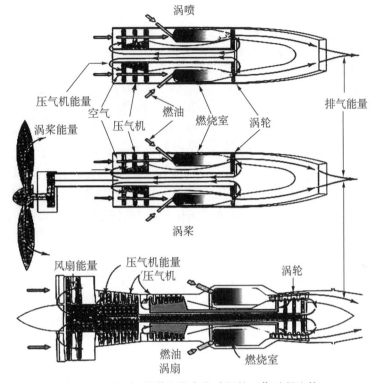

图 3.22　涡喷、涡桨和涡扇发动机的工作过程比较

3.2.2　实际循环

航空发动机的实际循环,由于各部件损失和热力过程具有不可逆性,其组成为多变(不等熵)压缩过程、不等压加热过程、多变(不等熵)膨胀过程和等压放热过程(当 $p_9 = p_0$ 时);加热前后气体工质的成分发生变化,在燃烧室之前是空气,经燃烧室后变成为燃气;并且实际循环的比定压热容随着气体的成分和温度的变化而变化。实际循环的 $p\text{-}V$ 图和 $T\text{-}s$ 图如图 3.23 和图 3.24 所示。

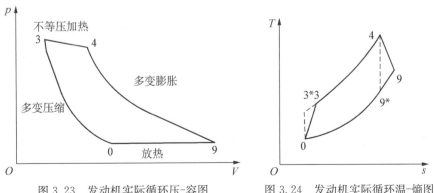

图 3.23　发动机实际循环压-容图　　　图 3.24　发动机实际循环温-熵图

实际循环的加热量,由于进气道和压气机中的摩擦加热的结果,使得燃烧室中进行的加热过程的加热量减少了。实际循环的放热量,由于从尾喷管排出的燃气温度增加了,造成燃气在大气中的放热量也增加了。

实际循环的循环有效功和热效率(有效效率)为

$$l_e = f(\pi^*, \Delta, \eta_C, \eta_T, \eta_b, \sigma, \cdots)$$
$$\eta_e = f(\pi^*, \Delta, \eta_C, \eta_T, \eta_b, \sigma, \cdots)$$

实际循环有效功随温比、增压比的变化规律与理想循环相同:要获得更大的有效功,必须提高温比,即 T_4^* 存在最佳增压比 π_{opt}^*,使有效功最大,且与温比成正比;在相同温比和增压比条件下,实际循环有效功低于理想循环功。由于热力过程损失的存在,实际循环热效率除受增压比影响外,还受温比以及压缩过程和膨胀过程效率影响,并且比理想循环热效率要低;存在使循环热效率达最大的最佳增压比 π_{eco}^*,因为过高的增压比使循环加热量减小,损失所占加热量比重加大;提高循环温比使循环热效率提高,因为循环温比增加使燃烧室加热量增加,损失所占加热量比重减小;$\pi_{opt}^* < \pi_{eco}^*$。增压比对实际循环功和热效率影响的示例如图3.25和图3.26所示,其中 $\Delta = 5$,$T_1 = 15℃ = 288\,\mathrm{K}$,$T_3 = 1440\,\mathrm{K}$,$\pi_{opt}^* \approx 15$,$\pi_{eco}^* \approx 30$。

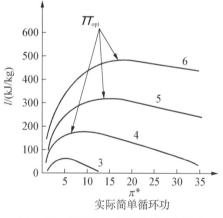

图3.25 增压比对实际循环功的影响

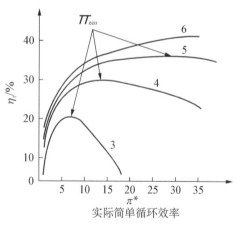

图3.26 增压比对实际循热效率的影响

提高部件效率有利于增加循环功和热效率。压气机效率 η_C 为理想等熵压缩功与实际压缩功之比,一般情况下压气机效率(0.85~0.9);涡轮效率 η_T 为实际膨胀功与理想等熵膨胀功之比,一般情况下涡轮效率(0.85~0.92);压气机和涡轮的效率越高,损失越小,循环功和热效率越高。压气机和涡轮的效率对实际循环功和热效率的影响如图3.27和图3.28所示。

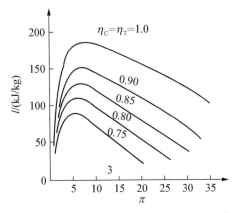
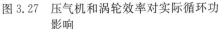

图 3.27　压气机和涡轮效率对实际循环功
　　　　　影响

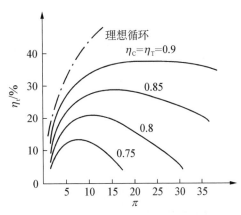

图 3.28　压气机和涡轮效率对实际循环热效
　　　　　率影响

实际循环的总压恢复系数 σ，以燃烧室为例，定义如下：

$$\sigma_b = \frac{p_4^* - \Delta p_b^*}{p_3^*} \tag{3.67}$$

航空发动机总压恢复系数

$$\sigma = \sigma_1 \sigma_b \sigma_9 < 1 \tag{3.68}$$

总压恢复系数反映了进气压力损失 Δp_1^*、燃烧室压力损失 Δp_b^* 和排气管道压力损失 Δp_9^*，压力损失使涡轮膨胀比小于压气机增压比，导致输出循环功和热效率均下降。降低压力损失有利于提高实际循环有效功和热效率。总压恢复系数对实际循环功和热效率的影响如图 3.29 和图 3.30 所示。

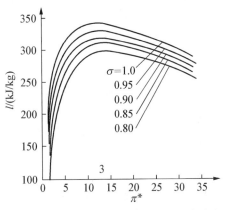

图 3.29　总压恢复系数对实际循环功影响

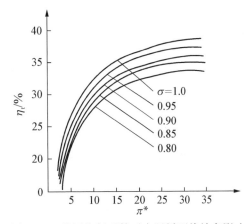

图 3.30　总压恢复系数对实际循环热效率影响

参 考 文 献

[1] 朱之丽,陈敏,唐海龙,等. 航空燃气涡轮发动机工作原理及性能[M]. 上海:上海交通大学出版社,2014.

[2] 廉小纯,吴虎. 航空发动机原理[M]. 西安:西北工业大学出版社,2005.

思考和练习题

1. 衡量涡喷发动机和涡桨发动机的性能指标有哪些?

2. 说明使用推力计算公式 $F = q_{ma}(v_9 - v_0)$ 时,做了哪些假设条件。

3. 什么是附加阻力? 其物理本质又是什么?

4. 某发动机在海平面静止条件下不加力推力为 70 kN,加力推力为 120 kN,空气流量为 100 kg/s,计算其不加力单位推力 F_s 和加力单位推力 F_{sj} 各等于多少?

5. 同上题条件,若发动机不加力耗油率为 0.78 kg/(daN·h),加力耗油率为 2.0 kg/(daN·h),试问在不加力和加力时每小时消耗多少公斤燃油?

6. F100 – PW – 100 发动机的涵道比为 0.63,通过发动机的空气质量流量为 103.4 kg/s,试问流过外涵和内涵的空气质量流量各为多少?

7. 已知发动机尾喷管出口处的气流速度为飞行速度的两倍,而加入发动机的总热量有 25% 用来增加气流的动能,试求发动机的总效率。

8. 具有收敛型尾喷管的某涡喷发动机在地面试车时,已知 $p_{t9} = 2.5 \times 105\,Pa$,$T_{t9} = 887\,K$,$q_{m9} = 50.7\,kg/s$,周围大气压力 $p_0 = 1.013\,25 \times 105\,Pa$。试计算发动机的推力。

9. 协和号飞机装有奥林巴斯 593 涡喷发动机,在 $H = 15\,545\,m$,$Ma = 2.0$ 巡航飞行时发动机排气速度 $v_9 = 1\,009\,m/s$。试计算发动机推进效率(设周围大气压力 $p_0 = 0.11 \times 105\,Pa$,$T_0 = 216.7\,K$)。

10. 在第 8 题的条件下,发动机耗油率 sfc 大约为 1.19 kg/(kgf·h),试计算发动机的热效率和总效率。

11. 推导涡喷发动机的理想循环热效率、循环功和最佳增压比的公式。

12. 证明涡扇发动机的质量附加原理,为什么涡扇发动机的经济性优于涡喷发动机? 主要是减少了什么损失?

13. 假设在标准大气条件下 $T_0 = 288\,K$,发动机增压比 $\pi = 40$,涡轮进口前总温 $T_{t4} = 1700\,K$,试计算理想循环的热效率和理想循环的循环功。

14. 在题 1 条件下,计算压缩终了时的总温和在燃烧室中对每千克空气的加热量。

15. 假定循环增温比 $\Delta = 5.9$,计算燃气涡轮发动机最佳增压比、相应的最大循环功和循环热效率。

16. 分析实际循环的最佳增压比小于理想循环最佳增压比的原因。

17. 为什么实际循环的最经济增压比大于其最佳增压比?

18. 实际循环的热效率为什么与循环增温比 Δ 有关? 在其他参数不变时,为什么循环增温比 Δ 愈大,实际循环的热效率愈大? 最佳增压比也愈大?

19. 为了提高燃气涡轮发动机的性能,为什么要设法提高涡轮前总温? 又为什么在提高涡轮前总温的同时要增大压气机的设计增压比?

第 4 章　航空燃气涡轮发动机部件工作原理及特性

　　本章分 5 节,分别讲述航空燃气涡轮发动机的五大部件——压气机、涡轮、燃烧室、进气道和尾喷管的基本工作原理,以及压气机、涡轮和燃烧室三大部件的特性。重点讨论轴流压气机的基本工作原理及特性。

4.1　压气机工作原理及其特性

　　压气机是燃气涡轮发动机的重要部件之一,它的作用是加功增压,即对气体做压缩功以提高压力,给燃烧室提供经过压缩的高压、高温气体。对压气机(包括风扇)的主要要求是在满足所需增压比的条件下,效率高,尺寸小(径向、轴向),重量轻;有足够的稳定工作范围;安全可靠。本节讨论的压气机包含了风扇、低压压气机、中压压气机和高压压气机。本节重点讨论轴流压气机的增压原理、基元级和级中的流动特点以及压气机特性。

4.1.1　压气机的主要类型与性能参数

4.1.1.1　压气机的主要类型与组成

　　压气机的分类如图 4.1 所示。

　　根据压气机的结构和气流流动特点,可以把它分为 4 种主要类型:轴流式、离心式、斜流式和组合式压气机。轴流压气机的主要优点是效率高、径向尺寸小,适用于大流量、高性能的航空发动机,是现代最重要的压气机类型。离心式压气机的主要优点是结构简单、零件少、单级增压能力强、性能稳定、轴向尺寸短;缺点是迎风面积大,效率较低,所以现代大、中型航空发动机已不再采用离心式压气机。组合压气机是轴流与离心压气机的组合,广泛应用于现代小型燃气涡轮发动机。斜流式压气机,性能介于轴流式和离心式两者之间,具有离心式压气机的优点,可加大出口半径以加大级加功量和增压比,它与离心压气机的区别在于其出口气流方向不是径向的而是轴向的,其下游的扩压器不需像离心式压气机那样安排在叶轮外面,而可像轴流式压气机那样安排在后面。斜流式压气机可比离心式压气机迎风面积小,由于气流方向改变较小,可有较高的效率。斜流式压气机兼有轴流式与离心式的优点,且又能在一

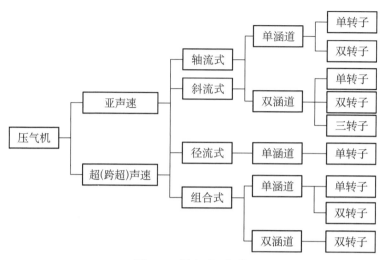

图4.1 压气机分类

定程度上避免它们的缺点,在美国 IHPTET 计划中被认为是一种先进的设计概念。

轴流压气机由两大部分组成,与压气机旋转轴相连接的轮盘和叶片构成压气机的转子,外部不转动的机匣和与机匣相连接的叶片构成压气机的静子。转子上的叶片称为转叶,静子上的叶片称为静叶。每一排转叶(包括转叶安装盘)和紧随其后的一排静叶(包括机匣)构成轴流式压气机的一级。图 4.2 为一台 10 级轴流压气机,在第一级转叶前设有进口导流叶片(静叶);全台轴流压气机中,沿压气机轴向,随气体不断被增压,气体密度增加,气流通道逐级缩小,叶片变短。

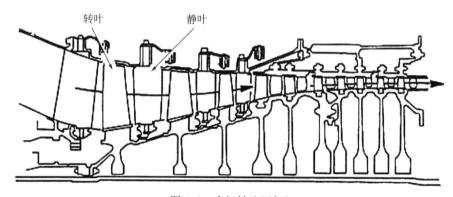

图4.2 多级轴流压气机

4.1.1.2 压气机的主要性能参数

压气机的主要性能参数有增压比、单位迎面流量、绝热效率、转速 n(rpm[①])、压

___

① rpm 为转/分,即 r/min。

气机实际压缩功、绝热效率和喘振裕度 SM。

1）增压比

压气机增压比的定义为

$$\pi_C^* = \frac{p_C^*}{p_1^*} \tag{4.1}$$

式中：p_C^* 为压气机出口截面的总压；p_1^* 为压气机进口截面的总压；* 号表示用滞止
参数（总参数）来定义。

现役军用涡扇发动机的风扇压比如表 4.1 所示，压气机的总增压比发展历程如
图 4.3 所示。对于燃气涡轮发动机来讲，在一定范围内，压气机出口的压力愈高，燃
气涡轮发动机的循环热效率也就愈高。因此，70 多年来，压气机的总增压比有了很
大的提高，从早期的总增压比 3.5 左右，提高到目前的总增压比 50 以上。

表 4.1　现役军用涡扇发动机的风扇压比

型号	RB211 - 341	F100 - PW - 220	F110 - GE - 100	AJI31 - Φ	F404 - GE - 400
风扇压比	2.17	3.125	3.2	3.61	3.66
风扇级数	3	3	3	4	3
平均级压比	1.295	1.462	1.474	1.378	1.541

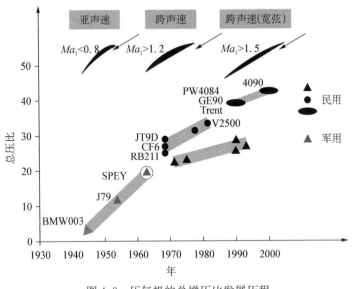

图 4.3　压气机的总增压比发展历程

2）单位迎面流量

压气机的单位迎面流量 $q_m(\mathrm{kg/s/m^2})$ 是质量流量与最大迎风面积 A 之比。单
位迎面流量大有利于减小迎风面积，提高推重比。

3) 绝热效率

压气机的绝热效率,严格意义上应为等熵效率,定义为

$$\eta_C^* = \frac{l_{C,is}}{l_C} \tag{4.2}$$

效率 η_C^* 公式定义的物理意义是将气体从 p_1^* 压缩到 p_2^*,理想的、无摩擦的绝热等熵过程所需要的机械功 $l_{is,C}^*$ 与实际的、有摩擦的、绝热熵增过程所需要的机械功 l_C^* 之比。绝热等熵过程与绝热熵增过程的对比如图 2.6 所示。

由热焓形式的能量方程式(2.26)、绝热条件、等熵过程的气动关系式 $\frac{T_{C,is}^*}{T_1^*} = \left(\frac{p_{C,is}^*}{p_1^*}\right)\left(\frac{k-1}{k}\right)$ 和 $c_p = \frac{k}{k-1}R$,可以得到

$$l_{C,is}^* = c_p(T_{C,is}^* - T_1^*) = \frac{k}{k-1}RT_1^*(\pi_C^{\frac{k-1}{k}} - 1) \tag{4.3}$$

$$l_C^* = c_p(T_C^* - T_1^*) = \frac{k}{k-1}RT_1^*\left(\frac{T_C^*}{T_1^*} - 1\right) \tag{4.4}$$

将式(4.3)和式(4.4)代入式(4.2),得到

$$\eta_C^* = \frac{\pi_C^{*\frac{k-1}{k}} - 1}{\frac{T_C^*}{T_1^*} - 1} \tag{4.5}$$

效率公式(4.5)可以用来计算多级或单级压气机的绝热效率,也可以用来计算单排转子的绝热效率,只要 p_C^* 和 T_C^* 取相应出口截面处的对应数值即可。压气机静子不对气体做功,静子的性能不能用效率公式(4.5)来衡量,静子的气动性能用总压恢复系数 σ_s^* 来反映,$\sigma_s^* = p_3^*/p_2^*$。

压气机的效率反映压缩过程的完善程度;效率高,说明压缩过程中的流阻损失小,实际过程接近理想过程;或者说,压气机效率愈高,达到相同增压比时,所需要外界输入的机械功愈少。目前,单级轴流压气机的绝热效率可以达到 90% 以上,高增压比的多级轴流压气机的绝热效率也可以达到 85% 以上。

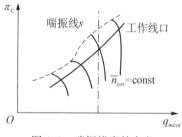

图 4.4 喘振裕度的定义

4) 喘振裕度

在均匀的进气条件下,压气机气动稳定边界(又称喘振边界、失速边界)上的有关参数与工作线上参数的相对差值称为喘振裕度(又称稳定裕度、失速裕度)。参数一般为增压比或增压比与换算空气质量流量的比值,参数一般在等换算转速线上选取,有时也可在等换算空气质量流量线上选取(见图 4.4)。

　　为了确定发动机的喘振裕度,必须要明确发动机的气动稳定边界。气动稳定边界通常是由压气机部件实验获得,它是不同换算转速下气流不稳定点的连线;在实验中保持每个换算转速不变的情况下,对压气机进行节流,直至发生气动不稳定为止。应该注意的是,在某些转速范围内发生气动不稳定之前,有可能出现压缩部件的机械振动等不稳定现象;或者在某些低转速区,可能没有形成明显的气动不稳定性,但产生了以气流分离为特征的严重湍流。对于建立气动稳定边界来说,需要考虑这些情况的附加限制以后来设置其气动稳定边界线。

　　关于喘振裕度的定义公式,种类较多,归纳起来有以下两大类:等换算流量喘振裕度和等换算转速喘振裕度。下面就按此分类列举 3 种应用广泛的喘振裕度定义公式。

　　(1) 等换算流量喘振裕度。

　　等换算流量喘振裕度是在相同的进口换算流量条件下确定的,等于在等换算流量下稳定边界点压比和工作点压比之差除以工作点压比,如图 4.4 所示。等换算流量喘振裕度表示为

$$\text{SM} = \left(\frac{\pi_{cs} - \pi_{cd}}{\pi_{cd}} \right)_{q_{mcor} = \text{const}} \times 100\% \tag{4.6}$$

式中:π_{cs} 为稳定边界点压比;π_{cd} 为设计点压比。

　　在进气道/发动机相容性研究中,采用等换算流量条件下的喘振裕度有利于进行稳定性评定工作。

　　(2) 等换算转速喘振裕度。

　　等换算转速喘振裕度是在等转速线上确定,即是在等换算转速条件下稳定边界点参数和工作点参数之差除以工作点参数,如图 4.4 所示。

　　由于等换算转速喘振裕度计算时,稳定边界点上相应的换算流量与工作点相应的换算流量不同,因而其喘振裕度的表示式有两种不同的形式,一种表示式是不考虑换算流量影响的形式,即

$$\text{SM} = \left(\frac{\pi_{cs} - \pi_{cd}}{\pi_{cd}} \right)_{n_{cor} = \text{const}} \times 100\% \tag{4.7}$$

　　另一种则是考虑换算流量变化的影响,采用如下的表示式,即

$$\text{SM} = \left[\left(\frac{\pi_C^*}{q_{mcor}} \right)_s \cdot \left(\frac{q_{mcor}}{\pi_C^*} \right)_d - 1 \right]_{n_{cor} = \text{const}} (\%) \tag{4.8}$$

　　式(4.8)也称为综合喘振裕度,是在压气机中应用最为广泛的喘振裕度定义。由于压气机设计和实验过程是按等换算转速进行的,因而式(4.8)便于发动机研制生产部门的应用。

　　除上述规定的等换算流量喘振裕度和等换算转速喘振裕度表示式外,尚有其他的一些定义和表示式,在此不再赘述。由于喘振裕度的定义不同,其相应的数值也

就不一样,相差还可能较大,同一状态计算的喘振裕度范围可能在8.5%~26.5%之间,因而在确定喘振裕度时,必须清楚地阐明所采用的喘振裕度的定义及其表示式。

根据压气机类型的不同,喘振裕度通常在15%~35%之间。

4.1.2 轴流压气机增压原理

高增压比的轴流压气机通常由多级组成,其中每一级在一般情况下都是由一排转叶和一排静叶构成,并且每级的工作原理大致相同,可以通过研究压气机的一级来了解其工作原理。

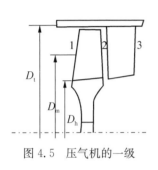

图4.5 压气机的一级

为更加清楚地认识轴流压气机对气体进行加功和增压的工作过程和原理,还可以对轴流压气机的一级做进一步地分解和化简。化简的方法:用两个与压气机同轴并且半径相差很小的圆柱面,将压气机的一级在沿叶高方向截出 Δr 很小的一段,如图4.5和图4.6所示。图4.5中,下标 t、m 和 h 分别表示叶尖、叶中和叶根。这样就得到了构成压气机一级的微元单位——基元级,压气机的一级可以看成是由很多的基元级沿叶高叠加而成。

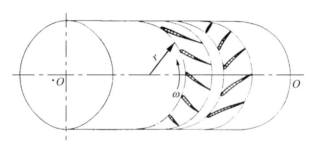

图4.6 圆柱面上的基元级

基元级由一排转子叶片和一排静子叶片组成,它保留了轴流压气机的基本特征。因 Δr 非常小,气体在基元级中流动,其参数可以认为只在压气机轴向和圆周方向发生变化,在圆柱坐标系下,这样的流动是二维流动。为方便研究,可将圆柱面上的环形基元级展开成为平面上的基元级(见图4.7),在二维平面上研究压气机基元级的工作原理,其截面编号:1为转叶进口,2为转叶出口(静叶进口),3为静叶出口。

在平面基元级中,转叶以速度 u 平移,u 相等于圆柱面上半径为 r 处基元级转叶的圆周运动速度,$u = \omega \times r$(ω 为角速度)。要想了解气体经过基元级转叶时的流动情况,可以将坐标系建立在转叶上,在随转叶一起运动的相对坐标系下,研究气体相对转叶的流动过程。静叶静止不动,可在绝对坐标系下研究气体相对静叶的流动。

4.1.2.1 气流在转子叶栅中的流动

物体绝对运动速度等于相对运动速度和牵连运动速度的矢量和。根据这一原理,可以得到转叶进口和转叶出口的气流速度三角形,如图4.7所示。图中 v 为气流

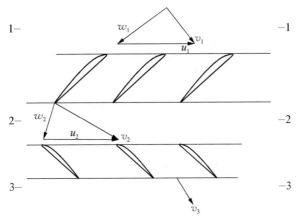

图 4.7　展开成平面的基元级

的绝对速度,w 为气流相对转叶的速度,u 为牵连速度(转叶或坐标系移动速度),v、w 和 u 都是矢量。

在转叶进口处,气流以 v_1 流向转叶,由于叶片转动切线速度 u_1,气流以相对速度 w_1 进入转叶。在转叶出口处,气流以相对速度 w_2 流出转叶,由于叶片以切线速度 u_2 转动,气流以绝对速度 v_2 流出转叶。v_2 也是静叶进口的气流速度,v_3 是静叶出口的气流速度。

将转叶进口和转叶出口的速度三角形叠加到一起,就可以得到基元级的速度三角形,如图 4.8 所示。在一般亚声速流动的情况下,气流经过基元级的转叶和静叶后,绝对速度的周向分量 v_u 和相对速度的周向分量 w_u 变化比较大,而绝对速度的轴向分量 v_x 和相对速度的轴向分量 w_x 变化不大,可近似地认为 $v_{1x} \approx v_{2x} \approx v_{3x}$。这样,基元级的速度三角形可进一步化简为图 4.9 所示形式。

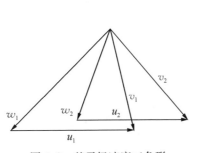

图 4.8　基元级速度三角形

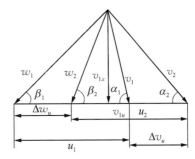

图 4.9　简化的基元级速度三角形

图 4.9 中的 v_{1x} 为转叶进口绝对速度的轴向分量。v_{1u} 为转叶进口绝对速度的周向分量,v_{1u} 也被称为预旋速度,$v_{1u} \neq 0$ 表示气流在进入转子之前就有了在圆周方向的预先旋转,如果 v_{1u} 与圆周速度 u 的方向相同,则为正预旋,如果 v_{1u} 与圆周速度 u

的方向相反,则为反预旋。Δw_u 称为扭速,$\Delta w_u = w_{1u} - w_{2u}$,在气流沿圆柱面流动的情况下,$u_1 = u_2$,可得到 $\Delta w_u = \Delta v_u = v_{2u} - v_{1u}$。

只需要确定 v_{1x},v_{1u},u 和 Δw_u 4 个参数,则简化形式的基元级速度三角形(见图 4.9)就完全确定了。由 v_{1x} 和 v_{1u} 可决定 v_1,由 v_1 和 u 可决定 w_1,由 w_1 和 Δw_u 可决定 w_2,由 w_2 和 u 可决定 v_2。

由转叶叶栅速度三角形可以看出,w 和 v 均向转动方向发生了偏转:$w_2 < w_1$,$v_2 > v_1$。根据相对坐标系下的伯努利方程(机械能守恒):

$$\int_1^2 \frac{\mathrm{d}p}{\rho} + \frac{w_2^2 - w_1^2}{2} + l_{f,R} = 0 \tag{4.9}$$

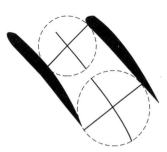

图 4.10　叶型弯曲形成扩张通道

其中,$w_2 < w_1$,$\mathrm{d}p > 0$。叶型弯曲形成扩张通道(见图4.10),相对速度减小,压力提高。

绝对坐标系下的伯努利方程(机械能守恒),轮缘功用于压缩功、动能增量和摩擦功:

$$l_{Cu} = \int_1^2 \frac{\mathrm{d}p}{\rho} + \frac{v_2^2 - v_1^2}{2} + l_{f,R} \tag{4.10}$$

两式相减,压气机对气体做轮缘功=绝对动能增量+相对动能增量。

$$l_{Cu} = \frac{v_2^2 - v_1^2}{2} + \frac{w_1^2 - w_2^2}{2} \tag{4.11}$$

因此,转叶的增压原理为:加功、增速、增压。为什么要转动加功增速呢? 如果不对气体做功,只靠减速增压,压力增加程度充其量等于来流总压;转叶对气体做功,加入能量,增加绝对动能,使气流在其后的静叶中有足够的能量减速增压。

根据动量矩定理,可求出压气机对流过单位质量流量的流体所作用的力矩为

$$M = (v_{2u}r_2 - v_{1u}r_1) \tag{4.12}$$

对应的轮缘功为

$$l_{Cu} = M\omega = (v_{2u}u_2 - v_{1u}u_1) \tag{4.13}$$

要提高每一级的增压能力,就要提高轮缘功 l_{Cu},$u_1 = u_2$ 时

$$l_{Cu} = u(v_{2u} - v_{1u}) = u(w_{1u} - w_{2u}) = u \cdot \Delta w_u \tag{4.14}$$

若增大轮缘功,则需增加 u 和 Δw_u。$u = f(n, D)$,转子高速旋转($n = 10\,000 \sim 50\,000\,\mathrm{rpm}$)会受到强度、直径、相对速度等限制。增加扭速 Δw_u,则增加叶栅的弯曲程度,增大扩张程度;但扩张程度过大,气流易分离,损失增大。因此,亚声轴流压气机级增压比范围一般为 $1.1 \sim 1.6$,压气机需要多级才能完成增压任务。

超声叶栅增压原理,如图 4.11 所示。进口超声速气流 w_1 经激波后降为亚声流 w_2',经激波压缩静压提高;然后气流转弯,速度降到 w_2,相对速度降低使静压进一步提高。一般情况下,$Ma'_{1w} = 1.3 \sim 1.5$,总压恢复 $= 0.97 \sim 0.94$,级增压比 $= 1.8 \sim 2.2$。

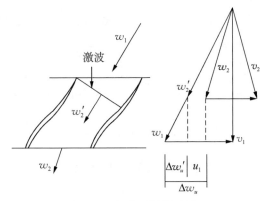

图 4.11　超声叶栅增压原理

压气机级沿叶高由基元级叠加而成,因为沿叶高的切线速度大小不同,相对速度大小和方向均不同,速度三角形不同,因此叶片沿叶高是扭转的,如图 4.12 所示。

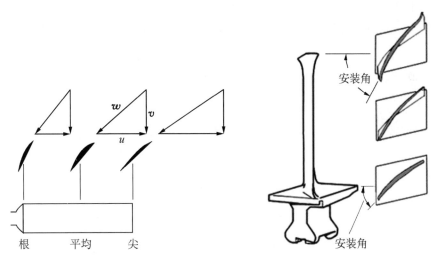

图 4.12　叶片沿叶高的扭转

4.1.2.2　气流在静子叶栅中的流动

基元级中静叶的流动情况如图 4.13 所示。静叶将气流的方向重新偏转到接近轴向方向,为下一级的转叶提供合适的进气方向。静叶中利用叶型偏向轴线弯曲,使叶片之间形成扩张型气流通道,亚声速气流在扩张的静叶流道中进一步减速和增

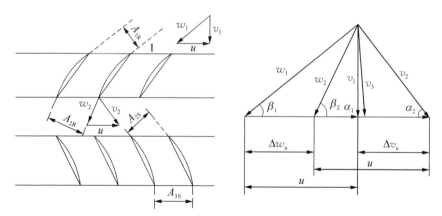

图 4.13 基元级中静叶的流动情况

压,即 $v_3 < v_2$,$\mathrm{d}p < 0$。因此基元级中静叶的作用是导向和增压。

气体在静叶中做绝能流动,由伯努利方程可知:

$$\int_2^3 \frac{\mathrm{d}p}{\rho} + \frac{v_3^2 - v_2^2}{2} + l_{\mathrm{f,s}} = 0 \tag{4.15}$$

4.1.2.3 气体流经压气机级的参数变化

气体流经压气机级的参数变化如图 4.14 所示。

$1 \rightarrow 2$:$T^* \nearrow$,$p^* \nearrow$,$v \nearrow$,$p \nearrow$,$w \searrow$;$2 \rightarrow 3$:T^* 不变,$p^* \searrow$,$v \searrow$,$p \nearrow$。

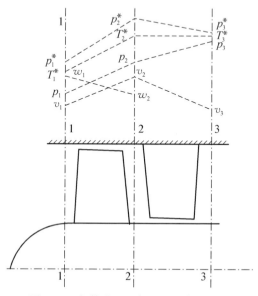

图 4.14 气体流经压气机级的参数变化

4.1.2.4　基元级的反力度

1) 反力度的物理意义

气流流过压气机基元级时,转叶和静叶都对气流有增压作用,当基元级总的静压升高确定后,就存在静压升高在转叶和静叶之间的分配比例问题。如果在转叶中的静压升高所占比重大,那么在静叶中的静压升高所占比重则小,反之亦然。实践表明,基元级的静压升高在转叶和静叶之间的分配情况,对基元级对气体的加功量和基元级的效率有较大的影响。因为,无论转叶还是静叶,静压升高意味着叶片通道中的逆压梯度增大,而过大的逆压梯度将引起该叶片排中的流动产生分离,严重的分离会导致该叶片排失效,转叶失效将使得转叶的加功和增压能力下降,静叶失效将使得静叶的导向和增压能力下降,转叶或静叶中的流动分离都会引起流阻功增加、气体的机械能减少和基元级的效率下降。

为了说明基元级中的静压升高在转叶和静叶之间的分配情况而引入了反力度的概念,反力度以 Ω 表示,定义如下:

$$\Omega = \frac{\int_1^2 \dfrac{\mathrm{d}p}{\rho} + l_{\mathrm{f,R}}}{l_u} \tag{4.16}$$

通常,可以认为基元级出口绝对速度 v_3 的大小和方向都十分接近基元级进口的绝对速度 v_1,即 $v_1 \approx v_3$。对整个基元级应用能量方程式,有

$$l_u = \frac{v_3^2 - v_1^2}{2} + \int_1^3 \frac{\mathrm{d}p}{\rho} + l_{\mathrm{f,R+S}} \approx \int_1^2 \frac{\mathrm{d}p}{\rho} + l_{\mathrm{f,R}} + \int_2^3 \frac{\mathrm{d}p}{\rho} + l_{\mathrm{f,S}} \tag{4.17}$$

式(4.17)表明基元级的轮缘功全部消耗于转叶和静叶中的增压过程及克服流阻。因此,反力度的定义式反映了转叶中的静压升高占整个基元级静压升高的百分比的大小,即反映了基元级中的静压升高在转叶和静叶之间的分配情况。如 $\Omega = 0.17$,则大致表明转叶中的静压升高占基元级总的静压升高的 70%,静叶中的静压升高占基元级总的静压升高的 30%。

现代航空发动机压气机基元级的反力度范围一般在 0.55~0.70 之间。在转叶加功量较大(Δv_u 较大)的情况下,如果反力度过低(<0.3),则气体通过转叶后静压升高不多,表明转叶加给气体的机械能主要是动能,这样转叶出口的速度 v_2 就会很大,而且方向也会偏离轴向很大(见图 4.15),这样会加大静叶的设计难度,在进口速度很高的情况下静叶中的流动损失也将增加(后面会详细介绍),因此,需要尽量避免反力度过低的现象发生。同理,如果反力度过高,这样转叶进口的相对速度 w_1 就会很大,而且方向也偏离轴向很大(见图 4.15),这样会加大转叶的设计难度。

2) 反力度的计算公式

反力度的计算公式推导如下:

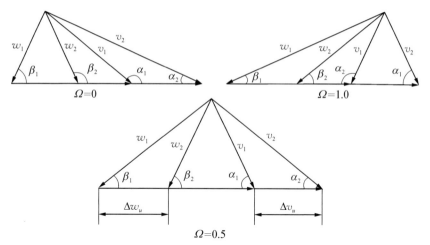

图 4.15　3 种典型反力度的速度三角形

$$l_u = \int_1^2 \frac{\mathrm{d}p}{\rho} + l_{f,R} + \frac{v_2^2 - v_1^2}{2} = \frac{w_1^2 - w_2^2}{2} + \frac{v_2^2 - v_1^2}{2}$$

$$\Omega = \frac{\int_1^2 \frac{\mathrm{d}p}{\rho} + l_{f,R}}{l_u} = \frac{\frac{w_1^2 - w_2^2}{2}}{l_u} = \frac{\frac{w_1^2 - w_2^2}{2}}{\frac{w_1^2 - w_2^2}{2} + \frac{v_2^2 - v_1^2}{2}}$$

$$\Omega = \frac{\int_1^2 \frac{\mathrm{d}p}{\rho} + l_{f,R}}{l_u} = \frac{\frac{w_1^2 - w_2^2}{2}}{l_u} = \frac{l_u - \frac{v_2^2 - v_1^2}{2}}{l_u} = 1 - \frac{\frac{v_2^2 - v_1^2}{2}}{l_u}$$

$$= 1 - \frac{\frac{v_{2u}^2 + v_{2x}^2 - v_{1u}^2 - v_{1x}^2}{2}}{l_u} \tag{4.18}$$

在一般情况下，$v_{2x} \approx v_{1x}$，将轮缘功 $l_u = u\Delta v_u$ 代入式(4.18)，得

$$\Omega = 1 - \frac{v_{2u} + v_{1u}}{2u} = 1 - \frac{v_{1u} + \Delta v_u + v_{1u}}{2u} = 1 - \frac{v_{1u}}{u} - \frac{\Delta v_u}{2u} \tag{4.19}$$

由式(4.19)可见，在加功量确定，即 u 和 Δv_u 确定的情况下，可通过调整基元级进口的预旋速度 v_{1u} 来改变基元级的反力度，避免出现反力度过大或过小的情况，增加正预旋，可降低反力度，减小正预旋，则反力度增大。式(4.19)表示的反力度可由基元级速度三角形中的速度参数计算出，这种反力度又称为运动反力度。基元级的速度三角形确定后，可以用式(4.19)估算该基元级反力度的大小。

4.1.2.5　基元级的速度三角形分析

基元级的速度三角形分析是压气机气动设计中的重要研究内容。一台复杂的多级轴流压气机是由多个单级压气机串联组成，而其中的每一个单级压气机又是由很多个基元级沿叶高叠加而成。压气机是通过无数个基元级实现对气体的加功和增压,基元级构成了轴流压气机的基础。设计压气机从设计压气机的基元级开始,而设计基元级又是从确定基元级的气动参数开始,可根据压气机的总体性能要求,如压气机的流量、增压比、效率和压气机几何尺寸等要求,计算并确定出多级压气机中每一个基元级处的气体流动参数和转叶的圆周速度(具体设计方法见第 5 章),气动参数包括气体的速度(绝对和相对)、静温、总温(绝对和相对)、静压、总压(绝对和相对)和气体的密度等,有了基元级的气体速度和圆周速度参数后,就得到了基元级的速度三角形。人类经过几十年的实践和经验总结,已经认识到速度三角形中的主要参数对压气机基元级的加功、增压和低流阻损失等性能有着重要的影响。以下分别介绍决定基元级速度三角形的 4 个参数 v_{1x}、v_{1u}、u 和 Δw_u 的选取规律以及对基元级性能的影响。

1) 扭速 Δw_u 的选取

为提高发动机的推重比,希望压气机的尺寸尽量小、级数尽量少,落实到基元级设计上,就要求基元级的加功量要尽可能的大。从加工量公式 $l_u = u\Delta v_u = u\Delta w_u$ 可以看出,增大扭速 Δw_u 可以增大基元级的加功量。但是,扭速 Δw_u 过高也会带来一些不利的后果,以亚声速基元级为例(见图 4.9),在 w_1 不变的情况下,要想增大 Δw_u,就必须加大气流在转叶通道中的偏转角度 $\Delta\beta(\Delta\beta = \beta_2 - \beta_1)$。但是,要使高速气流在扩张型通道中实现大的偏转是很不容易的,偏转角度 $\Delta\beta$ 越大,气流相对速度下降越多,转叶通道中的逆压梯度也就越大,并且叶片表面附面层的发展也越快。这样,当气流偏转角大到一定量时,叶背表面的气流就有可能不再贴附壁面流动,即发生如图 4.16 所示的分离流动。一旦发生流动分离,转叶的加功和增压能力就会下降,转叶的效率也会下降,压气机的流量也会因此减小,这些都是不希望发生的。对超声、跨声速基元级而言,扭速 Δw_u 是靠强烈的激波系获得的,虽然超、跨声速基元级的扭速 Δw_u 可以比亚声速基元级的扭速 Δw_u 大很多,但是,如果激波强度过大,激波本身就会带来一定的总压损失,而且更为重要的是激波与叶背表面的附面层相遇还会产生激波-附面层干涉现象,使得叶背表面附面层更加容易分离或分离现象更加严重,使得转叶的效率急剧下降。因此,为了保证转叶的效率,无论亚声速基元级还是超、跨声速基元级,都不能任意增加扭速 Δw_u。

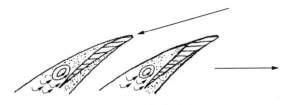

图 4.16　叶背流动分离

从基元级速度三角形中还可以看到,在 w_1 和 u 不变的情况下,扭速 Δw_u 增大会使转叶出口速度 v_2 增大,并且 v_2 偏离轴向的角度增大。v_2 是静叶进口速度,转子出口偏离轴向很大角度的气流要通过静叶的导向作用重新回到接近于轴向,在高速来流的条件下,气流在扩张的静叶通道中,偏转角度过大也会出现流动分离现象。通常对基元级静叶的进口速度是有限制的,要求 $Ma_{2v} \leqslant 0.85$,$\alpha_2 \geqslant 25°$。如果静叶进口气流的 Ma_{2v} 较大(即 $Ma_{2v} < 1.0$),在静叶通道进口区域,由于叶片厚度的出现,流道面积是收缩的,气流流动是加速的,有可能在静叶通道中出现局部的超声速流动和激波。通常在设计基元级静叶时,要避免静叶通道中出现激波,尤其是要避免激波贯穿整个静叶通道的现象出现。一般认为,在静叶通道中出现激波没有太多的好处,虽然气流经过激波后静压会升高,但是激波本身也会带来总压损失和激波-附面层干涉造成的分离流动损失。静叶与转叶不一样,转叶中激波造成的总压损失可以通过转叶继续对气体加功,使总压得到恢复和升高,而静叶不对气体加功,激波造成的总压损失得不到恢复,在激波后的流动过程中由于摩擦等因素的存在,总压还会继续下降。此外,一旦出现了贯穿整个静叶通道激波,还会对整个基元级的流量产生堵塞,因为在这种情况下,即使该基元级静叶的后面还有其他级的压气机在工作,向后抽气并降低静叶出口处的静压,但这时的反压变化已无法传递到静叶通道中的激波截面以前,整个基元级处在流量不随反压变化的堵塞状态。

大加功量的压气机难设计,有时是难在静叶不容易设计。设计得不好的话,Ma_{2v} 在 0.80 以下,静叶通道中就会出现较强的激波,造成静叶总压恢复系数低和流量变化范围窄的后果。高负荷的压气机基元级设计,一定不要轻视静叶的设计,即在选取扭速 Δw_u 时还要考虑静叶的设计困难。

2)转叶圆周速度 u 的选取

从基元级的轮缘功公式 $l_u = u\Delta v_u = u\Delta w_u$ 可以看出,提高转叶的圆周速度 u,可以增大转叶对气体的加功量,从而可以增加压气机的级增压比或减少压气机的级数。从基元级的速度三角形中可以看到,在相同的 v_1 条件下,提高圆周速度 u,会使转叶进口气流的相对速度 w_1 增大,即转叶进口气流的 Ma_{1w} 增大。早期的压气机设计为了使 $Ma_{1w} < 1.0$,对圆周速度 u 的选取有一定的限制。随着对适用于超、跨声速来流的高速叶型的研究和应用,现在转叶进口的 Ma_{1w} 已可达到 $1.6 \sim 1.8$,叶尖的圆周速度 u 也从早期的 300 m/s 上升到现在的 500 m/s 左右。选择较高的圆周速度,一定要解决好超、跨声速流动的激波损失问题,要精心设计适用于高来流 Ma_{1w} 的超、跨声速叶型,将激波和激波-附面层干涉造成的损失限制在一个较低的水平。此外,在目前的压气机叶片材料条件下,叶片所受离心力带来的强度问题也是限制进一步提高圆周速度的因素之一。

3)转叶进口轴向速度 v_{1x} 的选取

转叶进口轴向速度 v_{1x} 的选取与发动机的流量有关,当压气机的进口面积一定时,若转叶进口轴向速度 v_{1x} 大,则进入发动机的空气流量就大,发动机的推力或输出功率也就大。若发动机的进气流量一定,压气机转叶进口轴向速度 v_{1x} 大,压气机的迎风面积就小。但是,v_{1x} 的选取也不能随意增大,过大的 v_{1x} 将会导致很大的流动损失,尤其是在转叶的根部区域。压气机转叶的稠密程度如果在半径较大的叶尖处是合适的话,那么随着半径的减小,在叶根处叶片的稠密程度就会过大,并且由于强度的需要,转叶的根部叶型通常厚度也比较大,气流流动的通道窄,气流流速大,容易发生流动堵塞和流动损失剧增等问题。此外,由气动函数无量纲密流 $q(Ma)$ 随 Ma 的变化关系可知,当 Ma 增大到一定地步后,$q(Ma)$ 的增大减缓,由流量公式 $q_m = K \dfrac{p^* q(Ma) \sin \alpha A}{\sqrt{T^*}}$ 可知,压气机流量的增大也就不显著了。因此,没有必要将 v_{1x} 增大到接近声速。为了保证压气机有较高的效率和较宽的稳定工作范围,美国民用发动机的风扇/压气机的进口轴向 Ma_1 的选取值不超过 $0.50 \sim 0.55$,美国军用发动机的风扇/压气机的进口轴向 Ma_1 的选取值不超过 $0.60 \sim 0.65$。苏联时期为了减小发动机的迎风面积,军机的 Ma_1 选取值要大于 $0.65(<0.68)$,压气机的效率就要牺牲一些。

4) 转叶进口预旋速度 v_{1u} 的选取

在多级压气机中,转叶进口的预旋速度 v_{1u} 是由前一级的静叶产生,压气机第一级转叶的进口要想获得预旋速度 v_{1u},则需要在第一级转叶之前加装进口导流叶片(也称进口预旋导叶)。转叶进口预旋速度 v_{1u} 对气体在整个基元级中的流动和基元级的反力度有较大的影响,在基元级设计时可以根据需要灵活选取转叶进口预旋速度 v_{1u}。

(1) 正预旋 v_{1u} 的作用。

v_{1u} 的方向与圆周速度 u 的方向相同称为正预旋。在转叶进口轴向速度 v_{1x} 和圆周速度 u 不变的条件下,采用正预旋 v_{1u} 可以减小转叶进口的相对速度 w_1,如图4.17所示。在转叶尖部,由于半径大,圆周速度 u 大,转叶进口的相对速度 w_1 就大,对多级压气机的进口级来说,由于此时气流的温度比较低(压气机尚未对气流加功),容易出现转叶进口相对 Ma_{1w} 过高的现象,而 Ma_{1w} 过高就有可能造成激波损失大、转叶效率下降的问题,采用正预旋可有效降低转叶进口的相对 Ma_{1w}。

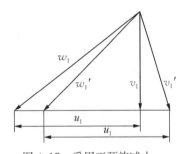

图 4.17　采用正预旋减小 w_1

此外,在圆周速度 u 不变、转叶进口 w_1 的大小不变、方向可以改变的条件下,增大正预旋 v_{1u},如图 4.18 所示,可增大转叶进口的轴向速度 v_{1x},即可以增大压气机的流量或减小压气机的迎风面积。

(2) 反预旋 v_{1u} 的作用。

v_{1u} 的方向与圆周速度 u 的方向相反称为反预旋。在压气机设计时,为了避免因不同叶高处的基元级对气体的加功量不同而造成的沿叶高不同能

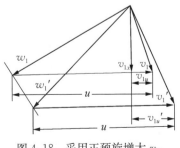

图 4.18　采用正预旋增大 v_{1x}

量气体之间的参混损失,通常在设计转叶时安排加功量沿叶高分布基本相等,即 $l_u = u_{叶尖} \Delta w_{u叶尖} = u_{叶根} \Delta w_{u叶根}$,这样,在叶根处,由于叶根半径小,叶根的圆周速度 $u_{叶根}$ 就小,则必须叶根处的扭速 $\Delta w_{u叶根}$ 大。这样,转叶根部基元级的速度三角形就有可能出现图 4.15 中 $\Omega = 0$ 的情况,由反力度的公式 $\Omega = \dfrac{\dfrac{w_1^2 - w_2^2}{2}}{l_u}$ 可以看出,这种基元级的反力度很低,并且转叶出口速度 v_2 大,v_2 偏离轴向的角度也大(α_2 小),对基

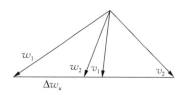

图 4.19 采用反预旋减小 v_2、增大 α_2

元级静叶的设计很不利。在这种情况下,如果采用反预旋 v_{1u},如图 4.19 所示,则可以增大基元级的反力度,减小转叶出口速度 v_2,增大 α_2 角度,改善基元级静叶的设计条件。虽然采用反预旋会增大转叶进口的相对速度 w_1,但是,由于转叶的根部的圆周速度 u 小,一般情况下 w_1 不大,不会出现因马赫数 Ma_{1w} 过大而带来的转叶效率急剧下降的问题。

4.1.3 压气机平面叶栅流动

在亚声速基元级中,转叶和静叶构成的叶栅通道以及气流相对于转叶和静叶的流动都有着共同的特点,都是气流在沿流向扩张的通道中减速扩压流动,同时气流的角度发生偏转(由与轴向的夹角大偏转到与轴向的夹角小)。因此,可以单独用一排叶片来模拟气流在基元级中转叶或静叶中的流动,这种在平面上展开的模拟叶栅就是本节所要介绍的压气机平面叶栅。本节将介绍压气机平面叶栅和气体在平面叶栅中的二维流动情况,即在单排叶片的范围内,气流流动参数沿压气机轴向和周向发生变化的情况。

早期的亚声速压气机的转叶和静叶的设计都是以平面叶栅实验结果为依据的,压气机的流场数值计算也是从计算平面叶栅流场(二维流场)开始的,平面叶栅的理论和实验研究在压气机的研制和发展过程中起着非常重要的作用。虽然气流在二维平面叶栅中的流动与在真实压气机中的三维流动存在一些重要的差异(如沿叶高方向的压力梯度和转叶中的离心力场等),但是为了掌握压气机的基本工作原理,必须理解平面叶栅特性和流动特点。

4.1.3.1 平面叶栅几何和气动参数

平面叶栅的几何参数包括叶型的几何参数和在叶栅中决定叶片位置的叶栅几何参数。

1) 叶型几何参数

叶型的几何参数参如图 4.20 所示,具体如下所述。

(1) 中弧线:叶型内切小圆的中心的连线。

(2) 弦长 b:中弧线与叶型前、后缘的交点 A 点和 B 点之间直线为弦,长度用 b 表示。

(3) 最大挠度 f_{max} 及其位置 a:f_{max} 为中弧线到弦的最大垂直距离,最大挠度

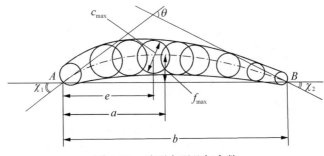

图 4.20　叶型主要几何参数

f_{max} 的位置距前缘点距离为 a。在气动上,具有决定意义的往往不是这两个参数的绝对值的大小,而是其无因次相对值,通常以 $\overline{f} = \dfrac{f_{max}}{b}$ 和 $\overline{a} = \dfrac{a}{b}$ 表示。

（4）最大厚度 c_{max} 及其位置 e：叶型的最大厚度为 c_{max},距前缘的位置为 e,常用相对值 $\overline{c} = \dfrac{c_{max}}{b}$ 和 $\overline{e} = \dfrac{e}{b}$ 表示。

（5）叶型前缘角 χ_1 和后缘角 χ_2：中弧线在前缘点 A 和后缘点 B 的切线与弦之间的夹角。

（6）叶型弯角 θ：$\theta = \chi_1 + \chi_2$,θ 为表示叶型弯曲程度的参数,θ 越大,则叶型弯曲越厉害。

（7）叶型表面坐标：用(2)～(6)参数和选定的曲线类型(圆弧、抛物线、多项式等)确定了叶型的中弧线以后,将原始叶型(中弧线为直线的对称叶型)的厚度移植到中弧线曲线上,可得到叶型的表面坐标。叶背表面也称为叶片吸力面,叶盆表面也称为叶片压力面。

2）叶栅几何参数

叶栅的几何参数参如图 4.21 所示,具体如下所述。

（1）叶型安装角 β_y：叶型弦线与叶栅额线的夹角,叶栅额线是连接所有叶片前缘 A 点的直线,叶型安装角 β_y 确定了叶型在叶栅中的安装(角度)位置。

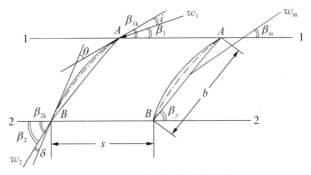

图 4.21　叶栅主要几何参数

（2）栅距 s：两相邻叶型对应点之间沿额线方向的距离。有了叶型安装角 β_y 和栅距 s 后，叶栅的几何参数便完全确定了，但是在实际应用中，下面两个参数使用起来更加直接和方便，因而得到更多的应用。

（3）叶栅稠度 τ：稠度等于弦长和栅距的比值，即 $\tau = \dfrac{b}{s}$，表示叶栅中叶片的相对稠密程度。

（4）几何进口角 β_{1k} 和几何出口角 β_{2k}：分别是中弧线在前缘 A 点和后缘 B 点处的切线与额线的夹角，这两个角度是确定气流在叶栅进口和出口处方向的参考基准。

3）叶栅气动参数

平面叶栅中的流动是二维流动，叶栅中各点处的流动参数不相同，可以采用质量平均的方法得到叶栅进出口气流参数的平均值，用气流参数的平均值来反映叶栅的工作状态和叶栅的气动性能，以下的平面叶栅气动参数（见图 4.21）都是平均值参数。

（1）进气角 β_1：叶栅进口 1-1 截面处气流来流方向与额线的夹角。

（2）攻角 i：气流进气角 β_1 与叶栅几何进口角 β_{1k} 之间的夹角 $i = \beta_{1k} - \beta_1$，$i > 0$，表示叶栅在正攻角下工作（见图 4.21）；$i < 0$，表示叶栅在负攻角下工作。

（3）出气角 β_2：叶栅出口 2-2 截面处气流出气方向与额线的夹角。

（4）落后角 δ：气流出气角 β_2 与叶栅几何出口角 β_{2k} 之间的夹角 $\delta = \beta_{2k} - \beta_2$。

（5）气流转角 $\Delta\beta$：气流流过叶栅后，气流角度发生的变化 $\Delta\beta = \beta_2 - \beta_1$，可以推导出如下关系。

$$\Delta\beta = \beta_2 - \beta_1 = (\beta_{2k} - \delta) - (\beta_{1k} - i) = \beta_{1k} - \beta_{2k} + i - \delta = \theta + i - \delta \quad (4.20)$$

式（4.20）表示，增大来流攻角 i，如果气流的落后角 δ 不变，则气流的转角 $\Delta\beta$ 增大，或者，来流攻角 i 不变，流动分离造成落后角 δ 增大，则气流的转角 $\Delta\beta$ 减小。叶栅的气流转角 $\Delta\beta$ 与转叶的加功、增压性能以及与静叶的导向、增压性能密切相关，是反映叶栅性能的重要参数之一。

（6）总压损失系数 $\bar{\omega}$：表示气流流过叶栅时的总压损失的大小，也是反映叶栅性能的重要参数之一，其定义为

$$\bar{\omega} = \frac{p_1^* - p_2^*}{p_1^* - p_1} \quad (4.21)$$

为了使用方便，利用叶栅总压恢复系数 $\sigma = \dfrac{p_2^*}{p_1^*}$ 和气动函数 $\pi(Ma_1) = \dfrac{p_1}{p_1^*} = \dfrac{1}{\left(1 + \dfrac{k-1}{2}Ma_1^2\right)^{\frac{k}{k-1}}}$，可得到

$$\bar{\omega} = \frac{1 - \sigma}{1 - \pi(Ma_1)} \quad (4.22)$$

（7）叶栅进口马赫数 Ma_1 和叶栅出口马赫数 Ma_2。

（8）叶栅的静压增压比 $\dfrac{p_2}{p_1}$。

4.1.3.2　平面叶栅攻角特性

平面叶栅的攻角特性一般通过平面叶栅试验获得。平面叶栅试验是通过试验的手段来研究不同几何特征的叶栅在不同的进口条件（Ma_1 和 i）和出口条件（Ma_2 和 $\dfrac{p_2}{p_1}$）下的叶栅气动性能。平面叶栅试验是在叶栅风洞中进行的，风洞由上游气源压气机供气，气流流经风洞的扩压段和稳压箱，减速并减小湍流度，然后经过收缩段重新加速进入到试验段，试验叶片的数目一般不少于 7 片。图 4.22 为试验测量得到的平面叶栅攻角特性图，当来流的攻角 i 从负值开始增大时，气流的转角 $\Delta\beta$ 也随之成比例增大，这是因为在攻角不太大的情况下，气流没有从叶背表面分离，所以气流的出气角 β_2 基

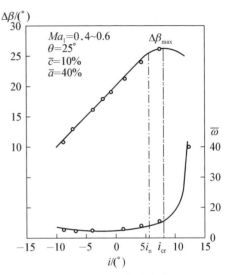

图 4.22　平面叶栅攻角特性

本保持不变（落后角 δ 也就基本不变），按照式（4.20）的规律，攻角增大几度，气流转角也增大几度。叶栅无分离流动状况下的流动损失基本上就是附面层内的摩擦损失，因此总压损失系数 $\bar\omega$ 基本上保持不变，并且总压损失系数 $\bar\omega$ 比较小。当攻角 i 增大到某一数值 i_n 时，叶背表面开始出现流动分离，落后角 δ 加大，气流转角 $\Delta\beta$ 的增大减缓。由于分离会带来流动损失，总压损失系数 $\bar\omega$ 逐渐增大。当攻角 i 增大到临界攻角 i_{cr} 时，气流转角 $\Delta\beta$ 达到最大值 $\Delta\beta_{max}$，再继续增加攻角 i，气流转角 $\Delta\beta$ 很快下降，而且总压损失系数 $\bar\omega$ 急剧上升，这是因为当 $i > i_{cr}$ 后，叶背气流发生严重分离所致。

在很大的负攻角下，叶盆表面的气流也会发生分离流动，因而总压损失系数 $\bar\omega$ 也比较大。不同攻角下的叶片表面气流分离情况如图 4.23 所示。

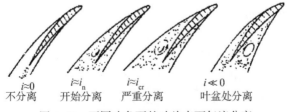

图 4.23　不同攻角下的叶片表面气流分离

在来流低马赫数的条件下（$Ma_1 < 0.4 \sim 0.6$），叶栅的性能（$\Delta\beta$ 和 $\bar\omega$）只与来流的攻角 i 有关，但是，当来流马赫数 $Ma_1 > 0.6 \sim 0.7$ 以后，叶栅的气流转角 $\Delta\beta$ 和总

压损失系数 $\bar{\omega}$ 不但随攻角 i 变化,而且还与叶栅的进口马赫数 Ma_1 的变化有关。图 4.24 给出了另一套叶栅在不同叶栅进口马赫数 Ma_1 下的攻角特性。由图 4.24 可以看出,随着进口马赫数 Ma_1 的增大,低损失系数的攻角范围变窄,而且 $\bar{\omega}$ 的最低值明显增大。这是因为叶栅中出现了局部超声速流动和激波,激波-附面层干涉会加重气流的分离,导致总压损失系数 $\bar{\omega}$ 迅速增大。

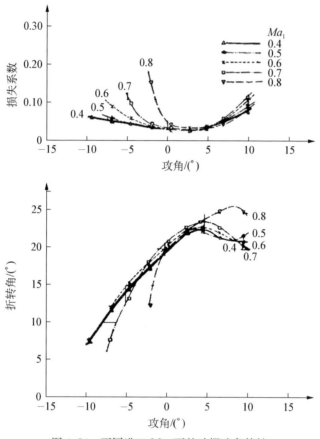

图 4.24　不同进口 Ma_1 下的叶栅攻角特性

4.1.3.3　平面叶栅流动特点

1) 亚声速来流在平面叶栅中的流动特点

当叶栅进口亚声速来流的 Ma_1 比较高时(Ma_1 达到 0.8 左右),在叶栅通道的内部就有可能出现局部超声速流动,如图 4.25(a)所示,这时的来流 Ma_1 在气动上被称为临界 Ma_{cr} 。将叶型的前缘放大看,见图 4.25(b),叶型的前缘是一个半径为 r_1 的小圆圆周的一部分,当气流流到前缘处就分为两股,一股流向叶背,一股流向叶盆,在叶片前缘有一个分叉点 A' 。在 A' 点处的气流不可能同时具有两个速度,所以 A' 点处的速度应该等于 0, A' 点也称为前驻点。前驻点 A' 不一定与前缘点 A 相重

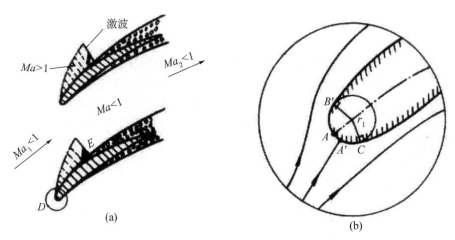

图 4.25　叶栅中流动（局部超声速流动和激波）

合,前驻点 A' 根据来流相对于叶片的情况而定,不是一个固定点。由于前缘小圆的半径 r_1 很小,前缘叶型的曲率很大,产生了角加速度很大的绕前缘小圆的加速绕流流动,从驻点 A' 绕向叶背的气流绕流的角度大,产生了更大的加速,到达某一点时（D 点）达到声速,此后超声速气流沿叶背凸面继续加速流动并发出膨胀波,图中虚线表示膨胀波,点画线表示声速线,叶背超声速区以激波结束。在图中所示的来流方向条件下,从驻点 A' 绕向叶盆的气流绕流的角度小,产生的加速小,叶盆附近没有出现局部超声速流动。叶型前缘部分的形状对叶栅的临界 Ma_{cr} 有比较大的影响,一般来讲,前缘小圆的半径 r_1 增大、叶型的相对最大厚度 $\bar{c}$ 增大和其位置 $\bar{e}$ 靠近前缘、中弧线的挠度 $\bar{f}$ 增大和其位置 $\bar{a}$ 靠近前缘等因素,都会使叶栅的临界 Ma_{cr} 减小,即在来流 Ma_1 比较低的情况下,叶栅中就会出现局部超声速流动和激波。

　　图 4.26 为叶片表面附近的 Ma 分布图,从前缘开始叶背表面的 Ma 一直升高,叶背表面附近有局部超声速区,激波前 Ma 达到最高值,激波后 Ma 迅速下降。叶盆的 Ma 变化相对比较平缓。在相同弦向位置上,叶背气流速度大于叶盆气流速度,因此叶背静压小于叶盆静压,所以叶背也称为吸力面,叶盆也称为压力面。

　　由于气体有黏性,叶片表面总有附面层存在。叶盆表面由于逆压梯度不大,所以附面层不太厚,所带来的摩擦损失也不严重。叶背表面的逆压梯度比较大,附面层相对较厚,而且还有激波,激波后的静压突升会使叶背表面的附面层进一步增厚甚至分离,即

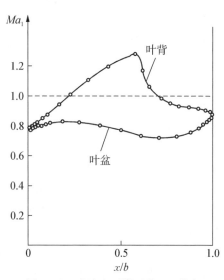

图 4.26　叶片表面附近的 Ma 分布

产生激波-附面层干涉现象。

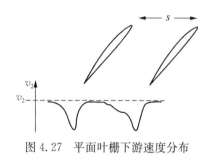

图 4.27 平面叶栅下游速度分布

当气流分别由叶背和叶盆流到叶型尾缘处时,叶片两边的附面层及附面层脱离叶片时产生的旋向相反的旋涡汇合到一起,形成叶片尾迹和产生尾迹旋涡耗散损失。尾迹是由附面层中低能量的气体构成,因此,尾迹区中的速度比主流区低很多。此外,由于叶背表面的附面层厚,叶盆表面的附面层薄,造成尾迹是不对称的,叶背一侧的速度亏损相对大一些,如图 4.27 所示。

叶栅出口的气流角度沿栅距方向的分布并不一致,可将分布沿栅距方向进行质量平均积分,得到叶栅出口的平均出气角为

$$\bar{\beta}_2 = \frac{\int_0^t \rho_2 w_2 \beta_2 \, \mathrm{d}t}{\int_0^t \rho_2 w_2 \, \mathrm{d}t} \tag{4.23}$$

式(4.23)中的 ρ, w 和 β 为沿栅距方向每一位置处的当地值,分母的积分值为单个叶栅通道的流量。

叶栅出口的平均出气角 $\bar{\beta}_2$ 与叶栅的几何出口角 β_{2k} 通常不相等,它们之间的夹角被称为落后角 $\delta = \beta_{2k} - \bar{\beta}_2$。在平面叶栅二维流动的情况下,气体在叶栅通道中沿曲线流动时,气体受到的离心力与从叶片压力面到吸力面的压力梯度相抗衡,当气流接近尾缘时,由于从压力面到吸力面的压力梯度减小(在尾缘点处叶盆和叶背的压差为零),气流趋于向靠近压力面的一侧流动,叶型的弯角 θ 越大,这一倾向越明显,即气流的落后角越大,也就是说叶片压力面的导向作用大于吸力面;从图 4.21可以看出,在叶栅出口处叶片压力面与额线的夹角小于叶型中弧线与额线的夹角;叶型尾缘附近的厚度也对落后角有较大的影响,叶片尾缘越厚,落后角越大。

叶栅中的流动损失又称为叶型损失,由以下各项组成:①附面层内气体的摩擦损失;②逆压梯度作用下的附面层分离损失,特别是激波-附面层干涉会加重分离,导致分离损失急剧增加;③激波造成的总压损失;④尾迹损失(叶片两侧附面层在尾缘处脱体时产生的旋涡流动损失);⑤尾迹区与主流区的掺混损失。

2) 超声速来流在平面叶栅中的流动特点

超声速来流是指转叶进口气流的相对马赫数 $Ma_{1w} > 1.0$。图 4.28 为来流相对马赫数大于 1.0 和反压 p_2 一定时双圆弧叶型叶栅的流动,由图可知,叶片的前缘处存在一道脱体的曲线激波,这道激波的下半截伸向相邻叶片的叶背,并大体上接近于正激波的形状。这一道激波被称为槽道激波或通道激波。在槽道激波基本上是正激波的情况下,波后气流减速为亚声速。脱体曲线激波的上半段伸向叶栅的左上方,称为外伸激波。连接槽道激波和外伸激波的弓形段称为弓形激波。弓形脱体激

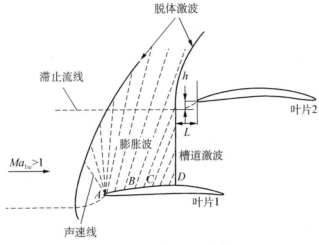

图 4.28　超声速基元流动

波后的亚声速气流在前缘小圆前缘滞止点 A 处分成两支,分别流向叶型吸力面和压力面。沿吸力面流动的气流,在流过前缘和吸力面曲面时重新加速为超声速,并发出一系列膨胀波,如图 4.28 中虚线所示。气流膨胀加速的程度,取决于 $ABCD$ 所折转的角度。在这些膨胀波中,由型面 AB 发出的膨胀波和由同一叶片发出的外伸激波相交,并使外伸激波削弱和向后弯曲,由 BC 发出的膨胀波和叶片 2 所发出的外伸激波相交。由 C 点发出的膨胀波打在叶片 2 的脱体激波与滞止流线的交点上,称这一道膨胀波为第一道吞入膨胀波;由 CD 发出的膨胀波和叶片 2 所发出的槽道激波相交,并使槽道激波的强度有所变化。在 D 点处槽道激波波前的当地马赫数最高,因而激波最强。由于受到来自本叶片和相邻一片叶片膨胀波的作用,外伸激波的强度总体上被削弱,并且逐渐向后弯曲。外伸到无限远处时,外伸激波被削弱为一道弱扰动波,即膨胀波和外伸激波在无限远处完全抵消。根据实验和理论研究计算,外伸激波衰减得很快。因此,外伸激波通常为一道斜的弱激波,并在外伸过程中逐渐消失,而槽道激波则大体接近于一道正激波。因此,在分析和控制叶栅的增压和流动损失时,应更加注意栅道激波。槽道激波导致的损失不仅在于激波本身引起的总压下降,还在于槽道激波一直延伸到下面叶片的叶背上,引起激波-附面层干涉,它所造成的损失往往比激波本身引起的损失要大得多。为了减少超声叶栅的损失,应设法降低槽道激波的强度,即降低槽道激波前的马赫数。在叶背型面 D 点处波前马赫数最高,而且激波-附面层干涉也就发生在此型面附近,所以,降低 D 点处的马赫数会有效降低损失。减少 D 点以前的型面转折角度数,即将叶型的吸力面进口段设计成小转折角、零转折角甚至负转折角的型面(又称为预压缩叶型),可以降低 D 点处的 Ma。

　　激波的存在一方面可以非常有效地将轮缘功转化为压力势能,实现能量转换;一方面,过强的激波所产生的激波损失以及激波-附面层干涉损失将使叶型损失急剧增加,进而使转叶的效率下降。因此,激波在叶栅通道中的存在有一个最优的强度,跨声级的设计主要是合理布置激波的结构。超声速叶栅设计通常选择的一种通道激波结构形式是激波附体,叶栅通道存在进口区域弱波和通道内强波的双波结构。因此如图 4.28 所示的脱体激波结构并不是所希望的设计工作状态。下面将进一步讨论附体激波的情况。在来流相对速度的马赫数 $Ma_{1w} > 1.0$,轴向速度的马赫数 $Ma_{1x} < 1.0$ 的情况下,当叶栅出口的反压 p_2、叶栅进口的 Ma_{1w} 的大小和来流方向改变时,超声速叶栅的波系结构会发生变化。

(1) 反压 p_2 对超声速叶栅流动特征的影响。

图 4.29 中 Ma_1 是叶栅进口相对速度的马赫数(Ma_{1w}),在 Ma_1 等于设计值 Ma_{1d} 情况下,当叶栅出口反压降低($p_2 < p_{2d}$)时,槽道激波后气体的压力也会降低,由气体动力学可知,槽道激波强度减弱并为附体斜激波,如图 4.29(a)所示。这时,超声叶栅的静增压比 p_2/p_1 下降,当附体激波存在时,流动处于堵塞状态,流量达到最大值并且流量不随反压变化而改变。如果这时的进口附体斜激波比较弱,则波后仍为超声速流动,这样进口斜激波与槽道斜激波构成明显的双斜激波结构。这是目前设计中习惯选取的超声速叶栅的设计工作状态。

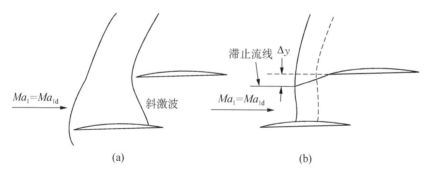

图 4.29 反压改变对超声速叶栅内激波结构的影响

(a) 反压降低 (b) 反压提高

随出口反压从最小值(压气机运行的堵点反压)开始提高,激波系会经历:①进口附体斜激波(弱波)和槽道斜激波(较强波)的双波波系;②反压提高,槽道斜激波被前推,开始变为附体的较正的激波;③略微脱体的正激波,如图 4.29(b)所示的虚线,这时,反压的信息能够前传,滞止流线的位置开始下移,激波造成的总压损失增大和槽道激波处流通面积的减小使得流量开始减小;④随反压进一步提高,脱体正激波被进一步前推,流量进一步减小,如图 4.29(b)所示的实线,直至叶栅流动发生失速。

(2) 来流 Ma 对超声速叶栅流动特征的影响。

当来流 $Ma_1 > 1.0$,但小于设计值 Ma_{1d} 时,如果此时的反压比较高(为设计状态的叶栅出口压力 p_{2d}),这时叶片的前缘会产生接近于正激波的脱体激波,如图

4.30所示,也只有正激波才可能在较低的来流 Ma_1($Ma_1 < Ma_{1d}$)下,达到较高的出口压力(p_{2d})。

在反压 p_{2d} 不变的条件下,随着来流 Ma_1 的增大,外伸激波和槽道激波逐渐变斜并且贴近叶片前缘[波系结构与图 4.29(a)类似]。当来流 Ma_1 继续增大,并且比设计值 Ma_{1d} 大很多时,外伸激波和槽道激波会变得很斜,并且叶栅内部和出口都有可能是超声速流动,如图 4.31 所示。这表明叶栅出口反压 p_{2d} 对于这时的 Ma_1($Ma_1 \gg Ma_{1d}$)来说太低了。

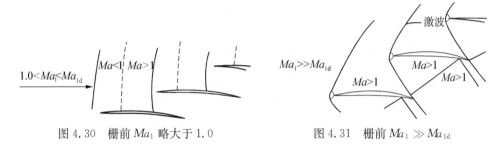

图 4.30　栅前 Ma_1 略大于 1.0　　　　　图 4.31　栅前 $Ma_1 \gg Ma_{1d}$

(3) 来流方向对超声速叶栅流动特征的影响。

当来流相对于叶栅的攻角增大时,激波系结构将发生如图 4.32 所示的变化,外伸激波变得更斜,而槽道激波则趋向于正激波。这是因为来流攻角增大后,超声速来流与叶片前缘吸力面的夹角减小(来流方向渐渐平行于叶片前缘吸力面),而超声速来流与叶片前缘压力面的夹角则增大,根据超声速流动的普朗特-迈耶理论,叶片

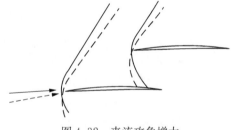

图 4.32　来流攻角增大

前缘吸力面产生的激波强度减弱(激波变斜),而叶片前缘压力面产生的激波强度则增大(激波变正)。

以上所介绍的超声速叶栅均存在这样一个特征:来流相对速度为超声速而其轴向速度分量为亚声速。对于这样的来流情况,当叶型几何参数和来流 Ma 一定时,由叶片引起的对流场的扰动可以传播到叶栅进口额线以前,叶片前缘表面产生的激波、膨胀波和弱压缩波具有调整气流方向的功能,使气流平行于叶片表面流动,激波和膨胀波系后的叶型只工作于一个攻角,即唯一攻角。在实际的三维叶片中,即使某基元级处于堵塞状态,如果激波脱体,唯一攻角也未必一定存在。这是由于其他叶高基元级的非堵塞流动受到出口条件变化的影响并转而影响到该基元级所致。图 4.33 为在近失速和峰值效率点时三维叶片的三维激波结构形状(每个工况点的视图分别旋转 20°),由图 4.33 可知,在峰值效率状态时,叶展中部已经是脱体激波,并影响到近尖部基元的流动特性。

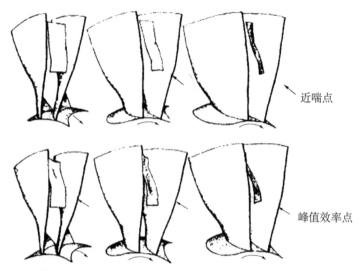

图 4.33　近失速和峰值效率点三维叶片的三维激波结构

4.1.3.4　特殊叶栅

1) 串列叶栅

串列叶栅包括双排叶栅,其结构如图 4.34 所示。串列叶栅的特点是第二排叶片的附面层重新生成;第二排叶片的来流攻角变化不大;第一排叶片负荷轻,第二排叶片可以负荷重一些;串列叶栅在气流偏转角度比较大时,流动稳定性好,抗分离能力强。合理地配置串列叶栅的几何参数,可在一定程度上抑制甚至消除大弯度叶片吸力面上的气流分离,亦可避免普通叶片造成叶片槽道前部的气流堵塞,在保持高效率、高气动稳定性的条件下具有比常规方案高得多的增压能力。

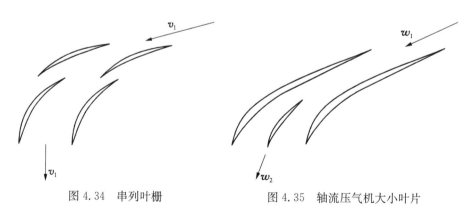

图 4.34　串列叶栅　　　　　　　　图 4.35　轴流压气机大小叶片

2) 轴流压气机大小叶片

轴流压气机大小叶片的结构如图 4.35 所示,在转子通道的后半部分局部增加小叶片,增大转子的做功能力。Wennerstrom 于 20 世纪 70 年代提出,并进行了实验验证。20 世纪 90 年代以后，采用 CFD 技术来进行优化设计。

4.1.4　压气机级的流动

4.1.4.1　压气机级的损失

压气机效率考虑级的损失包括叶型损失和环面损失（二次流损失），如图 4.36 所示。叶型损失包括流动、分离、尾迹和激波，二次流损失包括环面附面层、漏气和潜流。在叶轮机领域，通常将与主流区流动方向不一致的流动（倒流、潜流、间隙流和通道涡）称为二次流动（见图 4.37），由二次流动造成的损失被称为二次流损失。一级的流动损失除基元级损失（叶型损失）外，新增损失主要集中在叶根、叶尖两个端区。端区附面层流动是在端壁角区、端壁附面层和叶片表面附面层中低能气体的相互阻滞；角区的附面层增长很快，使得角区比其他区域更容易产生流动分离。端

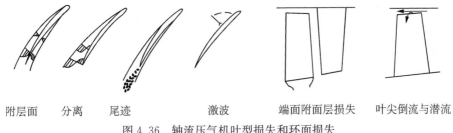

附层面　　分离　　尾迹　　　　激波　　　　端面附面层损失　　叶尖倒流与潜流

图 4.36　轴流压气机叶型损失和环面损失

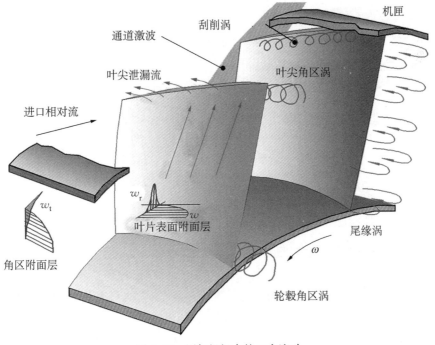

图 4.37　压气机级中的二次流动

区位置是高度的三维性及非线性,在压气机级能达到的峰值效率所包含的损失中,转静叶的端区损失合计高达 37% 左右。

在压气机的径向间隙流动中存在倒流和泄漏流,它们会改变间隙附近气流的出气方向,使该部位压气机的加功和增压能力、效率下降。在间隙比较小的情况下,间隙流动中泄漏流占主要部分;压力面的气体动能高、压力大,具有推迟或减小吸力面气体流动分离的能力。

叶片表面存在附面层的潜移流动。流场中沿半径方向存在着与气体微团运动时周向分速度 v_u 产生的离心力 $\rho \dfrac{v_u^2}{r}$ 相平衡的压力梯度;转叶表面的气体微团可以看成是和叶片"黏"在一起旋转,离心力是 $\rho \dfrac{u^2}{r}$,且 $u \gg v_u$。在静叶表面也会产生叶片表面附面层潜移流动,但是潜移流动的方向与转叶相反,由叶尖向叶根潜移流动。叶片表面的附面层向端区潜移会造成端区的低能气体的堆积,使得角区的流动容易产生分离,增加角区的流动损失。

压气机中还存在通道涡,其流动如图 4.38 所示,主流区压力面静压高,端壁区压力面静压低;压力面附近的气流从高静压处流向低静压处,占据了端壁的气流通道;沿端壁流向静压更低的吸力面,在吸力面角区卷起,形成横跨整个叶栅通道的旋涡流动。通道涡使静叶的出口气流角沿叶高的分布不均匀,出现过转(落后角<0)和欠转/亏转(落后角>平均落后角)现象,如图 4.39 所示。

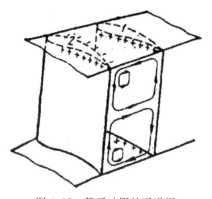

图 4.38　静子叶栅的通道涡

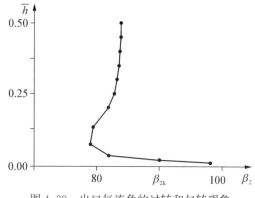

图 4.39　出口气流角的过转和欠转现象

4.1.4.2　超声、跨声速级流动特征

超声、跨声速压气机级一般出现在压气机的进口级;超声速压气机级是指转叶从叶根到叶尖的来流相对 Ma_{1w} 都大于 1.0;跨声速压气机级是指转叶叶尖的 Ma_{1w} 大于 1.0,叶根的 Ma_{1w} 小于 1.0。超声、跨声速压气机级的流动特征如下:

1) 流动的三维性强

流场中的三维激波形面与转叶前缘的空间走向以及叶片型面沿展向的变化密

切相关,如图 4.40 所示。空间激波形面的三维性造成流动的三维性增强。内、外流道半径的变化造成端区流动的三维性强。从平面叶栅二维流动试验中总结出来的经验和规律,在超声、跨声速转叶设计中的适用性大为降低。

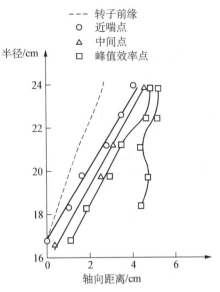

图 4.40　槽道激波沿叶高位置(轴向)变化

2) 流动易堵塞

转叶从叶根到叶尖都出现了横跨整个槽道的贴体激波时,反压变化的信息不能前传,降低出口反压,流量也不再增加了,即出现了流动堵塞现象。多级压气机中,如果进口级是超声、跨声速级,则进口级的气流通过能力对整个压气机空气流量的大小起决定性的作用。

3) 对进口流场敏感

超声、跨声速转叶叶型的前缘比较尖,前缘叶片厚度也比较薄;在设计状态下,来流对准叶片时,可以有很好的气动性能;一旦来流方向改变,来流不是正对着叶片时,尖劈形前缘叶型的气动优势很快就会丧失。

前掠叶型可以减小叶尖激波强度,前掠叶型可以提高叶尖抗来流畸变能力。图 4.41 所示为 GE90-115B 发动机的大风扇叶片,其叶尖采用了前掠设计。

图 4.41　GE90-115B 发动机的大风扇叶片

4.1.5　离心压气机

离心压气机的增压原理是离心增压。气体随工作轮做圆周运动时,气体微团受到离心惯性力的作用,而且气体微团所在半径越大,所受离心惯性力就越大,工作叶轮外径处气流的压强比内径处压强高,气体流经工作轮过程中压力逐步升高。工作叶轮高速旋转对气流加功、增压、增速;扩压器是减速扩压。流经离心压气机的气流参数变化和离心叶轮形式分别如图4.42和图4.43所示。

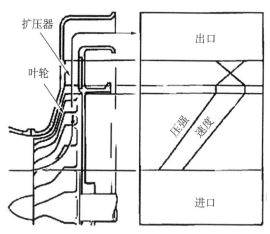 

图 4.42　流经离心压气机的气流参数变化　　　　图 4.43　离心叶轮

　　离心叶轮形式有3种,分别是后弯叶片式叶轮、径向叶片式叶轮和前弯叶片式叶轮,如图4.44所示。前弯叶片式叶轮气流出口绝对速度比后弯叶片式叶轮高,前弯叶片式叶轮流道短但弯度大、扩张角大,易分离,前弯叶片式叶轮流道出口速度分布更加不均匀。前、后弯叶片式叶轮的流道比较如图4.45所示,前、后弯叶片叶轮流道内部速度分布的比较如图4.46所示。

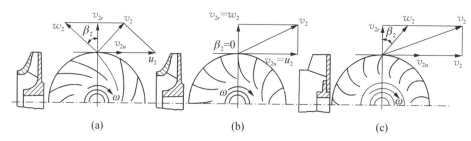

(a)　　　　　　　　　　　(b)　　　　　　　　　　　(c)

图 4.44　离心叶轮叶片的三种形式及出口速度三角形

(a) 后弯叶片式叶轮　(b) 径向叶片式叶轮　(c) 前弯叶片式叶轮

　　离心叶轮出口半径比进口半径大得多,轮缘功可以很大,现代的离心压气机的级压比已达6～12。目前得到广泛应用的是径向叶片式叶轮和后弯叶片式叶轮。

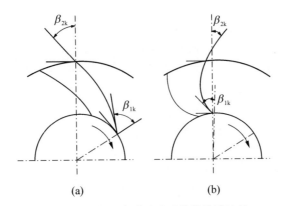

图 4.45　前、后弯叶片式叶轮的流道比较

（a）后弯叶片式　（b）前弯叶片式

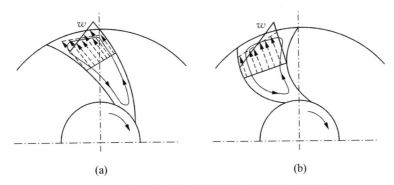

图 4.46　前、后弯叶片叶轮流道内部速度分布比较

（a）后弯叶片式　（b）前弯叶片式

4.1.6　压气机特性

　　压气机在设计状态下具有符合设计要求的增压比和较高的效率。一台设计完成的压气机不可能总在设计状态下工作,当工作条件偏离设计状态时,压气机的增压比、效率都将发生变化。在非设计条件下工作时,压气机增压比、效率随转速和流量的变化关系就是压气机的特性。

　　引起压气机性能参数变化的原因,有外界条件包括进气总温、进气总压、工作转速和压气机的空气流量。

$$\pi_C^* = f_1(q_{ma}, n, p_2^*, T_2^*) \tag{4.24}$$

$$\eta_C^* = f_2(q_{ma}, n, p_2^*, T_2^*) \tag{4.25}$$

4.1.6.1　相似准则

由压气机的实验特性得到通用特性线时,要运用相似理论。相似理论是流体力学、叶轮机械实验研究的理论基础。由相似理论可知,对于压气机而言,其相似条件可以归结为3个:几何相似、运动相似(或流场相似)和动力相似。这3个相似条件是有联系的:几何相似是运动相似和动力相似的前提和依据,动力相似是决定两个流动系统运动相似的主导因素,运动相似是几何相似和动力相似的表象。3个相似是密切相关的整体,三者缺一不可。

(1)几何相似。

对于压气机中的流动来说,几何相似可以有两种含义。一种是同一台压气机,但进口条件不同,显然这时是保证了几何相似的。另一种含义是两台几何尺寸成一定比例的压气机,例如一台是足尺寸压气机,另一台是按比例放大或缩小的压气机模型或新设计的压气机。这时,两台压气机的几何相似应该包括流路几何形状、相对间隙以及各基元截面上的叶栅几何相似,如图4.47所示,具体来讲有叶型、稠度、安装角、轮毂比、展弦比、相对轴向间隙、相对径向间隙、叶片表面和流道表面的相对粗糙度等,即各对应的几何尺寸必须成比例。

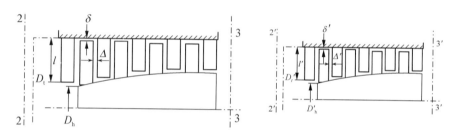

图4.47 压气机的几何相似

$$\frac{D_t}{D_t'} = \frac{D_h}{D_h'} = \frac{\delta}{\delta'} = \frac{l}{l'} = \frac{\Delta}{\Delta'} = \frac{b}{b'} = \frac{s}{s'} = \frac{c_{\max}}{c_{\max}'} = K_l \quad (4.26)$$

式中:δ 为叶尖经向间隙,l 为叶片高度,Δ 为叶排间轴向间隙,s 为栅距,$c_{\max}$ 为叶片最大厚度。K_l 是尺寸的放大(缩小)系数或称模化系数,对于足尺寸的压气机,即 $K_l = 1$。实际上,要做到完全几何相似是很困难的。例如,为使压气机能安全运转,径向间隙就不能按比例缩小。再如,叶片表面粗糙度要想按比例变化,在工艺上也有困难。甚至压气机的叶片,最大厚度按比例缩小后,强度和工艺上也有困难。除了这些,大部分较易满足几何相似的要求。

(2)运动相似。

运动相似即两台压气机流场中对应点上的速度方向相同、大小成比例,即

$$\begin{cases} \dfrac{w_a}{w_a'} = \dfrac{w_b}{w_b'} = \dfrac{w}{w'} = K_w \\ \beta_1 = \beta_1', \ \beta_2 = \beta_2' \end{cases} \quad (4.27)$$

式中:K_w 为速度比例系数。由式(4.27)可见,两台压气机的流场相似,必然是流场中对应的流线和对应点上速度三角形相似,即运动相似,如图4.48所示。对于同一

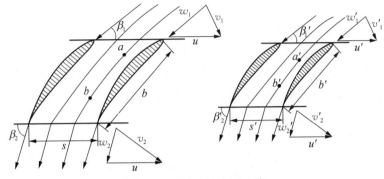

图 4.48 压气机的运动相似

台压气机,在不同进口条件以及转速和流量下,要想保证流场相似也要满足上述要求。

(3) 动力相似。

所谓动力相似是指在两台压气机内的流场中,对应点上同类力的方向相同而大小成比例。流过压气机的气流微团所受的外力有惯性力、黏性力、静压力和重力。对于气体来说,重力甚小,与其他力相比可以忽略。

根据气体动力学的理论或者采用量纲分析方法,可以发现:

雷诺数 Re 反映了气体黏性的影响,它是气流惯性力与黏性力之比,所以两台压气机动力相似条件之一是流场中对应点上的 Re 数必须相等。

马赫数 Ma 的物理意义是惯性力和静压力之比,所以两台压气机动力相似条件的另一个条件是流场中对应点上的 Ma 必须相等。

实验证明,Re 数越大,黏性力相对惯性力的作用越弱;当 Re 数大到一定数值(临界雷诺数)以后,黏性力的作用已经很弱,其影响可以略去不计。这时,Re 数作为一个相似准则已经退化,称为流动进入对 Re 数的自动模化区(简称自模区)。对航空压气机来说,当 $Re \geqslant 2 \times 10^5$ 时,就认为进入自动模化区;其动力相似条件就只有 Ma 了。但是,飞机在高空低速飞行(或爬升)时,空气密度急剧下降,可能导致 Re 数下降,低于 2×10^5,这会引起压气机效率下降,通常效率要修正。实验压气机,在决定缩型压气机的缩小系数或实验过程中的节流程度时,都应该以保证 $Re \geqslant 2 \times 10^5$ 为准则。

综上所述,如何来判断两台压气机是否相似呢? 根据相似定理,对于压气机中可压缩黏性气体流动来说,综合上面的分析,就应该是两个流场保证几何相似,对应点速度三角形相似,对应点 Ma、Re 数相等。当 $Re \geqslant 2 \times 10^5$ 时,就认为进入自动模化区,Re 数就不再作为相似准则。

一般情况下,压气机流场都满足 $Re \geqslant 2 \times 10^5$ 的条件。这时,由气体动力学知,在几何相似的前提下,只要叶栅(也包括任何其他物体或通道)进口 Ma(包括大小和方向)相同,则全流场处处压强比、速度比、温度比等无因次参数保持不变(这里假定流场中不存在临界截面),这样一来,两台压气机状态相似的条件就可以概括为几何相似和压气机的进口马赫数相同。由于压气机中转叶是旋转的,它的相似准则是 Ma_{1w}(包括大小和方向,1 代表转叶进口)。利用速度三角形可以证明,只要第一级压气机的进口轴向马赫数 Ma_{0x}(0 代表导叶进口)和转叶切线马赫数 Ma_{1u}($Ma_{1u} = u_1/\sqrt{kRT}$)保持不变,则压气机的所有各级的叶栅进口马赫数和出口马赫数也保持不变,因而气流在整个压气机中的流动是相似的。现推证如下:

当空气进入多级压气机时,首先是流入进气导向叶片(如果没有导向器,则 $Ma_{1x} = Ma_{0x}$,$\alpha_1 = 0°$),Ma_{0x} 为导向器叶栅的进口马赫数,Ma_{0x} 保持不变则导向器叶栅中的空气流动相似,因而其出口马赫数 Ma_{1v} 保持不变,由速度三角形可知,$Ma_{1w} = Ma_{1v} - Ma_{1u}$,故 Ma_{1w} 不变,这就保证了转叶中的流动相似,因而转叶出口相对马赫数 Ma_{2w} 不变,进一步转叶后的静叶叶栅的进口马赫数 Ma_{2x} 也保持不变,因为 $Ma_{2v} = Ma_{2w} + Ma_{2u}$,如此类推下去直到多级压气机的最后一排叶栅的无因次参数(马赫数、压强比、温度比等)均保持不变,即整个多级压气机都保持了相似状态。压气机的增压比 π_C^* 和效率 η_C^* 是压强比、温度比的函数,所以它们也保持不变。

所以,Ma_x 和 Ma_u 就被称为压气机状态的相似准则,只要它们保持不变,则压气机中流动(指压强比、速度比、温度比、马赫数等无因次参数)保持不变。一般而言,可以选取多级压气机中任意截面上的 Ma_x 和 Ma_u 作为相似参数。人们通常选用压气机进口截面处的 Ma_{1x} 和 Ma_{1u} 作为相似参数,这样方便一些。应该指出,当压气机的流场中出现了临界截面(或声速喉道,或堵塞截面)情况时,上述结论不再正确。因为这时临界截面以后的参数变化(例如反压变化)不再能影响压气机进口截面马赫数 Ma_{1x} 和 Ma_{1u},它们将始终保持不变而不再起到相似准则的作用,作为相似准则 Ma_{1x} 已经退化,必须选用新的相似准则来代替它,即用临界截面以后的马赫数(或压强比等无因次参数)Ma_{Nx}(N—N 为临界截面以后的任一截面)和 Ma_u 作为压气机的相似准则。由于压气机的相似准则和压气机流场中各点的其他无因次流动参数是互为函数关系的,因而,也可以选取临界截面以后的压强比 p_N/p_1 和 Ma_u 作为压气机的相似准则。

由气体动力学函数关系式可知,马赫数(Ma_x,Ma_u)是和速度系数(λ_x,λ_u)存在对应的函数关系,因此(λ_x,λ_u)也是压气机的相似准则。同理可以证明,(λ,λ_u)、$[q(\lambda), \lambda_u]$ 都是压气机的相似准则。

对于同一台压气机,或者几何尺寸完全相同的压气机而言,我们可以证明 $\left[\dfrac{q_m \sqrt{T_2^*}}{p_2^*}, \dfrac{n}{\sqrt{T_2^*}}\right]$ 也是压气机的相似准则,因为

$$q(\lambda_2) = K \frac{q_m \sqrt{T_2^*}}{p_2^*} \tag{4.28}$$

$$\lambda_u = C \frac{n}{\sqrt{T_2^*}} \tag{4.29}$$

式中：K 为与气体常数 (k, R) 以及和压气机几何尺寸有关的常系数；$K = \sqrt{\dfrac{k}{R}\left(\dfrac{2}{k+1}\right)^{\frac{k+1}{k-1}}}$，

对于空气 $K = 0.0404\, S \cdot \sqrt{K/m}$。$C$ 为与压气机几何尺寸有关的常系数。

应该强调指出，同一台压气机或压气机尺寸完全相同时 $\left(\dfrac{q_m \sqrt{T_2^*}}{p_2^*}, \dfrac{n}{\sqrt{T_2^*}}\right)$ 才

能作为压气机的相似准则；几何相似但尺寸不相等的压气机不能用它们作为相似准则。可以看出，这两个参数都是有量纲的。

4.1.6.2 通用特性

航空压气机的相似理论的一个重要应用就是可以据此得出压气机的通用特性。通过对轴流压气机中流动的相似准则分析可知，不管压气机的转速 n、空气流量 q_m、进口总压 p_2^* 和进口总温 T_2^* 如何变化，只要保证压气机的相似参数相同，则压气机的 π_C^* 和 η_C 就不变。因此，应该用压气机的相似参数作为横坐标和参变量来绘制压气机特性曲线，这样的曲线就叫作压气机通用特性曲线，它适用于任何大气条件和飞行状态，具有通用性。

图 4.49 所示的压气机特性曲线是以相似参数 Ma_x 为横坐标，以相似参数 Ma_u 为参变量绘制的，这张特性曲线适用于（代表了）任何与它几何相似的压气机。

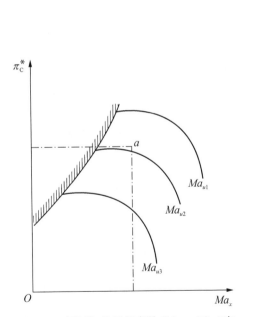

图 4.49 用压气机相似参数 (Ma_x, Ma_u) 表示的压气机特性曲线

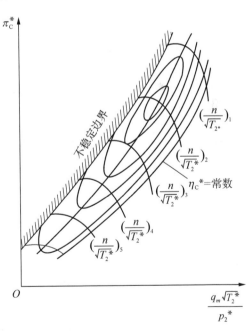

图 4.50 用流量和转速相似参数表示的压气机特性曲线

图 4.50 所示的压气机特性曲线是以流量相似参数 $\dfrac{q_m \sqrt{T_2^*}}{p_2^*}$ 为横坐标，以转速

相似参数 $\dfrac{n}{\sqrt{T_2^*}}$ 为参变量绘制的,它只适用于同一台压气机或几何尺寸与其完全相同的压气机。

可以看出,对于同一台压气机(或几何尺寸完全相同的压气机)而言,采用 $\left[\dfrac{q_m\sqrt{T_2^*}}{p_2^*},\ \dfrac{n}{\sqrt{T_2^*}}\right]$ 作为相似参数绘制特性曲线非常方便,因为相似参数中的 q_m,n,p_2^*,T_2^* 都是试验中直接测量取得的,它们也是表征不同飞行状态的参变数,因而便于应用。图 4.50 所示曲线也被称为压气机通用特性曲线。

为了使用方便,常常进一步把通用特性曲线换算成以海平面标准大气条件($T_2^* = 288\,\mathrm{K}$,$p_2^* = 101\,325\,\mathrm{Pa}$)为进气条件的特性曲线,换算过程是很简单的,只要保证大气条件 p_2^* 和 T_2^* 下的流场与在海平面标准进气大气条件下的流场具有相同的相似参数。若以 q_m,n,p_2^* 和 T_2^* 表示在某一具体实验条件下所测量的参数,而以 n_{cor} 和 $q_{m\mathrm{cor}}$ 表示在标准大气条件下的转速和空气流量,根据相似参数相等,有

$$\frac{n}{\sqrt{T_2^*}} = \frac{n_{\mathrm{cor}}}{\sqrt{288}} \tag{4.30}$$

$$\frac{q_m\sqrt{T_2^*}}{p_2^*} = \frac{q_{m\mathrm{cor}}\sqrt{288}}{101\,325} \tag{4.31}$$

将式(4.31)改写成

$$n_{\mathrm{cor}} = n\sqrt{\frac{288}{T_2^*}} \tag{4.32}$$

$$q_{m\mathrm{cor}} = q_m\frac{101\,325}{p_2^*}\sqrt{\frac{T_2^*}{288}} \tag{4.33}$$

式中: n_{cor} 为换算转速; $q_{m\mathrm{cor}}$ 为换算流量。

显然, n_{cor},$q_{m\mathrm{cor}}$ 是相似参数。图 4.51 所示为用换算转速和流量绘制的压气机特性曲线。由图 4.51 可见,压气机特性曲线图中,相似流量为横坐标,增压比为纵坐标,相似转速为参变量,存在等相似转速线、等效率线和不稳定边界线,稳定工作范围和高效率区。

当相似转速一定、相似流量减少时,将引起 $P{\rightarrow}A$ 变化(见图 4.52),此时压气机叶栅为正攻角、叶背分离,如图 4.53 所示,扭速增加,增压比增加,效率先升后降,严重时压气机喘振。当相似转速一定、相似流量增加时,引起 $P{\rightarrow}B$ 变化(见图 4.52),此时压气机叶栅为负攻角、叶盆分离,如图 4.54 所示,扭速减小,增压比下降,效率下降,严重时通道堵塞。

在多级轴流压气机中,其等转速线陡峭,存在工况偏离逐级放大,如图 4.55 所示。

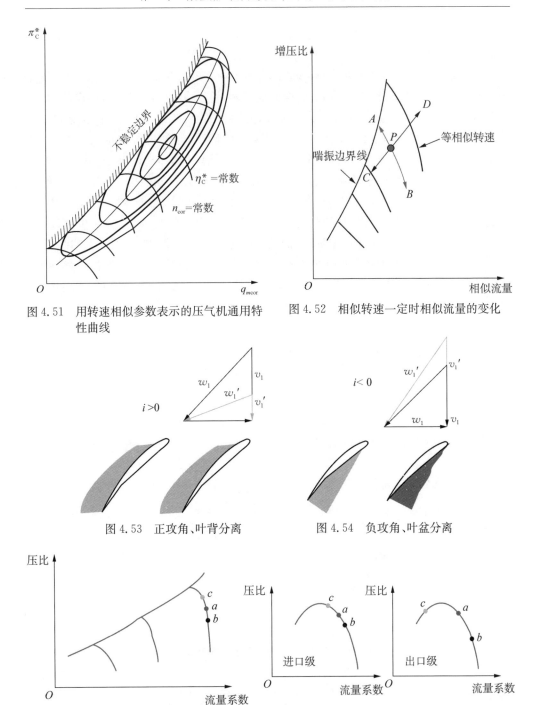

图 4.51　用转速相似参数表示的压气机通用特性曲线

图 4.52　相似转速一定时相似流量的变化

图 4.53　正攻角、叶背分离

图 4.54　负攻角、叶盆分离

图 4.55　多级轴流压气机工况偏离的逐级放大

4.1.6.3　旋转失速与喘振

在分析压气机平面叶栅绕流时曾经指出,当气流攻角增加到一定数值时,会发生气流的严重分离,这种现象常称为失速。气流的失速是由叶型吸力面上的附面层分离引起的,它会导致压气机出口压力下降、旋转失速或喘振。

在单级压气机中,如果在设计工况下转子叶片攻角为 0,则当转速一定而空气流量增加时,攻角 i 将随轴向分速 v_{1x} 的增大而减小,变为负值,当它达到一定数值时,气流在叶片压力面上会产生附面层的分离,此时叶片的通道变小,甚至出现喉口堵塞或变成"风车"状态,如图 4.56 所示。出现这种情况,会使压气机损失增加,效率下降,流量受到限制,造成流动的堵塞。但惯性力的作用和压比的减小,使得这种压力面上附面层的分离往往不会严重发展下去,不至于形成气流的倒流现象。但是,当转速一定而空气流量减小时,攻角 i 将随轴向分速 v_{1x} 的减小而增大,变为正值,当它达到一定数值时,气流在叶片吸力面上会产生附面层的分离,这就是失速现象。这时气流转折角增加,扭速也增加,从而使叶栅通道中沿气流方向的压力梯度增大,气流拐弯产生的离心力场加剧了叶背的气流分离。失速时压气机会发出特殊叫声,振动也增大;并使得压气机效率明显下降,甚至导致喘振的发生。旋转失速出现后,其频率高、强度大,叶片会受到周期性交变的气动力作用,叶片材料会因此产生疲劳。如失速频率接近叶片自振频率,将会使叶片产生很大的振动应力,造成叶片损坏。在转子后测得的流场表明,压气机叶栅中出现的失速区不是静止不动的,在一个或多个低速气流区以某一低于转子叶片的转速沿转子叶片旋转方向连续地旋转,所以这种失速现象就称为旋转失速。

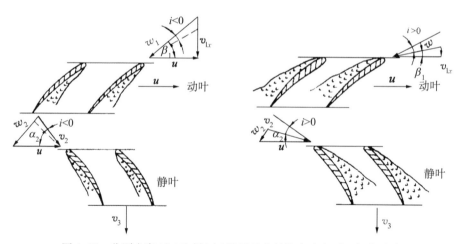

图 4.56　分别在高(左)和低(右)流量导致的偏离攻角下运行的叶片

喘振是整个压缩系统的一种以气流中断为特征的不稳定流态。压气机失速不稳定性和燃烧室响应特性的耦合会导致压气机和燃烧室的整个流动崩溃或流动的循环振动,包括压气机和燃烧室的整个"系统"的流动崩溃叫作喘振。当压缩系统进入喘振时,通过系统的流量和压气机出口的压力等参数都随时间呈现出低频率、高振幅的振荡。通常将这种流量随时间的波动被形象地称为流量的轴向振荡。这种高振幅的气流振荡是一种很大的激振力来源,它会导致发动机部件(首先是压气机)的强烈机械振动和热端超温,并在很短时间内造成部件的严重损坏;发动机会发出音调低而沉闷的放炮声,并伴随着转速的不稳定,所以在任何工作状态下都不允许压气机进入喘振区工作。

喘振在本质上是一种一维的系统不稳定现象,不仅取决于当前压气机流体动力学特性,还取决于该压气机所处系统的动力特性(进、排气的流道,气流流道的容积及节流阻力等)。在其充分发展的状态时,喘振是一种流动的轴对称循环振动,其特征时间尺度取决于充满或清空集气箱所需的时间。在起初的过渡状态,喘振不是轴对称的,这会在叶片上产生横贯的载荷,可能导致叶片擦到机匣、进而导致结构损伤甚至系统崩溃。在这种高强度的振荡过程中,通过压气机的瞬时流量可以是负的,即出现流动阻塞或倒流现象。出口的高压气流倒流时,其反压降低,由于压气机轮缘功的作用,流量又开始增加,由低压升迅速发展为高压升小流量的状态;只要高反压环境继续维持,这种周期性的喘振现象就不会终止。因此,喘振总是经历流动、分离、倒流、再流动、再分离、再倒流的循环过程。

喘振与旋转失速不同。对于完全发展的旋转失速来说,流过压气机的流量是稳定的,不随时间变化的,只是局部失速团的出现破坏了压气机中原有的轴对称流态,而且失速团绕轴旋转使得周向局部位置的流动具有非定常特性。但是,此时压气机仍能实现与下游部件的稳定匹配,从而整个压缩系统仍能稳定于某一个工作点;只是流量、压升和效率都有较大的下降,系统的气动性能恶化。喘振时压气机则不能实现与下游部件的稳定匹配,从而使得整个压缩系统进入不稳定状态。在喘振的一个振荡周期内,部分周期通过压气机的流量小于压气机的失速流量,而另外部分周期的流量又大于压气机的失速流量;因而在喘振的一个振荡周期内就有可能伴随着流量大于和小于失速流量而呈现出旋转失速的产生、发展和消失。

良好的推进系统要性能好、可靠性高、有足够的可用喘振裕度。足够的可用喘振裕度是适用性技术指标,也就是说必须在推力大、燃油消耗率低、重量轻、可靠性高、寿命长和成本低等要求与可用喘振裕度要求之间进行折中,达到最佳的平衡。另外,喘振裕度受降稳因子的影响。降稳因子可以分为随机性和非随机性两大类型,或者介于两者之间。如发动机之间的生产偏差是随机性的降稳因子,而压气机放气则是非随机性的例子。图 4.57 为典型的几种降稳因子引起的压气机喘振裕度的下降,图 4.57 给出了无畸变的发动机工作线和喘振边界线,由于降稳因子的作用使工作线向上移动,使喘振边界线下降,在下降的喘振边界与上移的工作线之间的压比范围即为留给畸变的最大可用喘振裕度。

航空发动机的主要防喘技术措施有:采用双轴,甚至三轴;调节风扇进口导流叶片角度 α_1 和高压压气机静子叶片角度 α_2;压气机中间级放气;采用机匣处理技术;采用径向间隙处理技术;在飞机上测量"喘振信号",测出此信号后自动进入"消喘过程",发动机切油并对 A_8、α_1、α_2 做出相应调整;对于使用中容易出现喘振的工作状

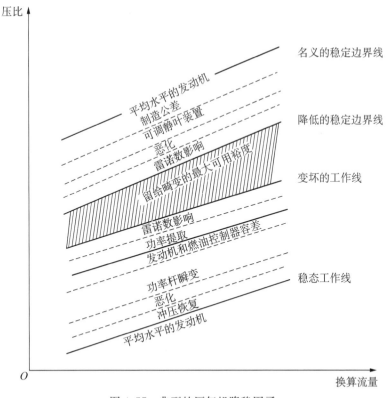

图 4.57 典型的压气机降稳因子

态,在控制规律中增加主动防喘的功能,如发射导弹时自动进入"防喘过程"等。

4.1.7 轴流压气机的发展趋势

轴流压气机有如下几个发展趋势:

(1) 更高的叶尖切线速度。

提高叶片切线速度 u 是提高单级加功量的有效途径。现代军用发动机风扇或低压压气机的切线速度大约为 $400\sim500\,\mathrm{m/s}$。某国为研制用于未来战斗机的发动机,对压气机和风扇进行了大量的、远远超过现役机种水平的先期性设计试验研究,其切线速度 u 达到 $577\sim630\,\mathrm{m/s}$,单级压气机的增压比达到 3.2,双级压气机达 4.57,三级压气机达 8.07。

(2) 更高的转子压比。

一直不断提高单转子核心压气机的总增压比也是必然的发展趋势。

(3) 更高的级的气动负荷和单级压比。

提高级的气动负荷,采用更完善的气动设计和造型,采用低展弦比、高稠度的叶片设计以及更大的叶片安装角等。

除上述发展趋势外,在压气机设计中的新技术应用与发展中还要重点介绍一下齿轮驱动风扇技术。

　　除了风扇和增压级问题之外,随着低压转速不断降低,还会使低压涡轮级数多、尺寸大,成为决定发动机的成本和重量的关键因素。解决这些问题的一个有效途径就是采用齿轮驱动风扇,通过一个 3∶1 的体内减速器将低压转速降低后再驱动风扇。如图 4.58 所示,齿轮驱动风扇有以下几方面的优点:摆脱了涡轮转速的制约,能够获得更高的涵道比,从而提高发动机的推进效率;能够获得更低的叶尖切线速度,从而进一步降低风扇噪声;低压涡轮能够采用较适合的转速,使级数减少一半左右,从而大幅度降低发动机的成本和重量。增压级的加功增压能力大幅度增加,能够以更少的级数获得更高的压比。齿轮驱动风扇的难点主要在于小尺寸、大功率、长寿命、高可靠性体内减速器的研制,以及风扇支承形式等结构的设计。

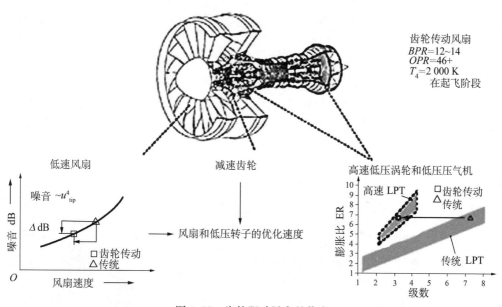

图 4.58　齿轮驱动风扇的优点

4.2　涡轮工作原理及其特性

　　涡轮是燃气涡轮发动机的重要部件之一,它的作用是将燃烧室出口高温高压燃气的热焓转变为机械功,是带动压气机、风扇、螺旋桨、直升机旋翼等的动力。对涡轮的主要要求是在产生所需涡轮功的条件下,效率高、尺寸小、重量轻、有足够的稳定工作范围、能在高温高转速条件下可靠工作。涡轮的主要类型是轴流式涡轮,得到了最广泛的应用。本节重点介绍轴流涡轮的做功原理和特性。

4.2.1　涡轮的主要性能参数与组成

　　轴流涡轮的热力过程,理想情况是绝热等熵膨胀,实际情况是多变膨胀。涡轮的主要参数有膨胀比 π_T^*、流量 q_{mg}(kg/s)、转速 n(r/min)、多变膨胀功 l_T 和绝热效率 η_T^*,定义如下:

$$\pi_T^* = \frac{p_4^*}{p_5^*} \tag{4.34}$$

$$l_T = c_p T_4^* \left(1 - \frac{1}{\pi_T^* \frac{k'-1}{k'}} \right) \eta_T^* \tag{4.35}$$

$$\eta_T^* = l_T / l_{T,\,ad} \tag{4.36}$$

若已知涡轮进口 T_4^*，p_4^* 和膨胀比 π_T^*、效率 η_T^*，可以计算得出涡轮出口气流参数 T_5^*，p_5^* 和功率 P_T：

$$T_5^* = T_4^* \left[1 - \left(1 - \frac{1}{\pi_T^* \frac{k'-1}{k'}} \right) \eta_T^* \right] \tag{4.37}$$

$$p_5^* = p_4^* / \pi_T^* \tag{4.38}$$

$$P_T = q_{mg} l_T \tag{4.39}$$

涡轮前来流温度 T_4^* 的发展趋势如图 4.59 所示，第三代军用涡扇发动机的涡轮前温度为 1 600～1 750 K，第四代则达到了 1 850～1 950 K，预研的推重比 15 以上的发动机则达到 2 200 K 以上。主要技术措施有超级合金、陶瓷叶片，先进的热障涂层，以及高效冷却技术。

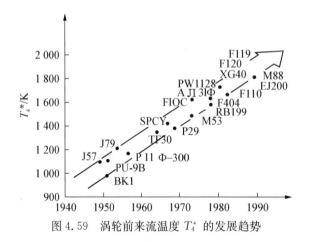

图 4.59　涡轮前来流温度 T_4^* 的发展趋势

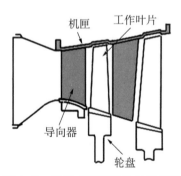

图 4.60　轴流式双级涡轮的示意图

轴流涡轮的组成包括静子(导向器)和转子，如图 4.60 所示。静子(导向器)包括静子叶片，内、外环；转子包括转子叶片，盘和轴；排列方式是静子在前，转子在后。

涡轮级中静叶(喷嘴)置于转叶前，其作用之一是高温高压工质先在喷嘴中加速膨胀，获得动能以推动转叶轮；二是高温高压工质在喷嘴中膨胀后温度降低，可改善转叶轮的进口工作条件，提高转叶的寿命和安全性。由于气体通过涡轮膨胀做功，气体比容增大，密度减小，因而涡轮的气流通道截面是逐渐增大的，呈扩张型(见图4.60)。气体流经涡轮级的参数变化如图 4.61 所示。

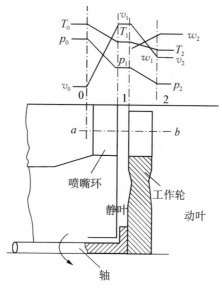

图 4.61　气体流经涡轮级的参数变化

4.2.2　轴流涡轮的做功原理

轴流涡轮与轴流压气机的研究类似,可以先研究气流在涡轮一级的基元级中的流动。如图 4.62 所示,涡轮级划分下列截面:0 截面为导向器前;1 截面为导向器与工作轮之间;2 截面为工作轮出口。

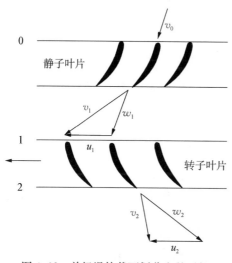

图 4.62　单级涡轮截面划分和基元级

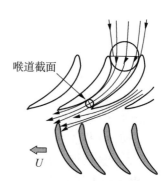

图 4.63　涡轮叶栅收敛通道

4.2.2.1　气流在静子叶栅中的流动

气体做绝能流动,根据伯努利方程,$v_1 < v_0$,$\mathrm{d}p < 0$;对于亚声气流,要加速必须经过收敛型叶栅通道,叶栅向背离轴向弯曲,形成收敛通道(见图 4.63),在静子叶

片中的工作原理为膨胀加速并转向。叶型偏离轴线弯曲形成收敛通道,在叶栅通道出口处为最小截面,称为喉道截面。在喉道截面处,气流通常达到当地声速,又称为临界截面,在临界截面后气流进一步加速,以超声速进入工作轮,静子叶片起气流的导向作用称为导向器。

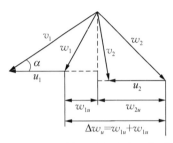

图 4.64 涡轮基元级速度三角形

4.2.2.2 气流在转叶叶栅中的流动

转叶叶栅中的基元级速度三角形,如图 4.62 所示。进口:气流以 v_1 流向转叶,由于叶片转动切线速度为 u_1,气流以相对速度 w_1 进入转叶。出口:气流以相对速度 w_2 流出转叶,由于叶片转动切线速度 u_2,气流以绝对速度 v_2 流出转叶。将进、出口速度三角形叠画在一起,如图 4.64 所示,w 和 v 均向背离转动方向发生偏转,相对速度增加,$w_2 > w_1$;绝对速度降低,$v_2 < v_1$。决定涡轮基元级速度三角形的 5 个参数:v_{1u}、α、v_{2u}、u 和 v_{1x}/v_{2x}。

根据伯努利方程,在绝对坐标系下,气体膨胀功、动能增量用于输出轮缘功并耗损于摩擦功;在相对坐标系下,$dp < 0$,$w_2 > w_1$;叶型弯曲形成收敛通道,相对速度增加,压力降低。

$$-l_{Tu} = \int_1^2 \frac{dp}{\rho} + \frac{v_2^2 - v_1^2}{2} + l_f \tag{4.40}$$

$$\int_1^2 \frac{dp}{\rho} + \frac{w_2^2 - w_1^2}{2} + l_f = 0 \tag{4.41}$$

两式相减,得

$$-l_{Tu} = \frac{v_2^2 - v_1^2}{2} + \frac{w_1^2 - w_2^2}{2} \tag{4.42}$$

由式(4.42)可以看出,涡轮对外输出的轮缘功来源于绝对动能和相对动能的增量。绝对动能增量变为机械能,相对动能增量变为膨胀加速,产生反作用力。

涡轮分为冲击式涡轮和反力式涡轮两种,如图 4.65 所示。冲击式涡轮,进出口通道面积相等,工作轮在高速燃气的冲击作用下高速旋转;反力式涡轮,采用收敛型通道,除受到高速燃气的冲击力,工作叶片还受到燃气流的反作用力。

轴流涡轮的工作原理类似于轴流压气机,每 $1 \mathrm{kg/s}$ 燃气所产生的轮缘功大小可以由式(4.43)和式(4.44)公式表示:

$$l_{Tu} = M\omega = (v_{2u}u_2 + v_{1u}u_1) = u\Delta v_u \tag{4.43}$$

$$l_{Tu} = u(w_{1u} + w_{2u}) = u\Delta w_u \tag{4.44}$$

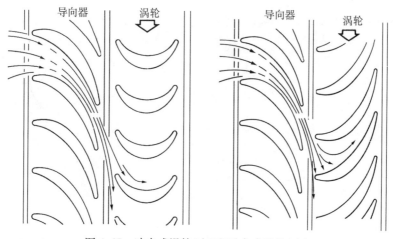

图 4.65　冲击式涡轮(左)和反力式涡轮(右)

在涡轮中,燃气是由高压处向低压处流动,允许通过工作轮的气流扭转角度很大,具有更大的扭速;涡轮工作轮叶栅是收敛通道,气流在其中减压加速,不易产生分离,因此与压气机工作轮叶栅相比,涡轮工作轮叶栅可以有大得多的气流转折角 $\Delta\beta$, $\Delta\beta$ 可以达到 $90^\circ\sim100^\circ$。因此一级涡轮所做的功可以带动多级压气机。

4.2.2.3　基元级的反力度和载荷系数

涡轮基元级的反力度 Ω_{T} 概念与压气机相类似,反映了气体流经涡轮静叶和转叶时膨胀比的比例。对反力度的公式,首先进行简化假设, $v_{2x}\approx v_{1x}$, $u_1=u_2$,则

$$l_{\mathrm{T}u}=u\Delta v_u=u(v_{2u}+v_{1u}) \tag{4.45}$$

$$\Omega_{\mathrm{T}}=1-\frac{v_{1u}-v_{2u}}{2u} \tag{4.46}$$

涡轮的载荷系数 ψ_{T} 是涡轮设计中的重要参数,其大小反映了圆周速度的利用程度,其定义如下:

$$\psi_{\mathrm{T}}=\frac{\Delta v_u}{u} \tag{4.47}$$

$$l_{\mathrm{T}u}=\psi_{\mathrm{T}}u^2 \tag{4.48}$$

4.2.3　涡轮特性

涡轮不仅要在设计工况下工作,还要在各种非设计工况下工作。当下列参数发生变化时,会改变涡轮工况:①涡轮进口燃气温度;②涡轮转速;③涡轮膨胀比。在讨论涡轮特性时,采用整台航空燃气轮机中的截面符号,涡轮进口燃气温度为 T_4^*、压力为 p_4^*、涡轮膨胀比为 π_{T}^*。在非设计工况下,涡轮的特性就是涡轮相似流量和涡轮效率随涡轮相似转速和膨胀比的变化关系。临界或超临界状态时,涡轮相似流

量保持不变。单级涡轮特性如图 4.66 所示,曲线 1 为设计转速下的特性线,曲线 2 为转速小于设计转速下的特性线,曲线 3 为转速大于设计转速下的特性线。

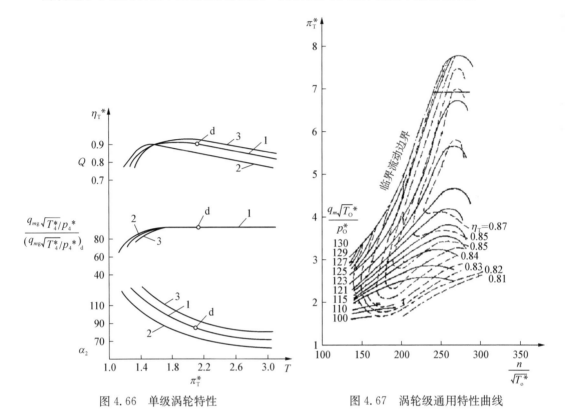

图 4.66　单级涡轮特性　　　　　　　　　　图 4.67　涡轮级通用特性曲线

从单级涡轮特性图可以看出,当转速相似参数不变时随着级膨胀比 π_T^* 的增大,导向器中的压降也相应增大,导向器出口流速增大,流量 $q_{mg} \sqrt{T_4^*}/p_4^*$ 也增大。当导向器出口达到声速之后,$q_{mg} \sqrt{T_4^*}/p_4^*$ 就不变了。涡轮膨胀比 π_T^* 变化时,η_T^* 的改变主要是由于速度三角形和攻角的变化而引起损失的变化;当 π_T^* 偏离设计值,无论降低或升高,都会影响工作轮叶片进口的攻角,使损失增加;但从图4.67中的曲线可以看出,变化是比较平缓的,这与涡轮的工作特点有关,即流动是减压加速,一般不会出现分离现象。在涡轮特性曲线中,还表示了 α_2 的变化,α_2 表示燃气离开涡轮时绝对速度的方向。当 $\alpha_2 = 90°$ 时,即流动方向与发动机的轴向一致;对于单级涡轮或多级涡轮的最后一级,希望 α_2 接近 $90°$,这样可以减少涡轮后的流动损失。

涡轮的相似准则与压气机类似。满足相似理论的同一类型涡轮机均适用同一涡轮机通用特性曲线,不受进口条件的限制。涡轮级通用特性曲线如图 4.67 所示。

4.2.4　涡轮部件特点和发展趋势

涡轮的内部流动非常复杂,具体如图 4.68 所示。

涡轮是高温热端部件,涡轮设计涉及气动、冷却、结构强度、材料、工艺等多方面

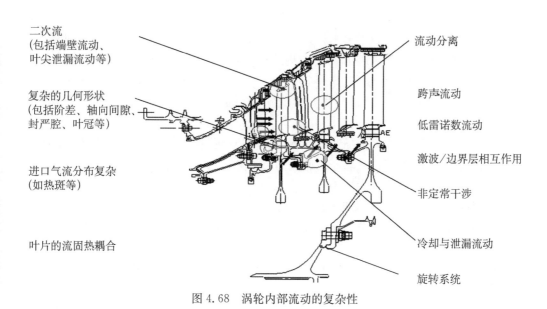

图 4.68　涡轮内部流动的复杂性

的技术。为实现高推重比、高性能的要求,涡轮前总温越来越高;要求涡轮在高温下仍能保持工作可靠;同时总增压比的提高要求涡轮增大做功能力并提高效率;高推重比发动机要求涡轮减轻重量,尽可能采用高、低压涡轮各一级的结构形式,甚至取消导向器。涡轮的发展趋势具体如下:

(1) 高效冷却技术。涡轮的冷却技术如图 4.69 和图 4.70 所示。按照现在的水平,涡轮前总温达到 1800～2000 K,从压气机引出的涡轮冷却气量为压气机流量的

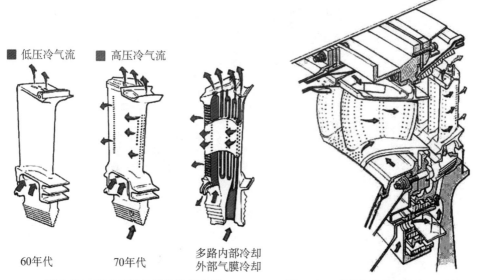

图 4.69　不同年代的涡轮冷却方案　　　　图 4.70　现代涡轮的冷却气流动情况

15%～20%；民用涡扇发动机 PW6000 和 BR715 的涡轮转叶前总温约为 1 622 K 和 1 685 K，相对冷却气量达到 24% 和 21.1% 左右。大量的冷却气使发动机推力减少，性能下降；冷却气和主流的掺混将给涡轮气动性能带来不利影响；E³(PW)高压涡轮冷却与不冷却相比其效率降低了 2.6 个百分点。在设计涡轮时必须正确评价涡轮气动性能和冷却效果，并尽量减少冷却气量，以寻求发动机总体性能最优的结果。

（2）对转涡轮。若高低压涡轮的旋转方向相反，则可以不用低压涡轮的导向器，无疑可减轻重量，高低压转子对转的另一好处是可相互抵消陀螺力矩，减小飞机转弯时转子和轴承受到的力。不少现代先进发动机采用对转涡轮，如美国新研制的 F119 - PW - 100 和 F120 - GE - 100 发动机。

（3）复合弯扭设计。采用复合弯扭叶片可避免高的端壁损失，提高涡轮效率。

（4）先进叶型。仔细设计叶型，以保证在大转角、超声速的条件下，无分离和强的冲波损失。采用低摩阻叶型可使叶背气流在更长的一段加速，以维持层流边界层。

（5）先进材料。陶瓷基复合材料或碳-碳材料，允许涡轮前温度达 2 000～2 200℃。

涡轮部件发展的技术思路和气动设计方法的发展趋势如图 4.71 和图 4.72 所示。

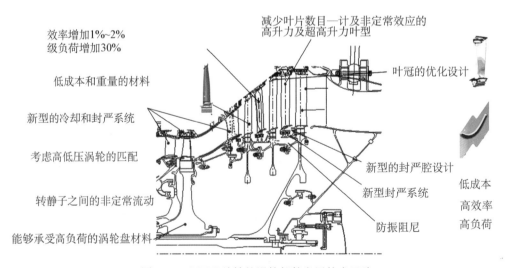

图 4.71　MTU 总结的涡轮部件发展技术思路

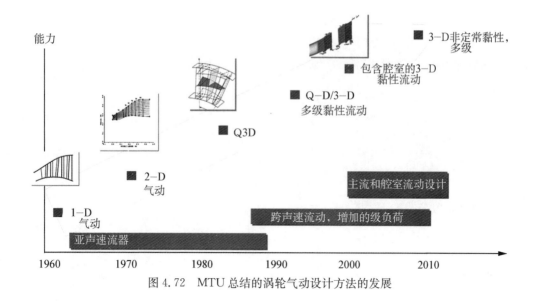

图 4.72　MTU 总结的涡轮气动设计方法的发展

4.3　燃烧室工作原理及其特性

燃烧室是燃气涡轮发动机的重要部件之一,它的作用是向流入燃烧室的空气喷入燃油进行燃烧,将燃油所含的化学能释放出来,使燃气温度提高。对燃烧室的主要要求是点火可靠,燃烧完全且稳定。燃烧过程非常复杂,现代燃烧室设计和研究需大量的实验工作。本节重点论述燃烧室的基本工作过程及其特性。

4.3.1　燃烧室的主要类型与基本性能要求

主燃烧室有 3 种类型:单管式、联管式和环形,如图 4.73 所示。环形燃烧室由 4 个同心的圆筒组成,火焰筒为环形,如图 4.74 所示。其优点是与压气机、涡轮的环

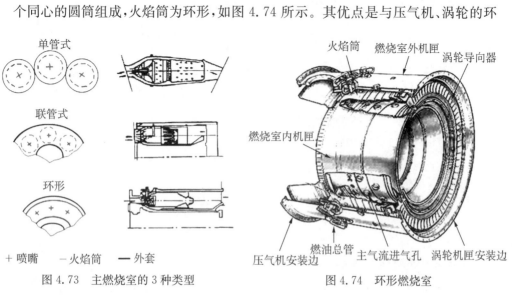

图 4.73　主燃烧室的 3 种类型　　　　　　　　图 4.74　环形燃烧室

形通道气动配合好,流动损失小,出口温度场均匀,重量轻,迎风面小;缺点是喷油与进气不易配合,调试需大型气源,装拆维护较困难。

燃烧效率公式如下:

$$\eta_{\mathrm{b}} = Q_1/Q_0 = \frac{q_{mg}h_{4\mathrm{g}}^* - q_{ma}h_{3\mathrm{a}}^*}{q_{mg}H_{\mathrm{u}}} \tag{4.49}$$

油气比公式如下:

$$f = \frac{q_{mf}}{q_{ma}} \tag{4.50}$$

余气系数公式如下:

$$\alpha = \frac{q_{ma}}{q_{mf}l_0} = \frac{1}{fl_0} \tag{4.51}$$

式中:l_0 是 1kg 航空煤油完全燃烧所需理论空气量,$l_0 \approx 14.7\,\mathrm{kg/s}$。最恰当油气比 $f_0 = 1/l_0 \approx 0.068$,$\alpha = 1$ 时为最恰当油气比,$\alpha < 1$ 时为富油状态,$\alpha > 1$ 时为贫油状态。

燃烧室的工作环境是进口气流速度大,体积小,出口温度受涡轮耐热强度限制,工作条件变化范围宽。对燃烧室的基本性能要求如下:

(1)总压损失小。造成的损失有摩擦、扩压、掺混、加热热阻,用总压恢复系数

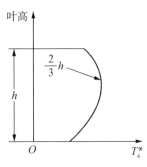

图 4.75 燃烧室出口温度场径向分布

描述 $\sigma_{\mathrm{b}} = \dfrac{p_4^*}{p_3^*}$。

(2)出口温度场要求,分轴向、径向、周向。径向要求一定分布均匀(见图 4.75),周向要求尽可能均匀,轴向要求火焰不能伸出燃烧室。

(3)尺寸小、重量轻、发热量大。

(4)排气污染少。

若已知燃烧室进口 T_3^*、p_3^* 和空气流量 q_{ma},要求燃烧室出口总温达到给定的 T_4^*,计算所需的燃油流量 q_{mf} 和出口总压 p_4^*。

$$f = \frac{c_p' T_4^* - c_p T_3^*}{\eta_{\mathrm{b}} H_{\mathrm{u}}} \tag{4.52}$$

$$q_{mf} = f q_{ma} \tag{4.53}$$

$$p_4^* = \sigma_{\mathrm{b}} p_3^* \tag{4.54}$$

4.3.2 燃烧室的基本工作过程

燃烧室的基本工作过程有气流扩压减速、喷油雾化、点火、形成燃烧回流区和组

织燃烧等,下面分别讲述。

4.3.2.1　气流扩压减速

压气机出口气流速度为 $150\,m/s$,进入燃烧室的气流速度为 $30\sim45\,m/s$,这就需要扩压器来实现减速,也因此带来了扩压损失(见图 4.76)。

4.3.2.2　喷油雾化

为使燃油在非常短的时间内与气流充分掺混,达到完全燃烧,靠气动燃油喷嘴(见图 4.77)喷入雾状燃油,扩大燃料与周围气体的接触面,加快蒸发、气化,形成混气,以利于完全燃烧。航空发动机燃油喷嘴必须具备使燃油雾化的功能。

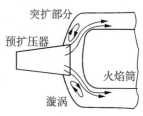

图 4.76　扩压器内的气体流动

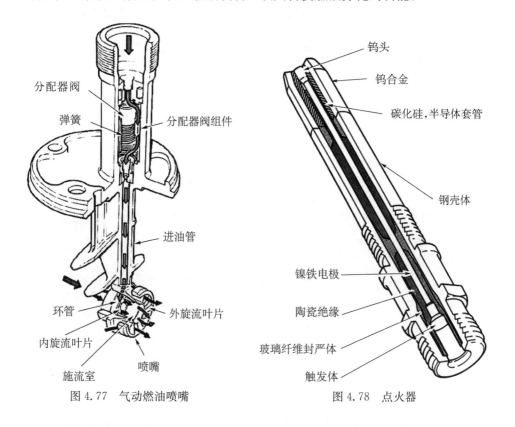

图 4.77　气动燃油喷嘴

图 4.78　点火器

4.3.2.3　点火

一般利用外电源,使高压火花塞打火。航空发动机一般有两个点火器(见图 4.78)。

4.3.2.4　形成燃烧回流区

气流经火焰筒头部的扰流器,形成一股旋转气流,在火焰筒的中心造成低压区,下游一部分气流逆流补充,形成燃烧回流区。其作用就是形成稳定的点火源,对燃

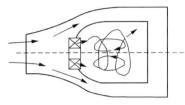

图 4.79 燃烧回流区的形成

油破膜、雾化并掺混,如图 4.79 所示。

4.3.2.5 组织燃烧

在火焰筒内进行燃烧组织,分成主燃区、补燃区和掺混冷却区 3 个区,分不同部位和不同流量组织进气,如图 4.80 所示。约 20% 的气流从火焰筒头部旋转进入,形成回流区,与油碰撞、掺混、燃烧;约 20% 的气流从稍后的大孔进入,回流,补充燃烧;在火焰筒头部中心处形成主燃区,按恰当油气比形成混气,保证燃烧稳定、充分,燃气温度高达 2 600 K;约 40% 的气流由火焰筒上的微细小孔或缝隙进入,在火焰筒壁形成气膜,保护火焰筒;约 20% 的气流从后部进入,掺混降温、到达出口温度场分布要求。火焰筒是燃烧室的关键部件,只有 30% 左右的气流参与了燃烧,燃烧室的燃烧过程如图 4.81 所示。

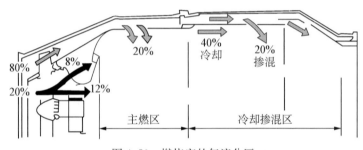

图 4.80 燃烧室的气流分区

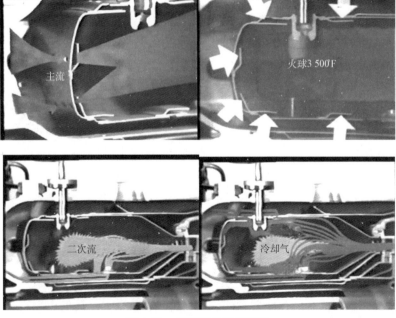

图 4.81 燃烧室的燃烧过程

航空发动机燃烧室的总体工作状态如图 4.82 所示。

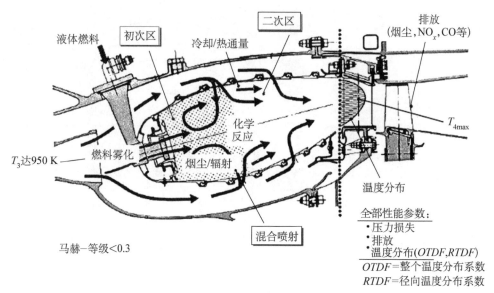

图 4.82　航空发动机燃烧室的总体工作状态

4.3.3　燃烧室特性

本小节将介绍燃烧室的 3 个特性:燃烧效率特性、燃烧室熄火特性和总压损失特性。

1) 燃烧效率特性

影响燃烧效率的因素有余气系数、进气压力、进气温度、进气速度,综合考虑这些影响因素,定义了一个相似准则——θ 参数,其公式如下:

$$\theta = \frac{p_3^{1.75}\, \mathrm{e}^{\frac{T_3}{300}}}{q_{ma}} \tag{4.55}$$

燃烧效率特性如图 4.83 所示。

燃烧效率 η_b 随燃烧室温升 ΔT_b^* 和进口总压 p_3^* 的变化如图 4.84 所示,对于一条等 p_3^* 的线,η_b 有最高值;ΔT_b^*(也就是油气比)过大或过小都使 η_b 下降;对于同样的 ΔT_b^*,p_3^* 低于一定程度后,p_3^* 越低,η_b 越小。

2) 燃烧室熄火特性

燃烧室的熄火特性如图 4.85 所示,余气系数 α 的大小影响贫油熄火边界和富油熄火边界,还有进气流速 v 的影响。

3) 总压损失特性

燃烧室的总压损失特性如图 4.86 所示,随着相似流量的增加,燃烧室的总压恢复系数降低。

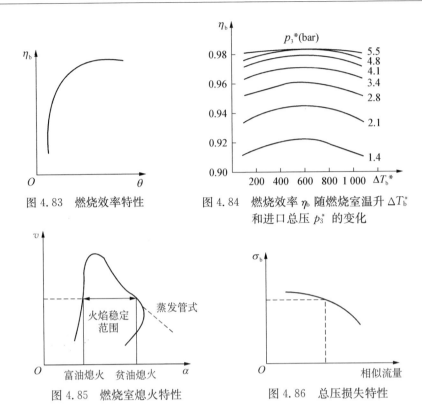

图 4.83　燃烧效率特性　　　　图 4.84　燃烧效率 η_b 随燃烧室温升 ΔT_b^*
　　　　　　　　　　　　　　　　　　和进口总压 p_3^* 的变化

图 4.85　燃烧室熄火特性　　　　图 4.86　总压损失特性

4.4　进气道工作原理

进气道的功能是引入空气,在高亚声或超声速飞行时减速。进气道的分类包括亚声速进气道和超声速进气道。对进气道的基本设计要求是损失小(内流、外阻),工作稳定性好,高流通能力,出口流场尽量均匀。

4.4.1　进气道主要性能参数与流场畸变

进气道的主要性能参数有:总压恢复系数 σ_i,评价气流在进气道内部的流动损失;流量系数 φ,是自由流管面积与进气道进口面积之比,评价进气道的流通能力;外阻系数 C_{xi},评价进气道外部阻力。公式分别表示如下:

$$\sigma_i = \frac{p_{t2}}{p_{t0}} \tag{4.56}$$

$$\varphi = \frac{A_0}{A_1} \tag{4.57}$$

$$C_{xi} = \frac{X_i}{\frac{1}{2}\rho_0 C_0^2 A_{\max}} \tag{4.58}$$

进气道流场存在畸变,产生的原因主要有以下几点:

（1）飞机以大攻角或大侧滑角飞行，进气道唇口气流分离（见图 4.87）。

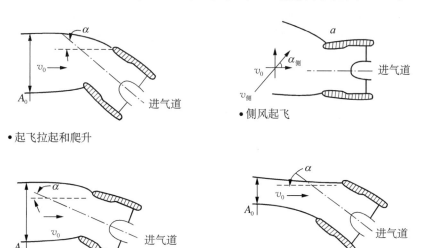

图 4.87　在进气道唇口造成较大进气攻角的主要工作状态

（2）进气道内管路弯曲、扩张、支板绕流形成气流分离和旋涡等。

（3）机身和机翼的附面层进入进气道，进气道在机身的位置各有不同，亚声速飞机一般将发动机吊装在机翼下的短舱或飞机尾部；超声速飞机一般将发动机安装在飞机头部、机身两侧、翼根、腹部等，后 3 种采用较多，起遮蔽即隐身作用，遮蔽会使得进气不同于外界大气并可能引起畸变。

（4）超声速进气道中激波和附面层相互干扰引起气流分离和流场不均匀。

（5）进气道不稳定流动下呈现的非定常流动。

（6）发射武器或使用反推力装置使热的喷气尾流被吸入进气道（见图 4.88），直升机在近地面工作时也会因吸入高温废气而引起总温畸变。

（7）起飞时地面涡影响进气道的进气流场（见图 4.89）。

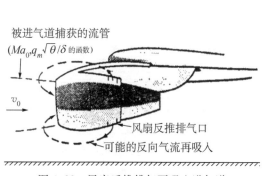

图 4.88　风扇反推排气再吸入进气道

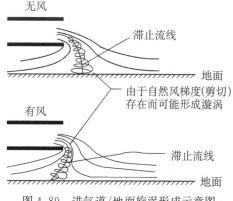

图 4.89　进气道/地面旋涡形成示意图

　　进气道流场的总压和总温畸变使得压气机的性能及稳定性下降,如图 4.90 和图 4.91 所示,因此必须提高压气机对抗畸变的能力。

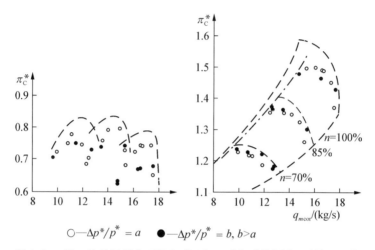

$\bigcirc$ —$\Delta p^* / p^* = a$　　● —$\Delta p^* / p^* = b, b > a$

图 4.90　进口处总压周向不均匀度(在 120°扇形范围内)对单级压气机特性曲线的影响

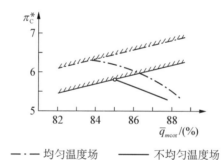

—·—均匀温度场　　——不均匀温度场

图 4.91　在 180°扇形范围内温度不均匀度 $\Delta_T^* / T^* = 0.11$ 对压气机特性的增压曲线位置的影响($\bar{n}_{cor} = 0.92$)

4.4.2　亚声速进气道

　　亚声速进气道是为在亚声速或低超声速范围内飞行的飞机设计的进气道。它的进口部分为圆形唇口,进气道内部通道结构形式为扩张型通道,使气流在进气道内减速增压。

　　使用亚声速进气道的喷气飞机其飞行速度可达到或略超过声速(约为 300~350 m/s),与之相比,压气机进口的气流速度往往较低,一般轴流压气机进口处气流速度为 180~200 m/s。因此,迎面气流在进入压气机前需要在进气道中减速扩压,气流减速不一定都要在进气道内部进行,因为若进气道内部扩张角太大,容易使气流分离造成总压损失,所以往往使气流在进气道前方就开始减速扩压,进气道前方气流的减速扩压过程可以近似地认为是理想绝热过程。分析其流动模型,流量系数 φ 大小决定于飞行 Ma 和发动机的工作状态,进气道进口处的气流速度一般情况下与飞机的飞行速度不相等,因而在进气道前方形成不同的气流流态,如图 3.3 所示。流量系数的变化范围为 $0 < \varphi < \infty$,可以通过质量守恒方程求得。

$$K \frac{p_0^* A_0 q(\lambda_0)}{\sqrt{T_0^*}} = K \frac{p_1^* A_1 q(\lambda_1)}{\sqrt{T_1^*}} \tag{4.59}$$

$$\varphi = \frac{A_0}{A_1} = \frac{q(\lambda_1)}{q(\lambda_0)} \tag{4.60}$$

为适应流量系数 φ 的变化,减少唇口的气流分离,将进气道唇口设计成钝圆形。

亚声速进气道进出口面积比 A_1/A_2 究竟选择多大,这要根据常用的飞行速度、压气机进口气流速度,并兼顾其他各种工作状态来决定。

对于某些低超声速飞机,仍然可以使用亚声速进气道,在低超声速飞行时,亚声速进气道前方某处产生正激波,当飞行 Ma 不大时,正激波的总压损失并不太大,例如当飞行 Ma 为 1.6 时,正激波的总压恢复系数为 0.896。但是当飞机的飞行 Ma 进一步增大时,正激波的总压恢复系数急剧下降,于是必须使用超声速进气道,以减少超声速气流在减速过程中的总压损失。

亚声速进气道在低超声速条件下飞行时,正激波的位置取决于进气道远前方 Ma(飞行 Ma)和进气道进口截面 Ma(由发动机工作状态确定)。若迎面超声速流管的气流不能全部进入进气道内($\varphi < 1$),正激波则处于进气道前方某处,使一部分气流溢出进气道口外;若迎面超声速流管的气流全部进入进气道内($\varphi = 1$),正激波则处于进气道进口截面的唇口处,通过正激波后的亚声速气流在进气道内的扩张型通道内减速增压。若发动机需要的空气流量进一步增加,超声速气流将进入亚声速进气道的扩张型通道内加速,正激波后移并加强,正激波后的总压降低,使进气道出口的流量相似参数增加。因此,可以说是发动机所需空气流量相似参数的大小决定了正激波的位置。发动机空气流量相似参数的增加是通过总压下降来满足的,而实际空气流量并没有增加。这种变化不仅不能增加发动机推力,反而会降低发动机推力。

4.4.3　超声速进气道

带钝圆形唇口的亚声速进气道如用于超声速飞行将引起总压恢复系数降低(例如 $Ma = 2$,$\sigma = 0.72$),总压恢复系数降低的主要原因是超声速飞行产生激波。不同类型激波的共性是强压缩波,经激波后静参数突变,总压下降;波前 Ma_1 越高,激波越强,参数变化越剧烈。个性是经正激波,波后 $Ma_2 < 1$;经斜激波,波后一般仍为 $Ma_2 > 1$;对相同超声速来流,经正激波的总压损失大于斜激波。例如,来流(波前)$Ma_1 = 1.5$,正激波 $\sigma = 0.92$,$Ma_2 = 0.7$;斜激波(楔形物 $\alpha = 10°8'$,$\beta = 57°$)

$\sigma = 0.986$，$Ma_2 = 1.107$。对于斜激波，α 越大，β 越大，激波越强，损失越大；经正激波，气流方向不变；经斜激波，气流向波面转折。从 $Ma > 1$ 到 $Ma < 1$ 的滞止过程中，不可避免地产生激波损失，这就需要利用激波的性质设计超声速进气道，尽可能减小滞止过程的激波损失。表4.2所示为来流 $Ma_1 = 2.0$ 时的激波波系、波后马赫数和总压恢复系数。超声速进气道气动设计原理，就是利用激波的性质，设计为多波系结构，即先利用损失小的斜激波，逐步将高超声流滞止为低超声流，再利用一道弱的正激波将超声流滞止为亚声流；目的是减小因激波引起的总压损失；波系结构为若干斜激波加上结尾正激波。图4.92所示为F15超声速进气道的波系结构：三道斜激波加上结尾正激波。

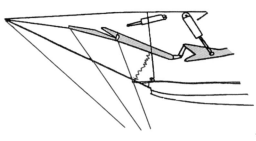

图 4.92 F15 超声速进气道

表 4.2 来流 $Ma_1 = 2.0$ 时的激波波系、波后马赫数和总压恢复系数

激波波系		波后 Ma	σ	σ_{Σ}
正激波		0.577	0.72	0.72
一道斜激波＋正激波	楔板角 $\alpha_1 = 20°44'$	1.16	0.87	0.866
	正激波	0.868	0.996	
二道斜激波＋正激波	楔板角 $\alpha_1 = 10°36'$	1.617	0.98	0.926
	楔板角 $\alpha_2 = 12°39'$	1.12	0.947	
	正激波	0.8965	0.9982	

4.5 尾喷管工作原理

尾喷管的功能是使燃气膨胀加速，气流高速排出，产生反作用推力；调节喷管临界截面积改变发动机工作状态；推力换向。尾喷管的设计要求是流动损失小，尽可能完全膨胀，排气方向尽可能沿所希望的方向，根据需要调节截面尺寸，降低噪声。

4.5.1 喷管的主要性能参数

喷管的主要性能指标有总压恢复系数 σ_N，反映了气流在喷管中的流动损失大小。

$$\sigma_N = p_9^* / p_7^* \tag{4.61}$$

速度损失系数 C_v,它和 σ_N 一样,用来表示喷管内流动损失大小。

$$C_v = v_9/v_{9理想} = \lambda_9/\lambda_{9理想} \tag{4.62}$$

$$\sigma_N = \frac{p_9/\pi(\lambda_9)}{p_9/\pi(\lambda_{9理想})} = \frac{\pi(\lambda_{9理想})}{\pi(\lambda_9)} = \frac{\pi(\lambda_9/C_v)}{\pi(\lambda_9)} \tag{4.63}$$

喷管出口气流参数排气速度和出口总压的计算公式如下:

$$v_9 = C_v \sqrt{\frac{2k'}{k'-1}R'T_7^* \left[1 - \left(\frac{p_0}{p_7^*}\right)^{\frac{k'-1}{k'}}\right]} \tag{4.64}$$

$$p_9^* = \sigma_N p_7^* \tag{4.65}$$

4.5.2　喷管的分类

喷管的分类,包括纯收敛型、收敛-扩张型、塞式、引射、推力矢量和带反推 6 种,如图 4.93 所示,按流路通道分类包括收敛形和收敛-扩张型两种。

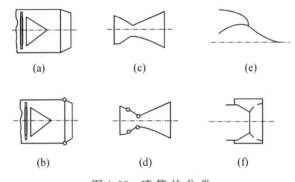

图 4.93　喷　管　的　分　类

(a) 固定收敛喷管　(b) 可变出口面积收敛喷管　(c) 固
定收敛-扩张喷管　(d) 可调收敛-扩张喷管　(e) 带可调中心
锥体的塞式喷管　(f) 引射喷管

收敛型喷管,如图 4.94 所示,适用于亚声速范围飞行的发动机,喷管膨胀比 π_N 不大,约为 3~5;在此 π_N 范围内,推力只比完全膨胀的推力低 1%~3%;如果采用收敛-扩张喷管,将增加重量和阻力。喷管膨胀比 π_N 公式如下:

$$\pi_N = \frac{p_{7(进口)}^*}{p_0} \tag{4.66}$$

收敛喷管的不同工作状态,按喷管膨胀比 π_N 的大小可分 3 种工作状态。

(1) 临界:

$$\pi_N = \pi_{N临界}, \quad Ma_9 = 1, \quad p_{s9} = p_{s0}$$

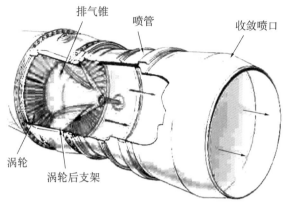

图 4.94 收敛形喷管

(2) 亚临界:

$$\pi_N < \pi_{N临界}, \ Ma_9 < 1, \ p_{s9} = p_{s0}$$

(3) 超临界:

$$\pi_N > \pi_{N临界}, \ Ma_9 = 1, \ p_{s9} > p_{s0}$$

出口气流速度最高只能达到当地声速($Ma_{9\max} = 1$),当喷管处于超临界状态气流在出口不能达到完全膨胀时,会造成推力损失。

收敛-扩张喷管如图 4.95 所示,适用于超声速范围飞行的发动机。当飞行 $Ma = 2$ 时,喷管膨胀比 π_N 可达 10 以上,若采用收敛喷管,推力损失可达 10%。

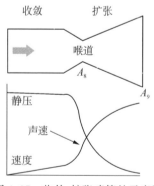

图 4.95 收敛-扩张喷管的示意图

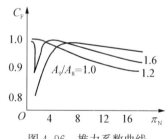

图 4.96 推力系数曲线

固定的收敛-扩张喷管,工作状态取决于喷管膨胀比 π_N 和喷管面积比 A_9/A_8。当喷管面积比固定,而喷管膨胀比随飞行条件和发动机工作状态变化时,都会造成不同程度的推力损失,如图 4.96 所示。

收敛-扩张喷管的不同工作状态,如图 4.97 所示,分成 4 种工作状态,分述如下。

(1) 设计状态的流动情况:π_N 设计和 A_9/A_8 相匹配,实现了完全膨胀,$p_9 = p_0$,

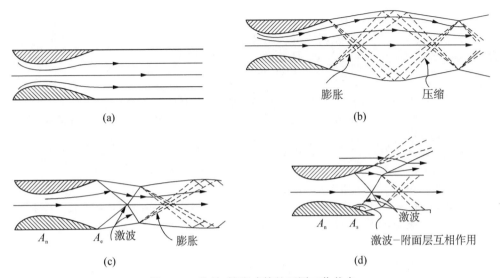

图 4.97　收敛-扩张喷管的不同工作状态

（a）理想膨胀尾喷管，$p_9 = p_0$　（b）膨胀不足的尾喷管，$p_9 > p_0$　（c）过膨胀尾喷管，$p_9 < p_0/2$
（d）有分离膨胀尾喷管

按 A_9/A_8 确定 Ma_9 的大小，$Ma_9 = Ma_{9\text{设计}} > 1$。

（2）$\pi_N > \pi_{N\text{设计}}$ 时的流动情况：A_9/A_8 没有改变，所以 $Ma_9 = Ma_{9\text{设计}}$，但 $p_9 > p_0$，喷管不完全膨胀，喷管外有膨胀波系。

（3）$\pi_N < \pi_{N\text{设计}}$ 时的流动情况：同样的 A_9/A_8 使得 $Ma_9 = Ma_{9\text{设计}}$，$p_9 < p_0$，喷管过度膨胀，喷管外有压缩波系。

（4）$\pi_N \ll \pi_{N\text{设计}}$，使 $p_9 < p_0/2$ 时流动情况：出现有分离的过度膨胀，喷管内出现正激波，推力损失严重，不允许喷管进入这种工作状态。

由此可见，在发动机在整个飞行包线和油门范围内，π_N 变化很大，为使喷管都能处于良好的工作状态，必须采用可调节面积的喷管（见图 4.98）。

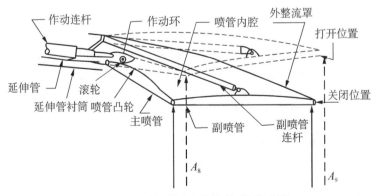

图 4.98　可调节面积的收敛-扩张喷管

现代高机动性飞机和短距起降飞机还采用矢量喷管技术,矢量喷管的出口面积大小和方向可以通过一个控制环进行调节。

参 考 文 献

[1] 彭泽琰,刘刚,桂幸民,等.航空燃气轮机原理[M].北京:国防工业出版社,2008.
[2] 桂幸民,滕金芳,刘宝杰,等.航空压气机气动热力学理论与应用[M].上海:上海交通大学出版社,2014.
[3] 朱之丽,陈敏,唐海龙,等.航空燃气涡轮发动机工作原理及性能[M].上海:上海交通大学出版社,2014.
[4] 廉小纯,吴虎.航空发动机原理[M].西安:西北工业大学出版社,2005.
[5] N A Cumpsty. Compressor aerodynamics [M]. London:University of Cambridge,1989.
[6] Rolls-Royce. The Jet engine, Fifth Edition [M]. Great Britain:Renault Printing, 1996.

思考和练习题

1. 压气机有哪些主要参数? 增压比、等熵效率、实际压缩功、喘振裕度的公式是什么?

2. 压气机静叶和转叶的增压原理分别是什么?

3. 压气机为什么要转动加功增速?

4. 压气机转子叶片沿叶高怎样变化? 为什么?

5. 压气机的增压比和效率跟哪些参数有关系?

6. 压气机的转速 n,进气条件均和压气机设计状态值相等,但流经压气机的流量 q_{ma} 略低于设计状态的流量 q_{md},试分析流体流入压气机的攻角和增压比变化。

7. 在压气机设计时,怎样选取转叶进口轴向速度 v_{1x}?

8. 压气机基元级设计时通常采用的预旋方法是什么? 其作用是什么?

9. 压气机基元级的流动损失有哪些?

10. 平面叶栅几何、气动参数有哪些?

11. 在一台多级压气机设计中,第一级和第十级对气流的加功量都是 29 400 J/kg,级效率都是 0.86,问第一级压气机和第十级压气机的级增压比是否相同? 为什么?

12. 在压气机试验台上实测得某压气机(在标准大气条件下,即 $T_0 = 288 \mathrm{K}$, $p_0 = 101\,325 \mathrm{Pa}$)的平均出口温度 $T_c^* = 550 \mathrm{K}$,平均出口总压 $p_0^* = 738\,940 \mathrm{Pa}$,求该压气机的效率 η_c(可认为 $p_2^* = p_0$)为多少?

13. 某发动机的总增压比 $T_c^* = 8.9$,效率 $\eta_c = 0.775$,求 ① 当进口温度 $T_2^* = 288 \mathrm{K}$ 时的压气机出口总温 T_c^*;② 求压气机对每千克气体的加功量 L_c;③ 由测得的压气机流量 $q_{ma} = 64 \mathrm{kg/s}$,计算压气机的功率 p_c[计算中空气绝热指数 $k = 1.4$,气体常数 $R = 287.06 \mathrm{J/(kg \cdot K)}$]。

14. 用大于、等于、小于符号表示气体流经压气机转叶进口 1—1 截面,转叶出口、静叶进口 2—2 截面和静叶出口 3—3 截面上气流参数的相对大小关系。

15. 推导、画出压气机中反力度分别为 0、0.5、1.0 的速度三角形。

16. 压气机进口的参数哪些对压气机特性曲线有影响? 哪些没有影响? 试述其原因。

17. 和单级轴流压气机特性相比,多级轴流压气机特性的特点是什么? 简述理由。

18. 评述几种防喘方法的优、缺点及其应用。

19. 画出压气机平面叶栅的攻角特性曲线并从物理方面予以解释。

20. 平面叶栅额定特性曲线的用途是什么? 使用这些曲线的限制又是什么?

21. 装在"协和"号飞机上的发动机,其原压气机进口装有预旋导流叶片。在其转叶进口处 $T_1^* = 15℃$,叶尖处的 $v_{1x} = 190\,\mathrm{m/s}$, $v_{1u} = 125\,\mathrm{m/s}$, $u = 350\,\mathrm{m/s}$,求:

(1) 叶尖 Ma_{1w}。

(2) 在改型中去掉了预旋导流叶片,且叶尖 $v_{1x} = 202\,\mathrm{m/s}$,求这时的叶尖 Ma_{1w}。

22. 某亚声轴流压气机第一级平均半径处的基元参数为: $u_1 = u_2 = 250\,\mathrm{m/s}$, $v_{1x} = v_{2x} = v_{3x} = 125\,\mathrm{m/s}$, $v_{1u} = 30\,\mathrm{m/s}$, $v_{3u} = 0$, $l_u = 20.1\,\mathrm{kJ/kg}$,要求:

(1) 计算 $Ma_{1w}(T_1^* = 288\,\mathrm{K})$, Ma_{2x}, β_1, β_2 和 α_2。

(2) 画出这个基元级的速度三角形。

(3) 画出和这个速度三角形相一致的转叶和静叶叶栅的示意图,指出叶栅通道几何特征。

23. 压气机级的流动损失(除叶片基元级损失之外)有哪些? 请简单分析说明。

24. 涡轮和压气机与气流间的能量交换方式有何不同?

25. 在涡轮中为什么要把导向器(喷嘴环)安置在工作轮前面?

26. 决定涡轮基元级速度三角形的主要参数有哪些?

27. 为什么一级涡轮可以带动多级压气机?

28. 试用热焓方程和伯努利方程分析导向器(喷嘴环)和工作轮中的能量转换过程。

29. 试将压气机和涡轮做一比较,找出它们的共性和特性?

30. 某涡轮进口燃气总温为 $1015℃$,总压为 $0.8\,\mathrm{MPa}$,出口燃气总压为 $0.25\,\mathrm{MPa}$,求涡轮的滞止等熵膨胀功和滞止多变膨胀功(燃气绝热指数 $k' = 1.33$,多变指数 $n = 1.28$)。

31. 某涡轮级的轮缘功 $l_u = 250\,\mathrm{kJ/kg}$,其中径处的下列参数为已知: $\alpha_1 = 28°$, $\overline{H}_T = 1.5$, $\Omega_T = 0.3$, $v_{1x}/v_{2x} = 1$,试画出该中径上的速度三角形。

32. 按功能来分,进入火焰筒的空气可分为哪几部分? 试说明火焰筒上各种功能不同的孔的特点。

33. 燃烧室一般分为几个区? 说明各区的功能及气流流动特点。

34. 亚声速进气道进口之前的气流为什么会有收缩、扩张和平行 3 种不同的流动状态?

35. 亚声速进气道在超声速飞行条件下,什么因素决定正激波的位置?

36. 什么是进气道的总压恢复系数? 进气道总压损失对发动机的性能会有何影响?

37. 超声速进气道在飞机上有哪几种布局方式,其各自的特点是什么?

38. 航空燃气涡轮发动机所用的尾喷管有哪些类型? 各有何特点?

39. 收敛尾喷管有哪几种工作状态? 其特点是什么? 如何判断实际上属于哪种状态?

40. 总压恢复系数和速度系数均可用来衡量尾喷管的流动损失,这两者之间是什么关系? 用什么方法衡量尾喷管流动损失比较合理?

第 5 章　航空燃气涡轮发动机共同工作和控制规律

　　航空燃气涡轮发动机是根据给定的设计点参数进行设计进而确定发动机的几何尺寸和性能，在此设计条件下的发动机性能称为设计点性能。但是，一台已经设计好的发动机，它还需要在非设计条件下工作，这时的发动机性能称为非设计点性能，即推力、耗油率、燃油流量等随使用条件发生变化的参数。这些非设计点的使用条件主要包括以下几点。

　　(1) 飞行条件：飞行高度 H 和 Ma。

　　(2) 环境条件：非标准大气温度、压力和湿度。

　　(3) 发动机油门位置，即发动机工作状态，包括油门稳定在一个给定位置（对应稳态特性）和油门从一个位置移动到另一个位置的过程（对应过渡态特性）。

　　(4) 发动机控制规律：转速、温度以及可调几何部件位置（如喷管面积、可调叶片角度）的变化规律。

　　(5) 高空飞行时雷诺数的影响。

　　(6) 进气畸变的影响。

　　发动机的非设计问题的特点是已知使用条件和发动机几何，确定各部件的气流参数和发动机性能参数，而这就取决于发动机各部件的共同工作和控制规律。

　　本章将分成涡喷和涡扇发动机部件的共同工作、发动机的主要工作状态以及控制规律共 3 节，从设计点性能和非设计性能两方面讨论发动机的总体性能。

5.1　涡喷和涡扇发动机部件的共同工作

　　从第 4 章的讲述中可以知道，每一个发动机部件都有其自身的特性，当它们组成整台发动机时，部件工作则相互制约，相互限制。这些制约和限制的条件就是发动机的共同工作条件，不论发动机在设计点或非设计点工作，均应满足共同工作条件。

　　下面将分别讲述单、双轴涡喷发动机以及双轴涡扇发动机的共同工作。

5.1.1 单轴涡喷发动机的共同工作

5.1.1.1 共同工作方程及共同工作线

当发动机稳定工作时,各部件间必须满足如下相互制约关系,即共同工作条件:

(1) 各部件间流量连续。

(2) 同一个轴上的压气机和涡轮的功率平衡。

(3) 同一个轴上的压气机和涡轮的转速相等。

(4) 喷管亚临界工作时,远前方和喷管出口截面的静压均为大气压力,所以发动机流道中压力的变化应满足增压程度和膨胀程度平衡的条件。

下面来具体分析这些共同工作条件。

(1) 压气机进口的空气质量流量 q_{ma} 与涡轮导向器进口的燃气质量流量有如下的关系:

$$q_{ma} - q_{mcol} + q_{mf} = q_{mg} \tag{5.1}$$

式中的涡轮冷却空气质量流量 q_{mcol} 和燃油质量流量 q_{mf} 相对较小,为简化起见,略去不计,这对讨论共同工作概念没有影响。于是式(5.1)变为

$$q_{ma} = q_{mg} \tag{5.2}$$

用气动函数 $q(\lambda)$ 表示气流的质量流量,则式(5.2)可写为

$$A_2 K \frac{p_2^*}{\sqrt{T_2^*}} q(\lambda_2) = A_{nb} K_g \frac{p_{nb}^*}{\sqrt{T_{nb}^*}} q(\lambda_{nb}) \tag{5.3}$$

式中: K, K_g 分别为气动常数; $q(\lambda_{nb})$ 为涡轮导向器喉部的 $q(\lambda)$, 临界或超临界时, $q(\lambda_{nb}) = 1.0$; A_2 为压气机进口截面积; A_{nb} 为涡轮导向器临界截面积; T_2^*, T_4^* 分别为压气机进口和涡轮进口总温; p_2^* 为压气机进口总压; p_{nb}^* 为涡轮导向器喉部总压,根据压力平衡关系, $p_{nb}^* = p_3^* \sigma_b \sigma_{nb}$; p_3^* 为压气机出口总压; σ_b, σ_{nb} 分别为燃烧室和涡轮导向器进口至喉部的总压恢复系数,认为等于常数。

将式(5.3)进行整理,则流量平衡方程变成

$$\pi_C = \text{const} \sqrt{\frac{T_4^*}{T_2^*}} \cdot q(\lambda_2) \tag{5.4}$$

式中: $\text{const} = \dfrac{K}{K_g} \dfrac{A_2}{A_{nb}} \dfrac{1}{\sigma_b \sigma_{nb} q(\lambda_{nb})}$。

式(5.4)表示压气机与涡轮流量平衡关系,由式(5.4)可以看出:

a. 若令 $T_4^* / T_2^* = \text{const}$, 则式(5.4)在压气机的特性图上呈一束直线,如图 5.1所示。由图 5.1可见,当温度比取某一等值时,发动机流通能力与增压比成正比。

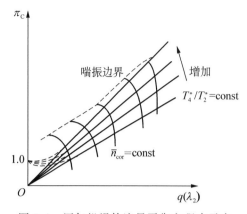

图 5.1　压气机涡轮流量平衡方程表示在
压气机特性图上

b. 在图 5.1 的 $\overline{n}_{\mathrm{cor}} = \mathrm{const}$ 线上,温度比 $T_4^* / T_2^* = \mathrm{const}$ 的值越大,等值线越陡,越靠近喘振边界;当进气温度 T_2^* 一定时,提高涡轮前温度 T_4^* 将导致压气机工作点移向喘振边界。其物理意义是,作为发动机部件的压气机,虽然后面的涡轮导向器喉部截面不变,但燃烧室出口总温 T_4^* 增加时,气流比热容加大,相当于压气机的后面节流阀门关小,通过的气流质量流量减小,故工作点沿 $\overline{n}_{\mathrm{cor}} = \mathrm{const}$ 线上移。

c. 当飞行条件不变,发动机的物理转速 n 减小使 $\overline{n}_{\mathrm{cor}}$ 很小时,压气机增压比很低,涡轮导向器为亚临界状态, $q(\lambda_{\mathrm{nb}}) < 1.0$,不再是常数。 $T_4^* / T_2^* = \mathrm{const}$ 线不能保持为直线而变成曲线,并趋于 $\pi_{\mathrm{C}} = 1.0$ 。

(2) 涡轮和压气机功率平衡。

稳定工作时,涡轮与压气机功率相等,忽略空气与燃气质量流量的差别即功相等。写出功相等方程:

$$c_{pg} T_4^* \left(1 - \frac{1}{e_{\mathrm{T}}}\right) \eta_{\mathrm{T}} = c_p T_2^* \left(\frac{e_{\mathrm{C}} - 1}{\eta_{\mathrm{C}}}\right) \tag{5.5}$$

由式(5.5)可得出压气机所需功率与涡轮前温度、涡轮膨胀比的关系,即当飞行条件变化引起压气机功变化时,为维持功平衡,必须改变涡轮前温度或涡轮膨胀比,否则将导致转子转速变化。由式(5.5)可得

$$\frac{T_4^*}{T_2^*} = \mathrm{const} \, \frac{e_{\mathrm{C}} - 1}{\eta_{\mathrm{C}}} \, \frac{1}{\left(1 - \dfrac{1}{e_{\mathrm{T}}}\right) \eta_{\mathrm{T}}} \tag{5.6}$$

式中:压比参数 $e_{\mathrm{C}} = \pi_{\mathrm{C}}^{\frac{k-1}{k}}$, $e_{\mathrm{T}} = \pi_{\mathrm{T}}^{\frac{k_g-1}{k_g}}$ 。

对式(5.6)进行进一步讨论:

a. 假定第一级涡轮导向器和尾喷管处于临界或超临界状态,则涡轮膨胀比 $\pi_{\mathrm{T}} = \mathrm{const}$ 。这一结论可由涡轮导向器临界截面和尾喷管临界截面的流量相等证明,具体证明方程如下:

$$A_{\mathrm{nb}} \frac{p_4^* \sigma_{\mathrm{nb}}}{\sqrt{T_4^*}} q(\lambda_{\mathrm{nb}}) = A_{\mathrm{cr}} \frac{p_5^* \sigma_{\mathrm{cr}}}{\sqrt{T_5^*}} q(\lambda_{\mathrm{cr}}) \tag{5.7}$$

注意:式中的两个临界截面的面积 A_{nb} 和 A_{cr} 分别为常数; $q(\lambda_{\mathrm{nb}}) = q(\lambda_{\mathrm{cr}}) = 1.0$;总

压恢复系数 σ_{nb} 和 σ_{cr} 认为等于常数不变,则式(5.7)变为

$$\frac{p_4^*}{p_5^*}\sqrt{\frac{T_5^*}{T_4^*}} = \text{const} \tag{5.8}$$

假定涡轮的膨胀过程指数为 k_T,则

$$\frac{T_5^*}{T_4^*} = \left(\frac{p_5^*}{p_4^*}\right)^{\frac{k_T-1}{k_T}} \tag{5.9}$$

代入式(5.9),可得

$$\pi_T \equiv \frac{p_4^*}{p_5^*} = \left[\frac{A_{cr}\sigma_{cr}(\lambda_{cr})}{A_{nb}\sigma_{nb}q(\lambda_{nb})}\right]^{\frac{2k_T}{k_T+1}} \tag{5.10}$$

假定 k_T, σ_{cr}, σ_{nb} 等于常数不变,涡轮导向器和尾喷管临界或超临界情况下,式(5.10)的右边为常数,所以涡轮膨胀比等于常数,即

$$\pi_T = \text{const} \tag{5.11}$$

式中:

$$\text{const} = \left[\frac{A_{cr}\sigma_{cr}(\lambda_{cr})}{A_{nb}\sigma_{nb}q(\lambda_{nb})}\right]^{\frac{2k_T}{k_T+1}} \tag{5.12}$$

另外航空发动机中涡轮效率 η_T 也变化不大,近似可认为等于常数,$\eta_T = \text{const}$。

因此式(5.6)成为

$$\frac{T_4^*}{T_2^*} = \text{const}\,\frac{e_C-1}{\eta_C} \tag{5.13}$$

b. 式(5.13)表示涡轮与压气机的功率平衡,没有考虑涡轮效率的变化,这样在定性地讨论共同工作概念时比较简单。如果考虑涡轮效率的变化,则可应用涡轮与压气机转速 n 相等条件。

$$\frac{n}{\sqrt{T_4^*}} = \frac{n}{\sqrt{T_2^*}}\sqrt{\frac{T_2^*}{T_4^*}} \tag{5.14}$$

根据 $n/\sqrt{T_4^*}$ 和 π_T 可以从涡轮特性上查得 η_T。

c. 当发动机物理转速较小而飞行速度较低时,涡轮导向器和尾喷管可能处于亚临界状态,涡轮膨胀比不能再保持常数。不过大多数飞行条件下涡轮和尾喷管都处于临界或超临界状态,我们主要讨论这种条件下的共同工作。

现在来推导共同工作方程。发动机部件的共同工作必须同时满足涡轮与压气机流量平衡方程式(5.4)和功率平衡方程式(5.13),将两式联立,消去 T_4^*/T_2^*,得

$$\frac{q(\lambda_2)}{\pi_C}\sqrt{\frac{e_C-1}{\eta_C}} = \text{const} \tag{5.15}$$

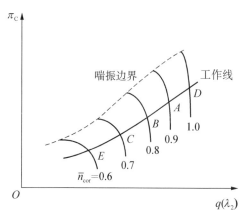

图 5.2　单轴涡喷发动机的共同工作线

式(5.15)主要体现了涡轮喷气发动机中涡轮与压气机的相互约束,所以称为涡轮压气机共同工作方程。这个方程是几何不可调单轴涡轮喷气发动机在涡轮导向器和尾喷管临界或超临界情况下的共同工作方程。式(5.15)中所包含的参数都是压气机特性图上的参数,可以把该方程表示在压气机特性图上,从而得到共同工作线。图 5.2 所示为几何不可调单轴涡喷发动机在涡轮导向器和尾喷管临界或超临界下的共同工作线。

共同工作线的具体求法需要试凑,其步骤如下。

(1) 因为共同工作方程在发动机设计点 D 上也成立,而在此点式(5.15)左边的参数是已知的,所以可以根据发动机设计点的参数 π_{Cd}、η_{Cd}、$[q(\lambda_2)]_d$ 计算式(5.15)右边的常数值:

$$\text{const} = \left[\frac{q(\lambda_2)}{\pi_C}\sqrt{\frac{e_C-1}{\eta_C}}\right]_d \tag{5.16}$$

设计点上参数自然满足共同工作方程,假定该点在图 5.2 上对应 D 点,相对换算转速为

$$\bar{n}_{cor} = \frac{n/\sqrt{T_2^*}}{(n/\sqrt{T_2^*})_d} = 100\% \tag{5.17}$$

(2) 在图 5.2 上任取一条 $\bar{n}_{cor} = \text{const}$ 曲线(例如 $\bar{n}_{cor} = 90\%$)。

(3) 在这条 $\bar{n}_{cor} = 90\%$ 线上任意取一点 A,并查得相应的压气机增压比 π_C、效率 η_C 和进口相对密流 $q(\lambda_2)$。

(4) 代入式(5.15),计算其左边的值。

(5) 比较第(4)步计算的值与第(1)步计算的常数值是否相等。若相等则表明 A 点是共同工作点;若不相等,则在同一条等换算转速线上重新取一点,重复(2)~(5)步,直到满足一定的误差要求。

(6) 在另一条等换算转速线(例如 $\bar{n}_{cor} = 80\%$)上以上述同样的方法求得共同工作点 B。依此类推,在所有等换算转速线上都可找到共同工作点。

(7) 将所有的共同工作点连起来,即得到共同工作线(或简称工作线)。

5.1.1.2　关于共同工作线的讨论

航空发动机的共同工作线是一个非常重要的概念,关于共同工作线做如下讨论。

(1) 以上所讲的共同工作线是几何不可调、涡轮导向器和尾喷管处于临界或超临界状态下单轴涡轮喷气发动机的共同工作线。在上述条件下涡轮膨胀比 $\pi_T = \mathrm{const}$,所以又称为 $\pi_T = \mathrm{const}$ 下的共同工作线。

(2) 发动机安装在飞机上稳定地运转时,只要上述条件成立,无论飞行条件或发动机工作转速如何变化,发动机的共同工作点总在共同工作线上移动。当飞行条件一定时,转速增加,工作点沿工作线右上移;转速降低,工作点沿工作线左下移。当转速一定时,飞行 Ma 增加,工作点沿工作线左下移;飞行高度增加(低于11 km),工作点沿工作线右上移。飞行条件、转速变化可以归结为相似转速 $n_{\mathrm{cor}} = \dfrac{n}{\sqrt{T_2^*}}$ 的变化。发动机共同工作线与每一条等相似转速线有唯一交点。

(3) 如果调整尾喷管喉部截面积 A_{cr}(或 A_8),将引起涡轮膨胀比变化,共同工作线移动,如图 5.3 所示。若调大 A_{cr},工作线下移,远离喘振边界;若调小 A_{cr},工作线上移,靠近喘振边界。分析原因如下:

假定调整使 A_{cr} 加大,由式(5.11)和式(5.12)可知 π_T 增加,涡轮功增加,破坏了原来工作点上的功平衡,在新的情况下必然要重新获得平衡,根据涡轮与压气机功平衡:

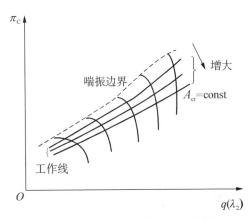

图 5.3　调整尾喷管临界截面积对单轴涡喷发动机工作线的影响

$$l_C = l_T = c_{pg} T_4^* \left(1 - \frac{1}{e_T}\right) \eta_T \qquad (5.18)$$

由式(5.18)可知,必须减小 T_4^* 才能满足新情况下的功平衡。在等换算转速线上向下对应着 T_4^* 减小(见图 5.1),所以工作线下移。同理,调整减小 A_{cr},则工作线上移。

(4) 如果调整涡轮导向器喉部截面积 A_{nb},同样将引起涡轮膨胀比的变化,共同工作线发生移动。若调大 A_{nb},工作线上移,靠近喘振边界;若调小 A_{nb},工作线下移,远离喘振边界。可以看出,调整涡轮导向器喉部截面积与调整尾喷管喉部截面积对共同工作线的作用正好相反,由式(5.11)和式(5.12)可知:这是因为调整 A_{nb} 与 A_{cr} 对涡轮膨胀比的影响正好相反所致。

调大 A_{nb} 将减小 $\Delta \mathrm{SM}$;调小 A_{nb}, $\Delta \mathrm{SM}$ 增加,但 π_C^* 下降, T_5^*, p_5^*, v_9, F 均下

降,可能导致发动机性能不合格。上述现象称为发动机工作状态不匹配。

采用调整尾喷管出口面积和涡轮导向器喉道面积的方法可以达到控制发动机匹配点和喘振裕度的目的。

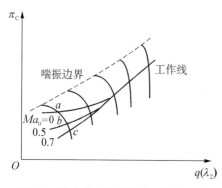

图 5.4　尾喷管亚临界情况下单轴涡喷
发动机的共同工作线

(5) 在低速飞行和物理转速较小的情况下,发动机总的增压比较低,尾喷管可能处于亚临界状态,此时 $q(\lambda_{cr}) < 1.0$。这时工作线与飞行马赫数 Ma_0 有关,如图 5.4 所示。其原因如下:

考察 $\overline{n}_{cor} = 70\%$ 上的 a, b, c 3 个点。因为 $q(\lambda_{cr}) < 1.0$,由式(5.11)和式(5.12)可知,涡轮膨胀比小于尾喷管临界或超临界时的 π_T 值。飞行 Ma_0 数越小,进气道中的速度增压越小,尾喷管进口的总压越低,结果是 $q(\lambda_{cr})$ 越小,π_T 越小。根据(3)中的解释,π_T 减小则工作点沿等换算转速线上移。

(6) 压气机设计增压比对共同工作线的影响。

压气机设计增压比 π_{Cd} 对共同工作线的影响定性地表示在图 5.5 上。

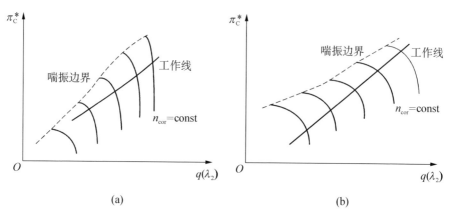

(a)　　　　　　　　　　　　　　(b)

图 5.5　压气机设计增压比对单轴涡喷发动机工作线的影响

(a) 压气机高设计增压比　(b) 压气机低设计增压比

一般说,压气机具有高设计增压比时发动机共同工作线较平,相对换算转速 $\overline{n}_{cor}$ 减小时,压气机容易进入喘振;低设计增压比的共同工作线较陡,相对换算转速 $\overline{n}_{cor}$ 减小时,共同工作点远离喘振边界。上述结论的原因是轴流压气机在非设计状态下前后级的不协调。假定有一多级轴流压气机,如图 5.6(a)为多级轴流压气机,图 5.6(b)为前后级进口速度三角形如图 5.6(a)所示。为简单起见,假定各级进口气流的绝对速度沿轴线方向,设计点上,可以安排各级叶片的安装角使级进口的气流相

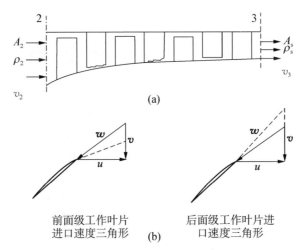

图 5.6　多级轴流压气机在非设计点的前后级不协调

(a) 多级轴流压气机　(b) 前后级进口速度三角形

对速度 w 对叶片的攻角 i 近似地保持在 $0°$ 附近，即 $i \approx 0°$。如图 5.6(b)的实线所示。

现在考虑非设计点的工作情况。以飞行马赫数增加而物理转速 n 不变为例。Ma_0 增加，则 T_2^* 增加，换算转速 n_{cor} 减小，发动机共同工作点沿工作线下移，压气机增压比减小；另一方面由于 Ma_0 的增加，进气道中冲压比增加，压气机进口的密度 ρ_2 相对地增加，根据流量相等：

$$\rho_2 v_2 A_2 = \rho_3 v_3 A_3 \tag{5.19}$$

式中：A_2，A_3 分别为压气机进口和出口的流道截面积，等于常数不变。由于 ρ_2 相对增加而 ρ_3 相对减小，必然导致 v_2 下降而 v_3 上升；物理转速 n 不变，故牵连速度 u 不变，结果引起压气机进口和出口速度三角形的变化。

如图 5.6(b)的虚线所示。由图可以看出，换算转速减小时，压气机前面级的攻角增加，趋向于叶背气流分离而喘振，消耗的功增加；后面级的攻角减小，趋向于叶盆气流分离而堵塞，消耗的功减小。这就是当 n_{cor} 减小时压气机出现的"前重后轻""前喘后涡"状态。这种非设计点下压气机前后级的不协调现象，在压气机设计增压比越高、级数越多时则越严重。所以对于压气机高设计增压比的发动机，当换算转速 n_{cor} 下降时，压气机进口相对密流 $q(\lambda_2)$ 下降较快，共同工作线较平，容易进入喘振；而低设计增压比时，$q(\lambda_2)$ 下降比较慢，共同工作线较陡，不容易进入喘振。

（7）沿共同工作线参数的变化。

根据第（6）条中的讨论，沿共同工作线的各有关重要参数的变化趋势与压气机设计点增压比 π_{cd} 的大小有关。图 5.7(a)，(b)，(c)是在物理转速 $n = \mathrm{const}$ 条件下，进口气流温度变化导致换算转速变化时，单轴涡喷发动机在不同设计点增压比

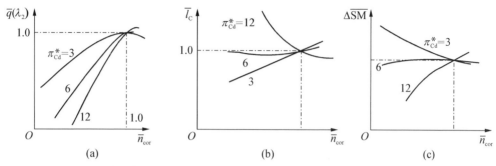

图 5.7　不同设计点增压比下单轴涡喷发动机工作线上参数的变化($n = \mathrm{const}$)

下,压气机进口的相对密流$\bar{q}(\lambda_2)$、压气机功相对值$\bar{l}_C$ 和压气机相对喘振裕度$\overline{\Delta\mathrm{SM}}$随相对换算转速$\bar{n}_{\mathrm{cor}}$的变化情况。

图 5.7 中的相对参数的定义是参数值与设计点相应参数值的比值,具体如下:

$q(\lambda)$的相对值:

$$\bar{q}(\lambda_2) = \frac{q(\lambda_2)}{\left[q(\lambda)\right]_{\mathrm{d}}} \qquad (5.20)$$

相对换算转速:

$$\bar{n}_{\mathrm{cor}} = \frac{n/\sqrt{T_2^*}}{(n/\sqrt{T_2^*})_{\mathrm{d}}} \qquad (5.21)$$

相对压气机功:

$$\bar{l}_C = \frac{l_C}{l_{Cd}} \qquad (5.22)$$

相对喘振裕度:

$$\overline{\Delta\mathrm{SM}} = \frac{\Delta\mathrm{SM}}{(\Delta\mathrm{SM})_{\mathrm{d}}} \qquad (5.23)$$

5.1.2　双轴涡喷发动机的共同工作

当压气机的增压比比较高时,一般采用双转子(或三转子)的结构设计来达到预防喘振的目的。当压气机转速降低或飞行 Ma 增加使得 T_2^* 增加时,将引起单转子发动机工作点沿工作线左下移动,喘振裕度减小。特别是对于高设计增压比(大于12)的压气机,稍偏离设计状态时稳定工作裕度就会过小。为了防喘,可以将高设计增压比的压气机分成两个或三个,分别由各自的涡轮带动,构成双转子或三转子发动机,也称为双轴或三轴发动机。

本节以双轴涡喷发动机(见图 5.8)为例,说明如何根据发动机共同工作条件确定发动机非设计状态下的气流参数及部件共同工作点。

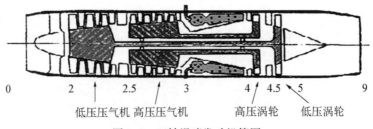

低压压气机　高压压气机　　　　　高压涡轮　低压涡轮

图 5.8　双轴涡喷发动机简图

5.1.2.1　双转子防喘机理

首先来分析一下双转子的防喘机理,这是由压气机的工作特点所决定的。例如,当物理转速不变,进气总温增加时,相似转速下降,从共同工作线知,增压比减小,后面级原来按设计增压比设计的流通通道显得过小,气流速度发生变化,前面级 v_{1x} 下降,后面级 v_{1x} 增加,导致各级转子进口速度三角形发生变化;此时,高、低压压气机功的比值 l_{CL}/l_{CH} 变大,压气机变得前"重"后"轻"(物理转速下降同样导致动叶进口速度三角形的两个直角边不成比例变化,发生前"重"后"轻"现象)。而当尾喷管临界或超临界时,高低压涡轮膨胀比不变,高、低压涡轮功比值 l_{TL}/l_{TH} 不变;当尾喷管亚临界时,首先低压涡轮膨胀比先减小,高、低压涡轮功比值 l_{TL}/l_{TH} 变小;由此必然导致各转子的转速发生变化,低压转速减小,切线速度减小,攻角由正变为 0,高压转速增加,切线速度增加,攻角由负变为 0。相似转速下降时,高、低压压气机速度三角形的变化如图 5.9 所示。由图 5.9 可见,当相似转速下降时,引起高、低压压气机与高、低压涡轮之间的功率不平衡,自动调整各自的转速,使气动三角形近似保持与设计状态相似,消除了叶背的分离,因此防止了喘振的发生。

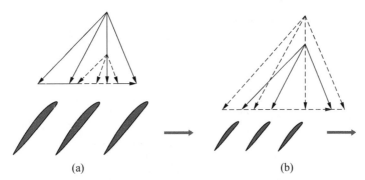

图 5.9　相似转速下降时高、低压压气机速度三角形的变化

(a) 低压压气机　(b) 高压压气机

注:实线代表设计状态。

高、低压转子的转速比称为转差率(n_H/n_L),该值越大,喘振裕度越大。

5.1.2.2 高压转子的共同工作方程和共同工作线

双轴涡喷发动机高压转子的共同工作方程和共同工作线与单轴涡喷发动机非常类似。根据高压转子的共同工作条件可以推导得出其共同工作方程。

（1）由高压压气机和高压涡轮流量连续，可得

$$\pi_{CH}^* = \frac{p_3^*}{p_{2.5}^*} = \text{const} \sqrt{\frac{T_4^*}{T_{2.5}^*}} q(\lambda_{2.5}) \tag{5.24}$$

（2）由高压转子功率平衡，若令 $k = 1.4$，$k' = 1.33$，则 $(k-1)/k = 0.286$，$(k'-1)/k' = 0.248$，可得

$$\frac{T_4^*}{T_{2.5}^*} = \frac{c_p(\pi_{CH}^{*0.286} - 1)}{c_p'\left(1 - \frac{1}{\pi_{TH}^{*0.248}}\right)\eta_{CH}\eta_{TH}\eta_{mH}} \tag{5.25}$$

（3）联立式(5.25)和式(5.24)，把高压压气机的参数移到公式左边，其他参数移到右边，得到高压转子的共同工作线方程，即

$$\sqrt{\frac{e_{CH} - 1}{\eta_{CH}}} \frac{q(\lambda_{2.5})}{\pi_{CH}^*} = C_H \tag{5.26}$$

式中：$e_{CH} = \pi_{CH}^{*0.286}$，$C_H$ 为高压转子共同工作方程常数。影响式(5.26)中 C_H 大小的主要因素是高压涡轮导向器面积 A_{nbH} 和高压涡轮膨胀比 π_{TH}^*。式(5.26)说明压气机工作受到后面各部件的约束，它的性能参数只能沿高压压气机特性图上的一条线变化，称为共同工作线。C_H 的大小确定了共同工作线在高压压气机特性图上的位置。高压涡轮膨胀比 π_{TH}^* 可由下面的高压涡轮和低压涡轮流量连续计算得出。

（4）由高压涡轮和低压涡轮流量连续，可得

$$\pi_{TH}^* \sqrt{1 - \left(1 - \frac{1}{\pi_{TH}^{*0.248}}\right)\eta_{TH}} = \frac{\sigma_{nbL} A_{nbL} q(\lambda_{nbL})}{\sigma_{nbH} A_{nbH} q(\lambda_{nbH})} \tag{5.27}$$

对于 A_{nbH} 和 A_{nbL} 不可调的发动机，在大状态工作时涡轮导向器处于超临界状态，这时 $\lambda_{nbH} = \lambda_{nbL} = 1.0$，若忽略 σ_{nbH}、σ_{nbL} 的变化，则 $\pi_{TH}^* = \text{const}$。在此情况下，可用设计点的高压压气机参数计算 C_H，即

$$C_H = \text{const} = \left[\frac{q_{mcor2.5}^2(\pi_{CH}^{*0.286} - 1)}{\pi_{CH}^{*2}\eta_{CH}}\right]_{设计点} \tag{5.28}$$

根据共同工作方程可以进行高压压气机共同工作线的绘制。具体步骤如下：

a. 计算 C_H。

b. 在高压压气机特性上选择一条等折合转速线。

c. 从所选的等折合转速线上，任选一点 A，查出该点的 $q_{mcor2.5}$，π_{CH}^*，η_{CH}。

d. 按下式计算$(C_H)_A$：

$$(C_H)_A = \left[\frac{q_{mcor2.5}^2 (\pi_{CH}^{*\,0.286} - 1)}{\pi_{CH}^{*\,2} \eta_{CH}} \right]_{A点} \tag{5.29}$$

e. 比较$(C_H)_A$和C_H，若两者之差ΔC_H足够小，在规定的容差范围内，则A点为共同工作点。返回 b，重新选择一条等折合转速线计算；若ΔC_H不满足容差要求，返回 c，重新选择一个点计算。

f. 将高压压气机特性上多条等折合转速线上的共同工作点连接起来，即可得到高压转子的共同工作线[见图 5.10(a)]。

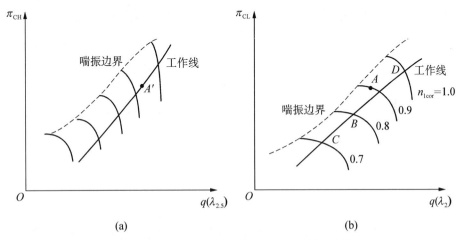

图 5.10　高、低压压气机特性图上的共同工作线

(a) 高压转子共同工作线　(b) 低压转子共同工作线

5.1.2.3　低压转子的共同工作方程和共同工作线

双轴涡喷发动机低压转子的共同工作方程和共同工作线与高压转子不同。根据低压转子的共同工作条件，可以推导得出其共同工作方程。

（1）由低压压气机和低压涡轮流量连续，$q_{mg4.5} \approx q_{ma2}$，可得

$$\pi_{CL}^* \pi_{CH}^* = \text{const} \sqrt{\frac{T_{4.5}^*}{T_2^*}} q(\lambda_2) \tag{5.30}$$

（2）由低压转子功率平衡，得到

$$\frac{T_{4.5}^*}{T_2^*} = \text{const} \frac{e_{CL} - 1}{\eta_{CL}} \tag{5.31}$$

考虑到$T_{4.5}^*$和T_4^*的关系式，即

$$T_{4.5}^* = T_4^* \left[1 - \left(1 - \frac{1}{\pi_{TH}^{*\,0.248}} \right) \eta_{TH} \right] \tag{5.32}$$

（3）将式(5.31)、式(5.32)代入式(5.30)后，把低压和高压压气机的参数移到

公式左边,其他参数移到右边,得到低压转子的共同工作线方程,即

$$\sqrt{\frac{e_{CL} - 1}{\eta_{CL}^*}} \frac{1}{\pi_{CL}^* \pi_{CH}^*} q(\lambda_2) = C_L \tag{5.33}$$

式中:$e_{CL} = \pi_{CL}^{*0.286}$,$C_L$ 为低压转子共同工作方程常数。式(5.33)表示了在共同工作线上的低压压气机工作点必须满足的条件。C_L 的大小确定了共同工作线上低压压气机工作点的位置。影响 C_L 大小的主要因素有低压涡轮导向器面积,高、低压涡轮膨胀比 π_{TH}^* 和 π_{TL}^*,后者可由低压涡轮和喷管流量连续计算得出。由式(5.33)可以看出:低压转子的共同工作方程中含有高压转子共同工作线上的参数 π_{CH}^*。

(4)由低压涡轮和喷管流量连续,可得

$$\pi_{TL}^* \sqrt{1 - \left(1 - \frac{1}{\pi_{TL}^{*0.248}}\right) \eta_{TL}} = \frac{\sigma_N A_8 q(\lambda_8)}{\sigma_{nbL} A_{nbL} q(\lambda_{nbL})} \tag{5.34}$$

对于 A_8 和 A_{nbL} 不可调的发动机,在大状态工作时涡轮导向器和喷管处于超临界状态,这时 $\lambda_8 = \lambda_{nbL} = 1.0$,若忽略 σ_N、σ_{nbL} 的变化,则 $\pi_{TL}^* = \text{const}$。在此情况下,可用设计点的高、低压压气机参数计算 C_L,即

$$C_L = \text{const} = \sqrt{\left[\frac{q_{mcor2}^2 (\pi_{CL}^{*0.286} - 1)}{\pi_{CL}^{*2} \pi_{CH}^{*2} \eta_{CL}}\right]_{A\text{点}}} \tag{5.35}$$

根据共同工作方程可以进行低压压气机共同工作线的绘制。具体步骤如下:

a. 计算 C_L。

b. 在低压压气机特性上选择一条等折合转速线。

c. 从所选的等折合转速线上,任选一点 A,查出该点的 q_{mcor2},π_{CL}^*,η_{CL}。

d. 由高、低压压气机流量连续关系式确定点 A 所对应的高压压气机折合流量 q_{mcor2},按照 q_{mcor2} 从已有的高压压气机上的共同工作线查出对应的 π_{CH}^*。由于 $q_{m2} = q_{m2.5}$,所以高压压气机折合流量 $q_{mcor2.5}$ 可用式(5.36)计算:

$$q_{mcor2.5} = \frac{q_{m2.5} \sqrt{T_{2.5}^*}}{p_{2.5}^*} = \frac{q_{m2} \sqrt{T_2^*}}{p_2^*} \frac{\sqrt{T_{2.5}^*}}{\sqrt{T_2^*}} \frac{p_2^*}{p_{2.5}^*} = q_{mcor2} \frac{1}{\pi_{CL}^*} \sqrt{1 + \frac{\pi_{CL}^{*0.286} - 1}{\eta_{CL}}} \tag{5.36}$$

e. 按下式计算 $(C_L)_A$:

$$(C_L)_A = \left[\frac{q_{mcor2}^2 (\pi_{CL}^{*0.286} - 1)}{\pi_{CL}^{*2} \pi_{CH}^{*2} \eta_{CL}}\right]_{A\text{点}} \tag{5.37}$$

f. 比较 $(C_L)_A$ 和 C_L,若两者之差 ΔC_L 足够小,在规定的容差范围内,则 A 点为共同工作点。返回 b,重新选择一条等折合转速线计算;若 ΔC_L 不满足容差要求,返回 c,重新选择一个点计算。

g. 将低压压气机特性上多条等折合转速线上的共同工作点连接起来,则可得

到低压转子的共同工作线[见图 5.10(a)高压转子共同工作线,图 5.10(b)低压转子共同工作线]。

稳态共同工作线代表了发动机全部稳定工作点的集合。共同工作线在部件特性图上表示部件性能参数能满足发动机各部件共同工作条件的关系曲线。

对于采用多变量控制规律的现代军用发动机,实现了在飞行中根据飞行条件和飞机姿态(如攻角、侧滑角)来实时确定发动机的共同工作点,这时发动机的共同工作点就不是仅在一条共同工作线上。例如,飞机做大攻角机动时,发动机进口流场畸变使风扇和压气机的喘振边界下移,这时调节发动机的可调几何位置来使发动机共同工作点相应下移,在保持必需的喘振裕度下获得最好的发动机性能。

双轴涡喷发动机共同工作的特点,与单轴相比,高压转子共同工作与单轴相类似;在低压转子的共同工作方程中,多了一项高压压气机增压比,因此低压转子共同工作将受高压转子工作的影响;当 n_{cor} 下降时,高压和低压压气机增压比均下降,高压压气机增压比降低使 $q(\lambda_{2.5})$ 下降,因此低压共同工作线走向靠近喘振边界线。

5.1.2.4　涡轮导向器和喷管喉道面积对共同工作的影响

分析在涡轮导向器和喷管处于超临界工作状态时,且保持低压转子转速 n_L 不变的条件下,分别放大 A_{nbL}, A_{nbH}, A_8 对共同工作线和共同工作点的影响。

首先分析 A_{nbL}, A_{nbH}, A_8 变化对高、低压涡轮膨胀比 π_{TH}^*, π_{TL}^* 的影响,然后再根据共同工作关系分析各面积变化对共同工作线和共同工作点的影响。

(1) A_{nbL}, A_{nbH} 不变, A_8 增大。

由于 A_{nbL}, A_{nbH} 不变,并且涡轮导向器超临界,所以由式(5.27)可知 π_{TH}^* 保持不变。既然 π_{TH}^* 保持不变,则高压转子共同工作方程和共同工作线不变,即在涡轮导向器超临界时,高压转子共同工作线位置不受 A_8 变化影响。

A_{nbL} 不变,放大 A_8,并且低压涡轮导向器和喷管超临界,由式(5.34)可知 π_{TL}^* 增大。在 A_{nbH}, π_{TH}^* 不变,但 π_{TL}^* 增加的条件下,低压转子共同工作线向喘振边界方向移动,如图 5.11 所示。可以发现,低压转子共同工作线的这种变化规律与单轴涡喷发动机恰好相反。分析原因,以 n_{Lcor} 不变为例,由于 A_8 增大使 π_{TL}^* 增加,为保持 n_L 不变应使低压涡轮前温度下降来保持低压涡轮功不变;为此要减少供油量,这导致涡轮前温度下降, n_H 下降, $q(\lambda_{2.5})$ 下降;造成的结果是转差率 n_H/n_L 下降,低压压气机后流通不畅,导致低压压气机工作点沿等 n_{Lcor} 线移向喘振边界,喘振裕度减小。

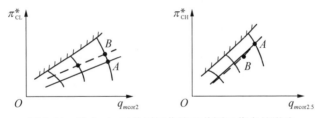

图 5.11　增大 A_8 对共同工作线和共同工作点的影响

在图 5.11 上,若用 A 点表示基准点,则共同工作点在低压压气机特性上沿等折合转速线上移到 B 点,低压压气机增压比提高,折合流量减少;在高压压气机特性上沿共同工作线下移到 B 点,高压压气机增压比和折合流量都减少。如果给定 n_{Hcor} 也具有相同的结果。由于 A_8 增大使得 T_4^* 和 n_H 降低,所以推力降低。

(2) A_{nbH},A_8 不变,A_{nbL} 增大。

由于 A_{nbL} 增大、A_{nbH} 不变,并且涡轮导向器超临界,因此由式(5.27)可知 π_{TH}^* 增大;由于 A_{nbL} 增大、A_8 不变,并且低压涡轮导向器和喷管超临界,因此由式(5.34)可知 π_{TL}^* 减小。因为 π_{TL}^* 减小,为维持低压转子功率平衡,保持低压转子转速 n_L 不变,需要提高涡轮前温度 T_4^*。π_{TH}^* 和涡轮前温度 T_4^* 增大使得高压涡轮功增加,高压转速 n_H 增大,高压转子工作点将在更高转速线上工作;又由于 A_{nbL} 增大,高压转子共同工作线下移。高压转速增加使得高压压气机抽吸能力增强,低压压气机出口反压降低,低压转子共同工作线下移,远离喘振边界,如图 5.12 所示。图上也表示出 n_{Lcor} 不变时,A_{nbL} 增大后共同工作点由基准点 A 移动到 B 点的情况,它使 n_H 增大、T_4^* 增高、压气机总压比 $\pi_{C\Sigma}^*$ 增大、推力 F 增大。

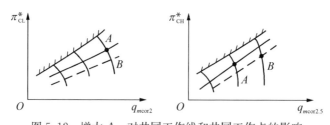

图 5.12　增大 A_{nbL} 对共同工作线和共同工作点的影响

(3) A_{nbL}、A_8 不变,A_{nbH} 增大。

由于 A_{nbH} 增大、A_{nbL} 和 A_8 不变,并且涡轮导向器和喷管超临界,因此由式(5.27)可知 π_{TH}^* 减小,则高压涡轮功减小,高压转子转速降低,高压工作点将移至更低的转速线上工作。又由于高压涡轮导向器面积 A_{nbH} 增大,高压压气机出口反压降低,高压压气机增压比降低,所以高压转子共同工作线下移。

由于 A_{nbL} 和 A_8 都不变,并且低压涡轮导向器和喷管超临界,因此由式(5.34)可知 π_{TL}^* 不变。由于高压转速下降,高压压气机抽吸能力下降,低压压气机出口流通不畅,反压增加使得低压转子共同工作线上移,靠向喘振边界,如图 5.13 所示。图上

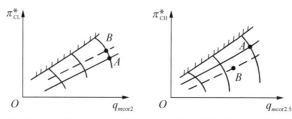

图 5.13　增大 A_{nbH} 对共同工作线和共同工作点的影响

也表示出 n_{Lcor} 不变时，A_{nbH} 增大后共同工作点由基准点 A 移动到 B 点的情况。

在地面台架试车时，可以采用适当调整尾喷管出口面积或涡轮导向器喉道面积的方法，使发动机达到部件匹配和满足性能要求的目的。

5.1.2.5　喷管亚临界时共同工作线的确定

双轴涡喷发动机几何不可调，涡轮导向器处于超临界状态，即 $\lambda_{\text{nbH}} = \lambda_{\text{nbL}} = 1.0$，喷管处于亚临界状态，即 $\lambda_8 < 1.0$，在此条件下，双轴涡喷发动机共同工作线有如下特点：

(1) 高压转子共同工作线不变(只有在 LPT 导向器也进入亚临界时，高压转子工作线才会受到影响)。

(2) 低压转子共同工作线将因飞行 Ma 不同而处于低压压气机特性图上的不同位置。

涡轮导向器超临界，只有喷管亚临界时，式(5.34)可写成如下形式：

$$\pi_{\text{TL}}^* \sqrt{1 - \left(1 - \frac{1}{\pi_{\text{TL}}^{*\,0.248}}\right)\eta_{\text{TL}}} = \frac{\sigma_{\text{N}} A_8}{\sigma_{\text{nbL}} A_{\text{nbL}}} q(\lambda_8) \tag{5.38}$$

式(5.38)说明 π_{TL}^* 随 λ_8 变化。为确定低压转子共同工作线，应增加一个共同工作方程。在喷管亚临界时，$p_9 = p_0$，此条件可表示为式(5.39)。

$$\pi(\lambda_9) = \frac{\pi(Ma)\pi_{\text{TH}}^*\pi_{\text{TL}}^*}{\sigma_{\text{i}}\pi_{\text{CL}}^*\pi_{\text{CH}}^*\sigma_{\text{b}}\sigma_{\text{N}}} = \text{const} \, \frac{\pi(Ma)\pi_{\text{TL}}^*}{\pi_{\text{C}\Sigma}^*} \tag{5.39}$$

由此可求得低压涡轮膨胀比 π_{TL}^* 随飞行 Ma 和总增压比 $\pi_{\text{C}\Sigma}^*$ 的变化关系，即 $\pi_{\text{TL}}^* = f(Ma, \pi_{\text{C}\Sigma}^*)$，如图 5.14所示。利用图 5.14 所示关系和式(5.33)，可以求得喷管亚临界时双轴涡喷发动机低压压气机上的共同工作线，其共同工作线也是分叉的，但与单轴涡喷发动机相反的是，随 Ma 增大，双轴涡喷发动机低压转子共同工作线上移，而单轴涡喷发动机的共同工作线是下移的。

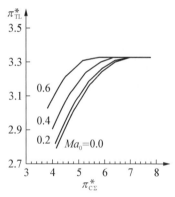

图 5.14　π_{TL}^* 随 Ma_0 和 $\pi_{\text{C}\Sigma}^*$ 的变化关系

5.1.3　双轴涡扇发动机的共同工作

本节将分别讲解双轴分排涡扇发动机(见图 5.15)和双轴混排涡扇发动机(见图 5.16)的部件共同工作特点。

5.1.3.1　高压转子共同工作特点

无论是双轴分排还是双轴混排涡扇发动机，其高压转子的共同工作方程、共同工作线都与双轴涡喷发动机相同，参见 1.2.2 节。

5.1.3.2　低压转子共同工作特点

分析低压(风扇)转子共同工作方程和共同工作线的方法类似于 1.2.3 节的方

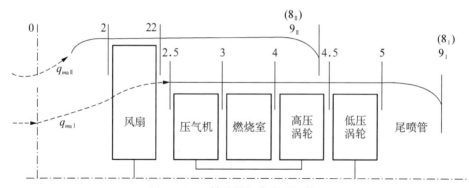

图 5.15 双轴分排涡扇发动机简图

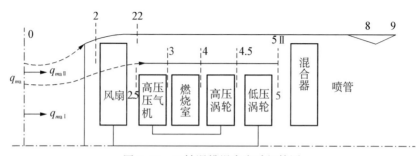

图 5.16 双轴混排涡扇发动机简图

法,其区别在于涡扇发动机的低压涡轮需带动内、外涵的风扇转动。推导过程相似,我们可以得到双轴分排涡扇发动机低压转子的共同工作方程如下:

$$\frac{q(\lambda_2)}{\pi_{CL}^* \pi_{CH}^*} \sqrt{\frac{(e_{CL}^* - 1)}{\eta_{CL}^*(1 + B)}} = \text{const} \quad (5.40)$$

双轴混排涡扇发动机,由于 π_{TL}^* 不等于常数,其低压转子的共同工作方程如下:

$$\frac{q(\lambda_2)}{\pi_{CL}^* \pi_{CH}^*} \sqrt{\frac{(e_{CL}^* - 1)}{\eta_{CL}^*(1 + B)}} \cdot \sqrt{\frac{1}{(1 - 1/e_{TL}^*)\eta_{TL}^*}} = \text{const} \quad (5.41)$$

下面来讨论一下分排和混排涡扇发动机涵道比 B 随飞行条件的变化情况。

(1) 分排涡扇发动机涵道比 B 的变化。

分排涡扇发动机的外涵流量:

$$q_{ma\mathrm{II}} = KA_{8\mathrm{II}} \sigma_{\mathrm{II}} \frac{p_{22}^*}{\sqrt{T_{22}^*}} q(\lambda_{8\mathrm{II}}) \quad (5.42)$$

内涵流量:

$$q_{ma\mathrm{I}} = KA_{2.5} \frac{p_{2.5}^*}{\sqrt{T_{2.5}^*}} q(\lambda_{2.5}) \quad (5.43)$$

不考虑风扇出口 T^*，p^* 沿径向的不均匀，用总压恢复系数 σ_{II} 和 $\sigma_{\mathrm{L-H}}$ 描述通道总压损失，其中 σ_{II} 为外涵总压恢复系数，$\sigma_{\mathrm{L-H}}$ 为内涵风扇出口到高压压气机入口的总压恢复系数。则 $p^*_{2.5} = \sigma_{\mathrm{L-H}} p^*_{22}$，$T^*_{2.5} = T^*_{22}$，于是可得

$$B = \mathrm{const} \frac{A_{8\mathrm{II}} q(\lambda_{8\mathrm{II}}) \sigma_{\mathrm{II}}}{\sigma_{\mathrm{L-H}} q(\lambda_{2.5})} \tag{5.44}$$

由式(5.44)可以发现，随飞行 Ma 增加(即 T^*_2 增加)，内涵流通能力 $q(\lambda_{2.5})$ 下降，导致分排涡扇发动机涵道比 B 增加；由此导致内外涵流量函数的减小程度不同，低压压气机流量函数减小程度比涡喷发动机小，因而在低折合转速时，分排涡扇发动机的共同工作线比涡喷发动机离喘振边界更远。在设计点参数相同以及涡轮导向器、尾喷管超临界的情况下，分排涡扇发动机与双轴涡喷发动机低压转子共同工作线的比较如图 5.17 所示。

(2) 混排涡扇发动机涵道比 B 的变化。

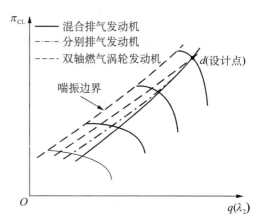

图 5.17　分排、混排涡扇发动机与双轴涡喷发动机低压转子共同工作线的比较

混排涡扇发动机的外涵流量：

$$q_{ma\mathrm{II}} = KA_{5\mathrm{II}} \sigma_{\mathrm{II}} \frac{p^*_{22}}{\sqrt{T^*_{22}}} q(\lambda_{5\mathrm{II}}) = \mathrm{const} \frac{\sigma_{\mathrm{II}} p^*_{22}}{\sqrt{T^*_{22}}} q(\lambda_{5\mathrm{II}}) \tag{5.45}$$

内涵流量：

$$q_{ma\mathrm{I}} = KA_{2.5} \sigma_{\mathrm{L-H}} \frac{p^*_{2.5}}{\sqrt{T^*_{2.5}}} q(\lambda_{2.5}) = \mathrm{const} \frac{\sigma_{\mathrm{L-H}} p^*_{2.5}}{\sqrt{T^*_{2.5}}} q(\lambda_{2.5}) \tag{5.46}$$

同样，不考虑风扇出口 T^*，p^* 沿径向的不均匀，用总压恢复系数 σ_{II} 和 $\sigma_{\mathrm{L-H}}$ 描述通道总压损失，可得

$$B = \mathrm{const} \frac{q(\lambda_{5\mathrm{II}}) \sigma_{\mathrm{II}}}{\sigma_{\mathrm{L-H}} q(\lambda_{2.5})} \tag{5.47}$$

由式(5.47)可以发现，随飞行 Ma 增加(即 T^*_2 增加)，内涵流通能力 $q(\lambda_{2.5})$ 下降，外涵 $q(\lambda_{5\mathrm{II}})$ 增加趋于 1.0，导致 B 增加。对比式(5.44)和式(5.47)可以发现，混排涵道比 B 增加比分排更快。因而在低折合转速时，混排涡扇发动机的共同工作线比分排涡扇发动机离喘振边界更远。图 5.17 表示在设计点参数相同以及涡轮导向器、尾喷管超临界的情况下，混排涡扇发动机与分排涡扇发动机低压转子共同工作

线的区别。

5.2　航空发动机的主要工作状态

　　航空发动机工作状态是指发动机起动后在各种负荷下运转或停车的工作状态。飞行器的不同飞行航段对发动机推力(或功率)有不同的要求,因而发动机有不同的使用工作状态。在每种工作状态下工作负荷不同,为保证发动机工作安全可靠,对大负荷的工作状态要限制使用时间。发动机的各种工作状态对应着不同的油门杆(或功率杆)位置,驾驶员通过操纵油门杆或功率杆,或两者来控制发动机工作状态。

　　对于不同的发动机,由于使用要求不同,工作状态的划分也不尽相同。例如,对于现代军用加力涡喷和涡扇发动机,按油门由小到大的顺序,发动机的主要工作状态依次为停车、地面慢车、空中慢车、最大连续、中间状态、最小加力状态和最大状态。装有反推力装置的发动机,还有反推力状态。发动机空中停车后对应着风车状态。对于不加力的民用涡扇发动机,其最大状态相当于加力发动机的中间状态。对于安装多台发动机的民用飞机和直升机,有些发动机设有应急工作状态,以备一台发动机失效时可使其余发动机在超过最大状态下运转,保证飞行安全。

　　下面来介绍航空发动机的主要工作状态。

　　1) 最大状态

　　发动机产生最大推力的工作状态。对于有加力燃烧室的加力发动机,产生最大推力的状态是全加力状态。发动机在最大推力工作状态时,涡轮前燃气温度、转速、空气流量、各部件的气动负荷和热负荷以及加力发动机的加力温度都达到最大值,等于或接近于相应的最大允许值,故其连续工作时间受到限制,通常为 10 min(个别发动机不限制其连续工作时间),此外还限制这种最大负荷状态的总工作时间,通常不大于发动机总寿命的 30%~35%。最大状态用于起飞、作战、爬升以及达到最大马赫数或升限的飞行。

　　2) 最小加力状态

　　最小加力状态是指加力喷气发动机产生最小加力推力的工作状态。这时主机(包括压气机、主燃烧室和涡轮)的工作状态与最大状态相同或稍低,而加力温度是最小值,以得到最小的加力推力。从飞行控制考虑,希望从不加力的中间状态到最小加力状态的推力增量尽可能小,实现此要求的困难在于加力燃烧室的喷油量过小时无法组织稳定的燃烧过程。

　　3) 中间状态

　　加力式喷气发动机产生的不加力最大推力的工作状态。这时主机(包括压气机、主燃烧室和涡轮)的工作状态和最大状态相同,加力燃烧室不喷油点火,主机各部件的气动负荷和热负荷达到或接近最大允许值,所以中间状态的连续工作时间和总工作时间一般也受到限制。此状态用于起飞、短时间爬升、加速和超声速巡航等。

4）最大连续状态

发动机可以连续工作的推力最高工作状态。在这种状态下连续工作时间不限，一般用于飞机长时间爬升和高速度平飞。

5）额定状态

额定状态是俄发动机及其衍生的发动机使用的一种主要工作状态。在地面试车条件下额定状态的推力为最大推力的 80%～85%，转速为最大转速的 95% 左右。涡桨和涡轴发动机也规定有额定状态。在此状态下发动机的连续工作时间在规定的寿命范围内不受限制。一般常在飞机爬高时使用。

6）经济巡航状态

巡航飞行条件下发动机工作最经济的工作状态。连续工作时间不限；通常用于耗油率最低的长时间巡航飞行，是运输机的主要发动机工作状态。

7）慢车状态

慢车状态是指发动机能稳定和可靠工作的最小推力工作状态，分地面慢车和飞行慢车状态。

地面慢车状态推力约为中间状态推力值的 3%～5%。虽然地面慢车状态发动机的转速很低，但由于各部件效率低，为维持慢车转速所需涡轮前温度却很高，有的发动机也需对其连续工作时间加以限制。慢车状态主要用于下滑着陆、起飞待命和地面滑行等。

8）反推力状态

反推力状态可以产生反推力。反推力装置工作使喷管排气或风扇后外涵气流的方向改变，向前折转到大于 90° 的角度喷出，产生反推力。反推力状态广泛用于民用机和舰载机的着陆过程，以缩短着陆滑跑距离；有些歼击机也采用反推力装置来改善飞机机动性和缩短着陆滑跑距离。

9）应急状态

应急状态是在有限时间内产生超过正常状态功率（或推力）的状态。对于安装多台发动机的直升机和民用飞机，其发动机规定有最大应急状态和额定应急状态。当一台发动机发生故障时，采用最大应急状态以保证继续起飞和降落，而额定应急状态则用以保证继续飞行至最近机场安全着陆。

10）风车状态

在飞行中发动机自动停车或驾驶员拉停后，没有燃油供给燃烧室，发动机转子在迎面空气流的吹动下继续保持自转，这就是风车状态。飞行 Ma 越大，发动机自转转速就越高。

5.3　发动机的控制规律

航空发动机控制系统的地位是非常重要的，因为它通过许多控制装置（如主燃油控制器、加力燃油控制器、可变几何部件的位置控制器等)来实现发动机的控制规律,即在不同飞行条件、环境条件、油门角度下控制供给主燃烧室和加力燃烧室的燃油流量,此外还控制可调静子叶片、放气活门、可调的尾喷管面积、矢量推力喷口、涡轮叶尖间隙等。发动机控制系统的主要功能(对于一台具体发动机,可能实现全部功能或选择其部分功能)如下:

(1) 通过控制燃油流量来控制发动机转速。

(2) 通过调节喷口喉道面积控制发动机压力比。

(3) 收扩喷口面积比 A_9/A_8 控制。

(4) 发动机加速和减速控制。

(5) 发动机起动控制。

(6) 风扇导流叶片和压气机静子叶片安装角控制。

(7) 涡轮叶尖间隙主动控制。

(8) 压气机级间放气控制。

(9) 内、外涵变涵道控制。

(10) 冷却系统控制。

(11) 反推力控制。

(12) 矢量推力喷管控制。

(13) 涡轮叶片温度限制控制。

(14) 火焰探测和自动点火等控制。

(15) 失速/喘振保护控制。

(16) 发动机超温、超转、超压保护控制。

上述控制都有对应的控制规律,它们的选择是发动机总体性能设计的重要内容。选择控制规律的原则是:

(1) 使发动机具有最好的稳态和动态性能,推力和耗油率能满足飞机任务和战技指标要求。

(2) 使发动机具有最好的动态性能,能迅速响应驾驶员的操纵指令,尽量减少驾驶员负担。

(3) 保证发动机工作安全,避免超温、超转、推力摆动、转速摆动、风扇和压气机喘振、加力燃烧室振荡燃烧等。

(4) 控制系统实现的可能性以及控制系统工作的可靠性。

目前航空发动机控制系统的设计都采用全权限数字电子控制(full authority digital electronic controller,FADEC)。

对于加力发动机,其稳态性能控制规律可分为 4 种,最大状态和中间状态的控制规律是在保证发动机工作安全的前提下追求各自状态的推力最大。加力和不加力的节流状态控制规律也称为巡航控制规律,它是在保证飞机需用推力的前提下追求巡航耗油率低。

下面分别说明这 4 种稳态性能控制规律：

（1）最大状态（全加力）控制规律。油门置于最大状态位置时，被控参数随飞行条件的变化规律。

（2）中间状态控制规律（不加力最大）。油门置于中间状态位置时，被控参数随飞行条件的变化规律。

（3）加力节流状态控制规律。给定飞行高度和飞行 Ma，被控参数随油门角度（在加力域内）的变化规律。

（4）节流状态控制规律。给定飞行高度和飞行 Ma，被控参数随油门角度（在不加力域内）的变化规律。

对于几何不可调的发动机，只有燃烧室供油量一个控制量，所以只能有一个被控参数，如低压转子转速 n_L，或高压转子转速 n_H，或涡轮前后的总温 T_4^* 或 T_5^*，或压气机出口压力 p_3^* 等。当选定某个参数为被控参数并确定其控制规律后，其他参数均可由共同工作关系求出，是由发动机内部气动关系决定的。对于几何可调的发动机，每增加一个可调几何位置，就增加一个被控参数。对于几何不可调的加力发动机的加力工作状态，有主燃烧室供油量和加力燃烧室供油量两个控制量，所以有两个被控参数。

下面将分别讲述单、双轴涡喷发动机，双轴加力涡扇发动机，以及涡桨和涡轴发动机的典型控制规律。

5.3.1　单轴涡喷发动机的控制规律

下面讲述单轴涡喷发动机的控制规律的最大状态以及巡航状态控制规律。

1）最大状态控制规律

最大状态控制规律的目的是在任何飞行条件下，使发动机尽可能发出最大推力。3 种可能的控制规律如下：

（1）$n = n_d$，$A_8 = C$。

转速 n 反映发动机的最大机械负荷，因此常选择 n 作为发动机的被控制参数。当飞行条件变化时，q_{mf} 变化以保证 $n = n_d$。n 作为被控制参数，q_{mf} 作为控制量（调节中介）。共同工作点是由 n_{cor} 与共同工作线的交点来确定的。T_4^* 将随飞行条件变化。对于高设计增压比的发动机，随飞行 Ma 增加，T_4^* 提高，推力相对较大，但存在超温危险。

（2）$T_4^* = T_{4d}^*$，$A_8 = C$。

选择 T_4^* 作为发动机的被控制参数。当飞行条件变化时，q_{mf} 变化以保证 $T_4^* = T_{4d}^*$。T_4^* 作为被控制参数，q_{mf} 作为控制量（调节中介）。共同工作点是由等温比线与共同工作线的交点来确定的。n 将随飞行条件变化。对于高设计增压比的发动机，随飞行 Ma 增加，转速将降低，推力相对较小，性能潜力不能得到充分发挥。

上述两种控制规律，对应几何不可调节的发动机，尽管采用不同控制规律，但共同工作线相同。同样设计的发动机，若采用不同的控制规律，即使在同样的飞行条

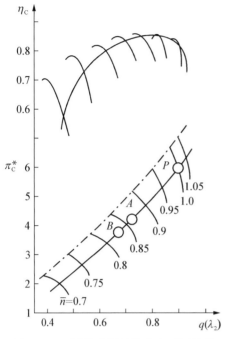

图 5.18 不同的控制规律决定不同的共同工作点

件下,由于工作点在共同工作线上的落点不同,性能则不同。例如,如图 5.18 所示,P 点为发动机的设计点,$\pi_C^* = 12$, $T_{4d}^* = 1600\,\mathrm{K}$, $n_d = 12\,000\,(\mathrm{r/min})$,飞行 $Ma = 2$, $H = 11\,\mathrm{km}$,对应的 $T_2^* = 389\,\mathrm{K}$。当采用 $n = n_d$ 的控制规律时,$n_{cor} = 0.86$, $T_4^* > T_{4d}^*$,共同工作点为 A 点;当采用 $T_4^* = T_{4d}^*$ 的控制规律时,$n < n_d$, $n_{cor} < 0.86$,共同工作点为 B 点。控制规律的制订将决定最终所获得的发动机性能,因此控制规律的设计至关重要。

(3) $n = n_d$, $T_4^* = T_{4d}^*$。

当飞行条件变化,q_{mf} 变化以保证 $T_4^* = T_{4d}^*$, A_8 变化以保证 $n = n_d$。n 和 T_4^* 为被控制参数,q_{mf} 和 A_8 为控制量。对于高设计增压比的发动机,随飞行 Ma 增加,发动机进口总温增加,使得换算转速 n_{cor} 下降,压气机功 l_C 增加, T_4^* 不变的话,A_8 要增加,即涡轮功增加。

在实际应用中常采用第一种控制规律 $n = n_d$。保持转速,可以获得最大推力。某些飞行条件下,可能超温,因此必须采用超温保护装置。直接监测涡轮前温度有一定困难(由测量装置的承受高温的程度、温度场分布的不均匀度等导致),常通过控制涡轮出口温度的方法,间接监视涡轮前温度。如果尾喷管喉道截面积连续可调,则增加了调节机构的复杂性。

2) 巡航状态控制规律

巡航状态控制规律的目的是在给定的飞行条件下,发动机有尽可能小的耗油率。为了获得最小耗油率,巡航节流调节规律需随飞行条件变化,一般只保证主要巡航状态的最佳要求,尾喷管喉道截面积 A_{cr} 做成分级可调,如图 5.19 所示。

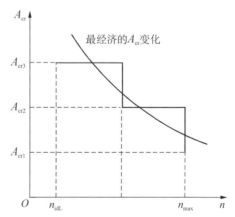

图 5.19 尾喷管喉道截面积 A_{cr} 随转速 n 的分级变化

5.3.2 双轴涡喷发动机的控制规律

5.3.2.1 加力涡喷发动机控制规律的共同工作特点

加力涡喷发动机主机的共同工作关系与不加力时相同。但涡喷发动机在加力状态下工作时,由于低压涡轮和喷管之间增加了加力燃烧室,所以低压涡轮和喷管流量连续的共同工作条件不同于式(5.34),增加了加力燃烧室的总压恢复系数 σ_{ab} 和加热比 θ,加热比 θ 的定义为

$$\theta = \frac{T_{ab}^*}{T_5^*} \tag{5.48}$$

低压涡轮和喷管流量连续的推导如下:

$$q_{mgTL} = \frac{K'p_{nbL}^* A_{nbL} q(\lambda_{nbL})}{\sqrt{T_{nbL}^*}} = \frac{K'p_{4.5}^* \sigma_{nbL} A_{nbL} q(\lambda_{nbL})}{\sqrt{T_{4.5}^*}}$$

$$q_{mgNab} = \frac{K'p_{8ab}^* A_{8ab} q(\lambda_8)}{\sqrt{T_8^*}} = \frac{K'p_5^* \sigma_{ab} \sigma_N A_{8ab} q(\lambda_8)}{\sqrt{T_{ab}^*}}$$

$$q_{mgTL} \approx q_{mgNab}$$

$$\frac{T_{4.5}^*}{T_5^*} = \left(\frac{p_{4.5}^*}{p_5^*}\right)^{\frac{k_T-1}{k_T}}$$

$$\frac{T_{4.5}^*}{T_{ab}^*} = \frac{T_{4.5}^*}{T_5^*} \times \frac{T_5^*}{T_{ab}^*}$$

于是可得

$$\pi_{TL}^* = \frac{p_{4.5}^*}{p_5^*} = \left(\frac{\sigma_{ab} \sigma_N A_{8ab}}{\sigma_{nbL} A_{nbL} \sqrt{\theta}}\right)^{\frac{2k_T}{k_T+1}} \tag{5.49}$$

此式表明:若要在加力工作状态保持主机状态和中间状态一样,则需要保持 π_{TL}^* 相同,这就要求加力时喷管喉道面积 A_8 随加热比 θ 调节。当 θ 增大时,A_8 应相应放大,也就是 $A_{8中间状态} < A_{8ab小加力} < A_{8ab部分加力} < A_{8ab全加力}$。加力后的 A_{8ab} 与加力前的 A_8 的关系可近似为

$$\frac{A_{8ab}}{A_8} \approx \sqrt{\theta} \tag{5.50}$$

如果 A_8 不可调,那么加力会导致涡轮膨胀比减小、超温和压气机喘振,所以加力发动机 A_8 必须可调,但 A_8 可调会影响喷管外部阻力(后体阻力)。

5.3.2.2　飞行条件和节流程度对双轴涡喷发动机的影响

现在来讨论几何不可调的双轴涡喷发动机,喷管和涡轮导向器在超临界状态工作时,控制量(调节中介)只有燃油流量,分别给定不同的调节规律 $n_H = \text{const}$,或 $n_L = \text{const}$,或 $T_4^* = \text{const}$,n_L、n_H、T_4^* 随飞行马赫数 Ma 和飞行高度 H 的变化趋势如图 5.20 所示。

在不加力节流时,Ma_0 和 H 不变,收油门后,n_L 和 n_H 均下降,但下降程度不同,图 5.21 给出了 $n_H = f(n_L)$ 的关系图。尽管图 5.20、图 5.21 的参数变化关系复杂,但有规律可循,即只要 π_C 下降,高、低压压气机压缩功之比(l_{CH}/l_{CL})下降。但是在喷管

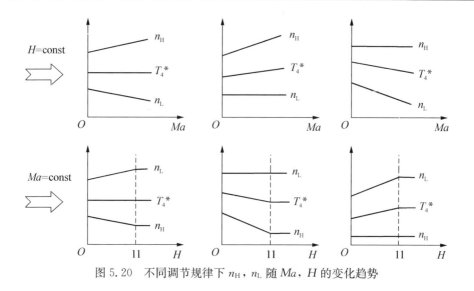

图 5.20   不同调节规律下 n_H，n_L 随 Ma，H 的变化趋势

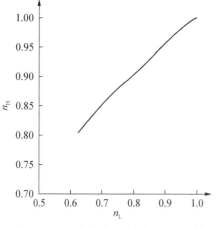

图 5.21   节流程度不同对 n_L、n_H 的影响

和涡轮导向器超临界的条件下，涡轮膨胀功之比（l_{TH}/l_{TL}）保持不变，使得转差率 $S(= n_H/n_L)$ 增加。

用此规律可以解释图 5.20 和图 5.21 的参数变化规律，即：

（1）当飞行高度 H 不变时，Ma 增大导致 T_2^* 增加，使得 π_C^* 减小，所以 S 增大。若控制规律给定 T_4^* 不变，使得高压涡轮膨胀功 l_{TH} 和低压涡轮膨胀功 l_{TL} 不变，由于（l_{CH}/l_{CL}）下降，导致 n_H 增大，n_L 降低；若给定 n_L 不变，则 n_H 增大，T_4^* 也增大，采用这种控制规律的发动机具有良好的速度特性，在高速飞行时应限制 n_H，使之不得大于最大允许值；若给定 n_H 不变，则 n_L 和 T_4^* 均降低。

（2）当飞行马赫数 Ma 不变时，若 $H < 11\,\mathrm{km}$，H 增高使得 T_2^* 下降，π_C^* 增加，所以 S 减小。若控制规律给定 T_4^* 不变，同理可知 l_{TH} 和 l_{TL} 不变，而（l_{CH}/l_{CL}）增大，将导致 n_H 降低和 n_L 增大；若给定 n_L 不变，则 n_H 和 T_4^* 均下降；反之，若给定 n_H 不变，则 n_L 和 T_4^* 均增加，采用这种控制规律的发动机具有良好的高度特性。若 $H \geqslant 11\,\mathrm{km}$，进入同温层，$T_0$ 不变。在同样的 Ma 下，T_2^* 也不变，因此 π_C^* 和 S 均不变。

（3）当 H、Ma 不变时，T_2^* 不变。收油门节流会使 n_H 和 n_L 均下降，这时 π_C^* 随之下降，所以 S 增加，导致 n_H 下降比 n_L 慢。因此在慢车状态时，低压转子转速 n_L 一般为 $0.4n_{Lmax}$，而高压转子转速 n_H 则在 $0.7n_{Hmax}$ 左右。

不同控制规律对推力变化的影响如图 5.22 所示。

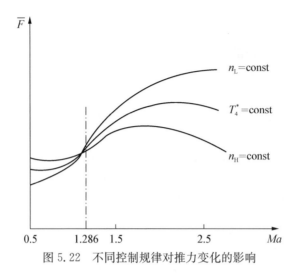

图 5.22　不同控制规律对推力变化的影响

5.3.3　双轴加力涡扇发动机的典型控制规律

现代军用加力涡扇发动机的稳态性能控制规律同样分为 4 种,即最大状态(全加力)控制规律、中间状态(不加力最大状态)控制规律、加力节流状态控制规律和节流状态控制规律。发动机可以采用双变量控制规律,控制量为主燃油流量和喷管喉道面积,被控参数有 n_L, n_H, T_4^* 或 T_5^*, p_3^*/p_5^*, p_6^*/p_2^* (混合器出口压力和风扇进口压力之比,也称为发动机压比 EPR)、风扇进口导流叶片角度 α_F 以及压气机静子叶片角度 α_{CH} 等。

下面讲述双轴加力涡扇发动机的中间状态和最大状态控制规律。

5.3.3.1　中间状态控制规律

制订双轴加力涡扇发动机的中间状态控制规律要保证发动机在各种飞行条件下能产生尽可能大的推力。单变量控制规律可以是如下几种形式中的一种:$n_L = n_{Lmax} = \mathrm{const}$,或 $n_H = n_{Hmax} = \mathrm{const}$,或 $T_4^* = T_{4max}^* = \mathrm{const}$,或 $n_{Lcor} = \mathrm{const}$。如果当选定了上述控制规律中的一种(如 $T_4^* = T_{4max}^* = \mathrm{const}$)后,其余的参数(如 n_L, n_H 等参数将随飞行条件变化而变化。在宽广的飞行范围内,某些参数可能明显地加大,甚至超过其极限值。因此,发动机控制系统一般必须有如下限制:

(1) 结构强度的限制。飞行条件和发动机状态参数改变时,部件的结构强度需有一定的安全系数。机械结构强度的代表性参数是转子物理转速,应对最大允许转速 n_{max} 加以限制。

(2) 涡轮前最高燃气流总温 T_{4max}^* 的限制(或排气温度限制)。

(3) 风扇和压气机稳定性裕度的限制。在换算转速降低时靠风扇和压气机的调节保证必要的稳定性裕度。如果由于进口总温 T_2^* 太小而使换算转速 n_{Lcor} 增大到超过其最大允许值时,则风扇和压气机效率会急剧减小,同时有风扇或压气机不稳定工作的危险,应对最大允许换算转速 n_{Lcor} 或 n_{Hcor} 加以限制。

(4) 压气机出口总温 T_3^* 和总压 p_3^* 的限制。

5.3.3.2　最大状态控制规律

制订双轴加力涡扇发动机的最大状态控制规律,当飞行条件变化时,发动机自动控制系统可以进行如下控制:

(1) 调节主燃烧室的 q_{mf},使 $n_L = n_{Lmax} = $ const;

(2) 调节 A_{8ab},使 $T_4^* = T_{4max}^* = $ const;

(3) 调节加力燃烧室的 q_{mfab},使 $\alpha_\Sigma = \alpha_{\Sigma min} = $ const。

这种控制规律有利于发挥发动机的潜力,保证在任何飞行条件下都获得最大可能的加力推力。涡扇发动机总余气系数的定义为

$$\alpha_\Sigma = \frac{q_{mI} + q_{mII}}{(q_{mf} + q_{mfab})l_0} \tag{5.51}$$

式中:l_0 为理论空气流量;q_{mf} 为主燃烧室供油量;q_{mI} 和 q_{mII} 为通过发动机内涵和外涵的空气质量流量,随飞行条件的变化而变化。为了保持 α_Σ 不变,必须调节加力供油量 q_{mfab}。最小总余气系数 $\alpha_{\Sigma min}$ 一般约为 1.15,太小则难以保持稳定燃烧。

因为总余气系数不易测量,实践中一般通过控制 $q_{mfab}/p_3^* = f(T_2^*)$ 来间接地实现 $\alpha_\Sigma = $ const。由式(5.51)可以推导得出

$$\frac{q_{mfab}}{p_3^*} \frac{\sqrt{T_4^*}}{(1+B)} = \text{const} \tag{5.52}$$

只要保证式(5.52),就可以保证总余气系数 $\alpha_\Sigma = $ const。这种控制规律,$T_4^* = $ const;B 为 T_2^* 的函数,这是因为

$$\frac{q_{mfab}}{p_3^*} = f(T_2^*) \tag{5.53}$$

5.3.4　双轴大涵道比涡扇发动机的典型控制规律

对于干线客机用大涵道比涡扇发动机,为满足不同飞行航段飞机对发动机的性能要求,通常选择风扇转速或发动机压比作为被控参数。

1) 控制风扇转速的控制规律

对于大涵道比分排涡扇发动机,推力主要由外涵气流产生,风扇转速越高,通过风扇的空气流量越多,推力越大,控制风扇转速的高低即可实现对发动机推力的控制。因此可选择低压风扇转速作为被控参数,如 CF6,CFM56 发动机等。

当选择低压风扇转速作为被控参数,飞行条件变化时,控制系统通过调节燃烧室供油量达到控制低压风扇转子转速的目的。

当飞行条件变化使发动机进口总温增加而风扇换算转速下降时,低压压缩部件风扇和增压级消耗的功增加,为控制风扇物理转速,必须提高燃烧室出口总温 T_4^*

以提高低压涡轮进口总温 $T_{4.5}^*$,使低压涡轮功增加以保持与低压压缩部件消耗的功相平衡。燃烧室出口总温 T_4^* 提高将使高压涡轮功增加,因而高压转子转速增加,使发动机转差率 S 增加,这样就使压缩部件各级进口相对气流的攻角偏离设计点的程度减轻。因此,前面级(风扇和增压级)和后面级(高压压气机)不协调的矛盾得以缓和,有利于压缩部件稳定工作。

2) 控制发动机压比的控制规律

由于发动机的推力随发动机压比 EPR 增加而增加,控制 EPR 也可达到准确控制推力的目的,尤其是采用 EPR 控制规律可对因部件性能产生衰退造成的推力下降进行推力补偿。因此,对于大涵道比分排涡扇发动机,也可选择以 EPR 作为被控参数,如 PW4000 系列发动机等。

5.3.5　涡桨和涡轴发动机的控制规律

涡桨发动机的控制规律是调节燃油以控制燃气发生器转速,调节桨叶角改变功率控制以控制动力涡轮的转速。

涡轴发动机的控制规律是调节燃油以控制燃气发生器转速,调节旋翼安装角改变功率以控制自由涡轮的转速。涡轴发动机控制系统要保证直升机在各种飞行条件下提供要求的发动机功率、燃油消耗率等。对涡轴发动机控制系统的基本要求与涡喷发动机类似,即在确保发动机在任何工作状态下工作稳定,且不发生超温、超转等现象。自由涡轮通过传动装置与直升机旋翼相连,对旋翼的调节是通过改变旋翼桨叶的安装角,其变化可以改变传给旋翼的负载。在直升机主要飞行状态下,通常设定自由涡轮转子转速,发动机工作状态是根据旋翼的加载而改变。当旋翼桨叶角增大使旋翼负载加大时,为实现自由涡轮转子转速保持不变的控制,必须增大燃烧室供油量和提高燃气发生器工作状态,燃气发生器转速、涡轮前温度和发动机输出功率随旋翼桨叶角成比例增大,因此存在一个使发动机达到某个限制值的旋翼最大加载状态。如同其他类型发动机一样,可按下列参数进行限制:$n = n_{max}$,$T_5 = T_{5max}$,$n_{cor} = n_{cormax}$。涡轴发动机还有一种特有的限制,就是允许的最大发动机轴功率的限制,其含义是:高度 H 增加,发动机可用轴功率下降,直升机需用功率上升。为使直升机在设计高度上仍能有满足需要的发动机轴功率,不得不使用功率偏大的发动机。当直升机在低于设计高度飞行时,发动机具有很大的剩余功率,剩余功率不能用于改善直升机的性能。发动机进入过高轴功率状态是很危险的,因为会受到自身、减速器和传动装置强度的限制。对直升机涡轴发动机,通常将设计高度作为发动机最大功率状态,在低于设计高度时和其他条件下采用限制轴功率控制。

参 考 文 献

[1] 朱之丽,陈敏,唐海龙,等.航空燃气涡轮发动机工作原理及性能[M].上海:上海交通大学出版社,2014.

[2] 廉小纯,吴虎. 航空发动机原理[M]. 西安:西北工业大学出版社,2005.

思考和练习题

1. 燃气涡轮发动机稳定工作时,各部件有哪些相互制约条件?

2. 试推导出单轴燃气涡轮发动机涡轮与压气机的流量平衡方程。把该方程的图形表示在压气机特性图上,并说明其物理意义。

3. 燃气涡轮发动机在涡轮导向器和尾喷管处在临界或超临界状态下时,为什么可以认为涡轮的膨胀比不变? 调节尾喷管或涡轮导向器临界截面面积对涡轮的膨胀比有何影响? 如果尾喷管处于亚临界状态时情况又是如何?

4. 试推导出单轴燃气涡轮发动机在涡轮导向器和尾喷管处在临界或超临界状态时的涡轮与压气机的共同工作方程,并说明如何利用该方程画出共同工作线。

5. 调节尾喷管临界截面面积对单轴燃气涡轮发动机的共同工作线有何影响?

6. 对于单轴燃气涡轮发动机,当物理转速保持不变,飞行高度不变而飞行马赫数变化时,发动机的共同工作点是如何移动的? 压气机功、喘振裕度和涡轮前总温又是如何变化的?

7. 发动机接通加力时为什么要调节尾喷管面积? 如何调节? 如果不进行调节会有什么影响?

8. 其他条件不变时,减小双轴燃气涡轮发动机的尾喷管临界面积或低压、高压涡轮导向器临界面积,对低压压气机的共同工作点有何影响? 对高压压气机的共同工作点又有何影响? 为什么?

9. 分别排气涡扇发动机的涵道比 B 随着发动机进口总温的改变会发生什么样的变化? 为什么?

10. 当涡轮导向器和尾喷管处于临界或超临界状态下时,为什么混合排气涡扇发动机的低压涡轮膨胀比仍然随飞行条件的变化而变化?

11. 分别推导双轴涡喷发动机低压转子的共同工作方程,分别排气涡扇发动机低压转子的共同工作方程,混合排气涡扇发动机低压转子的共同工作方程。

12. 当单轴燃气涡轮发动机几何不可调时,为什么调节规律的选取并不影响共同工作线? 常用的最大状态调节规律是什么?

13. 单轴燃气涡轮发动机的加力状态采用 $n = \mathrm{const}$,$T_4^* = \mathrm{const}$,$\alpha_\Sigma = \mathrm{const}$ 调节规律为什么不容易实现? 如何近似实现 $\alpha_\Sigma = \mathrm{const}$?

14. 几何不可调的双轴涡喷发动机,喷管和涡轮导向器在超临界状态工作时,控制量只有燃油流量,分别给定不同的调节规律 $n_H = \mathrm{const}$,或 $n_L = \mathrm{const}$,或 $T_4^* = \mathrm{const}$,n_L,n_H,T_4^* 随飞行马赫数 Ma 和飞行高度 H 分别是如何变化的? 为什么?

15. 调节尾喷管临界截面面积对混合排气涡扇发动机中的低压转子和高压转子各有何影响? 为什么?

16. 现代军用双轴加力涡扇发动机的最大状态(加力)控制规律一般采用哪种? 请阐述这种规律。

17. 大涵道比分别排气涡扇发动机通常采用什么调节规律? 为什么?

第 6 章　航空燃气涡轮发动机稳态特性和过渡态特性

航空燃气涡轮发动机特性指的是其非设计点性能,又分为稳态特性和过渡态特性。燃气涡轮发动机安装到飞机上后,在整个飞行包线和发动机工作状态变化的范围内,不论是稳定工作状态或过渡工作状态,均不出现不稳定工作的能力称为发动机的工作适应性。发动机安装后的不稳定问题主要有压气机或风扇的旋转失速、喘振和颤振;超声速进气道的喘振,以及加力燃烧室的振荡燃烧等。好的发动机工作适应性应保证发动机在飞机上的寿命期内没有不稳定工作或者只有可接受的少量可恢复的气动不稳定性。下面就分发动机的稳态特性和过渡态特性进行讲解。

6.1　航空燃气涡轮发动机的稳态特性

稳态特性是指航空发动机在稳定工作状态工作时,推力 F 和耗油率 SFC 随使用条件变化的特性。使用条件包括发动机工作的外部条件(如飞行马赫数 Ma_0、飞行高度 H、大气温度 T_0 和大气湿度 d 等)以及驾驶员移动油门杆所操纵的发动机各种工作状态。这些状态都不同于设计状态,故称为非设计状态。最基本的特性为速度特性、高度特性、节流特性和温度特性,它们分别反映飞行速度、飞行高度、油门位置和非标准大气温度对推力和耗油率的影响。发动机特性是飞机设计的原始数据之一,对飞机飞行性能有很大影响,是评比发动机性能优劣的最重要的依据。

6.1.1　稳态特性获取方法

稳态特性的获取方法有试验测量和数值模拟两种,下面分别讲述。

1) 特性的试验测量

特性的试验测量,按研究对象分类,包括部件试验和整机试验;按试验设备的环境范围分类,包括地面试验、高空模拟试验和飞行试验。

整机地面试验一般在专用的发动机地面试车台上进行,包括露天试车台和室内试车台两类,其中露天试车台又包括高架试车台和地面试车台。发动机地面室内试车台由试车间、操纵间、测力台架和试车台系统等组成;试车间包括进气系统、排气系统和固定发动机的台架,如图 6.1 所示。

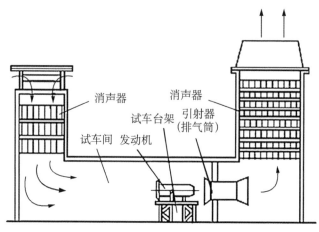

图 6.1　航空发动机地面试车台简图

　　高空模拟试验是指在地面试验设备上,模拟飞行状态(飞行高度、飞行马赫数)、飞行姿态(攻角、侧滑角)以及环境条件,对航空发动机进行的性能试验,是研制先进航空发动机必不可少的、最有效的试验手段之一。随着飞机飞行高度、速度的不断提高,发动机在整个飞行包线(发动机正常工作的速度和高度界限)范围内的进气温度、压力和空气流量等参数有很大变化。这些变化对发动机内部各部件的特性及其工作稳定性,发动机的推力、耗油率和自动调节均有重大影响。发动机在高空的性能与地面性能大不相同。

　　2) 特性的数值模拟

　　发动机研制费用和成本过高的一个重要原因是必须进行大量的、大型的零部件和整机试验。为了减少试验工作量,可以采用特性的数值模拟方法,进行发动机特性的通用计算。通用计算方法是以发动机各部件特性、气动热力学关系、控制规律以及部件间共同工作关系为基础,考虑气体热力性质随温度、气体成分的变化,基本算法是根据给定的发动机控制规律、飞行条件、大气温度、大气湿度、工作状态等,按照各部件共同工作条件确定工作点,即确定满足共同工作条件的转速、压气机增压比、涡轮前燃气温度、空气流量、涡轮膨胀比、油气比、排气速度和排气压力等,然后再计算发动机的推力和耗油率。

　　已知条件:设计点参数,部件特性曲线,飞行条件,油门位置,调节规律。

　　计算步骤:从发动机 0—0 截面到尾喷管出口截面 9—9,逐个部件进行热力计算,如遇到未知量时先试取一个初始值,最后根据发动机共同工作条件平衡求解其精确值。

　　试取变量:给定飞行 Ma、飞行高度 H、转子转速 n 和喷管喉道面积 A_8,要完成沿低涵道比混排涡扇发动机流程的气动热力计算,需要试取以下 6 个参数:风扇增压比 π_{CL},高压压气机增压比 π_{CH},高压涡轮前燃气总温 T_4^*,高压压气机相对换算转

速 $\bar{n}_{2.5cor}$，高压涡轮进口换算流量 q_{m4cor}，低压涡轮进口换算流量 $q_{m4.5cor}$。

　　检查方程：试取值是否合适，应由各部件间必须满足的共同工作条件和选定的控制方案进行检查，检查方程的个数与试取参数个数相同（例如 6 个）。其中能建立高、低压转子功率平衡方程；高、低压压气机进口换算流量应和特性图上查得的换算流量相等；混合器入口内外涵气流静压平衡；计算的喷管喉道面积 A_8 计算值应和给定的 A_8 相等。

　　给定：飞行条件、转速和 A_8，共同工作点求解过程，也称平衡技术，如图 6.2 所示。

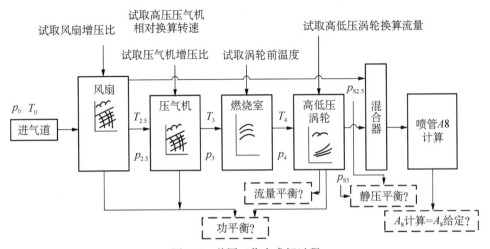

图 6.2　共同工作点求解过程

　　在确定共同工作点时应先选择 6 个试取参数的试取值 v_i，$i=1,\cdots,6$，然后进行沿发动机气流流程的参数计算，检查 6 个检查方程是否满足。若检查方程满足，则试取值对应的各部件工作点即为共同工作点；若检查方程不满足，就得到残差量 z_j，$j=1,\cdots,6$。

　　双轴混排涡扇发动机的残量方程为

$$z_1 = p_{TL}\eta_{mL} - p_F \tag{6.1}$$

$$z_2 = p_{TH}\eta_{mH} - p_{CH} \tag{6.2}$$

$$z_3 = \left(\frac{q_{ma}\sqrt{T_2^*}}{p_2^*}\right)_{\text{计算}} - \left(\frac{q_{ma}\sqrt{T_2^*}}{p_2^*}\right)_{\text{特性图}} \tag{6.3}$$

$$z_4 = \left(\frac{q_{ma}\sqrt{T_{2.5}^*}}{p_{2.5}^*}\right)_{\text{计算}} - \left(\frac{q_{ma}\sqrt{T_{2.5}^*}}{p_{2.5}^*}\right)_{\text{特性图}} \tag{6.4}$$

$$z_5 = p_{S5} - p_{S2.5} \tag{6.5}$$

$$z_6 = A_{8计算} - A_{8给定} \tag{6.6}$$

若用向量 V 表示试取值,即

$$V = \begin{bmatrix} v_1 & v_2 & \cdots & v_6 \end{bmatrix}^{\mathrm{T}}$$

用向量 Z 表示残差量,即

$$Z = \begin{bmatrix} z_1 & z_2 & \cdots & z_6 \end{bmatrix}^{\mathrm{T}}$$

显然残差量 Z 是试取值向量 V 的函数,即

$$Z = f(V)$$

可得非线性方程组,即

$$z_1 = f_1(v_1, v_2, \cdots, v_6)$$
$$z_2 = f_2(v_1, v_2, \cdots, v_6)$$
$$z_3 = f_3(v_1, v_2, \cdots, v_6)$$
$$z_4 = f_4(v_1, v_2, \cdots, v_6)$$
$$z_5 = f_5(v_1, v_2, \cdots, v_6)$$
$$z_6 = f_6(v_1, v_2, \cdots, v_6)$$

其偏微分方程的一般形式为

$$Z_j = f_j(v_1, v_2, \cdots, v_i)$$
$$\mathrm{d}Z_j = \sum_{j=1}^{6} \frac{\partial f_j}{\partial v_i} \mathrm{d}v_i$$
$$i = j = 1, 2, \cdots, 6$$

这个方程组是多元非线性方程组,而且无法用显式表达,只能按照发动机流程热力计算步骤进行计算才能得到偏差量 Z 和试取值 V 之间的关系,确定共同工作点,也就是求出使得 $Z = 0$ 的 V 向量,即求解方程组:

$$f'(V) = 0 \tag{6.7}$$

一般求解多元非线性方程组的方法是把它们转换为线性方程组,再将线性解回代到多元线性方程组。由于原方程组是非线性的,所以线性解回代到原方程组的计算结果不会使残差量 $Z = 0$,要反复进行迭代,最后才能求得满意结果。

在发动机特性的数值模拟方面,美国 NASA 路易斯研究中心提出"推进系统数值模拟"研究项目(NPSS),如图 6.3 所示。目的是发展能够对整个推进系统进行详细模拟的软件,以解决发动机设计、试验、研制中的多学科交叉影响和部件相互干扰引起的问题,而这些问题当前只有在大型试验中才能观察到并加以解决。

NPSS 包括 5 种关键技术:标准数据接口,使用灵活的、模块化的、面向对象的程序结构,按需要的精度对发动机工作的物理过程进行综合的、不同复杂程度的仿真

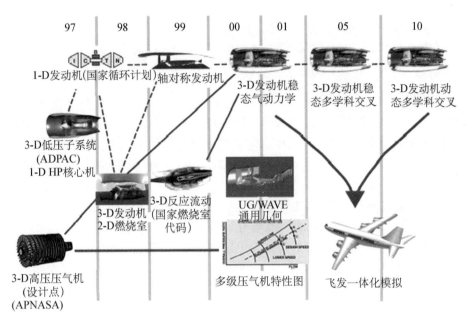

图 6.3　"推进系统数值模拟"(NPSS)路线图

和分析,多学科综合技术,并行、分布式高性能计算技术等。这是一项长期的研究计划,NPSS 的第一步实行的是国家循环计划(NCP),最后目标是综合气动热力学、结构力学、传热学、燃烧学、声学、控制和材料等学科对全推进系统进行模拟。

6.1.2　发动机的基本特性

6.1.2.1　速度特性

在给定的飞行高度、发动机工作状态和控制规律下,发动机推力和耗油率随飞行速度(或飞行马赫数)的变化而变化。发动机的每种工作状态都有对应的速度特性。速度特性是飞机选择动力装置的重要依据之一。图 6.4 给出了小涵道比涡扇和涡喷发动机的典型速度特性(最大工作状态,$H = \mathrm{const}$)。从图中可以看出:随着飞行 Ma 的增加,发动机的推力 F 开始略有下降,然后增大,在飞行速度超声速后推力迅速增大至最大值,而后推力逐渐下降,直至推力为 0。耗油率 SFC 随着飞行 Ma 的增加而不断增大,在高 Ma 范围内增大得更加剧烈。

下面分析 F 和 SFC 的变化

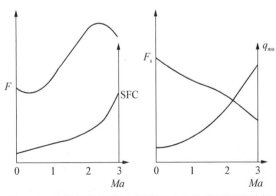

图 6.4　小涵道比涡扇和涡喷发动机的典型速度特性

原因。决定 F 大小的因素是空气流量 q_{ma} 和单位推力 F_s，而决定 F_s 大小的因素是 $(v_9 - v_0)$。现以一台单轴涡喷发动机为例，发动机工作状态为最大工作状态时，其控制规律为 $n = \mathrm{const}$，$A_9 = \mathrm{const}$。在给定的飞行高度下，增大 Ma 导致 T_2^* 和 p_2^* 增加，而且 p_2^* 的增加程度远比 T_2^* 大得多。T_2^* 的增加使得 $n/\sqrt{T_2^*}$ 下降，共同工作点沿共同工作线向 $q_{ma}\sqrt{T_2^*}/p_2^*$ 减小方向移动，$q_{ma}\sqrt{T_2^*}/p_2^*$ 和 π_C 都减小。计算和实践均证明：p_2^* 的快速增加成为决定 q_{ma} 变化的决定性因素，导致沿发动机流路各截面的总压增加，所以 q_{ma} 和 p_9^* 均增大。p_9^* 增大使得喷管压比增加，导致排气速度 v_9 增大，但 v_9 的增加程度却赶不上 v_0 的增加程度，$(v_9 - v_0)$ 减小，使得单位推力 F_s 减小，其原因在于 Ma 增大时 π_C 减小。图 6.4 给出了 q_{ma} 和 F_s 随 Ma 的变化关系。SFC 的变化可用总效率 η_0 来解释。由于 $\eta_0 = \eta_t\eta_p$，图 6.5 给出了涡喷发动机的 η_t，η_p，η_0 随 Ma 变化关系。当 Ma 增加时，速度冲压比的增大使热力循环的总增压程度加大，有利于热效率 η_t 增加；另一方面也使加热量减少，而沿流程的流动损失并未按比例减少，使得排热损失在加热量中所占比例加大，热效率 η_t 下降。综合两方面因素，低 Ma 时，加热量大，有利因素起主要作用，热效率 η_t 随 Ma 增加而增加；反之，高 Ma 时不利因素起主要作用，η_t 随 Ma 增加而降低。随着 Ma 增加，v_9/v_0 下降，推进效率 η_p 随之增加。η_t 和 η_p 的变化特点最终决定了图 6.5 上总效率 η_0 的变化曲线。SFC 的变化规律取决于 v_0 和 η_0 的变化。随着 Ma 增加，v_0 总是增加的，而且对 SFC 的变化趋势起决定作用。在低 Ma 时，由于 η_0 随 Ma 增加而增加，使 SFC 的增大趋势变缓；而在高 Ma 时，由于 η_0 随 Ma 下降，使 SFC 急剧增大。必须指出：在飞行速度变化时，不能用 SFC 作为判别发动机经济性的依据，而应以 η_0 作为判据。据此由图 6.5 可以看出：在 $Ma = 2.5 \sim 3.5$ 的范围内，涡喷发动机具有良好的经济性。

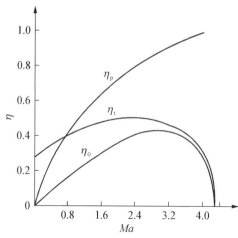

图 6.5　涡喷发动机的 η_t，η_p，η_0 随 Ma 的变化关系

下面看一下涡桨发动机的速度特性(见图 6.6)，螺旋桨功率随 Ma 增加而增加，但螺旋桨产生的拉力随飞行速度增加而迅速下降，因此涡桨发动机适用于低速飞机。

6.1.2.2　高度特性

在给定的飞行速度(或飞行马赫数)、发动机工作状态和控制规律下，发动机推力和耗油率随飞行高度的变化而变化。发动机的每种工作状态都有对应的高度特性。图 6.7 给出了涡喷发动机在最大状态工作时的典型高度特性，随着高度增加，推力下降，耗油率也下降，但高度在 11 km 以上时，耗油率保持不变。高度特性是飞机选择动力装置的重要依据之一。

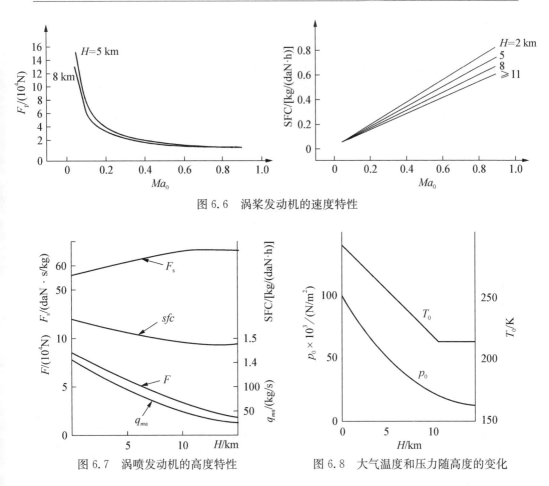

图 6.6　涡桨发动机的速度特性

图 6.7　涡喷发动机的高度特性　　图 6.8　大气温度和压力随高度的变化

现以一台单轴涡喷发动机为例说明高度特性变化的原因。发动机工作状态为最大工作状态时,其控制规律为 $n = \mathrm{const}$, $A_9 = \mathrm{const}$。图 6.8 给出大气温度 T_0、压力 p_0 随高度 H 的变化规律,在给定的 Ma 下,T_2^* 和 p_2^* 随 H 的变化正比于 T_0 和 p_0。

$H \leqslant 11\,\mathrm{km}$ 时,随着 H 增高,T_2^* 和 p_2^* 均下降。T_2^* 的下降使得 $n/\sqrt{T_2^*}$ 增加,共同工作点沿共同工作线向 $q_{ma}\sqrt{T_2^*}/p_2^*$ 增大方向移动,$q_{ma}\sqrt{T_2^*}/p_2^*$ 和 π_C^* 都增大。计算和实践均证明:p_2^* 的减小成为 q_{ma} 变化的决定性因素,导致沿发动机流路各截面的总压减小,所以 q_{ma} 和 p_9^* 均减小。虽然 p_9^* 减小,但这时 p_0 也减小,喷管压比 p_9^*/p_0 却是增加的,其原因在于 π_C^* 的增加。这导致排气速度 v_9 增大,同时在相同的 Ma 下,T_0 下降使 v_0 减小,因此 $(v_9 - v_0)$ 增加,使得单位推力 F_s 增加,图 6.7 给出了 q_{ma} 和 F_s 随 H 的变化关系。SFC 变化的主要原因是随着 H 增加,π_C^* 增加,改善了热效率,使总效率 η_0 提高,SFC 下降。

$H \geqslant 11\,\mathrm{km}$,进入同温层,$T_2^*$ 不再变化,使得 $n/\sqrt{T_2^*}$ 不变,共同工作点位置不变,$q_{ma}\sqrt{T_2^*}/p_2^*$ 和 π_C^* 不变。所以随着 H 继续增高,F_s 和 SFC 均不再改变,q_{ma} 和 F

都随着 p_2^* 的减小而成比例地减小。

涡桨发动机高度特性如图 6.9 所示。随着高度增加,推进功率和有效功率下降,耗油率也下降,但高度在 11 km 以上,耗油率保持不变。

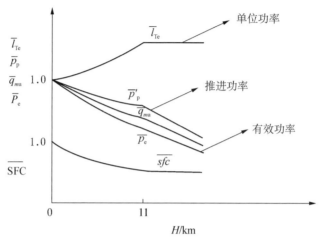

图 6.9　涡桨发动机的高度特性

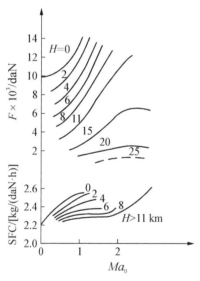

图 6.10　发动机速度-高度特性

6.1.2.3　速度-高度特性

发动机部门经常以速度-高度特性的形式提交发动机特性(见图 6.10),以全面评价发动机性能。速度-高度特性是在给定的发动机工作状态和控制规律下,发动机推力和耗油率随飞行高度和速度(或飞行马赫数)的变化关系。发动机每种工作状态都有对应的速度-高度特性。

6.1.2.4　节流特性

节流特性是在给定的飞行条件和控制规律下,发动机推力和耗油率随油门角度的变化关系。对于大部分不加力发动机,转速和油门角度有对应关系,因此节流特性也常被称为油门特性或转速特性。图 6.11 给出一台双轴涡喷发动机的转速特性。在不加力时,随着油门角度 PLA 增大,供油量(燃油流量 q_{mf})增加,高、低压转子转速都增大,使得 π_C^* 增大,导致沿压气机后各截面的总压增加,q_{ma} 和 p_9^* 均增大。p_9^* 增大使排气速度 v_9 增大,单位推力 F_s 增加。随着转速增大,由于 q_{ma} 和 F_s 均增大,所以推力 F 增大。转速越高,F 增加得越快。从图 6.11 看出,当发动机从最大转速开始减少供油量时,压气机增压比减小,压气机功减小,达到功率平衡时,涡轮前燃气温度 T_4^* 随之下降;当转速降低到一定值时,由于部件工作状态远离设计状态,部件效率大大下降(见图 6.12),只有保持较高的涡轮前温度才能维持功率平衡关系,以至 T_4^* 出现相反的变化趋势,随转速减小而增加。由此可见:慢车状态并不是发动机工作温度最低的状态,此转速下涡轮前温度接近最高允许值。图 6.11 也给出了 SFC 的变化规律,随着转速增加,SFC 迅速减小,有些发动机在大转速下耗油率存在最小值。SFC 的变化原因是由多方面因素综合而成,涉及 π_C^* 增加和发动机加热量增加对热效率的有利影响,部件效率下降对热效率的不利影响,v_9/v_0 增大对推进效率的不利影响等。

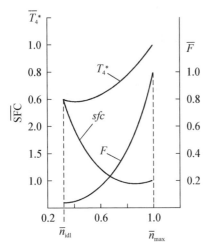
图 6.11　双轴涡喷发动机转速特性

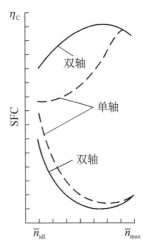
图 6.12　单、双轴涡喷发动机 η_C 和 SFC 比较

　　图 6.12 还给出了转速特性上单轴和双轴涡喷发动机的 η_C 和 SFC 比较,由图可见,采用双轴压气机可得到更高的压气机效率 η_C,因而双轴发动机具有比单轴发动机更低的 SFC。分析原因,节流时,n_L, n_H 同时降低,n_L 比 n_H 下降更迅速,高低压压气机增压比均下降。当转速降低到尾喷管 $q(\lambda) < 1$ 时,π_{TL} 先减小,π_{TH} 仍保持不变。因分离损失相对单轴小,节流过程中压气机效率更高,耗油率更低。

　　对于加力发动机,其不加力节流特性和不加力发动机的相同,在加力时还有加力节流特性。在加力状态下增大油门角度可使加力供油量增加,造成加力温度升高,导致加力推力和加力耗油率加大。在飞机巡航时,根据飞机的需用推力确定发动机工作状态。因此发动机节流特性常表示为如图 6.13 所示的形式,即耗油率 SFC 随推力 F 的变化曲线,包括加力节流和不加力节流。从最

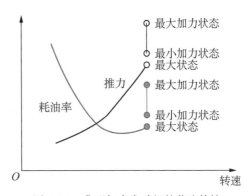
图 6.13　典型加力发动机的节流特性

大状态接通加力到最小加力状态推力和耗油率有不连续的突跃,原因是加力燃烧室供油量不能太少,存在一个维持稳定燃烧的最低加力温度,该温度比最大状态涡轮排气温度高,排气速度大,故推力和耗油率出现不连续。

下一代战斗机要求具有不加力超声速巡航的能力,巡航马赫数约为 1.4~1.5。为满足此要求,巡航时发动机涡轮前总温 $T_{4巡航}^*$ 将大于起飞时最大状态的涡轮前总温 $T_{4起飞}^*$。在设计时为了兼顾超声速巡航和起飞的推力需求,引入一个新的设计参数——节流比 TR。TR 的定义为

$$TR = T_{4巡航}^* / T_{4起飞}^* \tag{6.8}$$

其中,亚声速巡航时发动机节流比小于 1,超声速巡航时节流比大于 1。

6.1.3 影响发动机特性的各种因素

在航空燃气涡轮发动机中,一类发动机是靠高速排气产生反作用推力,如涡喷发动机、涡扇发动机;另一类发动机是通过动力涡轮产生轴功率。任何一种类型的发动机都有速度特性、高度特性和节流特性,不过前一类发动机的特性是以推力和耗油率为性能指标;后一类发动机是以功率和耗油率为性能指标。同类发动机的速度特性、高度特性和节流特性的变化规律是类似的,但是设计参数和控制规律的不同使得发动机特性有很大差异。此外,其他一些使用条件也会对发动机的性能产生影响,如大气温度和湿度、雷诺数、进气畸变等。本节将说明这些因素对发动机特性的影响。

在地面试车时,实测的性能数据受到这些因素影响,不能反映发动机在标准大气海平面静止条件下的真实性能,为此必须将实测的性能数据进行换算,以求得标准大气海平面静止条件下基准燃油低热值时的性能数据,并对各影响因素进行修正,以方便与验收标准进行比较。

6.1.3.1 循环参数和发动机类型的影响

(1) 循环参数的影响。

首先分析循环参数 T_4^* 和 π_C^* 对涡喷发动机速度特性的影响(见图 6.14 和图 6.15)。由图 6.14 可以看出:在其他循环参数不变的条件下,高 T_4^* 的发动机在所有的飞行 Ma 范围内都具有更高的单位推力 F_s 和推力 F,但其耗油率 SFC 也更高,只有达到很大的 Ma 后高 T_4^* 的发动机才有更低的 SFC,其原因在于随着 Ma 加大,燃烧室进口总温 T_3^* 不断增加,在大 Ma 下只有高 T_4^* 的发动机才允许加入足够多的燃油流量。由图 6.15 可以看出:高 π_C^* 的发动机在低 Ma 飞行时具有更高的推力 F 和更低的耗油率 SFC;在高 Ma 飞行时低 π_C^* 的发动机表现出优越的速度特性。

下面给出加力温度 T_7^* 对加力涡喷发动机速度特性的影响(见图 6.16)。为了便于进行比较,图上也绘出了不加力涡喷发动机的特性。由图 6.16 可知,加力发动机比不加力发动机在所有的飞行 Ma 范围内都具有更高的推力 F,但其耗油率

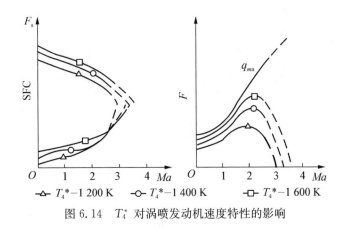

图 6.14　T_4^* 对涡喷发动机速度特性的影响

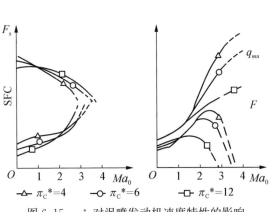

图 6.15　π_C^* 对涡喷发动机速度特性的影响

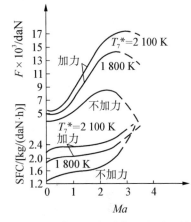

图 6.16　加力涡轮喷气机发动机的速度特性

SFC 也更高,只有达到很大的 Ma 后加力发动机才会有较低的 SFC。加力温度 T_7^* 越高,加力发动机的推力越大,推力达到最大值所对应的 Ma 越大。在加力发动机的飞行包线范围内,T_7^* 越高,加力耗油率 SFC 也越高。

现在分析涵道比 B 对涡扇发动机速度特性的影响(见图 6.17)。为了便于进行比较,图上绘出了涡喷发动机的特性($B=0$)。由图 6.17 可以看出:B 越大,发动机的相对推力($F/F_{起飞}$)越小,这是因为涡扇发动机带动更多的气流流动,所以排气速度 v_{9F} 远低于 v_{9J},导致其速度特性不如涡喷发动机,因此不加力涡扇发动机不能作为超声速飞机的动力。大涵道比的涡扇发动机甚至改变了推力随 Ma 的变化规律,即随着 Ma 增加,推力一直下降。B 越大,推力下降越快。涡扇发动机由于排气速度 v_{9F} 低,推进效率高,所以在亚声速范围内 SFC_F 将大大地低于 SFC_J。B 越大,SFC_F 越低。正是大涵道比涡扇发动机的这种优良的经济性,使它成为现代民航机和运输机的主要动力装置。小涵道比加力涡扇发动机集中了加力涡喷发动机和涡扇发动机的优点,在

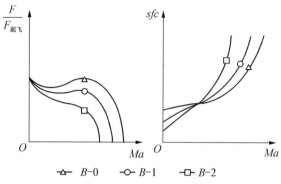

图 6.17 B 对涡扇发动机速度特性的影响

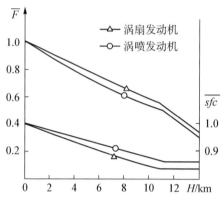

图 6.18 涡扇发动机与涡喷发动机的高度特性比较

超声速飞行时有很大的推力,在亚声速飞行时又有较低的耗油率,成为战斗机的主要动力装置。

(2)发动机类型的影响。

涡扇发动机高度特性是推力随高度的增加而下降。$H < 11\,\text{km}$ 时,耗油率下降;$H > 11\,\text{km}$ 时,耗油率不变,其高度特性优于涡喷发动机,如图 6.18 所示。涡喷、涡扇和涡桨 3 种不同类型发动机在地面起飞状态下的特性比较如图 6.19 所示。

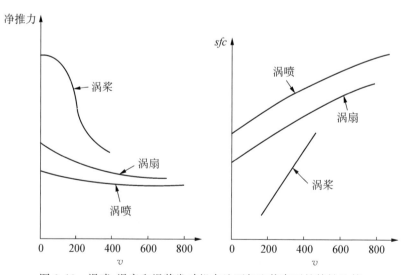

图 6.19 涡喷、涡扇和涡桨发动机在地面起飞状态下的特性比较

6.1.3.2　发动机可调几何和控制规律的影响

现代发动机利用可调节几何参数的部件来改进发动机性能,如广泛采用具有可调静子叶片的风扇和压气机、可调喉道面积和出口面积的喷管等。控制这些几何可调部件位置的控制规律是发动机控制规律的重要组成部分。下面将介绍典型的可调几何对发动机转速特性的影响。

风扇(或压气机)的可调静子叶片转角大都随风扇(或压气机)折合转速进行调节。图 6.20 给出了可调静子叶片的压气机特性及共同工作线,表明调节导流叶片转角可以扩大压气机在低折合转速的喘振裕度,并使压气机效率提高,折合流量减少。图 6.21 给出了调节静子叶片对转速特性影响,该图表明调节静子叶片转角使得低转速的推力降低,耗油率增加。

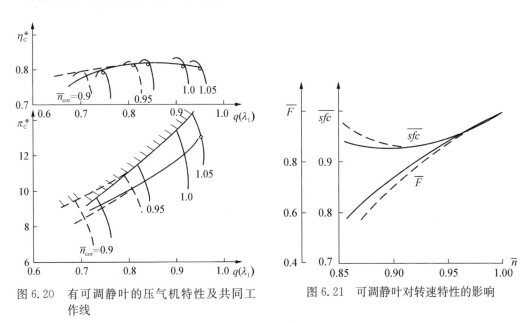

图 6.20　有可调静叶的压气机特性及共同工作线　　　图 6.21　可调静叶对转速特性的影响

许多发动机都在低转速放大喷管喉道面积,用以降低慢车推力,改善发动机加速性。图 6.22 给出单轴涡喷发动机调节喷管喉道面积 A_8 对气流参数的影响。由图可见,当转速低于 $0.75n_{max}$ 时放大 A_8,造成涡轮膨胀比 π_T^* 增大,共同工作线下移,涡轮前、后总温 T_4^* 和 T_5^* 均下降,压气机增压比 π_C^* 降低,空气流量 q_{ma} 增加。这时由于 π_C^* 和 T_4^* 均下降,使得排气速度 v_9 减小,推力降低。

图 6.23 给出有中间级放气的压气机特性及共同工作线,图 6.24 给出中间级放气对涡喷发动机转速特性的影响。中间级放气是提高低折合转速下喘振裕度的一项有效措施。由图 6.23 可见,中间级放气后喘振裕度增加。由于放气使一部分增压空气白白浪费掉了,进入涡轮做功的气流减少,导致发动机推力减少,耗油率增加(见图 6.24)。

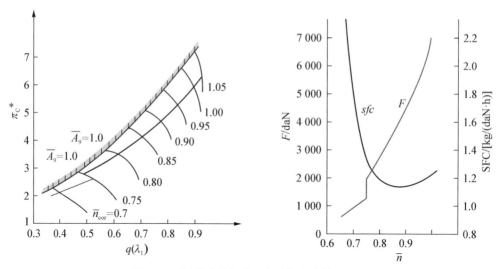

图 6.22 调节喷管喉道面积对气流参数的影响

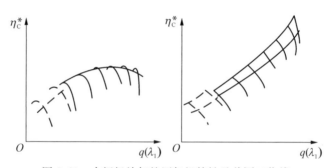

图 6.23 中间级放气的压气机特性及共同工作线

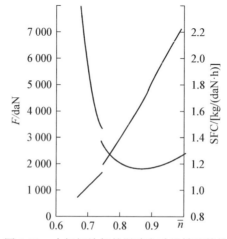

图 6.24 中间级放气的涡喷发动机转速特性

下面讨论不同控制规律对几何不可调双轴涡喷发动机速度特性和高度特性的影响。对于几何不可调的发动机,只有一个自由度,因此被控参数就只能有一个,其典型的中间状态控制规律可能有以下 3 种:① $n_L = $ const;② $n_H = $ const;③ $T_4^* = $ const。图 6.25 给出两种控制规律对高度特性的影响,随着 H 增加,$n_H = $ const 的控制规律使得 n_L 和 T_4^* 均增加,所以推力的下降变缓,说明这种控制规律具有良好的高度特性。图 6.26 给出 3 种控制规律对速度特性的影响。比较的条件是 3 种控制规律都对应同样的 T_4^* 最大值 T_{4max}^*。随着 Ma 增加,$n_L = $ const 的控制规律使得 n_H 和 T_4^* 均增加,因此在高速下具有更高的推力;这种控制规律在最大 Ma 时达到 T_{4max}^*,所以起飞时的 T_4^* 最低,对应的推力也最小;$n_L = $ const 的控制规律具有良好的速度特性。$n_H = $ const 的控制规律在低速时有较高的推力,但高速性能很差。$T_4^* = $ const 的控制规律使发动机低速性能最好,但高速性能不如 $n_L = $ const 的控制规律。

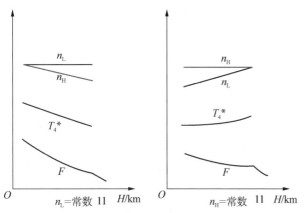

图 6.25　两种控制规律对双轴涡喷发动机高度特性的影响

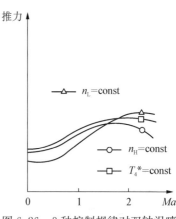

图 6.26　3 种控制规律对双轴涡喷
发动机速度特性的影响

6.1.3.3　大气温度和大气压力的影响

发动机在地面台架试车或在地面起飞时,大气温度和大气压力常常是不同的,一年四季气温变化很大,试车台和机场的海拔高度不同造成大气压力差异很大。在这种情况下即使发动机转速相同,发动机推力也会大不相同。图 6.27 和图 6.28 分别给出大气温度和大气压力对转速特性的影响。对于同样的发动机转速,只增加大气温度 T_0 使得压气机折合转速下降,导致压气机增压比和流量减小,发动机推力降低,耗油率增加;若只增加大气压力 p_0,不会改变压气机折合转速和共同工作点,仅使流量增加,所以发动机推力成比例增大,而耗油率不变。

对于民航客机或货机,要求在任何大气温度条件下都能产生相同的起飞推力,以便在客货源充足时都能实现满载起飞。显然采用 $n = $ const 的控制规律是无法实现的,只能是 T_0 越高,推力越小。为此民用涡扇发动机常采用发动机压比 EPR $= $ const 的最大状态控制规律,随着 T_0 升高,发动机转速和排气温度 T_5^* 增大,以保持

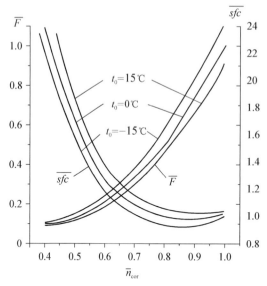

图 6.27　大气温度对涡喷发动机转速特性的影响

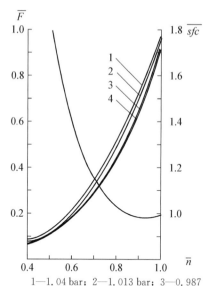

1—1.04 bar；2—1.013 bar；3—0.987 bar；4—0.960 bar。

图 6.28　大气压力对涡喷发动机转速特性的影响

推力不变。为保证发动机工作安全,当 T_5^* 达到 $T_{5\max}^*$ 时,改为 $T_5^* = $ const 的最大状态控制规律,若 T_0 再进一步升高,自动保持 $T_5^* = T_{5\max}^*$,这时推力将随 T_0 升高而下降。转换这两种控制规律的 T_0 大约为30℃。

在高原机场起飞由于大气压力低而推力小,在热天起飞由于大气温度高而推力小,因此设计发动机时必须考虑如何满足这些条件下起飞推力需求的问题。

正是由于 T_0 和 p_0 对发动机性能的影响,造成地面试车实测的发动机性能数据因 T_0 和 p_0 不同而有很大差别,不能作为评定和验收发动机性能的依据。解决问题的办法是统一按照标准大气海平面静止条件的性能数据来评定和验收。为此必须将实测的性能数据进行换算,以求得标准大气海平面静止条件下基准燃油低热值时的性能数据,并对各影响因素进行修正,以便与验收标准进行比较。

6.1.3.4　大气湿度的影响

湿度表示空气中所含水蒸气的多少,一般用下列参数计量:

(1) 含湿量 d:相对于每千克质量的干空气中所含水蒸气的质量。

(2) 相对湿度 φ:湿空气中水蒸气分压和同样湿度下的饱和蒸气压之比。

由于湿空气是水蒸气和干空气的混合气体,所以湿度会影响空气热力性质。按混合气体定理可计算湿空气的气体常数 $R_{湿空气}$、比热比 $k_{湿空气}$、比定压热容 $c_{p湿空气}$、比定容热容 $c_{V湿空气}$。随着含湿量 d 增大,$R_{湿空气}$ 和 $c_{p湿空气}$ 增大,而 $k_{湿空气}$ 减小。下面给出 $R_{湿空气}$ 的计算公式,其他参数类似。

$$R_{湿空气} = \frac{R_{干空气} + dR_{水蒸气}}{1+d} \tag{6.9}$$

在不同的情况下,湿度对压气机特性有 3 种不同影响:

(1) $\psi < 1$ 时,对于压气机保持第一级切线速度系数 $\lambda_{u1} = \text{const}$ 的工作状态,由于湿度使 $R_{湿空气}$ 和 $k_{湿空气}$ 改变,所以造成折合转速改变,压气机特性线向折合流量减小的方向移动。

(2) $\psi = 1$ 时,部分水蒸气在压气机前凝结,凝结放热使 $T_1^* > T_0^*$,使前几级的折合转速下降,后几级的压缩过程同(1)。

(3) 雨天工作时,相当于进口喷水,水沿流程蒸发,使压缩过程变成放热压缩,压气机各级进口温度下降,使各级折合转速增加,后几级流通能力加大。

鉴于湿度对压气机特性和空气热力性质的影响,在同样的飞行 Ma 和 λ_{u1} 条件下,随着湿度增加,$R_{湿空气}$ 和 $c_{p湿空气}$ 增加,导致发动机排气速度加大,空气流量减小,这些因素的综合作用使推力减小。

6.1.3.5 雷诺数的影响

随着飞行高度 H 增加,大气密度下降,使得 Re 降低。当雷诺数 Re 小于临界雷诺数 Re_{cr} 时,零件表面附面层加厚,流动损失增加,使压气机效率 η_C 和涡轮效率 η_T 下降,进而导致发动机性能变差,因此在计算发动机高空性能时应考虑 Re 的影响。

当雷诺数 $Re < Re_{cr}$ 时,Re 下降使压气机特性上的等折合转速线移动,效率线移向降低效率方向,折合流量移向降低折合流量方向,对压气机特性都是不利影响。对于调节规律为 $n = \text{const}$ 的发动机共同工作线,当 Re 下降时,由于 η_C 和 η_T 的下降,导致涡轮前温度 T_4^* 增大,共同工作线走向喘振边界,喘振裕度减小。有数据表明,当 $p_1^* = 150\,\text{mmHg}(H = 19\,\text{km}, Ma = 1.4)$ 时,T_4^* 增大 6%,喘振裕度损失 1/3。

6.1.3.6 环境特性

环境特性是指发动机对环境条件的适应能力。环境条件包括大气温度条件、噪声程度、排气污染、环境吞咽能力、结冰条件、抗霉菌性、抗潮湿性以及抗腐蚀性。对于发动机使用的燃油和滑油,在使用规范规定的大气温度条件下应保证发动机能顺利地起动和工作。发动机的噪声对乘客、机场工作人员以及机场附近居民产生了生理上和心理上的有害影响;发动机排气中的有害气体成分,长期积累会影响人们健康和动植物的生长,污染大气和环境。因此世界各国的环境保护部门对发动机的噪声水平和污染排放都做出了严格的规定和限制,这就迫使发动机研究部门、设计和使用部门采取多种有力措施来减少发动机噪声水平和污染物排放。发动机在使用中可能会吸入不同数目和重量的鸟、冰雹或结在进气道上的冰、外来物、大气中的沙尘和液态水,因此必须使发动机的吞咽能力能够适应规定的环境条件,以保证发动机安全工作。抗霉菌性、抗潮湿性以及抗腐蚀性是要求发动机在高湿度或盐雾空气环境中工作和暴露后,仍能顺利工作,且不损害其耐久性与有效寿命。

6.1.3.7 发动机的通用特性和试车数据换算

由 6.1.3.3 节的分析我们知道,地面试车实测的性能数据因 T_0 和 p_0 不同而有很大差别,不能作为评定和验收发动机性能的依据。因此必须将不同大气条件下实测的发动机性能参数换算到海平面静止标准大气条件下的性能数据。性能参数的换算关系以发动机相似理论为基础,下面介绍用量纲分析方法导出的发动机相似参数。

影响发动机工作过程参数和性能参数的因素如下。

(1) 工质的机械和热力性质:R,$k = f(燃气成分,T)$,μ(动力黏度系数)和λ(导热系数)。

(2) 工质初始条件:v(飞行速度),α(攻角),β(侧滑角),p_0^*,T_0^*。

(3) 发动机几何尺寸:$\bar{l}_i = l_i/D$,其中D为特征尺寸,l_i为发动机几何尺寸,下标i代表发动机各个截面。

(4) 发动机工作状态:n(转速),J(由发动机加力调节规律规定)。

加力涡喷发动机在稳定工作状态的全部特征可表示为下列形式:

$$F, q_{mf}, H_u, \eta_b, q_m, p_i^*, T_i^*, \eta_i^* = f(R, k, \mu, \lambda, p_0^*, T_0^*, v, n, J, D, \bar{l}_i, \alpha, \beta) \tag{6.10}$$

式中:下脚"i"代表发动机流程中各主要截面。

在传统应用中,给出下列假设:

(1) $\alpha = 0$,$\beta = 0$。

(2) k,R为定值,保持不变。

(3) 忽略Re、Pr的影响,其中Pr为普朗特数。

(4) $\bar{l}_i$为常数,D也保持不变。

(5) η_i^*为常数。

根据上述假设,运用几何相似、运动相似和动力相似分析,可以得出发动机工作状态相似的准则为飞行Ma相等和转子换算转速相等。处于工作状态相似的发动机对应截面上同名物理量的比值分别相等。应用量纲分析,可得出发动机的相似参数为:转速相似参数$\dfrac{n}{\sqrt{T_0^*}}$,空气流量相似参数$\dfrac{q_{ma}\sqrt{T_0^*}}{p_0^*}$,燃油流量相似参数$\dfrac{q_{mf}}{p_0^*\sqrt{T_0^*}}$,单位推力相似参数$\dfrac{F_s}{\sqrt{T_{t0}}}$,推力相似参数$\dfrac{F}{p_0^*}$,耗油率相似参数$\dfrac{\text{SFC}}{\sqrt{T_0^*}}$。

在地面试车时,$Ma = 0$、$p_0^* = p_0$、$T_0^* = T_0$,则得到传统的换算试车数据到标准大气条件的公式,即

$$\frac{n_{cor}}{\sqrt{288.15}} = \frac{n}{\sqrt{T_0}} \tag{6.11}$$

$$F_{cor} = F\frac{101325}{p_0} \tag{6.12}$$

$$SFC_{cor} = SFC \sqrt{\frac{288.15}{T_0}} \tag{6.13}$$

$$q_{macor} = q_{ma} \sqrt{\frac{T_0}{288.15}} \frac{101\,325}{p_0} \tag{6.14}$$

以式(6.11)为例,在任意 T_0 条件下以 n 运转的发动机,与标准大气条件下以 n_{cor} 运转工作状态相似,称 n_{cor} 为换算转速。

实际上,大气温度和湿度的变化会影响 γ, R 的大小,不计入它们的变化将影响试车数据换算的准确度,应该考虑试车环境对发动机性能的影响及修正方法。

利用相似参数表示发动机特性,可将速度特性、高度特性、节流特性表示在一张图上(见图 6.29),称为发动机的通用特性。

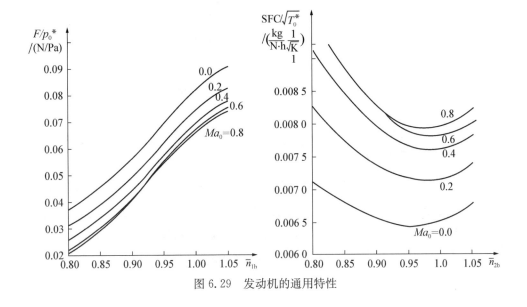

图 6.29　发动机的通用特性

6.2　航空燃气涡轮发动机的过渡态特性

发动机从一个工作状态改变到另一个工作状态的过程称为过渡工作状态(也称为非稳定工作状态),其特点为发动机推力或功率和工作过程参数随时间变化,也称发动机瞬态性能,如发动机起动和停车过程、驾驶员推(收)油门杆使发动机加速(或减速)的过程以及接通加力或切断加力过程等。发动机过渡过程的性能指标是时间,如加速时间、起动时间等,对发动机的过渡过程也规定有严格的性能指标和技术要求,发动机出厂时应按照规定的技术指标进行检测和验收。

6.2.1　加速和减速过程

发动机加速性是指发动机从规定的低推力(或低功率)状态过渡到规定的高推

力(或高功率)状态的能力,用加速时间来衡量发动机加速性的好坏,加速时间越短,飞机机动性越好。快推油门杆使发动机加速时,完成95%推力变化所需的时间为加速时间。对于加力涡喷或涡扇发动机,从慢车状态加速到最大状态的加速时间包括转子加速所需的时间和接通加力并从小加力达到全加力状态所需的时间。对于现代典型加力涡扇发动机,从慢车状态到最大状态的加速时间约为7s左右,包括转子加速时间、接通加力时间、从小加力到全加力的加力瞬态时间。从慢车状态到中间状态的加速时间约为3~5s,反映了转子加速所需的时间。表6.1给出某型发动机的加速时间规定。

表6.1 某型发动机的加速时间规定

	飞行高度	飞行 Ma	开始状态	终止状态	加速时间
地面	0	0	慢车	全加力推力的95%	不大于6s
地面	0	0	慢车	最大状态推力的95%	不大于5s
空中	低于8km		慢车	最大状态推力的95%	不大于5s
空中	高于8km		慢车	最大状态推力的95%	不大于8s
	整个飞行包线范围		最大状态	全加力状态	不大于3s

下面以单轴发动机为例,说明影响加速时间的主要因素。在加、减速过程中转子运动方程可表述如下:

$$M_T - M_{附件等} - M_C = J_x d\omega/dt \quad (6.15)$$

式中:M_T 和 M_C 分别为涡轮和压气机的扭矩;$M_{附件等}$ 为带动附件和转子运动摩擦所产生的阻力矩;J_x 为转子绕 x 轴的发动机轴线转动惯量;$d\omega/dt$ 为角加速度。若用机械效率 η_m 表示 $(1 - M_{附件等}/M_T)$,则式(6.15)可写成

$$M_T \eta_m - M_C = J_x d\omega/dt \quad (6.16)$$

由于功率 P 等于扭矩 M 和角速度 ω 的乘积,角速度 ω 可用转速 n 表示,即 $\omega = 2\pi n$,则用功率和转速表示转子运动方程可写成

$$P_T \eta_m - P_C = 4\pi^2 J_x n \, dn/dt \quad (6.17)$$

由此可知,若涡轮剩余功率 $\Delta P_T (= P_T \eta_m - P_C) > 0$,在式(6.17)可以看出 $dn/dt > 0$,表示发动机加速,转速增加。说明加速的条件是涡轮功率大于压气机功率。反之,若涡轮剩余功率 $\Delta P_T < 0$,则 $dn/dt < 0$,发动机减速,说明减速的条件是涡轮功率小于压气机功率。若涡轮剩余功率 $\Delta P_T = 0$,则 $dn/dt = 0$,发动机转速不变,处于稳定工作状态,这就是前面所用的发动机稳定工作的功率平衡共同工作条件。

由式(6.17)可导出从慢车转速 n_{idl} 加速到最大转速 n_{max} 的加速时间 $t_{加速}$ 的计算公式:

$$t_{加速} = 4\pi^2 J_x \int_{n_{idl}}^{n_{max}} \frac{n\mathrm{d}n}{P_T \eta_m - P_C} \tag{6.18}$$

此式表明:影响加速时间的主要因素是转子转动惯量 J_x、涡轮剩余功率 ΔP_T、转速变化范围 $n_{idl} - n_{max}$。为使发动机的加速时间短,有效的措施包括合理设计转子结构,尽量减小 J_x;加大 ΔP_T;提高慢车转速 n_{idl}。提高涡轮前温度,放大喷管喉道面积 A_8 以增加涡轮落压比,可以增加涡轮功率,而调节压气机静子叶片可以减小压气机功率,这些方法均能加大 ΔP_T,减小加速时间。由于飞行高度和 Ma 影响 ΔP_T 的大小,所以不同飞行条件下的加速时间长短不一样,由表 6.1 可以看出:高空加速时间长。在不加大慢车推力的条件下,提高 n_{idl} 的常用措施是放大 A_8,这就是现代发动机慢车状态采用大喷管喉道面积的原因。上述减小加速时间的措施受到压气机喘振、高空富油熄火和涡轮前温度过高的限制。

为了提高涡轮前温度,使发动机加速,发动机供油量应大于稳态所需的供油量。一般加速供油量 $q_{mf加速}$ 是 n_2,p_2,T_1^* 的函数,即 $q_{mf加速} = f(n_2, p_2, T_1^*)$。

为减轻驾驶员负担,允许快推油门加速,即油门杆从开始位置到最终位置的移动时间不大于 $0.5 \sim 1.0\,\mathrm{s}$,而实际的加速过程,参数变化最终达到稳定的时间要长得多,特别是当转速达到稳定时,T_4^* 还在继续增加,这是由热电偶的惯性造成的。

图 6.30 给出了单轴涡喷发动机加速过程中推力和转速的变化。图 6.31 给出了单轴涡喷发动机加速过程中共同工作线的走向。由图 6.31 可见,加速时共同工作线走向喘振边界;减速时相反。发动机减速性是指发动机从规定的高推力(或高功率)状态过渡到规定的低推力(或低功率)状态的能力,用减速时间来衡量发动机减速特性的好坏,减速时间越短,飞机机动性越好,快收油门杆使发动机减速时,完成 95% 推力变化所需的时间为减速时间。对于加力涡喷或涡扇发动机,从最大状态减速到慢车状态的减速时间包括从全加力到小加力状态的时间、切断加力的时间和转子减速所需的时间,对于单轴涡喷发动机,减速时间很短,所受限制很少。

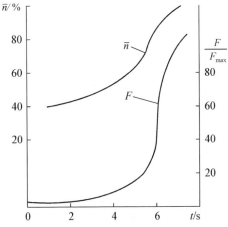

图 6.30　单轴涡喷发动机加速过程中的推力和转速的变化

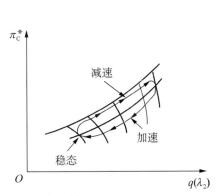

图 6.31　单轴涡喷发动机的加速和减速工作线

对于有两个各自独立转子的双轴涡喷发动机,转子之间没有机械联系,而且开始加速时两个转子的转速也不同,因此它们的加速时间是不同的。通常,以时间长的转子加速时间为发动机加速时间。下面介绍双轴涡喷发动机加、减速过程的特点。

在稳态和过渡态中转差率的变化是不同的。加速时,$S_{加} > S_{稳}$;减速时,$S_{减} < S_{稳}$。在过渡过程中,高压压气机上的加速工作线的走向和单轴相同,低压压气机的工作特点和单轴不同,图6.32给出低压压气机上的加速和减速工作线。低压转子开始加速时,转子还保持着稳态的转差,加速线向上走,进一步加速时,加速线的走向取决于转差的变化和高压压气机的压头特性,实质上取决于高压压气机的流通能力偏离稳态值的大小。在高压压气机流通能力变化大的情况下,低压压气机上的加速工作线走向稳态线下方,远离喘振边界。减速过程则相反,低压压气机上的减速工作线会移向喘振边界,所以双轴发动机在减速时的减油速度应加以控制,缩短减速时间受到低压压气机喘振的限制。

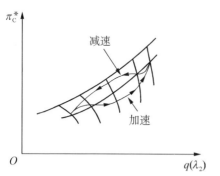

图6.32　双轴涡喷发动机的低压转子加速和减速工作线

6.2.2　加力接通和切断过程

发动机接通和切断加力过程是很复杂的。在接通加力时,喷口喉道面积是逐渐放大的,而加力燃烧室点燃则在瞬间完成,造成发动机参数摆动,如供油量 q_{mf},转速 n_L、n_H 等。发动机控制器内有连锁装置,只允许在发动机高转速时才能接通加力。切断加力过程相反。

6.2.3　地面起动和空中起动

发动机转速由0增至慢车转速的过程称为起动过程。起动过程的性能指标是起动时间,一般按起动按钮至90%的慢车转速的时间计算,在标准大气条件下,地面起动时间一般为20～30 s。

6.2.3.1　地面起动

航空燃气涡轮发动机必须依靠起动机才能起动,如电起动机、涡轴式起动机、空气涡轮起动机等。在发动机地面起动时,驾驶员将油门手柄推至"慢车"位置,按下起动按钮后,自动起动器按事先设定的时间顺序,完成下述发动机起动过程,包括:

(1) 用起动机驱动发动机转子加速。

(2) 燃烧室内油气混合气点燃。

(3) 涡轮产生功率。

(4) 起动机和涡轮共同驱动发动机转子加速。

(5) 起动机断开,涡轮带动转子加速到慢车状态。

图 6.33 给出起动过程中起动机功率 P_{st}、涡轮功率 P_T、压气机功率 P_C 随转速的变化关系。图 6.33 中 n_1 是主燃烧室点燃的转速,n_2 是起动机脱开的转速。

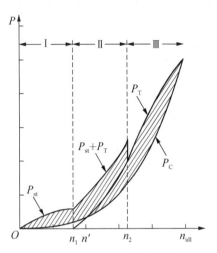

图 6.33　起动过程中起动机功率、涡轮功率、压气机功率随转速的变化关系

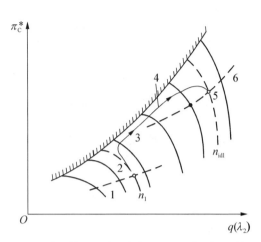

1—冷运转;2—喷油点火;3—T_4^* 受压气机喘振限制;4—T_4^* 受涡轮强度限制;5—慢车状态;6—稳定状态。

图 6.34　起动过程工作线

起动时,涡轮产生功率的大小取决于供油规律。应保证在涡轮不过热,压气机不喘振,燃烧室不熄火的条件下尽可能多的供油,以增加涡轮剩余功率,缩短起动时间。起动过程工作线如图 6.34 所示。

对于双轴发动机,起动时只需带转一个轴,另一个轴将由气动联系而转动。

6.2.3.2　空中起动

发动机在空中停车后,燃烧室中气流的压力和温度迅速下降,气流速度增大,转子处于自转状态,即风车状态,其能源是发动机气流的能量,与飞行速度的平方成正比。空中起动是在自转状态下起动,一般不需要起动机,其余过程和地面起动相同,即正确调配燃烧室供油量,向主燃室供油并点燃,使涡轮前温度升高,产生涡轮剩余功率,发动机转子加速。

空中起动时,由于燃烧室进口气流流动条件恶劣,不利于点燃,一般应给出可靠进行空中起动的飞行高度和速度范围,称为空中起动边界或空中起动包线,如图6.35所示。

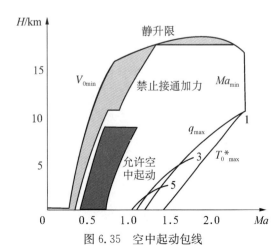

图 6.35　空中起动包线

参 考 文 献

[1] 朱之丽,陈敏,唐海龙,等.航空燃气涡轮发动机工作原理及性能[M].上海:上海交通大学出版社,2014.

[2] 廉小纯,吴虎.航空发动机原理[M].西安:西北工业大学出版社,2005.

思考和练习题

1. 为什么一定要用试验的方法确定燃气涡轮发动机的特性? 用试验的方法确定燃气涡轮发动机的特性时,使用哪些方法? 相应的试验设备有哪些?

2. 低涵道比混排涡扇发动机特性通用计算时,一般需要试取几个参数? 为什么?

3. 给出单轴涡喷发动机的 F, sfc, v_9, q_{ma} 随 H, Ma, n 的变化规律,画出图形,并解释它们的变化原因。

4. 设计增压比的大小和设计涡轮前总温的大小对燃气涡轮发动机的速度特性曲线有什么影响? 为什么?

5. 涵道比 B 对涡扇发动机的速度特性有什么影响? 为什么?

6. 大气压力和大气温度对发动机特性有什么影响? 大气湿度的影响又如何?

7. 在什么条件下必须考虑雷诺数 Re 对发动机性能的影响? 为什么? 通常雷诺数对发动机性能是如何影响的?

8. 什么是发动机的相似工作状态? 在状态相似时有什么特点?

9. 几何相似的涡喷或涡扇发动机状态相似的准则参数是什么?

10. 推导发动机相似参数:转速、空气流量、燃油流量、单位推力、推力和耗油率相似参数。

11. 以单轴发动机为例,说明影响加速时间的主要因素有哪些?

12. 发动机的加速过程有哪些限制? 什么是最佳加速过程?

13. 发动机起动过程的 3 个阶段是如何划分的?

14. 在发动机使用中,哪些状态是稳定工作状态? 哪些状态是过渡工作状态? 区分的原则?

15. 在双轴涡喷发动机的高、低压压气机特性上绘出稳态线、加速线和减速线,并说明它们相互位置差别的原因。

第7章　航空燃气涡轮发动机总体
性能方案设计

　　本章开始讲述航空发动机设计方面的内容,并且侧重于大涵道比涡轮风扇发动机设计。当发动机使用对象明确且用户已经提出了明确的技术要求后,首先开始发动机总体方案的论证,在此基础上就可以进行航空燃气涡轮发动机总体性能方案设计,通过这一工作确定出新设计发动机的热力参数、基本流路尺寸和重量。本章首先介绍航空发动机总体性能方案设计流程,以及发动机主要设计参数的选择;然后讲解发动机设计点气动热力循环参数计算,飞机/发动机协调和设计点热力循环参数的最终确定,以及发动机的流路设计;最后给出常用的发动机重量估算方法。

7.1　总体性能方案设计流程

　　航空燃气涡轮发动机总体性能方案的设计,首先需要选择发动机使用对象的设计飞行高度、飞行 Ma、循环参数、部件设计参数(如风扇和压气机在设计状态的效率、冷却气量及其分配、机械效率等),确定满足上述发动机设计参数的发动机几何尺寸和性能等,这就是设计点的性能设计;其次还要计算发动机的非设计点特性;然后与飞机性能进行匹配;这些过程互相迭代,满足所有要求后才能完成发动机的总体性能方案设计。航空发动机总体性能方案设计流程如图 7.1 所示。

　　发动机设计中,需要提高部件的气动性能,采用先进的气动设计技术,还要采用先进的结构设计和先进的工艺技术,先进的材料,以及先进的强度规范和设计方法等。需要注意的是,发动机性能依靠新材料的程度比依靠改进发动机循环参数的程度还要大。另外,发动机设计还依赖于各种计算技术包括大型计算机和软件开发等,如压气机、涡轮设计中解决三维带黏性的 N‑S 方程,燃烧室的流场数值计算,强度设计中有限元的应力分析和振动分析,用发动机数学模型模拟发动机运行过程的仿真研究等。

7.2　发动机主要设计参数的选择

　　发动机主要设计参数的选择对发动机总体性能方案的设计至关重要,发动机通

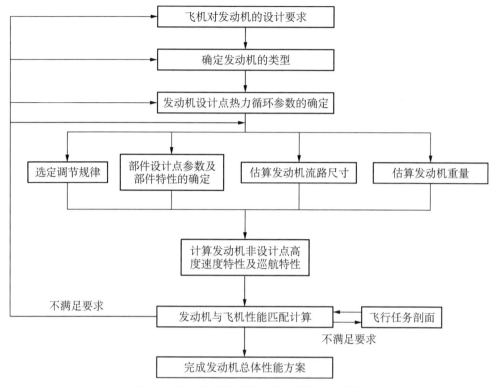

图 7.1　航空发动机总体性能方案设计流程图

过热力循环将热能转变为机械功。不同类型发动机的热力循环由不同的热力过程组成,用以定义热力循环的气动参数称为发动机热力循环参数,简称循环参数,是发动机的关键设计参数。涡喷发动机的循环参数是压气机总增压比和涡轮前燃气总温,对于涡扇发动机则应加上风扇增压比和涵道比,对于复燃加力发动机应再加上加力温度。

不带加力的(双转子或三转子)高涵道比、高总增压比和高涡轮前(或第一级涡轮导向器出口)燃气温度的大推力涡扇发动机,具有耗油率低、噪声小的优点,是大型高亚声速客机和运输机的主要动力。

7.2.1　主要设计参数对发动机性能的影响

本节分析涡扇发动机的总增压比、风扇压比、第一级涡轮导向器出口温度、涵道比等主要设计参数对发动机设计点性能参数包括单位推力、耗油率和推重比的影响,作为选择循环参数的指导。

压气机总增压比表示了压气机的增压能力,对发动机推力和耗油率都有明显影响。由第 3 章发动机的循环分析可知,存在一个最经济增压比 π_{eco}^*,使发动机热效率达到极大值;还存在一个最佳增压比 π_{opt}^*,使发动机的可用功达到极大值。发动机的

最经济增压比 π_{eco}^* 大于发动机的最佳增压比 π_{opt}^*，如图 7.2 所示。设计和制造高增压比、高效率、稳定性好的压气机是很困难的，目前加力涡扇发动机的压气机总增压比为 20～35；大涵道比涡扇发动机的压气机总增压比为25～51.5。

风扇增压比表示了外涵风扇的增压能力。大涵道比涡扇发动机采用单级风扇，风扇增压比约为 1.3～2；小涵道比加力混排涡扇发动机采用多级风扇，其增压比约为 2～5。

涡轮前燃气温度可用涡轮第一级导向器进口或出口的燃气总温表示，它对发动机单位推力和耗油率有非常明显的影响。随着材料耐热强度的提高和涡轮冷却技术的发展，涡轮前燃气温度呈逐年增大的趋势，

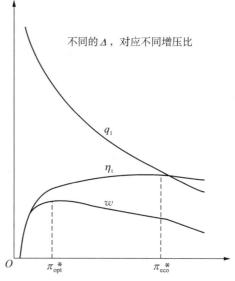

图 7.2　实际发动机加热量、可用功和热效率随增压比的变化关系

这是增大发动机单位推力、减小发动机尺寸、减轻发动机重量和提高推重比的主要措施。现代涡扇发动机的涡轮前燃气温度已达 1800～2000 K，甚至提高到 2000 K 以上。

涵道比是涡轮风扇发动机的外涵道和内涵道的空气流量之比，对发动机的耗油率、单位推力和单位迎面推力均有很大影响。在保证涡轮风扇发动机尾喷管出口喷射速度大于飞行速度，并尽量减小发动机可用功传递到外涵的能量损失，以及由于发动机外廓尺寸增大带来的阻力和安装损失时，涡轮风扇发动机通过的总空气流量越大，则推力越大，单位燃油消耗率越小，这个原理就是质量附加原理。这也是大型客机涡轮风扇发动机涵道比越来越大的原因，大型客机涡轮风扇发动机涵道比、风扇压比和耗油率的关系如图 7.3 所示。不同用途的涡扇发动机应选用不同的涵道比，如远程运输机和旅客机使用的涡扇发动机，其涵道比为 4～10，甚至提高到 10 以上；一般空战战斗机选用的加力涡扇发动机的涵道比大多小于

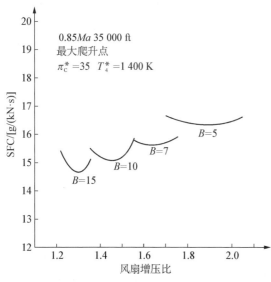

图 7.3　大型客机涡轮风扇发动机涵道比、风扇压比和耗油率的关系图

1.0,甚至达 0.3 以下;做较长时间空中巡逻的战斗机发动机则选用 1.0 左右的涵道比。

空气流量是发动机的重要设计参数之一。由于空气是航空发动机的工质,所以空气流量越大,则发动机推力或功率越大。

冷却空气系数与循环温度、热端部件材料的耐热能力和冷却效果密切相关。随着技术进步,发动机热端部件材料耐热能力的提高,达到一定冷却效果所需的空气量应当逐渐减少。目前冷却空气系数(冷却空气量与内涵空气流量之比)约为 15%~25%。

7.2.2 循环参数的选择

发动机设计循环参数的选择取决于飞机的用途。空中优势战斗机为追求尽可能高的单位推力和推重比,一般选择一高、一中、一低(高涡轮前温度、中等总增压比、低涵道比)以及高风扇增压比的循环参数。大型亚声速民用客机、运输机或主要任务是用于空中追求尽可能低的耗油率的发动机,大多采用三高设计(高总增压比、较高涡轮前温度、高涵道比)及单级风扇。

大型客机涡扇发动机循环参数的选择不但影响部件研制的难度,也影响发动机整机性能。所以循环参数选择时应重点考虑部件效率、通道损失、涵道比、涡轮进口总温以及总增压比等循环参数的可实现性和发动机总体方案的优越性。另外,发动机总体设计时,还应考虑风扇和压气机的叶尖切线速度、进口轮毂比、进口轴向马赫数、级压比以及涡轮最后一级涡轮转子出口直径和叶片轮毂比等关键参数对发动机综合性能的影响;在选择循环参数时还需考虑这些关键参数的相互约束性。

目前,静音飞机研究项目又表明大涵道比涡扇发动机降噪技术已经成为发动机气动设计技术的一个重要组成部分,特别是风扇和排气系统的设计,噪声水平已经成为发动机气动设计的一个重要指标。需要考虑由降噪的要求确定发动机的循环参数,比如由噪声要求确定尾喷管喷射速度,进而确定风扇外涵压比、涵道比和其他循环参数等。

航空发动机设计的困难在于需要在多个飞行状态下综合考虑设计变量和约束条件之间的平衡,所采用的工具包括专用分析软件,以及经验和数据,包含一维、二维、三维设计方法等。

7.2.3 循环参数的优化

影响发动机性能的参数很多,其选择范围除取决于技术上能达到的水平外,还要考虑其对发动机影响的相对重要性。对那些影响不大的参数,取值可以宽松一些,以减少技术难度。而对影响重大的参数,则需仔细地优化。在确定设计参数的范围和进行参数优化时,首先需进行参数敏感性分析,以了解循环参数对发动机性能的影响程度。影响发动机推力和耗油率的设计参数有近 30 个。其中,主要由设计技术水平决定的参数有进气道总压恢复系数、中介机匣总压恢复系数、外涵管道总压恢复系数、主燃烧室总压恢复系数、涡轮中间流道总压恢复系数、涡轮出口段总压恢复系数、喷管推力系数、主燃烧室效率、机械效率等。它们的具体数值主要取决于这些部件设计水平的高低和发动机工作状态。当代先进的航空发动机设计中它们都已经达到了较高的水平,要进一步改善,潜力已经不大了。因而总体性能设计时,主要依据相应部件的设计水平,选择合适的量值。而风扇/压气机效率、高压/低压涡轮效率、涡轮冷却空气量等对发动机的推力和耗油率均有明显的影响,其值的选择主要取决于部件的设计技术、设计手段及今后可能的发展趋势。

另外一类设计参数,如风扇压比、增压级压比、涵道比、涡轮进口温度等,除了部件及设计水平、材料工艺水平外,主要体现在发动机整机设计技术水平高低、部件匹配结果的优劣,因而对这些参数需要进行综合优化。在参数组合优化时,还应考虑诸如涡轮冷却气量、发动机气动和热力负荷、应力水平、部件技术难度等多种因素,以便最终选择各方面均可接受的参数。

大型客机发动机与军用发动机不同,只需要满足大约 3 个飞行状态,其循环参数的选择只需根据以下 3 个工作状态来优化选择。

(1) 高空飞行的最大推力状态(气动设计点):确定总压比,转速,流量。

(2) 70%最大推力的巡航状态:确定 SFC。

(3) 地面高温起飞状态:确定最高循环温度,材料耐温性能,部件寿命。

总体性能的最终确定是多种矛盾折中的结果,需要综合考虑经济性、各种性能、可靠性和寿命等,也是众多约束条件下的优化结果,包括部件设计水平、材料、工艺等。设计者必须细致考虑众多的影响因素以选择最切合实际的循环参数。

7.2.4　发展潜力分析

航空发动机虽然具有极大的附加值,但也是高投入的产品,具有巨大的商业风险。在进行航空发动机方案设计时,必须充分考虑发动机的发展潜力,以便使发动机将来具有较大的市场前景和发展潜力。

发动机发展潜力主要反映在推力的覆盖范围。因为推力是飞机对发动机的首要指标,其中起飞推力是发动机推力水平的直接体现。大型客机涡扇发动机常采用系列化发展的方式,以较小的成本实现不同载量、不同航程或其他使用性能的演变,达到覆盖较大市场的目的。根据国际成熟的双发发动机发展经验,发动机推力设计通常要求考虑以下因素:

(1) 设计推力为能够提供飞机使用的净推力。

(2) 推力可能要求考虑进气、排气损失,还有反推力装置漏气损失。

(3) 必须具有单发停车后,推力增加约 11%稳定可靠工作的能力。

(4) 由于大型客机发动机使用寿命通常为几万小时,必须考虑在使用过程中性能衰退后仍具有保持推力继续工作能力。

(5) 为了满足飞机系列化或多用途使用需要,发动机推力必须具有一定的发展能力。

为了保证发动机使用寿命,同时确保发动机具有较大的发展潜力,发动机设计过程中,涡轮进口温度选取和空气系统设计非常重要,并且要保留足够的温度使用裕度。例如,GE90 设计性能参数设计点(巡航状态)涡轮进口温度 1 380 K,起飞状态 1 592 K。GE90 高压涡轮设计留有较大的温度裕度,GE90 - B3 为 127℃ , GE90 - B1 为 89℃;而 CFM56 - 7B 发动机从推力 8 674 daN 的 7B18 到推力 12 144 daN 的 7B27,推力增长 40%,排气温度裕度最小为 139℃,最大为 206℃。另外,核心机发展潜力大小是发动机系列化发展能力最为关键的制约因素。美国在核心机基础上系列发展发动机的方法研究方面所取得的成果最为典型,有效地解决了民用发动机自身系列化发展的问题。尤其是 GE 公司的 GE90 发动机设计阶段就充分考虑了该发动机的系列发展问题,核心机气动和结构设计时考虑了将来发动机推力增长需要,发动机推力覆盖范围达到了 334~445 kN,而其后来投入使用的 115B 推力达到 511 kN,其发动机推力较最小的 334 kN 增加了 53%。

7.3　发动机设计点气动热力循环参数计算

在发动机设计过程中,除了定性分析主要设计参数的选择影响外,还需要进行精确的气动热力计算工作,其中首先需要进行发动机设计点的气动热力循环参数计算。本节采用分段定比热气动热力计算的方法,其用于初步计算,不考虑比热和绝热指数随温度的变化。若需提高计算精度,则需要采用变比热的计算方法(具体公式方法见相关的发动机原理书)。与定比热计算过程相比,变比热计算过程要复杂得多,计算工作量也大得多,主要是因为涉及大量的迭代计算过程。

发动机设计点热力循环参数分析如图 7.4 所示。本节将着重于民用客机大涵道比涡扇发动机设计点循环参数的分段定比热气动热力计算。

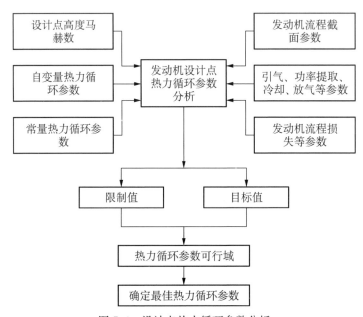

图 7.4　设计点热力循环参数分析

采用分段定比热气动热力计算的方法时,需进行如下基本假设:

(1) 气流是完全气体,流动是一维定常的。

(2) 气流流经进气道、风扇、1/4增压级、高压压气机、涡轮和尾喷管时具有各自恒定不变的定压热容 c_p、定容热容 c_v 和定熵指数 k 值。

(3) 气流流过燃烧室、混合室时,c_p,c_v 和 k 值以及气体常数 R 值是变化的。

下面进行分段定比热气动热力计算。以双轴混合排气涡轮风扇发动机为例来进行公式推导,双轴混合排气涡轮风扇发动机截面符号的规定如表 7.1 所示,符号所代表的位置如图 7.5 所示,双轴混合排气涡轮风扇发动机冷却气流分配关系如图 7.6 所示。

表 7.1　双轴混合排气涡轮风扇发动机截面符号规定

截面号	位　　置	截面号	位　　置
0	发动机远前方未扰动截面	4	主燃烧室出口截面
1	进气道与发动机的交界面	4.5	高压涡轮出口截面
2	风扇进口截面	5	低压涡轮出口截面
22′	风扇内涵出口截面	6	混合室出口
22	风扇外涵出口截面	5Ⅱ	外涵气流混合室进口
2.5	增压级压气机出口截面(高压压气机进口截面)	8	尾喷管喉部截面
3	高压压气机出口截面	9	尾喷管出口截面

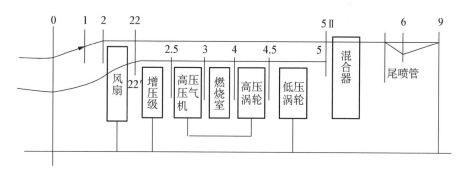

图 7.5　双轴混合排气涡轮风扇发动机截面符号

分段定比热气动热力计算前首先需要选取发动机的设计点,然后选取发动机工作过程的输入参数,包括放气、相对功率提取系数(c_{T0} 等于提取的功率与发动机总的空气质量流量的比值)和冷却气量(从高压压气机出口引出 δ 的内涵空气,其中 β 作为抽气提供给座舱增压用,δ_1 用于高压涡轮,δ_2 用于低压涡轮)等。

输入发动机流程损失参数为:

(1) 进气道总压恢复系数 σ_i。

(2) 燃烧室总压恢复系数 σ_b。

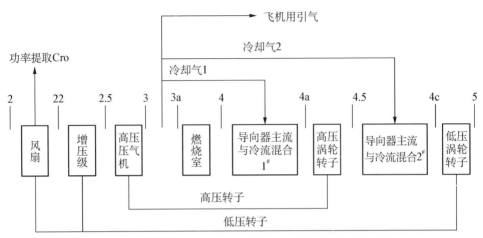

图7.6 双轴混合排气涡轮风扇发动机冷却气流分配关系

(3) 混合室总压恢复系数 σ_m。

(4) 尾喷管总压恢复系数 σ_c。

输入的常量热力循环参数为:

(1) 风扇绝热效率 η_{LPC}^*。

(2) 增压级绝热效率 η_{MPC}^*。

(3) 高压压气机效率 η_{HPC}^*。

(4) 燃烧效率 η_b。

(5) 高压涡轮效率 η_{HPT}^*。

(6) 低压涡轮效率 η_{LPT}^*。

(7) 高压轴机械效率 η_{mH}。

(8) 低压轴机械效率 η_{mL}。

(9) 空气比热比 $k = 1.4$。

(10) 空气比定压热容 $c_p = 1.005\,\mathrm{kJ/(kg \cdot K)}$。

(11) 燃气比热比 $k_g = 1.3$。

(12) 燃气比定压热容 $c_{pg} = 1.244\,\mathrm{kJ/(kg \cdot K)}$。

(13) 气体常数 $R = 0.287\,\mathrm{kJ/(kg \cdot K)}$。

(14) 燃油低热值 $H_u = 42\,900\,\mathrm{kJ/kg}$。

输入的自变量热力循环参数为:

(1) 涵道比 B。

(2) 风扇外涵增压比 π_{LPC}。

(3) 总增压比 π_C(包括增压级压气机增压比 π_{MPC})

(4) 涡轮前总温 T_{t4}。

设计点热力计算从 0 截面逐个部件依次进行,直到 9 截面,然后计算总性能。

最后分析总性能能否达到最终的要求,不能的话重新进行参数分析计算。

(1) 0—0 截面的温度和压力。

根据给定的飞行高度可以查表得到大气温度 T_0(静温)和大气压力 p_0(静压),或由式(7.1)~式(7.4)计算:

$H \leqslant 11\,\text{km}$ 时,

$$T_0 = 288.15 - 6.5H \quad \text{K} \tag{7.1}$$

$$p_0 = 1.013\,25(1 - H/44.308)^{5.2553} \times 10^5 \quad \text{Pa} \tag{7.2}$$

$H \geqslant 11\,\text{km}$ 时,

$$T_0 = 216.7\,\text{K} \tag{7.3}$$

$$p_0 = 0.227\,\text{e}^{\frac{11-H}{6.338}} \times 10^5\,\text{Pa} \tag{7.4}$$

声速公式为

$$a_0 = \sqrt{kRT_0} \tag{7.5}$$

0—0 截面气流速度为

$$v_0 = a_0 \times Ma_0 \tag{7.6}$$

由静温静压和给定的飞行马赫数计算 0—0 截面的总温和总压:

$$p_{t0} = p_0 \left(1 + \frac{k-1}{2}Ma_0^2\right)^{\frac{k}{k-1}} \tag{7.7}$$

$$T_{t0} = T_0 \left(1 + \frac{k-1}{2}Ma_0^2\right) \tag{7.8}$$

(2) 进气道出口总压和总温。

进气道出口总压为

$$p_{t2} = \sigma_i p_{t0} \tag{7.9}$$

进气道出口总温为

$$T_{t2} = T_{t0} \tag{7.10}$$

(3) 风扇出口总压和总温。

涵道总压 p_{t22} 为

$$p_{t22} = p_{t2} \pi_{\text{LPC}} \tag{7.11}$$

轮毂总压 p'_{t22} 为

$$p'_{t22} = p_{t2} \pi'_{\text{LPC}} \tag{7.12}$$

涵道总温 T_{22} 为

$$T_{t22} = T_{t2}\left[1 + (\pi_{\mathrm{LPC}}^{\frac{k-1}{k}} - 1)/\eta_{\mathrm{LPC}}^{*}\right] \qquad (7.13)$$

轮毂总温 T_{22}' 为

$$T_{t22}' = T_{t2}\left[1 + (\pi_{\mathrm{LPC}}'^{\frac{k-1}{k}} - 1)/\eta_{\mathrm{LPC}}^{*}\right] \qquad (7.14)$$

风扇每千克空气消耗的功为

$$l_{\mathrm{LPC}} = c_p(T_{t22} - T_{t2}) \qquad (7.15)$$

(4) 增压级压气机出口总压和总温。

增压级压气机进口总压、总温分别采用风扇轮毂的出口总压、总温。

增压级压气机出口总压为

$$p_{t2.5} = p_{t22}' \pi_{\mathrm{MPC}} \qquad (7.16)$$

增压级压气机出口总温为

$$T_{t2.5} = T_{t22}'\left[1 + (\pi_{\mathrm{MPC}}^{\frac{k-1}{k}} - 1)/\eta_{\mathrm{MPC}}^{*}\right] \qquad (7.17)$$

增压级压气机每千克空气消耗的功 l_{LPC}' 为

$$l_{\mathrm{LPC}}' = c_p(T_{t2.5} - T_{t22}') \qquad (7.18)$$

(5) 高压压气机出口总压和总温。

高压压气机进口总压、总温分别采用增压级压气机的出口总压、总温。

高压压气机出口总压为

$$p_{t3} = p_{t2.5} \pi_{\mathrm{HPC}} \qquad (7.19)$$

高压压气机出口总温为

$$T_{t3} = T_{t2.5}\left[1 + (\pi_{\mathrm{HPC}}^{\frac{k-1}{k}} - 1)/\eta_{\mathrm{HPC}}^{*}\right] \qquad (7.20)$$

高压压气机每千克空气消耗的功为

$$l_{\mathrm{HPC}} = c_p(T_{t3} - T_{t2.5}) \qquad (7.21)$$

(6) 燃烧室出口总压、总温和油气比 f。

燃烧室出口总压为

$$p_{t4} = p_{t3}\sigma_{\mathrm{b}} \qquad (7.22)$$

燃烧室出口总温为 T_{t4},是给定值。

燃烧室油气比 f 的定义为

$$f = \frac{q_{mf}}{q_{ma3a}} = \frac{q_{mf}}{q_{ma3}(1 - \beta - \delta_1 - \delta_2)} \qquad (7.23)$$

油气比 f 的计算公式为

$$f = \frac{c_{pg}T_{t4} - c_p T_{t3}}{\eta_b H_u - c_{pg}T_{t4}} \tag{7.24}$$

(7) 高压涡轮出口总压和总温。

冷却高压涡轮的空气从高压压气机出口引出,冷却空气量为 $q_{ma3}\delta_1$,q_{ma3} 为通过高压压气机的空气质量流量。这部分空气量用来冷却高压涡轮导向器和转子叶片。热力计算时,假定冷却空气和主流在 1# 混合器中混合后进入涡轮转子做功,混合后的总温由能量平衡求得,混合后的总压认为等于混合前主流的总压。

混合前后的能量平衡关系为

$$c_p q_{ma3}\delta_1 T_{t3} + c_{pg}q_{ma3}(1-\beta-\delta_1-\delta_2)(1+f)T_{t4} =$$
$$c_{pg}q_{ma3}[(1-\beta-\delta_1-\delta_2)(1+f)+\delta_1]T_{t4a} \tag{7.25}$$

由此可得混合后的温比 τ_{m1} 如式(7.26)所示,其中下标 m 表示混合,1 表示 1# 混合室。

$$\tau_{m1} = \frac{T_{t4a}}{T_{t4}} = \frac{(1-\beta-\delta_1-\delta_2)(1+f) + c_p\delta_1 T_{t3}/(c_{pg}T_{t4})}{(1-\beta-\delta_1-\delta_2)(1+f)+\delta_1} \tag{7.26}$$

$$T_{t4a} = T_{t4}\tau_{m1} \tag{7.27}$$

$$p_{t4a} = p_{t4} \tag{7.28}$$

高压涡轮出口后总温 $T_{t4.5}$,由高压转子的功率平衡计算:

$$c_{pg}q_{ma3}[(1-\beta-\delta_1-\delta_2)(1+f)+\delta_1](T_{t4a}-T_{t4.5})\eta_{mH} = c_p q_{ma3}(T_{t3}-T_{t2.5}) \tag{7.29}$$

可得

$$\frac{T_{t4.5}}{T_{t4a}} = 1 - \frac{c_p(T_{t3}-T_{t2.5})}{[(1-\beta-\delta_1-\delta_2)(1+f)+\delta_1]\eta_{mH}c_{pg}T_{t4a}} \tag{7.30}$$

$$T_{t4.5} = \frac{T_{t4.5}}{T_{t4a}}T_{t4a} \tag{7.31}$$

高压涡轮膨胀比为

$$\pi_{HPT} = \frac{p_{t4a}}{p_{t4.5}} = \left[1-\left(1-\frac{T_{t4.5}}{T_{t4a}}\right)\Big/\eta^*_{HPT}\right]^{\frac{k_g}{k_g-1}} \tag{7.32}$$

(8) 低压涡轮参数计算。

计算方法与高压涡轮类似。2# 混合器进出口总温之比 τ_{m2} 由能量平衡求得,有

$$\tau_{m2} = \frac{T_{t4c}}{T_{t4.5}} = \frac{(1-\beta-\delta_1-\delta_2)(1+f)+\delta_1+\delta_2 c_p T_{t3}/(c_{pg}T_{t4.5})}{(1-\beta-\delta_1-\delta_2)(1+f)+\delta_1+\delta_2} \tag{7.33}$$

$$T_{t4c} = \tau_{m2} \times T_{t4.5} \tag{7.34}$$

$$p_{t4c} = p_{t4.5} \tag{7.35}$$

低压涡轮出口总温和进口总温之比为

$$\frac{T_{t5}}{T_{t4c}} = 1 - \frac{[c_p(T_{t22} - T_{t2}) + c_{T0}/\eta_{mL}](1+B) + c_p(T_{t2.5} - T_{t22})}{\eta_{mL} c_{pg} T_{t4c}[(1-\beta-\delta_1-\delta_2)(1+f) + \delta_1 + \delta_2]} \tag{7.36}$$

低压涡轮出口总温为

$$T_{t5} = \frac{T_{t5}}{T_{t4c}} T_{t4c} \tag{7.37}$$

低压涡轮膨胀比为

$$\pi_{LPT} = \left[1 - \left(1 - \frac{T_{t5}}{T_{t4c}}\right) \middle/ \eta_{LPT}^* \right]^{\frac{k_g}{k_g-1}} \tag{7.38}$$

低压涡轮出口总压为

$$p_{t5} = p_{t4c}/\pi_{LPT} \tag{7.39}$$

(9) 混合室出口参数。

根据能量平衡计算混合室出口总温 T_{t6},能量方程如下:

$$c_{pg} q_{m5} T_{t5} + c_p q_{m5II} T_{t22} = c_{p6}(q_{m5} + q_{m5II}) T_{t6} \tag{7.40}$$

由此可得

$$\frac{T_{t6}}{T_{t5}} = \frac{c_{pg}}{c_{p6}} \frac{1 + B_m c_p T_{t22}/(c_{pg} T_{t5})}{1 + B_m} \tag{7.41}$$

式中:B_m 为混合室进口的涵道比,即

$$B_m = \frac{q_{m5II}}{q_{m5}} = \frac{B}{(1-\beta-\delta_1-\delta_2)(1+f) + \delta_1 + \delta_2} \tag{7.42}$$

c_{p6} 为混合室出口气流的比定压热容,可用质量平均值计算:

$$c_{p6} = \frac{c_{pg} + B_m c_p}{1 + B_m} \tag{7.43}$$

$$T_{t6} = \frac{T_{t6}}{T_{t5}} T_{t5} \tag{7.44}$$

混合室出口气流总压为

$$p_{t6} = \sigma_m p_m Pa \tag{7.45}$$

式中:p_m 为混合室进口气流的质量平均总压,即

$$p_m = \frac{p_{t5} + B_m p_{t5II}}{1 + B_m} = \frac{p_{t5} + B_m \cdot \sigma_{II} \cdot p_{t22}}{1 + B_m} \tag{7.46}$$

式中：p_{t5II} 为混合室进口外涵气流总压；σ_{II} 为外涵风扇出口至混合室进口的总压损失系数，大致可取为 0.98。

（10）尾喷管出口参数。

尾喷管出口总压为

$$p_{t9} = \sigma_c p_{t6} \tag{7.47}$$

尾喷管出口总温为

$$T_{t9} = T_{t6} \tag{7.48}$$

假定尾喷管完全膨胀，出口静压 p_9 等于外界大气压力，即 $p_9 = p_0$，尾喷管出口截面马赫数：

$$Ma_9 = \sqrt{\frac{2}{k_g - 1}\left[\left(\frac{p_{t9}}{p_9}\right)^{\frac{k_g-1}{k_g}} - 1\right]} \tag{7.49}$$

尾喷管出口截面静温为

$$T_9 = T_{t9}\left(1 + \frac{k_g - 1}{2}Ma_9^2\right)^{-1} \tag{7.50}$$

尾喷管出口声速为

$$a_9 = \sqrt{k_g R T_9} \tag{7.51}$$

排气速度为

$$v_9 = a_9 Ma_9 \tag{7.52}$$

（11）发动机单位性能参数。

单位推力是推力与流入发动机的空气质量流量之比：

$$F_s = \frac{F}{q_{ma1} + q_{maII}} = \frac{q_{m9}v_9 + A_9(p_9 - p_0) - q_{ma}v_0}{q_{ma1} + q_{maII}} \tag{7.53}$$

因为

$$q_{m9} = p_9 v_9 A_9$$
$$p_9 = \rho_9 R T_9$$
$$q_{ma} = q_{ma1} + q_{maII}$$
$$q_{m9} = q_{ma1} + q_{maII} + q_{mf} - q_{ma\beta}$$
$$f_0 = q_{mf}/(q_{ma1} + q_{maII})$$
$$B = q_{maII}/q_{ma1}$$

最后得到

$$F_s = \left(1 + f_0 - \frac{\beta}{1+B}\right)\left[v_9 + \frac{RT_9}{v_9}\left(1 - \frac{p_0}{p_9}\right)\right] - v_0 \tag{7.54}$$

耗油率的计算公式如下:

$$\mathrm{SFC} = \frac{3\,600 \times q_{mf}}{F} = \frac{3\,600 f_0}{F_s} = \frac{3\,600 f}{F_s}\frac{(1 - \beta - \delta_1 - \delta_2)}{1+B} \tag{7.55}$$

除按上述公式计算外,还可以采用一些发动机总体性能通用计算程序进行发动机的热力计算。为了能够确定一组使得发动机性能最佳的热力循环参数组合,需要针对影响大涵道比涡扇发动机性能较大的 4 个主要循环参数——涵道比、风扇外涵增压比、总增压比、涡轮前总温进行多方案计算分析。

7.4   飞机/发动机协调和设计点热力循环参数的最终确定

在确定新机热力循环参数方案之后,为了判断新机方案是否能全面满足飞机的性能指标要求,就必须对飞机和发动机进行匹配计算,首先由发动机设计单位根据选定的发动机热力循环参数计算新机的高度速度特性和巡航特性,估算发动机的尺寸和重量,并把计算结果提供给飞机设计部门,然后由飞机设计部门按飞机飞行任务剖面图要求的任务和飞机极曲线的情况全面估算飞机性能,如图 7.1 的设计框图所示。

7.4.1   发动机非设计点性能计算

为了向飞机设计部门提供新机的高度速度特性和巡航特性,需要进行发动机非设计点的性能计算。为了进行新机的非设计点的性能计算,必须先确定发动机的各部件特性和发动机的调节规律。

7.4.1.1   对发动机各部件提出设计要求

在确定新机设计点热力循环参数之后,就必须开始开展部件的设计论证工作,对压气机、燃烧室和涡轮各部件提出设计要求。

(1) 对压气机的设计要求。

包括压气机设计点的流量 q_{ma},压比 π_C^*,绝热效率 η_C,设计点的喘振裕度 SM,另外还应提出非设计状态稳定工作时最小工作裕度 $\mathrm{SM_{min}}$ 的要求和压气机对畸变敏感度的要求。

(2) 对燃烧室的设计要求。

通常要提出发动机设计状态工作时,燃烧室进口空气流量 q_{ma3},燃烧室进口总温 T_{t3},燃烧室进口总压 p_{t3},燃烧室温升比 T_{t4}/T_{t3},燃烧室总压损失 $\Delta p_t/p_{t3}$,燃烧效率 η_b,燃烧室出口总温的总不均匀度 OTDF 和径向不均匀度 RTDF。

(3) 对涡轮的设计要求。

要提出涡轮进口的燃气流量 q_{m4},进口总温 T_{t4},进口总压 p_{t4},涡轮的绝热效率 η_T 和涡轮功率 P_T 的要求。

7.4.1.2　各部件特性的获得

为了估算新设计发动机非设计点的高度速度特性和巡航特性,计算时需要给程序输入发动机的各部件特性。由于新发动机此时处于设计阶段,还不具备部件本身的特性数据,因此进行新机非设计点高度速度特性和巡航特性计算时,所需各部件特性通常由 3 种方法得到。第一种方法由各部件根据发动机对部件提出的设计要求,通过理论计算提供部件特性。第二种方法是借用已有发动机中参数相近的部件试验特性,然后按设计点的参数适当放大或缩小以满足程序计算需要。如果前面两种方法都无法及时得到所需部件特性时,则可采用总体性能程序中储存的部件特性代替。

7.4.1.3　发动机调节规律的初步确定

为了估算新设计发动机非设计点的高度速度特性和巡航特性,除了要给总体性能通用程序提供发动机各个部件的特性外,还必须给出新设计发动机的初步调节规律,有关新设计发动机初步调节规律确定的原则是:

(1) 根据飞机飞行包线范围和使用特点,调节规律的选取应能充分发挥发动机的性能来满足飞机的需要。

(2) 为了发挥发动机的潜力,发动机通常可以采用复合调节规律,例如,随着发动机进口总温由低到高的变化,可以先采用风扇等换算转速,后变成风扇等物理转速,在高马赫数的高进口总温时采用限排气温度、限压或限转的综合调节规律。

7.4.1.4　高度速度特性和巡航特性计算

在确定了新设计发动机设计点热力循环参数并获得了部件特性和初步拟定了发动机的调节规律之后,就可以利用总体性能通用程序进行新设计发动机的高度速度特性和巡航特性的计算。

(1) 发动机的高度速度特性计算。

发动机的高度速度特性通常指在不同的高度和马赫数情况下,计算出发动机的“中间”状态和“最大”状态的净推力 F_N 和耗油量 q_{mf} 随高度和马赫数的变化关系曲线,如图 7.7 所示。高度速度特性计算的高度 H 和马赫数 Ma 的范围通常由飞机的飞行包线来确定,计算的高度间隔通常可按 2 km 考虑,马赫数间隔可按 0.2 考虑。

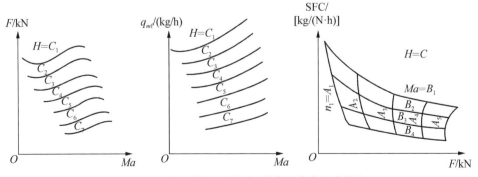

图 7.7　发动机中间(或最大)状态的高度速度特性

(2) 巡航特性计算。

巡航特性通常指在某高度下发动机的转速特性。通常对于不同高度,有相对应的巡航特性。

7.4.2　飞机/发动机匹配协调

在完成新设计发动机选型和确定了发动机设计点热力循环参数,并计算出发动机非设计点的高度速度特性和巡航特性之后,并不能说已经完成了新设计发动机的方案设计论证工作,因为到这时为止,还不能完全清楚该发动机安装到飞机上之后,是否能全面满足飞机的飞行技术要求,为此还必须进行飞机与发动机性能的匹配协调,根据计算结果来检查评论飞机性能是否达到飞机的战术技术要求。

7.4.2.1　发动机设计单位的工作

发动机设计单位的工作一般如下:

(1) 向飞机设计单位提供新设计发动机的高度速度特性和巡航特性,同时还应该提供新设计发动机的外部轮廓尺寸和发动机的重量、重心。

(2) 及时提供飞机设计单位在进行匹配计算中所需发动机方面有关的数据,例如,飞机进气道与发动机匹配工作时需要的发动机流量特性,飞机尾部计算时需要的发动机排气参数等。

(3) 根据飞机与发动机匹配计算的情况,必要时局部调整发动机的调节规律、设计点热力循环参数或部件性能,然后重新进行发动机的高度速度特性和巡航特性计算,并把新计算出的发动机高度速度特性和巡航特性提供给飞机设计单位再次进行飞机与发动机性能的匹配协调。

7.4.2.2　飞机设计单位的工作

飞机设计单位的工作一般如下:

(1) 根据飞机的极曲线和发动机设计部门提供的新设计发动机的高度速度特性及巡航特性,进行飞机与发动机性能的匹配协调计算。

(2) 计算飞机能达到的静升限、飞机的最大飞行马赫数、飞机的最小平飞速度、起飞距离和着落距离、飞机的最大爬升率、最小盘旋半径、飞机的过载、航程、飞机的有效载荷、起飞重量等,是否达到飞机预定的设计指标要求。

(3) 将匹配计算中发现的(或未达到的)飞机技术要求中的一些问题反馈给有关单位。例如与发动机有关的一些问题,应反馈给发动机设计部门,并与发动机设计部门一起协调研究。

(4) 如经过上述各方面工作反复协调计算后仍不能满足飞机的技术要求,则由飞机和发动机设计部门共同与使用方协商,修改飞机技术要求,以满足飞机需要。

7.4.3　发动机总体最佳参数选定

经过飞机设计部门与发动机设计部门对飞机和发动机反复匹配协调计算,经过不断对发动机的热力循环参数、部件特性、发动机调节规律和飞机极坐标曲线的修改和调整,如最终达到的匹配协调结果能全面满足飞机的技术要求和性能指标,那么最终调整后的发动机设计点热力循环参数即为新设计发动机最终确定的设计点热力循环参数最佳方案。

7.5　发动机流路设计

本节发动机流路设计选取民用双轴高涵道比涡扇发动机,参考机型 CFM56-7B18 为例来进行讲述。

7.5.1　设计方法

7.5.1.1　目的

发动机流路设计就是要产生发动机主要部件(风扇、压气机、燃烧室、涡轮)的流路尺寸,供总体结构设计、发动机内部各部件流路协调用。它是发动机初步设计时的中心任务,其目的是通过流路设计产生用户(飞机)要求的外廓尺寸和一些必需的参数,以便与用户及发动机内部各部件进行协调,使之获得较好的发动机方案。

7.5.1.2　设计状态的选取

设计状态的选取参考机型 CFM56-7B18 为例来进行。

(1) 设计点初始条件: $H = 11\,\text{km}$, $Ma = 0.8$;风扇直径 $1.549\,4\,\text{m}$,空气流量 $307.35\,\text{kg/s}$(海平面标准大气),推力 $86.84\,\text{kN}$;压气机包括单级风扇、3 级增压级、9 级高压压气机,环形燃烧室,涡轮包括单级高压涡轮、4 级低压涡轮。

(2) 热力循环参数:涡轮前温度 1486K,发动机总增压比 32.8,风扇压比 1.7,3 级增压级压比 1.6,涵道比 5.5,低压转子转速 5175 r/min,高压转子转速 14460 r/min。

(3) 涡轮-压气机方案:轴的数目为 2、风扇轴上有增压级。

7.5.1.3　设计步骤

首先设计重要的、负荷大的部件。燃气发生器(即通常所说的核心机)是双转子发动机中最重要、负荷最大的部件,所以确定它的通道和匹配它的压气机和涡轮(即高压系统)也就是最重要和最复杂的问题。

在流路设计过程中需要选取一些经验参数,本节的计算参考机型 CFM56-7B18 来选取。

7.5.2　高压系统通道设计

7.5.2.1　涡轮通道设计

1) 涡轮平均切线速度 $u_{\text{T, av}}$ 的确定

由涡轮功的公式 $l_{\text{T}} = \psi_{\text{T, av}} \cdot u_{\text{T, av}}^2 \cdot Z_{\text{T}}$ 可知:涡轮所能完成的单位功取决于平均的切线速度 $u_{\text{T, av}}$、级数 Z_{T}、平均载荷参数 $\psi_{\text{T, av}} = \dfrac{\Delta h}{u_{\text{T, av}}^2}$。单位功是已知的(保证带动高压压气机所需要的),本算例按照选取的设计状态采用 7.3 节分段定比热气动热力计算公式进行计算得出;Z_{T} 是选定的(本算例选取 1 级),$\psi_{\text{T, av}}$ 参考机型 CFM56-7B18 选定,这样平均切线速度 $u_{\text{T, av}}$ 就确定了。如果已有涡轮出口的平均直径,就可以算出平均半径切线速度(转速已给定),则载荷系数可以反算得出。

2) 转速 n_2 的选取

涡轮转速的选取应着重考虑涡轮转子叶片的应力状态。在初步设计时,一般仅考虑由离心力引起的拉应力(在叶片应力状态中它是主要的分量),为评价拉应力,引入应变参数 ε:

$$\varepsilon = \sigma_{\mathrm{P}}/(2\rho \cdot \overline{K}) \tag{7.56}$$

式中:σ_{P} 为叶片根部截面离心力造成的拉应力,下标 P 代表拉伸;ρ 为叶片材料密度;$\overline{K}$ 为叶片形状的无因次系数。

应变参数取决于涡轮叶片环出口面积 $A_{\mathrm{HPT, OUT}}$ 和转子转速平方 n_2^2,计算公式如下:

$$\varepsilon = \pi \cdot A_{\mathrm{HPT, OUT}} \cdot n_2^2 \tag{7.57}$$

如果已有涡轮叶片环出口面积 $A_{\mathrm{HPT, OUT}}$ 和转子转速 n_2,应变参数 ε 可以反算得出。

由式(7.57),可得

$$n_2 = \sqrt{\varepsilon/(\pi \cdot A_{\mathrm{HPT, OUT}})} \tag{7.58}$$

由式(7.58)可以看出,n_2 取决于转子叶片许用应力和叶片环的出口面积,所以,在确定 n_2 值时应依据叶片的材料、冷却系统、涡轮的工作温度等(本设计算例中 n_2 值已给出)。

3) 直径 $D_{\mathrm{T, av}}$ 的选取

$$u_{\mathrm{T, av}} = \pi \cdot D_{\mathrm{T, av}} \cdot n_2 \tag{7.59}$$

$$D_{\mathrm{T, av}} = u_{\mathrm{T, av}}/(\pi \times n_2) \tag{7.60}$$

4) 出口涡轮叶片高度 l 的确定

通常情况下,涡轮叶片环出口面积 $A_{\mathrm{HPT, OUT}}$ 可近似表示为 $D_{\mathrm{T, av}}$ 的函数,则

$$A_{\mathrm{HPT, OUT}} = \pi \cdot D_{\mathrm{T, av}} \cdot l \tag{7.61}$$

所以

$$l = A_{\mathrm{HPT, OUT}}/(\pi \cdot D_{\mathrm{T, av}}) \tag{7.62}$$

5) 涡轮出口外径 $D_{\mathrm{HPT, OUT, t}}$ 和内径 $D_{\mathrm{HPT, OUT, h}}$ 的确定

$$D_{\mathrm{HPT, OUT, t}} = D_{\mathrm{T, av}} + l \tag{7.63}$$

$$D_{\mathrm{HPT, OUT, h}} = D_{\mathrm{T, av}} - l \tag{7.64}$$

7.5.2.2 压气机通道设计

1) 压气机直径和通道的选择

(1) 按流量连续方程和压气机进出口的速度系数 λ 的取值范围可得到压气机相

对进口面积比 $\overline{A}_{\mathrm{C}}$ 的近似关系式:

$$\overline{A}_{\mathrm{C}} \approx 0.6\pi_{\mathrm{HPC}}^{5/6} \tag{7.65}$$

压气机相对进口面积比定义为压气机进口面积与出口面积之比,定义式如下:

$$\overline{A}_{\mathrm{C}} = \frac{A_{\mathrm{HPC,\,IN}}}{A_{\mathrm{HPC,\,OUT}}} \tag{7.66}$$

高压压气机总增压比 π_{HPC} 已知(由热力计算获得),于是可求得 $\overline{A}_{\mathrm{C}}$。

(2) 选定压气机出口轮毂比 $\overline{d}_{\mathrm{HPC,\,OUT}}$ 的值($\leqslant 0.92$)。

(3) 选定压气机出口叶片高度 l_{OUT} 的值($> 20\,\mathrm{mm}$)。

(4) 计算出口面积 $A_{\mathrm{HPC,\,OUT}}$。

$$A_{\mathrm{HPC,\,OUT}} = \pi \times l_{\mathrm{OUT}}^2 \times \frac{1 + \overline{d}_{\mathrm{HPC,\,OUT}}}{1 - \overline{d}_{\mathrm{HPC,\,OUT}}} \tag{7.67}$$

(5) 计算进口面积 $A_{\mathrm{HPC,\,IN}}$。

$$A_{\mathrm{HPC,\,IN}} = \overline{A}_{\mathrm{C}} \times A_{\mathrm{HPC,\,OUT}} \tag{7.68}$$

(6) 计算出口外径 $D_{\mathrm{HPC,\,OUT,\,t}}$ 和内径 $D_{\mathrm{HPC,\,OUT,\,h}}$。

$$D_{\mathrm{HPC,\,OUT,\,t}} = \frac{2A_{\mathrm{HPC,\,OUT}}}{\pi \times l_{\mathrm{OUT}}(1 + \overline{d}_{\mathrm{HPC,\,OUT}})} \tag{7.69}$$

$$D_{\mathrm{HPC,\,OUT,\,h}} = D_{\mathrm{HPC,\,OUT,\,t}} \times \overline{d}_{\mathrm{HPC,\,OUT}} \tag{7.70}$$

(7) 计算压气机进口尺寸。

计算压气机进口尺寸一般按照流路通道的不同形式来进行。

等外径($D_{\mathrm{HPC,\,OUT,\,t}} = \mathrm{const}$):

$$D_{\mathrm{HPC,\,IN,\,t}} = D_{\mathrm{HPC,\,OUT,\,t}} \tag{7.71}$$

$$D_{\mathrm{HPC,\,IN,\,h}} = \sqrt{D_{\mathrm{HPC,\,IN,\,t}}^2 - \frac{4A_{\mathrm{HPC,\,IN}}}{\pi}} \tag{7.72}$$

$$\overline{d}_{\mathrm{HPC,\,IN}} = D_{\mathrm{HPC,\,IN,\,h}}/D_{\mathrm{HPC,\,IN,\,t}} \tag{7.73}$$

$$l_{\mathrm{IN}} = \frac{1}{2}(D_{\mathrm{HPC,\,IN,\,t}} - D_{\mathrm{HPC,\,IN,\,h}}) \tag{7.74}$$

等中径($D_{\mathrm{HPC,\,IN,\,av}} = \mathrm{const}$):

$$D_{\mathrm{HPC,\,IN,\,av}} = D_{\mathrm{HPC,\,OUT,\,av}} = (D_{\mathrm{HPC,\,OUT,\,t}} + D_{\mathrm{HPC,\,OUT,\,h}})/2 \tag{7.75}$$

$$l_{\mathrm{IN}} = \frac{2A_{\mathrm{HPC,\,IN}}}{\pi(D_{\mathrm{HPC,\,OUT,\,t}} + D_{\mathrm{HPC,\,OUT,\,h}})} \tag{7.76}$$

$$D_{\text{HPC, IN, h}} = D_{\text{HPC, IN, av}} - l_{\text{IN}} \tag{7.77}$$

$$D_{\text{HPC, IN, t}} = D_{\text{HPC, IN, av}} + l_{\text{IN}} \tag{7.78}$$

$$\overline{d}_{\text{HPC, IN}} = D_{\text{HPC, IN, h}}/D_{\text{HPC, IN, t}} \tag{7.79}$$

等内径($D_{\text{HPC, IN, h}} = \text{const}$):

$$D_{\text{HPC, IN, h}} = D_{\text{HPC, OUT, h}} \tag{7.80}$$

$$D_{\text{HPC, IN, t}} = \sqrt{D^2_{\text{HPC, IN, h}} + \frac{4A_{\text{HPC, IN}}}{\pi}} \tag{7.81}$$

$$l_{\text{IN}} = \frac{1}{2}(D_{\text{HPC, IN, t}} - D_{\text{HPC, IN, h}}) \tag{7.82}$$

$$\overline{d}_{\text{HPC, IN}} = D_{\text{HPC, IN, h}}/D_{\text{HPC, IN, t}} \tag{7.83}$$

参考机型CFM56-7B18近似按等内径通道形式进行计算。由上述计算求得压气机进口轮毂比$\overline{d}_{\text{HPC, IN}}$,若$\overline{d}_{\text{HPC, IN}} < 0.5$可选择更高的通道,从结构考虑,也可以给定$\overline{d}_{\text{HPC, IN}}$,选择相应通道形式。

(8) 求进口叶尖切线速度($u_{\text{C, IN, t}}$)。

$$u_{\text{C, IN, t}} = u_{\text{HPC, av}}(D_{\text{HPC, IN, t}}/D_{\text{HPC, OUT, av}}) \tag{7.84}$$

$$n_{\text{C}} = n_{\text{T}} \tag{7.85}$$

式中:$u_{\text{HPC, av}}$为高压压气机出口平均半径处的切线速度。若$u_{\text{C, IN, t}}$的计算结果过大,采用超声速级的马赫数超标,可以重新选定$\overline{d}_{\text{HPC, IN}}$重复(7)、(8)两项计算,以便满足要求。

2) 计算压气机级数Z_{C}

根据功平衡关系,可获得关系式:

$$Z_{\text{C}} = Z_{\text{T}}\left(\frac{D_{\text{HPT, av}}}{D_{\text{HPC, av}} \times K_{\text{T}}}\right)^2 \tag{7.86}$$

本算例Z_{C}已给出,经验参数K_{T}可以反算得出。

为了得到轴向尺寸,还应给定各级的相对的轴向尺寸和各级间的轴向间隙,初步确定时可根据设计经验采用综合统计数据,也可参考相关资料等。

7.5.2.3　燃烧室通道设计

1) 燃烧室长度l_{b}的确定

由于燃烧室设计目前没有系统的计算方法,大部分是采用半经验半理论的方法,也有采用原准机的缩放比的方法,一般在初步设计阶段采用原准机缩放方法。本节设计可以直接以参考机型的燃烧室长度作为设计长度,$l_{\text{b}} \approx 0.318\text{m}$。

2) 燃烧室扩散器设计

扩散器的作用是降低高压压气机出口流速,并使进入主燃区的流场稳定、均匀而且总压损失最小。一般采用突扩式扩散器。

(1) 选取扩张角 θ(试取 $8°\sim10°$)。

(2) 由 2θ 查图 7.8 得到气流不分离下的 l_D/H_D(试取 5.2),其中 l 为锥形二元扩散器的长度,H 为其进口高度,下标 D 表示扩散器。

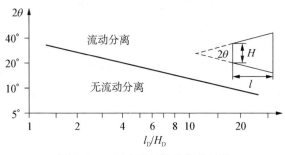

图 7.8　二元直壁扩散器分离极限

(3) 由 l_D/H_D 按选定扩散效率 η_D(试取 70%)查图 7.9 可得 $A_{D,\,OUT}/A_{D,\,IN}$。

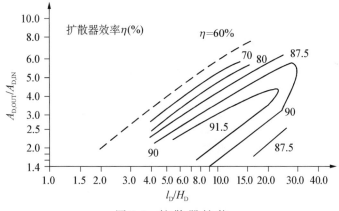

图 7.9　扩散器性能

(4) 由高压压气机出口面积(作为扩散器进口面积 A_{IN}),算出扩散器出口面积 A_{OUT}。

(5) 由压气机出口平均半径处到高压涡轮进口平均半径处连线作为燃烧室的平均中线。

(6) 取压气机出口叶片长度作为扩散器进口高度 H_D,由 l_D/H_D 的值可求取扩散器长度 l_D。

(7) 以参考机型的扩散器的出口内径作为设计内径 $D_{D,\,OUT,\,h}$(试取 $0.376\,\mathrm{m}$),通过扩散器出口面积 A_{OUT} 可算出扩散器出口的外径 $D_{D,\,OUT,\,t}$。

(8) 由主燃烧室面积 A_{mb} 和燃烧室中心线的尺寸就可算出主燃区的内、外径。

(9) 根据燃油在主燃区停留的时间 t_{res} 和选定的速度 v_{mb},可得到主燃区的长度 l_{mb}(本节设计可以按照参考机型试取 $l_{mb} = 0.154\,\mathrm{m}$)。

(10) 由燃烧室总长度减去扩散器长度(l_D)和主燃区长度(l_{mb})就得到涡轮进口的收敛段长度。

这样,燃烧室通道的主要尺寸就计算出来了,和高压系统一起获得燃气发生器的通道尺寸,但要检验是否满足各部分设计要求和限制,如果不满足要求则对选择参数重新计算,直到达到设计要求为止。

7.5.3　低压系统通道设计

低压系统通道设计与高压系统通道设计比较相近,也要满足转速相等和功率平衡,但它也有自己的工作特点和相应限制。另外,本节设计中略去了增压级压气机的设计。

7.5.3.1　风扇通道设计

风扇通道在低压系统设计中,变化范围比较窄,通道形式变化不大,一般采用等中径。

1) 风扇总迎面面积 $A_{F, \Sigma}$ 的计算

选取发动机进口速度系数 λ_{IN}(本算例选取为 0.54)和发动机进口的气动参数以及进口空气流量,可算出 $A_{F, \Sigma}$。

$$A_{F, \Sigma} = q_{ma, IN} \cdot K \cdot \sqrt{T_{t1}} / [p_{t1} \cdot q(\lambda_{IN})] \tag{7.87}$$

2) 发动机进口(即风扇进口)外径 $D_{F, IN, t}$ 的计算

选定风扇进口轮毂比 $\overline{d}_{F, IN}$(一般为 0.3～0.4 左右),本设计可试选 0.31。

$$D_{F, IN, t} = \sqrt{4A_{F, \Sigma} / [\pi(1 - \overline{d}_{F, IN}^2)]} \tag{7.88}$$

3) 风扇进口内径 $D_{F, IN, h}$ 的计算

$$D_{F, IN, h} = D_{F, IN, t} \overline{d}_{F, IN} \tag{7.89}$$

4) 风扇进口平均直径 $D_{F, IN, av}$

$$D_{F, IN, av} = (D_{F, IN, t} + D_{F, IN, t})/2 \tag{7.90}$$

5) 风扇进出口面积比 $\overline{A}_F$

按与高压压气机相似的进出口面积比公式,将式(7.65)中的压气机压比换成风扇压比,则

$$\overline{A}_F \approx 0.6\pi_F^{5/6} \tag{7.91}$$

6) 计算出口面积 $A_{F, OUT}$

$$A_{F, OUT} = \frac{\pi}{4}(D_{F, IN, t}^2 - D_{F, IN, h}^2) / \overline{A}_F \tag{7.92}$$

7) 选取第一级风扇叶尖切线速度 $u_{F,1t}$（一般为 $400 \sim 500\,\mathrm{m/s}$）

本设计可取 $420\,\mathrm{m/s}$。

8) 计算风扇平均直径处切线速度 $u_{F,av}$：

$$u_{F,\,av} = u_{F,\,1t} \cdot \frac{1 + \overline{d}_{F,\,IN}}{2} \tag{7.93}$$

9) 求风扇级数 Z_F

按风扇功与风扇级数、平均直径处切线速度及载荷参数之间的关系,选定压头系数即可求出风扇级数 Z_F,这样求出来的可能不是整数,可取整后再返回到前面选取参数,使之在合理范围内。本设计中风扇级数取为一级。

10) 风扇轴向尺寸计算

同高压系统一样,选取展弦比和间隙来确定轴向尺寸。

7.5.3.2　低压涡轮通道设计

低压涡轮通道与高压涡轮通道设计不同,低压涡轮转速是由风扇通道设计确定的,然后来检验低压涡轮强度。

1) 低压涡轮转速 n_{LPT}（即 n_1）：

$$n_{LPT} = n_F = u_{F,\,IN,\,t}/(\pi \cdot D_{F,\,IN,\,t}) \tag{7.94}$$

本设计中低压涡轮转速 n_{LPT} 已给出。

2) 低压涡轮出口面积 $A_{LPT,\,OUT}$

按流量公式,选取低压涡轮出口的速度系数（$\lambda_{LPT,\,OUT}$）,可以算出 $A_{LPT,\,OUT}$。本设计中可以选取 $A_{LPT,\,OUT}$ 为 $0.55\,\mathrm{m}^2$,然后计算出速度系数（$\lambda_{LPT,\,OUT}$）。

3) 计算低压涡轮应变参数 ε：

$$\varepsilon = \pi \cdot A_{LPT,\,OUT} \cdot n_{LPT}^2 \tag{7.95}$$

若计算的 ε 值超过强度限制,可以选用更好的材料或采用冷却措施,也可两者同时采用。若这样还达不到要求,可返回到风扇通道设计,重新确定转速。

4) 低压涡轮直径 D_{LPT} 的确定

低压涡轮直径的确定与很多因素有关,如涵道比大小、高低涡轮通道的匹配等。开始设计时,可借助统计数据——低压涡轮和风扇平均直径比来确定。

本设计中按照参考机型选取外径 $D_{LPT,\,OUT,\,t} = 1.04\,\mathrm{m}$,根据给出的涡轮出口面积 $A_{LPT,\,OUT}$,再计算得到内径。

5) 计算低压涡轮出口叶片长度 $h_{LPT,\,OUT}$：

$$h_{LPT,\,OUT} = \left(D_{LPT,\,OUT,\,t} - \sqrt{D_{LPT,\,OUT,\,t}^2 - \frac{4 A_{LPT,\,OUT}}{\pi}} \right)/2 \tag{7.96}$$

6) 检查末级叶片的强度储备

如果强度储备不够,可以采取冷却措施,如果达不到目的,可采用减小应力参数值方法,即降低转速、缩小低压涡轮出口面积等,返回前面重新计算,直到合乎要求为止。

7) 确定低压涡轮级数 $Z_{T, LP}$

由低压涡轮功公式选定载荷参数求得 $Z_{T, LP}$,如果不是整数,进行取整后,返算回去,求得载荷参数,应在经验参数范围内,否则,继续向前返,直到参数合理。

8) 低压涡轮轴向尺寸

按照经验、统计规律或相关参考资料等来选各级相对轴向尺寸(或展弦比)和间隙来确定轴向尺寸。

7.5.4 低压系统和高压系统通道匹配

1) 高、低压涡轮匹配

(1) 小涵道比的发动机,一般采用等中径的,而且高、低压涡轮的中径差别不大,匹配比较容易。

(2) 大涵道比的发动机,低压涡轮级数比较多,通道形式也比较多,要从保证低压涡轮效率,强度储备等方面来选择通道。还应考虑与高压涡轮匹配的压力损失小,过渡段短等。

2) 风扇和高压压气机的匹配

(1) 风扇和高压压气机均为等外径,这样风扇出口轮毂比增加,压气机进口轮毂比降低,必须采用长的过渡段,以降低损失,但会导致轴向尺寸加长、重量增加。

(2) 风扇和压气机均采用等中径,这样过渡段可以缩短、过渡损失可降低,从匹配角度选择此种方案较好。

(3) 对于大涵道比,有增压级的风扇,风扇可以采用等外径,增压级采用中径逐步降低,高压采用等内径。

本节设计采用的是大涵道比发动机的设计。

7.5.5 外涵道流路设计

1) 分开排气的发动机

以低压涡轮出口外径(考虑结构厚度尺寸)处为外涵喷管的内径,利用热力计算算出的喷管出口面积和外涵喷管出口的外径,与风扇出口外径和喷管出口外径连一直线,作外涵道的外壁。内壁由风扇的分流环外径和低压涡轮出口外径连线构成。

2) 混合排气的发动机

将混合器外涵进口处的内、外径分别与风扇出口分流环的外径和风扇出口外径连接起来,中间的过渡形状考虑外涵损失最小和发动机外廓尺寸的限制。

本算例选取的参考机型为分开排气的发动机。

7.5.6 喷管通道设计

发动机喷管是发动机直接产生推力的部件,它的好坏直接影响发动机性能。发动机喷管分收敛型喷管、收-扩喷管等。

1）收敛喷管设计

收敛喷管通道设计又分可调和不可调两种。

（1）不可调收敛喷管。

它依据性能设计时要求的喷管出口面积（A_9），算出喷管出口直径和排气管直径及最大排气系数所对应的收敛角，确定了喷管的长度。

（2）可调收敛喷管。

它主要依据加力发动机在加力状态和不加力状态的喷口面积来定最大出口直径和最小出口直径，再依据最大排气系数值所对应的收敛角定出喷管长度。

2）收-扩喷管通道设计

收-扩喷管分成主喷管和副喷管两部分，两者之间是喉道，喉道面积由性能设计确定，收敛角也通过选定的最大排气系数查相应经验曲线得出，这样主喷管长度就可算出。副喷管即扩张喷管，它的扩散角是由要求的排气速度系数、选定的排气面积比（A_9/A_8）确定的，查曲线得到，这样就可算出副喷管长度。

本算例选取的参考机型为不可调收敛喷管设计。

7.6　发动机重量估算

在发动机初步设计阶段，没有详细的结构图纸，精确的零部件尺寸也很少，要估计发动机的重量是很困难的。但在实际工作中（设计初期）往往要使用发动机重量这个数据，用作发动机强度估算以及飞机性能估算的原始数据。在这种情况下只有使用经验法来推算发动机重量。这种方法用少量影响发动机重量的参数，参考现有发动机的数据，来做计算。应当说这些方法不是很精确的，一般说有 10% 左右的误差就算是可用的。估算法大体分为两类：一类是按发动机总参数推算；一类是按零部件计算，再把各零部件的重量集合起来。现在分别进行介绍。

1）3/2 次方估算法

这种方法的根据是发动机放大或缩小时，推力增加是按线形尺寸的平方关系增加，而重量的增加是按线形尺寸的立方关系增加的。因此，发动机重量增加等于推力增加的 3/2 次方倍。

以上这个估算适用于发动机简单放大或缩小。结构变化不大，参数变化也不大。再者，发动机中某些零部件或附件的重量不可按这个关系缩放（如钣料厚度，螺钉数目），一般认为 1.5 次方指数可能偏大，达不到，应该减小，例如 1.35 较接近实际。

2）参数法

参数法是利用影响发动机性能和重量的关键因素，形成指数函数关系来估算发动机重量。由于它使用的参数较多，这种方法可用于计算不同结构和代别的发动机。

影响发动机重量的第一个参数是空气流量，它的重要性不言而喻。第二个参数

是涡轮前燃气温度 T_{t4},它对发动机性能和重量的关系要复杂一些;T_{t4} 增加,提高了发动机的自由能量,从而提高了发动机单位推力;若保持发动机推力不变,就要减少发动机空气流量,从而使发动机重量下降。第三个参数是涡轮叶尖切线速度 u_T,该参数增加,降低了涡轮载荷系数,但也导致零件应力水平的提高,势必增加转子重量;为了保持应力水平不变,一般要用盘的厚度和叶片尺寸加以弥补,反而使转子重量增大。第四个是代份系数,它综合反映设计水平,材料状况以及工艺方法的进步等因素;一般来说研制的年代越早,代份系数越大,一般大致在 3.0~3.7 范围内。

3) 用零部件重量计算整机重量

本方法比以上两种方法精确,但工作量比较大,计算程序比较复杂,只是在特殊情况下加以使用。在方案估算时,一般用估算法和参数法是足够的。当零部件尚未设计时,难以取得本方法应用需要的数据。

参 考 文 献

[1] 《航空发动机设计手册》总编委会. 航空发动机设计手册(第五册　涡喷及涡扇发动机总体)[M]. 北京:航空工业出版社,2001.

[2] 朱之丽,陈敏,唐海龙,等. 航空燃气涡轮发动机工作原理及性能[M]. 上海:上海交通大学出版社,2014.

[3] 廉小纯,吴虎. 航空发动机原理[M]. 西安:西北工业大学出版社,2005.

[4] 李继保,张力,李泳凡,等. 大型客机发动机总体方案研究[R]. 中国航空学会 2007 年学术年会,2007.

[5] 黄红超,李美金,王为丽. 民用涡扇发动机总体方案设计分析[R]. 中国航空学会 2007 年学术年会,2007.

思考和练习题

1. 选取发动机工作过程的输入参数:假设没有放气;相对功率提取系数 c_{T0} 等于提取的功率与发动机总的空气质量流量的比值,本计算例题中取为 3.0。冷却气量假定从高压压气机出口引出 $\delta = 11\%$ 的内涵空气,其中 $\beta = 1.0\%$ 作为抽气提供给座舱增压用,10% 作为冷却涡轮用。在冷却涡轮的 10% 空气分配假定:$\delta_1 = 8.0\%$,用于高压涡轮,其中 4.5% 用来冷却高压涡轮第一级导向叶片,3.5% 用来冷却高压涡轮第一级工作叶片;$\delta_2 = 2.0\%$,用于低压涡轮,其中 1.0% 用来冷却低压涡轮导向叶片,余下的 1.0% 作为冷却低压涡轮工作叶片用。

输入发动机流程损失参数为:

进气道总压恢复系数	$\sigma_i = 0.97$	尾喷管总压恢复系数	$\sigma_c = 0.985$
主燃烧室总压恢复系数	$\sigma_b = 0.97$	外涵风扇出口至混合室进口	
混合室总压恢复系数	$\sigma_m = 0.97$	的总压损失系数	$\sigma_{II} = 0.98$
加力燃烧室总压恢复系数	$\sigma_{b,ab} = 0.96$		

输入的常量热力循环参数为：

风扇绝热效率	$\eta_{LPC} = 0.870$	低压轴机械效率	$\eta_{mL} = 0.99$
高压压气机效率	$\eta_{HPC} = 0.879$	空气定熵指数	$k = 1.4$
主燃烧效率	$\eta_b = 0.99$	空气比定压热容	$c_p = 1.005\,kJ/(kg \cdot K)$
高压涡轮效率	$\eta_{HPT} = 0.90$	燃气定熵指数	$k_g = 1.3$
低压涡轮效率	$\eta_{LPT} = 0.917$	燃气比定压热容	$c_{pg} = 1.244\,kJ/(kg \cdot K)$
加力燃烧效率	$\eta_b = 0.97$	气体常数	$R = 0.287\,kJ/(kg \cdot K)$
高压轴机械效率	$\eta_{mH} = 0.99$	燃油低热值	$H_u = 42\,900\,kJ/kg$

选取设计点飞行条件为：飞行马赫数 $Ma = 2.0$，飞行高度 $H = 11\,km$。

选取发动机工作过程参数为：涵道比 $B = 0.38$，风扇增压比 $\pi_{LPC} = 3.95$，高压压气机增压比 $\pi_{HPC} = 5.316$（总增压比 $\pi_C = 21.0$），涡轮前总温 $T_{t4} = 1900\,K$，加力燃烧室出口总温 $T_{t,ab} = 2050\,K$。按照上面所给的各种参数，采用分段定比热气动热力计算方法，进行混合排气加力涡扇发动机设计点的气动热力计算，最终给出加力时发动机的单位性能参数。

2. 采用分段定比热气动热力计算方法，对于双轴分开排气涡轮风扇发动机需自行推导计算公式，选定某型干线客机的巡航高度为 11 km，巡航 Ma 为 0.8，所需发动机的单台巡航推力为 140 kN，巡航耗油率不高于 0.58 kg/(daN · h)。自行选取发动机设计参数（热力循环参数），包括：涵道比、涡轮前温度、发动机总增压比（合理分配中压压气机增压比和高压压气机增压比）、风扇增压比，合理确定参数范围。自行查阅国内外发动机资料，合理选取各部件的效率和总压恢复系数，包括：风扇效率、中压压气机效率、高压压气机效率、燃烧室总压恢复系数、燃烧效率、高压涡轮效率和低压涡轮效率等。计算条件可以选取各部件效率和各流道损失等参数均保持为相同值，只变化需进行分析的 4 个循环参数。编制程序，完成发动机性能设计方案的热力计算，在此基础上，确定一组较佳的热力循环参数组合，画出热力循环参数组合图形，分析涵道比、风扇外涵增压比、总增压比、涡轮前总温对耗油率、单位推力的影响，并给出满足飞机性能要求的最终方案。

3. 利用上述第 2 题的计算方法，选取 CFM56 - 7B18 的热力参数（未给出的参数按照上述第 2 题中所取的进行），重新进行一遍热力计算。按照发动机流路设计方法，进行发动机流路设计计算。最终采用三维造型或二维绘图软件，完成发动机流路剖面图设计（要有内、外流道的端壁型线，把每级叶片用竖线示意画出，标注所有计算出来的径向尺寸；轴向尺寸参考 CFM56 - 7B18 剖面图）。

注：上述第 2，3 道思考和练习题需完成计算报告。

第8章 航空燃气涡轮发动机结构设计

航空燃气涡轮发动机结构设计是发动机研制与使用中非常重要的环节。结构设计是一项综合性很强、紧密结合实际的工作。在结构设计中，一般要综合考虑气动、性能、传热、材料、工艺、强度、振动、装配、使用和维修等诸多方面的问题，并结合国内外航空发动机的研制、使用经验，进行权衡，才能得到较好、较适用的设计。本章分总体结构方案设计和部件结构设计两部分进行讲述。

8.1 航空燃气涡轮发动机总体结构方案设计

按飞机的技术指标要求，在确定了发动机性能指标，提供了总体流路图、各部件参数及有关结构参数后，就可以开展发动机的总体结构方案设计。

8.1.1 发动机总体结构布局

发动机总体结构方案设计应遵循的主要原则有：

（1）在保证工作可靠的前提下，力求结构简单，零件数目少，强度储备合理，重量轻。

（2）广泛采用经过验证的、成熟的高、新技术，并考虑各方面的因素，从而达到一种平衡设计，以减少风险。

（3）重视国内外以往设计、使用、维修等方面经验，以指导新机研制。

（4）在整个设计过程中，对发动机的可靠性，可维护性，可保障性应给予足够的重视。

发动机总体结构布局主要进行如下工作：

（1）转子支点布局及支承形式安排。

（2）承力系统及传力路线安排。

（3）发动机转、静子同心度保证。

（4）发动机装配性考虑。

（5）发动机转、静子之间的联结结构。

（6）润滑封严方案选取。

（7）润滑系统、漏油系统安排。

（8）支承结构方案。

（9）全台发动机重量控制等。

总体结构方案设计是航空发动机设计中的重要一环，它是技术设计阶段中总体结构设计、各部件和系统设计的基础。总体结构方案设计的好坏对发动机研制全局会带来重大影响，所以在此阶段必须进行多方案的论证比较，以求得总体结构方案既先进又现实合理，减少研制风险。

8.1.2　发动机转子的支承方案

在航空燃气涡轮发动机中，压气机（或风扇）转子与涡轮转子以及连接它们的零件、组件组成了发动机的转子（在单转子发动机中），发动机高、低压转子（在双转子发动机中）或发动机高、中、低压转子（在三转子发动机中）。发动机中转子采用几个支承结构（简称支点），安排在何处，称为转子的支承方案。

转子的支承方案设计的内容包括确定转子的结构形式、转子支承的位置、所使用轴承的类型和联轴器的选取。转子支承的作用是承受转子上各种负荷包括气动力、重力、惯性力等，并外传，最后传到安装节。

发动机转子支承方案的选择、转子支点数目的多少及其布局关系到发动机结构、质量、性能，是对发动机效率、性能保持和使用寿命起关键作用的因素，而且也影响转子的动力特性，所以在结构方案设计时必须精心考虑。

目前，国内外无论军用还是民用的涡喷、涡扇发动机大都采用多转子结构，每一转子的不同轴都可以选择不同的支承方案。但随着使用经验的积累和交流，结构已基本类似。对一台新设计的发动机，转子数目的多少，支点数目及位置如何选择，没有一个固定的模式，各个公司都有自己的设计经验、设计传统和特色，不能照搬，只能根据发动机结构尺寸，压气机和涡轮级数多少，参考有关原准机及自己的经验来确定。

单转子支承方案一般采用 2～4 个支点，双转子支承方案一般采用 4～7 个支点，三转子支承方案一般采用 7～8 个支点。

在当今投入使用的许多军、民用双转子涡喷、涡扇发动机中，广泛采用了五支点支承方案，此方案可以说是双转子发动机最典型的结构方案，比如 PW4000，CFM56，V2500 等发动机均采用此方案。图 8.1 示出了 PW4000 发动机转子支承方案，其高压压气机（HP）转子采用了 1-1-0 支承方案，低压压气机（LP）转子采用了 0-2-1 支承方案。此种支承方案的特点是高压涡轮悬臂支承，转子短、刚性好、效率高，但轴颈尺寸受到轴承的限制，燃烧室机匣作为承力结构从而重量加大；低压转子后支点放置涡轮后，转子跨度大、动力特性差；高、低压转子互不干扰，便于装配。图 8.2 示出了 CFM56 发动机转子支承方案，其高压压气机转子采用了 1-0-1 支承方案，低压压气机转子采用了 0-2-1 支承方案。这两型发动机的共同点是支点数目，它们之间的差别在于高、低压转子支承形式不一样，CFM56 发动机的支承方案与 PW4000 的显著区别在于其高压涡轮后轴承支承于低压轴上，即采用了中介轴承，也称为中介支点，转子间的动力影响较大，低压转子的工作好坏对高压转子

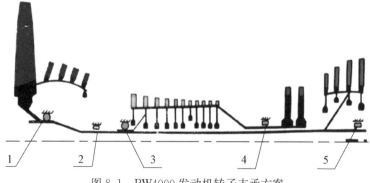

图 8.1　PW4000 发动机转子支承方案

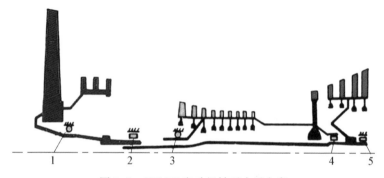

图 8.2　CFM56 发动机转子支承方案

有较大影响,低压转子需采用刚性联轴器,低压机匣、转子均要求有高的加工精度,轴承的供油、封严、安装存在困难。中介支点的优点是能使发动机总体布局简单,可以减小转子长度,节省一个承力框架,降低发动机的重量等,因此目前有很多型号的发动机采用了中介支点的转子支承方案。

　　典型的三转子发动机例如 RB211 系列发动机的支承方案如图 8.3 所示,采用了 8 个支点,其高压压气机(HP)、中压压气机(IP)和低压压气机(LP)的支承方案

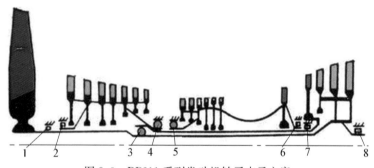

图 8.3　RB211 系列发动机转子支承方案

分别为：HP1－0－1，IP1－2－0，LP0－2－1，其中 3 号止推轴承采用了中介轴承。

　　联轴器是将涡轮轴与压气机轴连接起来的组件，其作用是传扭、传轴向力、传径向力并起到支点的作用。联轴器的形式分为刚性和柔性联轴器两种。常用的刚性联轴器有套齿式联轴器、精密螺栓联轴器和圆弧端齿联轴器 3 种。套齿式联轴器如图 8.4 所示，采用双圆柱面定心，套齿传扭，大螺母承受轴向力。精密螺栓联轴器如图 8.5 所示，采用双圆柱面定心，螺栓传扭及轴向力。圆弧端齿联轴器如图 8.6 所示，采用圆弧定心，端齿传扭，螺栓传递轴向力。常用的柔性联轴器一般采用球面配合的形式，如图 8.7 所示的 WP8 发动机低压转子就采用了球头短轴形式的柔性联轴器。

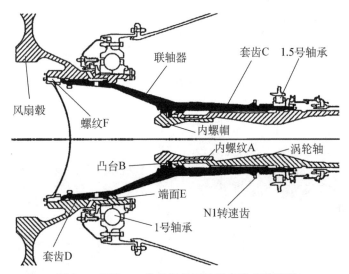

图 8.4　PW4000 发动机低压转子套齿式联轴器

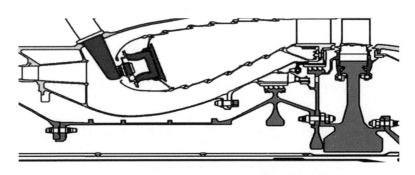

图 8.5　F404 发动机高压转子精密螺栓联轴器

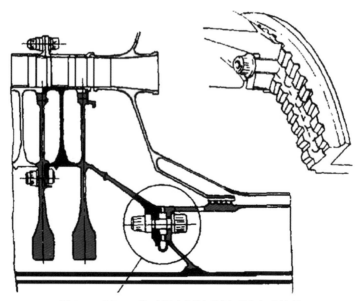

图 8.6 RB199 发动机高压转子圆弧端齿联轴器

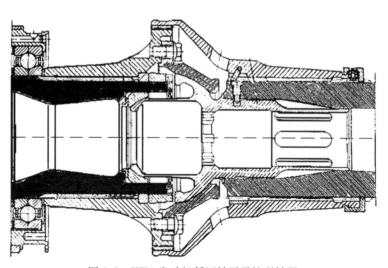

图 8.7 WP8 发动机低压转子柔性联轴器

总之,从总体结构布局上看,发动机转子支承方案的选择归纳起来有如下一些特点:

(1)为简化发动机总体结构,减少承力框架数和缩短发动机长度,广泛采用中介支点结构。

(2)为减少承力框架数,减轻发动机重量,采用静子叶片或叶片中承力构件作为传力结构。

(3)为减少低压转子不稳定工作对高压转子的影响,低压转子采用刚性联轴器。

（4）在三转子发动机中,为装拆滚珠轴承方便,采用圆弧端齿联轴器。

（5）无论在双转子发动机中,还是在三转子发动机中,低压转子大多数采用 1-1-1, 0-2-1 或 1-2-0 三支点支承方案,而高压转子大都采用 1-0-1 或 1-1-0 两支点支承方案。

（6）除三转子特殊情况外,一般不采用涡轮级间承力框架。

8.1.3　发动机承力系统

发动机的承力系统由支承结构和承力构件组成。发动机承力系统必须满足下述要求:

（1）支承结构和承力构件必须具有足够的刚度和强度。

（2）高温条件下有良好的变形协调能力,以保证转、静子间的工作间隙。

（3）较好的振动特性,并具有长时间可靠工作的能力。

（4）能正常、稳定、长寿命地工作。

各种发动机的承力系统有不同的设计结构。图 8.8 示出了 CFM56 发动机的承力系统。该承力系统中有 2 个转子,5 个支点(其中 1 个中介支点),2 个承力框架(中介机匣、涡轮后轴承机匣)和 2 个滑油腔,结构非常简单。

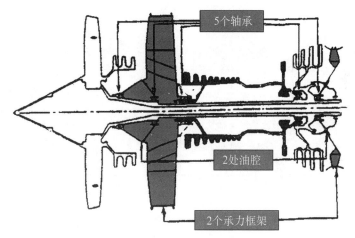

图 8.8　CFM56 发动机的承力系统

8.1.3.1　止推轴承的位置

一般发动机转子的止推支点除承受转子上的轴向、径向负荷外,还决定着转子相对于机匣的轴向位移量,因此每个转子只能有一个止推支点,由于该支点负荷较大,故一般都置于温度较低的地方,在双支点中均放在压气机之前。另外离主安装节要近,使传力路线短。

就双转子、三转子发动机而言,对无进口导叶的低压转子,止推支点大多安排在风扇后的支点上。对有进口导叶的低压转子,止推支点大多安排在风扇前的支点上。

在三转子发动机中,为使 3 个止推支点负荷仅通过一个承力框架传出,将低压转子的止推支点设计为中介支点。如 RB211 发动机将其安排在中压压气机后轴内,中压转子止推支点安排在中压压气机后。这种安排较为合理,它处于中压压气机后轴上的低温区内,中压转子前后端相对机匣的轴向位移小,对发动机性能恶化影响小。

对高压转子,无论是双转子发动机,还是三转子发动机,大部分都采用两个支点,当采用中介机匣时止推支点一般都安排在压气机前端,如 PW 系列、F100 系列、RB211 系列、CFM56 系列、V2500、GE90 等(只有 CF6 系列发动机例外,因采用三支点结构设计,止推支点位于高压压气机后),当无中介机匣时,止推支点安排在压气机后。

在有些发动机上,如 GE90 高压转子前支点,如图 8.9 所示,采用珠棒并列使用方式。CF6 系列高压转子的中支点也采用珠棒并列使用方式。采用这种结构,让滚珠轴承仅承受轴向力,滚棒轴承承受径向力,从而减轻了滚珠轴承的负荷,使轴承寿命延长,故障率下降。另外此种结构可保持转子叶尖与机匣的间隙均匀,提高效率。

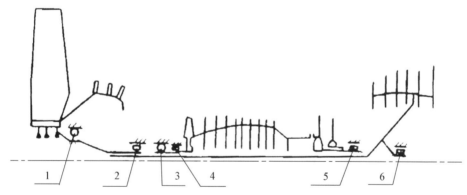

图 8.9 GE90 发动机转子支承方案(3、4 号轴承采用珠棒并列)

8.1.3.2 安装节位置的初步选择

发动机安装节是发动机连接到飞机上的固定点,并将发动机的各种负荷传给飞机。它也是发动机的重要构件。

发动机安装节有主安装节和辅助安装节。主安装节主要承受发动机推力载荷、重量、机动飞行的陀螺力矩及惯性载荷等,一般设置在靠近发动机重心,机匣强度、刚度较大,温度较低的前安装面上;辅助安装节仅承受发动机部分重量、弯矩和扭矩,一般设置在发动机后安装面上。

安装节数目应尽可能少,以便更换发动机时方便,主安装节可以是 2 个或 3 个;

辅助安装节可以是 1 个或 2 个。但不论数目多少,所有主、辅安装节,均应各在同一横截面内,而且所有主、辅安装节中,相对飞机只有一个是牢接点,即死点,其余各点均应自由,以便协调飞机与发动机膨胀不一致所产生的位移。

安装节要能承受 3 个方向的力和 3 个方向的扭矩。6 个约束形成了一个静定的安装结构方案,如图 8.10 所示。超静定的安装约束也是可以的。

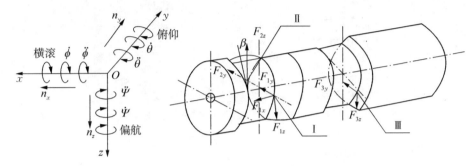

Ⅰ—主安装节;Ⅱ—前辅助安装节;Ⅲ—后辅助安装节。

图 8.10　某涡扇发动机安装节的受力情况

8.1.3.3　发动机传力系统

发动机工作时,承受和传递负荷的承力框架和承力壳体组成了发动机的传力系统。

传力系统的类型取决于发动机的型别,压气机(或风扇)、燃烧室和涡轮的结构形式及它们之间的相互位置,取决于转子的支承方案及其重量与负荷等。对组成传力系统的主要传力机匣有如下要求:

(1) 在满足传递的载荷条件下,力求结构简单、重量轻、刚性大。

(2) 应使发动机结构件易装配、分解及维护。

(3) 机匣结构在受热不均匀或零件材料膨胀系数不同的情况下,具有良好的变形协调能力。

涡喷发动机传力方案按照承受和传递负荷方式的不同可分为内传力,外传力,内、外混合传力以及内、外并行传力 4 种传力方案,其中内、外混合传力方案应用最广。涡扇发动机传力方案大多采用并行传力方案。下面介绍内、外混合传力方案和内、外并行传力方案。

1) 内、外混合传力方案

在内、外混合传力方案中,压气机机匣与涡轮机匣及后轴承机匣用燃烧室内套和外套连接,而且燃烧室内、外套在前、后两端也相互连接起来,形成一个封闭的传力系统,如图 8.11 所示。尾喷管、加力燃烧室、涡轮机匣及后轴承上的负荷分两路,由燃烧室内套和外套共同承受并传至安装节。负荷在内、外壳体上的分配按两者的刚性及前后端连接方案来确定。

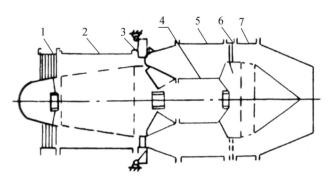

1—压气机前轴承机匣；2—压气机机匣；3—中轴承机匣；4—燃
烧室内套；5—燃烧室外套；6—后轴承机匣；7—涡轮机匣。

图 8.11　内、外混合传力方案的发动机机匣简图

2) 内、外并行传力方案

在内、外并行传力方案中,涡轮机匣与压气机机匣用燃烧室外套连接,涡轮轴承则由燃烧室内壳体或直接用涡轮轴承机匣与压气机机匣连接。尾喷管上的负荷由燃烧室外套传递,涡轮轴承负荷由燃烧室内套(或涡轮轴承机匣)传递。静子叶片上的负荷或由外壳体传递或由内壳体传递,如图 8.12 所示。这种传力方案中,涡轮导向器不作为承力件,因此处温度较高。

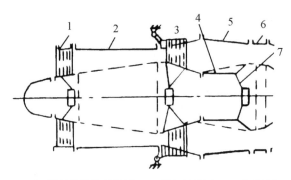

1—压气机前轴承机匣；2—压气机机匣；3—中轴承机
匣；4—燃烧室内套；5—燃烧室外套；6—涡轮机匣；7—涡轮
轴承机匣。

图 8.12　内、外并行传力方案的发动机机匣简图

8.1.3.4　承力框架

将转子支点的负荷通过气流通道传至外机匣的构件,称为承力框架。一般装有发动机主安装节的承力框架为主承力框架。从目前已投入使用的军、民用涡喷、涡扇发动机统计来看,承力框架一般安排 2～4 个。

承力框架的结构形式是多种多样的,现代军、民用涡喷、涡扇发动机中,承力框

架的结构有铸造承力框架(见图 8.13)、机械连接式承力框架(见图 8.14)和焊接承
力框架等。

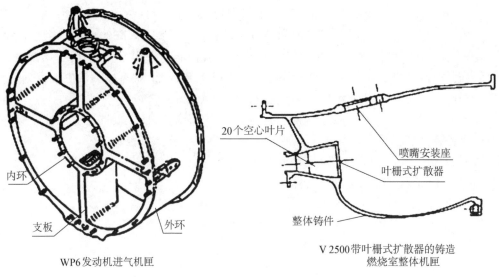

　　　　　　WP6 发动机进气机匣　　　　　　　　　　V 2500 带叶栅式扩散器的铸造
　　　　　　　　　　　　　　　　　　　　　　　　　　　燃烧室整体机匣

图 8.13　铸造承力框架示例

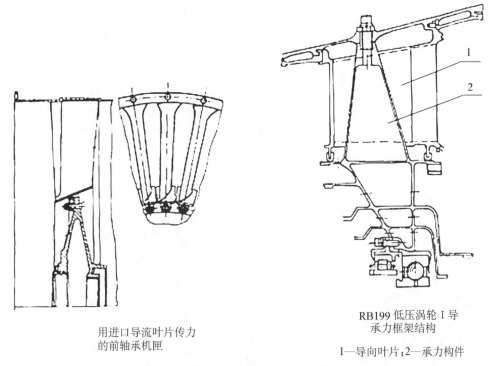

用进口导流叶片传力
的前轴承机匣

RB199 低压涡轮 I 导
承力框架结构

1—导向叶片;2—承力构件

图 8.14　机械连接式承力框架示例

8.1.3.5　支承结构和空气系统安排

发动机支承结构包括轴承、对轴承进行冷却与润滑的滑油供入及回油结构、防止滑油漏入气流通道以及防止高温气体漏入轴承腔的封严装置等。

支承结构中,轴承的设计常用滚棒轴承和滚珠轴承,特点是径向尺寸大,轴向尺寸小,工作温度可到 300℃,高速轴承即 DN 值很大(一般大于 1 000 000),离心力和摩擦力大,要求润滑和冷却良好。为了保证轴承在高温下工作,一般采用隔热衬套、环内开槽、内环供油和喷油冷却等结构,供油采用直射喷油、轴下供油或甩油盘等方式,封严方式一般采用篦齿封严、端面石墨密封、螺纹式封严或刷式封严等。

在总体结构方案设计阶段,除进行总体结构方案考虑外,还要同总体性能、总体强度、各部件及系统进行空气系统的安排与协调,其主要内容包括:

(1) 发动机整机空气系统流路走向。

(2) 内流系统冷却空气量的确定。

(3) 各轴承封严腔压力控制水平及最小气动负荷时的压力状况。

(4) 各引气节点的开孔数目及孔径尺寸估算。

(5) 各转、静子封严部位结构尺寸方案协调。

(6) 全机热端部件构件的温度负荷的调控目标及措施。

(7) 发动机转子压力平衡设计。

(8) 发动机转、静子间隙控制等。

8.1.4　临界转速的估算

临界转速是转子的自振频率等于激振频率发动机共振时的转速。总体结构方案阶段临界转速估算的目的是为了确定发动机合理的支点布局和支承结构设计,总体结构方案设计阶段必须进行转子的临界转速估算,以便达到改变和控制转子的临界转速值,使转子的临界转速尽量不在工作转速范围内。

影响转子-支承系统的临界转速因素是多方面的,有转子自身的、转子的支承布局和支承本身,还有制造、装配及运行方面的因素等。从设计的角度看,主要的影响因素有下面几点:

(1) 转子自身的因素主要是指它的抗弯刚度 EJ 以及质量,同时也受到转子构件之间连接刚度的影响。对于航空燃气涡轮发动机来说,转子的横截面尺寸受到总体布局与气动设计的制约,构件连接刚度取决于连接方式和连接紧度。在转子动力学设计中,总是力图在给定条件下,使转子本身具有最大的而且均匀的抗弯刚度,使质量适当分布,特别是不要过分集中于刚度较薄弱的位置,以便既可以提高其轴线弯曲型的临界转速,又不会产生过大的局部变形。

(2) 转子的支承布局也是影响临界转速的重要因素,一般在相同条件下,悬臂式转子比简支式转子具有更高的临界转速,对于简支式转子,总是力图缩短支点跨度以提高其临界转速;对于悬臂式转子,则应尽量适当放大支点跨度而减小外伸度以提高临界转速,使转子的质量尽量靠近支承,既可提高临界转速,又可改善其动力特性。

（3）支承的柔性严重影响着转子-支承系统的临界转速。转子的临界转速可能由于支承柔性的增加而大幅度地降低。

临界转速的估算方法详见相关书籍、手册。

8.1.5　发动机设计选材

一台发动机是由成千上万个零件组成的，而每个零件又是由不同的材料用不同的工艺方法制成的。因此，在发动机总体结构方案初步设计阶段，设计师就要同时考虑选择什么样的材料制造发动机的零件，即发动机零件设计选材问题。设计选材是发动机设计的重要组成部分，根据发动机的总体设计要求提出发动机各主要零件的设计选材方案，并进行详细的选材方案论证。

发动机零件设计选材主要考虑以下几个方面：

（1）零件的工作环境温度、介质情况。

（2）零件的载荷受力状态。

（3）零件的结构复杂程度及制造工艺。

（4）零件的使用功能、重要性及寿命要求。

（5）材料的比强度、比模量及其物理特性、力学性能和断裂力学参数等。

（6）材料的先进性、通用性及可靠性。

（7）材料的价格。

（8）国产材料及毛坯的供应状况。

航空发动机材料的应用还需考虑以下特点：

（1）材料的选用、研制、生产、检测（在软件与硬件方面）应全面满足适航性要求。

（2）应加强材料和零件的无损检测工作，提高缺陷的检出概率和控制水平。

（3）应加强材料研究中与高可靠性、高安全性、高耐久性（长寿命）相关的工作。如开展统计性的、长寿命（几万小时）的材料数据（如持久/蠕变寿命、高/低周疲劳寿命、裂纹扩展速率）的测试；开展长期（几万小时）热暴露条件下的组织和性能稳定性研究；在选材中考虑钛合金可能引起的失火问题等。

下面以 CFM56 发动机主要零件的选材为例简要分析航空发动机的选材特点。

8.1.5.1　高温合金

在各种材料在发动机上的应用中，高温合金占主导地位，包括变形高温合金、铸造高温合金和粉末高温合金。

变形高温合金中以 Inconel718（相当于我国的 GH4169 合金）在发动机上的应用最为普遍，Inconel718 合金的用量约占整个高温合金用量的 60%。Inconel718 合金从材质上可分为优质和普通两种，优质 Inconel718 合金一般用于轮盘、轴、工作叶片等受力较大的转动部件，多采用三次熔炼工艺生产。GH4169 合金可以进行锻、轧、挤压、拉拔的变形，可以制成盘、环、棒、板、带和管等各种锻件和型材。该合金在 650℃ 以下具有高强度、高疲劳性能，并具有较好的抗氧化性，合金的焊接性能也较好，可以通过摩擦焊、电子束焊等方法把多个盘类零件焊接成多级组合件，也可与其他金属材料焊接在一起。我国生产的 GH4169 合金也已得到广泛的工程应用并已批量生产。

用于制造涡轮叶片的铸造高温合金 Rene125（相当于我国的 K125）和 Rene77（相当于我国的 K77）合金为多晶合金；DSX40（相当于我国的 DZ40M）和 DSRene80H 为第一代柱晶合金；Rene142 为第二代柱晶合金；ReneN5（性能水平相当于我国的 DD6）为第二代单晶合金。In718C（相当于我国的 K4169）合金用于制造燃烧室进口扩压器。我国生产的 K4169 合金已得到工程应用并已批量生产。

P/M Rene95（相当于我国的 FGH95）粉末高温合金用于制造高压涡轮前、后挡板。我国生产的 FGH95 合金采用等离子旋转电极（PREP）制粉十热等静压（HIP）工艺，已得到工程应用并已批量生产。FGH95 合金是我国研制的第一个粉末高温合金，与同类铸、锻高温合金相比，它具有组织均匀、晶粒细小、屈服强度高、疲劳性能好等优点，是当前在 650℃ 工作条件下强度水平最高的一种转动件用高温合金。MA754（相当于我国的 MGH754）为机械合金化（MA）的氧化物弥散强化（ODS）合金，用于制造高压涡轮导向器后篦齿环，满足了 1000℃ 高温下抗氧化和耐腐蚀的工作环境要求。我国生产的 MGH754 合金已得到工程应用并已批量生产。

8.1.5.2 钛合金

钛合金在发动机较低温部件（500℃ 以下）上尤其是风扇、中介机匣、高压压气机中得到充分应用，这对于发动机减重，提高推重比具有重要意义。

由于存在成分偏析、硬 α 相等问题，曾导致 JT3D，CFM56 发动机风扇盘发生低周疲劳断裂。欧美多个国家对此进行了大量的研究，并开发了三次熔炼的钛合金替换二次熔炼的钛合金，以改善材料的低周疲劳性能和可靠性。优质钛合金注重原材料的优选、减少杂质元素含量、生产过程的控制及改善无损检测特性。优质 Ti-6A1-4V 合金（风扇盘、轴颈、转子叶片和高压压气机前轴颈）、优质 Ti17 合金（高压压气机前三级盘）、优质 Ti-8A1-1Mo-1V 合金（高压压气机前三级转子叶片）在转动零件上得到广泛的应用。

我国研制和生产的优质 TC4、优质 TA11、优质 TC17、TA19 合金已得到工程应用并已批量生产。

8.1.5.3 其他结构材料

可能受到 F404 发动机钛机匣失火的影响，CFM56-3 将高压压气机前机匣的材料由 Ti6242 钛合金改为 M152 合金钢，同时延伸机匣材料也改为 M152 合金钢。低压涡轮轴材料选用 Marage250 钢。部分齿轮轴承选用了第二代齿轮轴承材料 M50NiL（相当于我国的 $G_{13}Cr_4Mo_4Ni_4V$）。17-4PH（相当于我国的 $0Cr_{17}Ni_4Cu_4Nb$ 和 $ZG0Cr_{17}Ni_4Cu_4Nb$）得到较多应用（静子叶片、机匣等）。

外涵道选用 Ti-6A1-4V 合金化学铣工艺，后改用 PMR15 聚酰亚胺复合材料。我国研制的水平相当的 T300/BMP316 复合材料用于制造发动机外涵道并已批量生产。

8.1.5.4　涂层材料

涂层材料在发动机上得到了广泛应用,如在高压涡轮叶片上应用 Al - Ti 及 Pt - Al 涂层以抗氧化、耐腐蚀;在高压压气机钛合金前机匣内壁上应用 Ni - Cr - Al 防火涂层;在高压压气机 1~5 级转子外环块上应用 Ni - Cr - Al - C 封严涂层;在高压压气机 6~9 级转子外环块应用 Ni - Cu - Al - C 封严涂层;在高压压气机 1~3 级转子叶片燕尾形榫头两侧涂有 Cu - Ni - In 减磨涂层,用以防止微动磨损;在高压压气机各级间和篦齿盘篦齿以及高低压涡轮部件上全部篦齿两侧与尖部涂有 Al_2O_3 耐磨涂层;在高压涡轮导向器外环封严端面涂有 T400 涂层,提高耐磨、耐蚀性能;在燃烧室主涡流器上涂有 T800 涂层,具有减磨、抗热腐蚀和抗氧化性能;在高压涡轮叶片上和火焰筒壁上有 Y_2O_3. ZrO_2 热障涂层以提高耐温水平。

我国研制的与上述涂层相当的涂层都已得到工程应用并已批量生产。

8.1.5.5　先进材料与先进工艺的结合

先进的制造工艺在发动机中得到了广泛的应用,体现了先进材料与先进工艺相结合。如风扇优质 Ti - 6A1 - 4V 合金叶片和轮盘采用圆弧形榫根和榫槽加工技术(CFM56 - 7);高压压气机 1、2 级 Ti17 合金轮盘以及 4~9 级 Inconel718 合金轮盘采用惯性摩擦焊接;高压压气机 Ti4242 钛合金前机匣采用等温模锻以及数控加工工艺;燃烧室 Hastelloy 合金火焰筒上的气膜小孔采用电火花加工及数控加工工艺;Rene41 合金内套采用环形件轧制工艺、强力旋压工艺、型孔与外型面的电火花加工、真空钎焊工艺;高压涡轮工作叶片采用无余量多晶、柱晶和单晶精铸工艺、气膜冷却孔电火花加工、磨粒流光整加工工艺、电射流加工优质小孔工艺、钎焊工艺及热障涂层工艺。

总之,航空发动机大量选用高温合金,充分发挥钛合金的优势,适当应用钢及树脂基复合材料,合理使用先进的涂层材料,使先进材料与先进工艺相结合。我国目前研制和生产的材料基本能满足航空发动机的研制需求,但还需要根据材料应用的可靠性、安全性、长寿命要求,开展深入和充分的材料研究和应用研究工作。

8.1.6　新工艺的选择

高性能发动机的结构设计离不开先进制造工艺的支持,这里的新工艺是指国内在航空发动机上首次采用的先进制造工艺技术(含热加工工艺和冷加工工艺)。

发动机对制造技术的最基本的要求是尽可能采用最经济的工艺方法制造出全面符合设计(图样和技术文件)要求的发动机零部件。归纳起来,对制造技术的要求主要有以下几个方面:

(1) 优化产品结构,减轻发动机重量。例如,发动机整体转子采用摩擦焊接工艺取代螺栓连接,简化了结构设计,减少了零件数量,同时减轻了发动机重量。

(2) 提高冶金质量,精化毛坯,减少零件的切削加工量。例如,等温模锻压气机钛合金机匣和轮盘等。

(3) 挖掘材料潜力,提高材料使用性能。例如,钛合金高温形变强韧化工艺提高了材料使用温度,综合性能优良。

(4) 工艺简单易行,产品可靠性及可维修性好,成本低。

根据发动机设计对制造技术的要求,新工艺选择有以下几条原则:

(1) 新工艺的选择主要是为发动机结构设计提供技术保证,并对高性能发动机的发展有重要的技术推动作用。比如,采用惯性摩擦焊或电子束焊接新工艺实现了发动机转子一体化设计,省略了螺栓连接结构,减轻了发动机的重量,提高了转子结构的稳定性。又如,激光打孔和磨粒流工艺技术对涡轮空心叶片气膜孔的加工和质量控制起了重要作用。

(2) 新工艺的选择要考虑应用前景。比如,超塑性等温锻造对提高钛合金大型锻件的冶金质量有决定作用,同时对精化毛坯和减少机械加工量大有好处;在高性能发动机上复杂的大型薄壁构件(如中介机匣、大型壳体)采用精密铸造也是一种发展趋势;冷却层板技术在燃烧室和涡轮叶片设计中的重要作用等,都有良好的应用前景。

(3) 新工艺的选择要考虑现有设备条件,要保证技术可靠、生产周期短、成本低,还要保证新机研制的进度要求。

根据航空发动机对制造技术的要求,在选择某零部件的制造新工艺之后,一般先在实验室(工艺试验室)进行模拟件的工艺试验,以便制订合适的工艺程序和工艺参数,并测试必要的性能数据,最终达到零件的设计要求。模拟件工艺试验通过之后,便可进行零部件的试制。在试制过程中进一步修正工艺程序和工艺参数,制订出稳定生产的工艺文件,并对零部件进行性能(或功能)试验。考核试验通过后,按确定的工艺文件(工艺规程和工艺说明书)投入批量生产。

8.1.7 新技术的选用

航空发动机的新技术是相对那些已经使用成熟的技术而言的。涡轮叶片气冷技术的使用使涡轮进口温度得到大幅度提高,极大地改善了发动机性能;全功能数字电调系统的出现,取代了液压-机械式控制系统,大大简化了结构,减轻了重量,提高了调节精度和可靠性。总之,任一新技术的应用,都使发动机的性能、可靠性、维修性和使用适应性有了大幅度的提高。

对新技术的采用原则就像对新材料、新工艺的采用原则一样,可归纳为:

(1) 凡对发动机性能、结构、强度、寿命有较大改善,有利于新机设计、排故,且短期内能实现的新技术,皆宜采用。

(2) 为了控制研制工作的风险度,采用新技术、新材料、新工艺的项目不得超过全部项目的20%。

(3) 设计采用的新技术,必须经过充分论证、试验和鉴定。

按下列程序对新技术进行考核试验:

(1) 零组件试验合格后上部件(系统)试验。

(2) 部件(系统)试验合格后上发动机试验。

（3）发动机地面试车合格后上飞机试飞。

如在特定条件下要超越上述规定，则必须履行审批手续，经总设计师或型号总设计师批准。

8.1.8　总体结构方案图

在可行性论证阶段，进行总体方案设计时，总体结构方案图主要表示出发动机总体布局、总体结构方面的内容，对各部件、系统的结构可以简略的表示。如果有条件能较详细地表示出发动机内、外结构则更好。对总体结构方案图的基本要求是：

（1）按比例绘制（最好是 1 ∶ 1 绘制）发动机纵剖面图和必要的补充视图。

（2）表示出转子支承形式及支点安排。

（3）表示出传力路线。

（4）安装节形式及位置。

（5）主轴承的结构、润滑、封严。

（6）附件传动机匣位置。

（7）各大部件（如压气机、燃烧室、涡轮、加力燃烧室、尾喷管等）的主要结构形式。

8.2　航空燃气涡轮发动机部件结构设计

现代航空燃气涡轮发动机的部件多采用单元体结构设计。如图 8.15 所示，CFM56-2 发动机共分为 4 个主单元体，即风扇、核心机、低压涡轮和附件传动装置。4 个主单元体又可分解为 17 个维修单元体，如图 8.16 所示。CFM56-2 发动机由以下主要部件组成：单级风扇、3 级增压压气机、9 级高压压气机、短环形燃烧室、单级高压涡轮和 4 级低压涡轮组成。

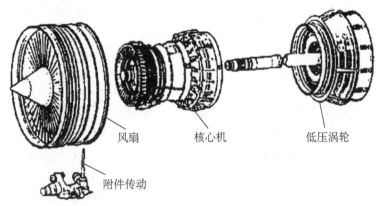

图 8.15　CFM56 系列发动机分成 4 个主单元体

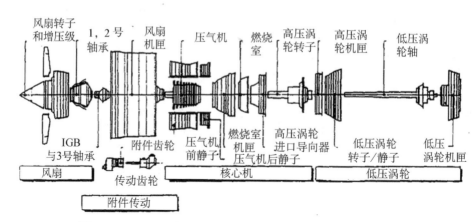

图 8.16   CFM56 系列发动机 4 个主单元体分为 17 个维修单元体

本节重点对发动机的三大部件压气机、燃烧室和涡轮的主要结构设计特点进行讲解。

8.2.1   压气机的结构

压气机的结构是由压气机转子,压气机静子,进气与防外物打伤、防冰及防喘装置等组成的。图 8.17～图 8.19 为几种典型发动机的压气机结构图。压气机转子由转子叶片、轮盘和轴组成,压气机静子由机匣及其内装的静子叶片装置(或称整流器)等组成。静子与转子的结构必须匹配,而且与发动机的单元体划分、压气机组件的装拆程序相适应。

按照压气机转子的数目可以将压气机分为单转子、双转子和三转子 3 种类型。在双转子中,两个压气机分别称为低压压气机和高压压气机;在三转子中,则分别称为低、中、高压压气机。在涡轮风扇发动机中,低压压气机往往就是风扇,或是低压压气机的前几级做成风扇,在大涵道比涡扇发动机中,大风扇后常常在内涵气流通道中设计有 2～4 级的增压级。

压气机的总体结构设计与发动机总体结构方案密切相关,并且服从于发动机总体方案,同时满足发动机的总体性能、结构要求以及压气机的气动性能要求。

8.2.1.1   压气机转子结构

1) 基本结构形式

压气机转子可分为 3 种基本结构形式:鼓式、盘式和混合式,分别对应图 8.20 左、中、右所示的结构示意图。

(1) 鼓式转子。

鼓式转子的基本构件是一圆柱形或圆锥形鼓筒,借安装边和螺栓与前、后轴颈连成一体。鼓筒外表面加工有环形槽或纵向燕尾形槽,用来安装转子叶片。工作时,作用在转子上的主要负荷由鼓筒承受和传递。

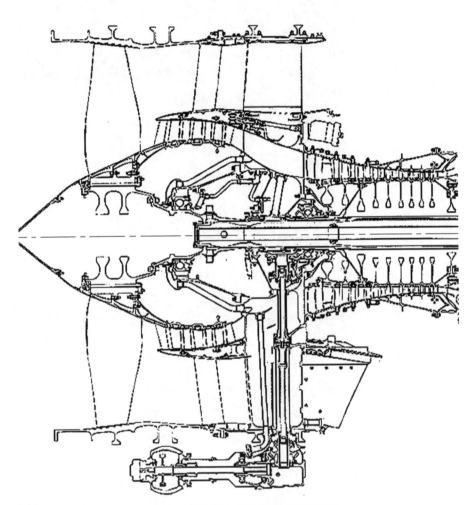

图 8.17　CFM56 - 7 风扇及压气机部分

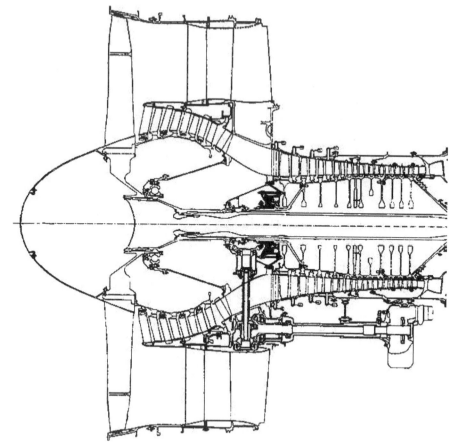

图 8.18 PW4000 风扇及压气机部分

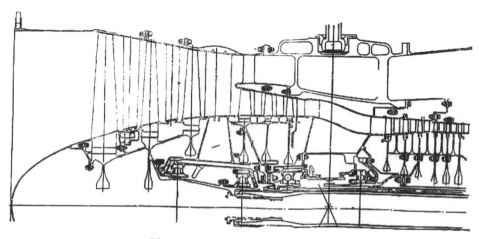

图 8.19 RB199 风扇及压气机部分

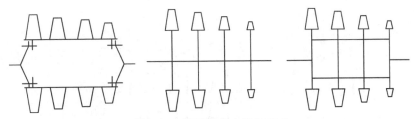

图 8.20　转子的基本结构形式

图 8.21 所示为斯贝 MK511 涡扇发动机的低压压气机转子。鼓筒分为前、后两段,每段又由 3 段通过氩弧焊对接焊成。前段带有前轴颈,后段带有后轴颈。前、后两段用 24 个精密螺栓连接,其中 3 个是圆柱形螺栓,起装配定心作用,其余为锥形螺栓,工作时定心传扭。

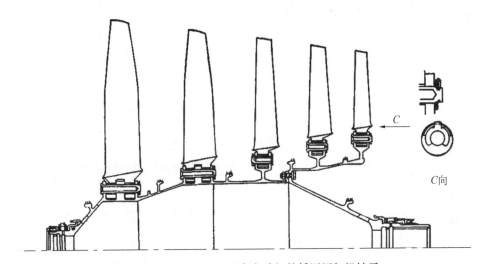

图 8.21　斯贝 MK511 涡扇发动机的低压压气机转子

图 8.22 所示为 CFM56 - 2 发动机风扇后增压级转子,鼓筒靠精密螺栓固定于风扇轮盘后端,其外缘做出三道凸缘,用拉刀一次拉出三级燕尾形榫槽,因此三级叶片数目相同,虽然对性能有一定的影响,但加工却大大地简化了。

由上面两例可以看出,鼓式转子结构简单,零件数目少,加工方便,并有较高的抗弯刚性,但由于受到强度的限制,目前在实际中应用得不广泛。表 8.1 给出了不同材料的鼓筒应力随周向速度的变化。由表 8.1 可见,鼓筒的圆周速度等于 250 m/s 时,仅由于鼓筒本身的离心力在鼓筒内引起的周向应力就接近材料的屈服极限。另外,考虑到鼓筒的外负荷的作用,所以目前鼓式转子的圆周速度一般不允许超过 200 m/s。在前面所提到的两种发动机中,斯贝 MK511 低压压气机转子所用鼓筒的圆周速度约为 140 m/s, CFM56 - 2 发动机增压级转子鼓筒的圆周速度约为 170 m/s。

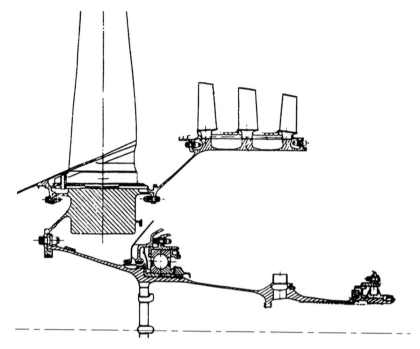

图 8.22　CFM56-2 发动机风扇后增压级转子

表 8.1　鼓筒应力随周向速度变化

材料	材料在 250℃时的屈服极限/MPa	不同周向速度下(m/s)的周向应力/MPa					
		50	100	150	200	250	300
钢	540	20	78.5	176.3	314	491	706.5
钛合金	390	11	45	101	180	281	450
铝合金	22	7.1	28.5	64.1	114	178	256

(2) 盘式转子。

盘式转子由一组轮盘和中心轴组成,扭矩通过轴传给轮盘,再由轮盘传给固定在轮缘上的转子叶片。和鼓式转子相比,盘式强度好,但主要缺点是抗弯刚性差,并容易产生振动。目前这种转子只用在大风扇盘或小流量压气机上。

图 8.23 所示为 PW4000 的风扇转子,由于风扇叶片的离心力较大,因此在盘的结构上采用了盘式结构以承受巨大的离心力,而后面的增压级叶片较小,采用鼓式转子即可承受叶片的离心力,风扇盘、短轴和鼓式转子的组合结构既满足了强度的要求又有很大的弯曲刚性,在现代大涵道比发动机中广泛被采用。在图 8.22 所示的 CFM56-2 发动机风扇盘式转子结构中,风扇轴穿过风扇盘心,其优点是风扇轮盘与轴承靠得较近,但带来的缺点就是风扇轮盘的中心孔孔径较大,轮盘要做得较

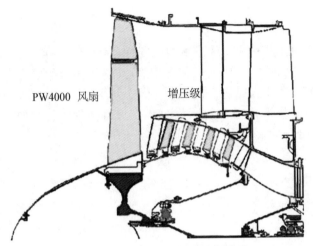

图 8.23　采用盘式结构的风扇转子

厚。CFM56 系列发动机以后的型号没有再采用这种结构形式。

（3）混合式转子。

混合式转子由盘、鼓筒和轴组成。鼓筒可以和轮盘做成一体或单独制成。扭矩由轴、盘或轴、鼓、盘逐级传递。这种转子兼有鼓式转子抗弯刚性好和盘式转子强度好的优点，因此在发动机中得到了广泛的应用。其结构方案也多种多样，图 8.24 所示为 CFM56‑2 发动机高压压气机转子，即为典型的盘鼓混合式结构，由 5 个组件组成，即钛合金做的前轴、1～2 级转子、3 级轮盘、由镍基合金作的 4～9 级转子以及压气机后篦齿封严盘。在第 3 级轮盘处用螺栓将 1～2 级转子、4～9 级转子、前轴连接起来，在后篦齿封严盘处，用螺栓将压气机转子与高压涡轮转子连接组成发动机的高压转子。

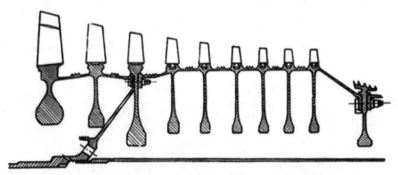

图 8.24　采用盘鼓混合式结构的 CFM56‑2 高压压气机转子

压气机转子的连接形式一般采用短螺栓连接、焊接的盘鼓混合式连接、销钉连接、长螺栓连接和圆弧端齿等结构。轮盘的结构一般采用对称结构，开孔的位置需要加厚,有安装叶片的榫槽结构。

2) 转子叶片

叶片是发动机工作中实现能量转换的零件,是航空发动机的主要零件之一,关系到发动机的性能、耐久性、可靠性和寿命等,其形状和载荷情况十分复杂,数量众多。叶片按照发动机工作时是否转动来进行分类,可以分为转子叶片和静子叶片两种。本节将介绍压气机的转子叶片,如图8.25所示,其主要由叶身和榫头两部分组成,有些叶片还带有伸根、叶冠、缘板、阻尼台等结构。

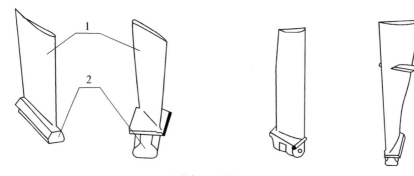

1—叶身;2—榫头;3—阻尼台。

图8.25 压气机转子叶片

(1) 叶身及阻尼台。

叶片实现能量转换主要靠其特有的截面形状——叶型,叶型进、排气角及叶型中间的弯曲是按做功需要设计的,由于转子叶片还需要满足转动强度的要求,所以航空发动机压气机转子叶片的叶身一般都由适应亚声速或超声速工作的叶片型面,按一定的扭向规律及型面重心分布规律,沿叶高积叠而成。

在叶片较长的情况下(例如风扇叶片或压气机前级叶片),为了避免发生危险的共振或颤振,同时也可以增强抗外物损伤的能力,在过去的压气机转子叶片设计中,叶身中部常带有一个减振凸台,或称阻尼台。装好后连成一环状,彼此制约,增加刚性,改变叶片的固有频率,降低叶根部的弯曲和扭转应力。阻尼台接合面处涂耐磨合金,当叶片发生振动时,接合面互相摩擦,可起阻尼减振的作用。阻尼台的位置主要由强度、振动因素确定,同时也要考虑气动性能,一般阻尼台位于距叶根约50%~70%处。由于阻尼台的存在,加上叶身与阻尼台的连接处也要局部加厚,使流道面积减小了约2%,减少了空气流量;阻尼台还造成气流压力损失(见图8.26),使压气机效率下降,发动机燃油消耗率增加;此外,阻尼台增加了叶身的重量,使叶片的离心负荷加大;叶片工艺也变得更复杂了。为了克服阻尼台所带来的缺点,有的发动机将风扇叶片的阻尼台取消,改为带冠叶片。这样,虽然改善了气动性能,减少了叶尖漏气损失,但叶片的离心负荷却更加大了。

目前发动机的设计一般用宽弦叶片取代带阻尼台的窄弦叶片。在大涵道比涡扇发动机中,宽弦的风扇叶片会造成离心力过大,为了解决此问题,一般采用了复合材料风扇叶片设计,或空心风扇叶片结构(见图 8.27)。在保证最佳稠度的前提下,采用宽弦叶片时,转子的叶片数目减少,所以并没有因为加宽叶弦而引起转子重量的增加。另外,空心风扇叶片的蜂窝结构还可以提高叶片的减振特性。宽弦叶片与带阻尼台的窄弦叶片相比,具有叶栅通道面积大、喘振裕度宽、级效率高以及减振性能好等优点。

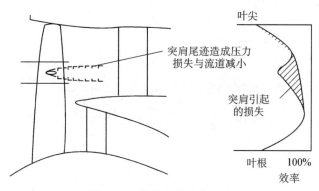

图 8.26　带凸肩的风扇叶片

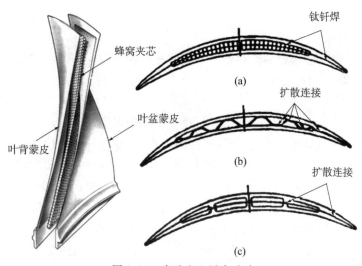

图 8.27　宽弦空心风扇叶片

(a) 带蜂窝板芯(RB211-535E4)　(b) 带桁条芯(遗达 800)　(c) 无夹芯(PW4084)

(2) 榫头。

榫头的作用是用来连接转子叶片与轮盘并将叶身所受的负荷传到轮盘上。设计时,榫头应有足够的强度,尽量避免应力集中,保证榫头在工作寿命周期里不发生断裂。由于叶片工作时叶身容易损坏,所以榫头还应便于装拆。压气机转子叶片的榫头一般采用燕尾形,极少数采用枞树形,有些较老的发动机上也有采用销钉式榫头的。

a. 销钉式榫头

工作时叶片借凸耳跨在轮缘上或插在轮缘的环槽内(见图 8.28),靠销钉或衬套承剪,传递叶片的负荷。这种榫头不用专用设备加工,对于单件生产或试验用的发动机有一定的优越性。但这种榫头承载能力有限,尺寸和重量大,因而在高切线速度的压气机上已不大采用。

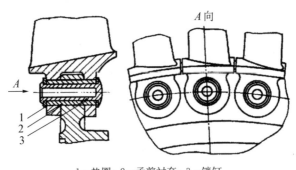

1—垫圈;2—承剪衬套;3—销钉。

图 8.28 销 钉 连 接

b. 燕尾形榫头

转子叶片借助叶根处的燕尾形榫头安装在轮盘上相应的槽内,依靠槽侧面定位和传力。因为尺寸小、重量轻、结构简单、装拆容易,各种形式的燕尾形榫头在压气机中得到了最广泛的应用。榫头与榫槽的配合,可以是过渡配合,也可以是小间隙配合。采用间隙配合,使叶片安装方便,避免在榫槽内出现装配应力。

由于叶片安装角要求严格,因而不仅要求榫头、榫槽尺寸精度高,各榫槽的位置精确度的要求也很高。轴向燕尾形榫槽如图 8.29(a)所示,一般采用拉削加工。这就使工装复杂,制造成本提高,但拉削加工生产率高。在有些发动机的高压压气机后几级叶片上,采用了环形燕尾榫头来固定叶片,即在轮缘上车出一个环形的燕尾槽安装叶片,加工简单,装配方便,但在设计中,应考虑叶片的装拆及锁紧问题。图 8.29(b)示出了一种方法,即在轮盘的环形燕尾槽上开有一个能从径向插入叶片榫头的缺口,所有的叶片都由此装入环形槽内。在缺口的左右两边,各有一个锁紧槽口,其尺寸比缺口小,叶片不能由锁紧槽口径向出入燕尾槽。在最后装入的四片叶片中,夹有两个锁紧块。锁紧块分别夹在两片叶片底板上开的方形孔中。当所有的叶片装入以后,将叶片转过一个角度,使缺口正好错开叶片的推头,而锁紧块正好嵌入锁紧槽口内。拧动装在锁紧块中的螺钉,使锁紧块向上抬起,紧贴于锁紧槽中,使锁紧块不能周向移动,最后将螺钉冲铆住。这种结构加工简单,装配方便,但由于榫头尺寸不可太大,因而只用在离心力较小的叶片上,比如高压压气机后面级的转子叶片上。

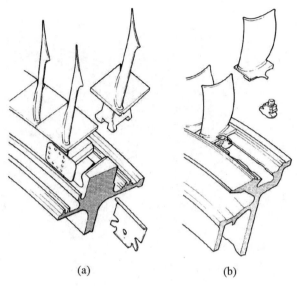

(a)　　　　　　　　(b)

图 8.29　燕尾形榫槽

(a) 轴向　(b) 环形

c. 叶片的槽向固定

转子叶片靠轴向燕尾形榫头装在轮盘榫槽内以后,并进行槽向固定,以防止叶片在气动力和离心力的槽向分力的作用下,沿槽向移动,或由于振动而松脱。

槽向固定的方法很多,通常采用各种形状的锁片、销钉、锁丝、锁块、卡圈等固定,如图 8.30 所示。在大涵道比涡扇发动机中,风扇叶片易受外物击伤。为了能在外场及时更换损坏了的叶片,应能方便拆换单个叶片。但在叶片带冠或带阻尼台时,单个地拆除叶片变得比较困难,图 8.31 所示为一种能单个拆除带冠叶片的锁紧结构。装配时,首先将风扇叶片推入盘上的燕尾槽中,使其靠住固定在盘后的增压级转子封严篦齿环上,然后,从上向下装入锁块 1,最后插入固定垫片 2 将叶片顶起,垫片则靠进气锥的安装边挡住。

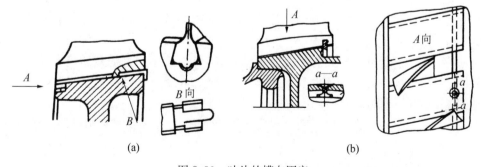

(a)　　　　　　　　(b)

图 8.30　叶片的槽向固定

(a) 锁片固定　(b) 卡圈固定

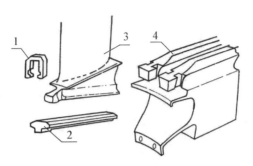

1—锁块；2—固定垫片；3—风扇叶片；4—风扇盘。

图 8.31　风扇叶片的固定

8.2.1.2　压气机静子结构

　　机匣是压气机静子的重要组成部分,它除了承受静子叶片所受的轴向力、扭矩和振动负荷外,还要承受气体的内压力及气体升温所引起的温度应力,传递转子支承所受的各种负荷等。对压气机的机匣基本设计要求是在保证足够的强度及刚性的前提下,尽量减轻重量;各段机匣间要保证定位准确,密封及固定可靠;采取措施减少漏气损失,提高压气机效率;装配、维修方便,工艺性好等。压气机中的机匣一般包括风扇静子机匣和压气机机匣等,可以设计成前、中、后多段或单段整体结构形式,也可以设计成分半式或既分段又分半等结构形式。

　　1) 风扇静子机匣和叶片

　　图 8.32 所示为一个大涵道比涡扇发动机的风扇静子机匣。整体的机匣前后分成两段。前段前部为风扇包容机匣,后部安装风扇出口静子叶片,后段为带有支板的风扇承力机匣。

　　风扇包容机匣内表面镶嵌着或黏合着能用于易磨合缓冲的金属或复合材料,以保证风扇叶尖和机匣间的径向间隙能做得很小,而且一旦叶片损坏,碎片不会击穿机匣,造成更大的二次损伤事故。在有些发动机上,还特意加厚机匣壁及前安装边,并在机匣外壁上加工一些加强筋(见图 8.33)以增加机匣的安全性。也有的发动机采用在金属机匣外围以 Kavler 缠绕,不仅包容能力大大加强,而且重量轻(见图8.34)。

　　风扇出口静子叶片除具有扩压的作用,同时可以减小尾流的旋转以增加推力。有些发动机将此叶片斜置可以减小噪声。风扇出口静子叶片一般由铝合金制成。为了便于更换,应做成可以单独拆卸的。

　　风扇承力机匣是由强度及刚性都较好的机匣内、外壳体及支板制成。上面装有发动机的安装节。

　　2) 压气机机匣和整流器

　　在压气机机匣的设计中需要注意的是要保证机匣在各工作状态下的气流通道

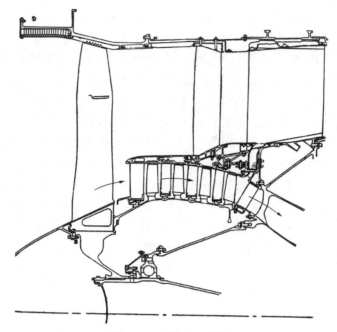

图 8.32　风扇机匣结构

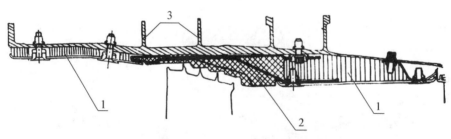

1—吸声层；2—风扇摩擦片；3—加强筋。

图 8.33　CFM56 包容机匣

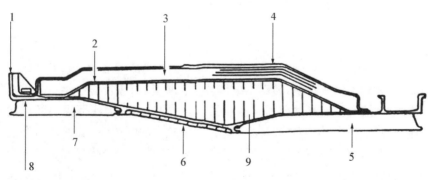

1—前安装边；2—石墨-环氧树脂；3—Kevlar 缠裹层；4—Kevlar-环氧树脂；5—Kevlar 垫层；6—微泡状风扇叶片外环；7—蜂窝层；8—铝机匣；9—小铝蜂窝。

图 8.34　CF6 - 80C2 风扇包容机匣

是圆形的。因此,需要考虑在气动载荷、静力支承载荷和机动载荷作用下,转子叶片和机匣间的叶尖间隙具有良好的协调性。在很多发动机的高压压气机上,后机匣采用了双层机匣设计(见图 8.35),外层机匣作为承力件,内层机匣仅作为压气机气流通道的外廓,受力件与气流通道分离,以保证在承力机匣稍有变形时也不会影响叶尖间隙的变化。另外,在压气机气流通道按等内径设计时,如做成单层机匣会在压气机后几级与燃烧室进口处形成缩腰。这对于作为发动机主承力件的机匣而言,强度与刚度均显得不够,增加一个倒锥形的外承力机匣,则可弥补单层机匣的缺点。内、外层机匣均与后机匣支承环相连,并形成一环形腔,作为压气机第 5 级级间放气的集气腔。高压压气机机匣上具有多处级间引气,用于涡轮部件的冷却等。机匣与转子叶片叶尖之间的间隙,应在保证工作可靠性的基础上尽可能减小,为此机匣上装有嵌着耐磨材料的转子外环(见图 8.35 的放大图)。为加强抗鸟撞击的能力,加大了进口导流叶片与第一级转子叶片间的轴向间隙,并将进口导流叶片设计成弯刀形,以防第一级转子叶片被鸟挤弯后碰上进口导流叶片。进口导流叶片与前三级静子叶片可调,可调叶片上下都带有销轴,上部插入机匣的孔中,下部插入内封严环中。内封严环带有封严装置,与转子上的篦齿配合,起级间封严作用。

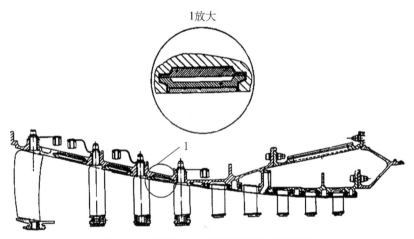

图 8.35　CFM56-3 双层高压压气机机匣

　　上述机匣做成沿圆周是对开的两半,采用了分半式机匣结构。它们的优点是机匣刚性好,拆装时不影响转子,因而不破坏转子的平衡,只需拆开一半机匣就可以检查或更换转子叶片,因而维修方便。缺点是机匣壁厚较大,为保证纵向及轴向结合面的连接刚性及密封性,要采用较厚的安装边及较多的螺栓(一般安装边厚度为机匣壁厚的 2～3 倍,螺栓孔距随气流通道内压力的不同而为螺栓直径的 3.5～8 倍),机匣的周向刚性较差,为了加强周向刚性,有时机匣上还带有加强环带,这些都造成分半式机匣的重量较大。由于一般情况下压气机的工作温度不是很高,周向变形不均的问题不是很严重,而分半式机匣的装配维修性好的优点突出,所以目前压气机中使用分半式机匣较多。

　　采用整体式静子机匣时,一般要求转子是可拆卸的,但多次拆装转子会影响转子的平衡性。为了解决这个矛盾,在压气机级数较少的情况下,常常采用分段整体式机匣。装拆这种静子机匣时,往往只要拆转子叶片而不要求分解转子。这样既发挥了整体式机匣沿圆周刚性均匀以及加工比较方便的优点,又克服了装拆转子破坏平衡的问题,但轴向安装边增加过多,也会带来重量的增加。

　　压气机机匣间的连接形式,有螺钉螺栓连接、精密螺栓连接、自锁螺母连接等。机匣的周向安装边的尺寸公差和形位公差要求非常严格,如图 8.36 所示。

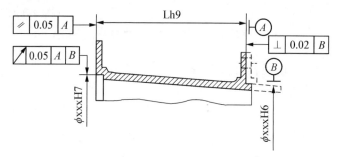

图 8.36　压气机机匣周向安装边的尺寸公差和形位公差示例

　　根据发动机压气机性能设计要求及静子叶片的强度要求,可将整流器设计成带内环和不带内环两种结构形式,如图 8.37 所示。带内环结构有专门的封气装置以防止级间漏气,但这种结构重量较大。当静子叶片较短时,可以不带内环,一端固定在机匣内,另一端呈悬臂式。静子叶片与机匣的固定可采用带轴颈、焊接、插入、铆接、周向 T 型缘板等形式,如图 8.38 所示。静子叶片同时带有内、外环并采用焊接结构,可以加强叶片的刚性,提高自振频率,但焊接结构难于更换叶片。

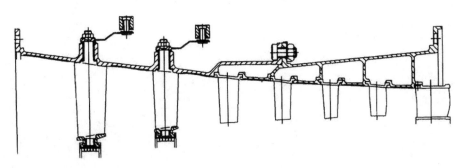

图 8.37　压气机静子叶片结构

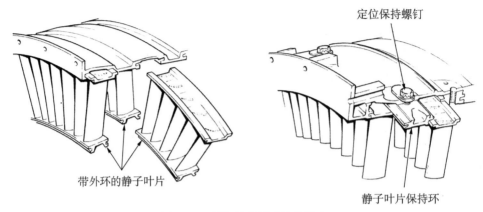

图 8.38　压气机静子叶片的固定

8.2.1.3　进气与防外物打伤、防冰和防喘装置

1) 进气与防外物打伤

　　风扇或压气机进气装置的作用是保证气流均匀地进入压气机内。在进气部分的设计中,应考虑尽可能不使夹杂物(如冰块、砂石、鸟等)进入核心发动机的压气机,以避免造成严重的损伤。风扇或压气机的进气部分一般包括进气装置和防冰装置,在有些发动机上还有专门的进气防护装置。装在进气机匣中的进口导流叶片常常做成空心的,中间穿过滑油、通气、防冰空气的管路以及附件传动杆等。当风扇叶片或压气机第一级叶片为超声速状态时,将不采用进口导流叶片,进气机匣只有机匣外壁,整流罩则固定在转子上和转子一起旋转。

　　防外物打伤结构如图 8.39 所示,在现代大涵道比风扇发动机的风扇设计中,为了增强抗外物打伤能力和尽量减少外来物进入核心机的概率,采用了宽弦风扇叶

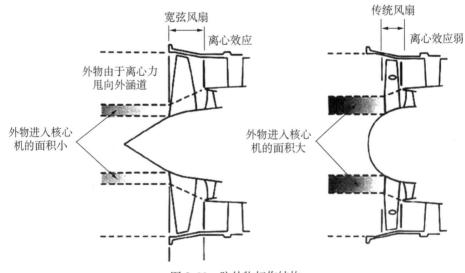

图 8.39　防外物打伤结构

片、增加中介机匣与风扇叶片的距离和改进进气锥的几何外形等方法。与传统的风扇设计相比,在工作时宽弦叶片加大了外来物的离心力,新形状进气锥使撞击到锥面的物体更多地反射到外涵道,后移的中介机匣也减少了外来物进入核心机的概率。

2) 防冰装置

当发动机在空气湿度较高、温度接近0℃的条件下工作时,在风扇或压气机的进口部分就会出现结冰现象。冰层会引起发动机进口面积减小,空气流量减少,使发动机性能下降,严重的会引起发动机喘振。此外,由于发动机振动,冰层可能破裂,冰块被吸入发动机内会打伤叶片,甚至会使整台发动机损坏。为了防止上述情况的发生,最常用的方法是对易结冰的零件表面进行加温。在涡喷和涡扇发动机上,多用压气机后面级引来的热空气加温。

CFM56系列涡扇发动机的进气整流罩是由旋转的前进气锥体做成锥形,而非椭圆形,如图8.40所示。采用锥形可防止在进气锥上结冰,在CFM56-2的发展过程中,据称与常用的椭圆形整流罩做过对比试验,结果证明在相同条件下结冰量仅为椭圆形的6%,采用锥形后,大大减少了冰在锥面上的形成与累积,因而不需采用任何(例如通热空气、涂憎水涂层等)防冰或除冰措施。这种类似的旋转锥形进气锥结构在GE90发动机上也采用了。罗罗公司的RB211和TRENT等系列发动机,V2500发动机等都是采用这种形式,但普惠公司的JT9D和PW4000系列发动机上没有采用这种形式。对于现代的大涵道比涡扇发动机,由于进口处只有和风扇叶片一起旋转的进气锥,且现代风扇设计中具有强大的抗外物打伤能力,经验证明即使结冰也不会对风扇产生不允许的损伤,因此在这些发动机中均未采用专门的防冰措施。

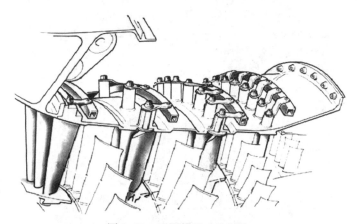

图 8.40　可调静子叶片结构

3) 防喘装置

为了改善压气机的工作特性,扩大稳定工作范围,使发动机具有良好的起动、加速性,在非设计点状况不发生喘振,在现代高增压比的压气机上都有防喘振措施。

防喘装置的结构形式可以分为多转子、中间级放气、可调静子叶片、机匣处理等。下面就介绍一下可调静子叶片结构。

在某些高增压比的发动机上,往往前几级静子都是可转叶片,其上部带有圆柱轴颈,安装在机匣的轴孔内,叶片可绕轴颈自由转动。每一片叶片的顶端固定着一个摇臂(见图 8.40),摇臂另一端和操纵圆环相连,操纵圆环则靠固定在机匣上的几个作动筒来操纵。当需要转动叶片时,高低压油路控制作动筒的活塞杆带动操纵圆环转动,从而使摇臂沿圆周方向摆动,带动全部叶片旋转一定的角度。由于摇臂是绕着叶片的轴线摆动,而操纵环是绕着发动机轴线转动,所以设计时要注意它们相互间不干涉,当发动机上有几级叶片同时转动时,应采取措施使各级可转叶片同步按需要的角度转动。

8.2.2 燃烧室的结构

8.2.2.1 概述

用于燃气涡轮发动机的燃烧室有 3 种主要类型,即单管燃烧室、环管燃烧室和环形燃烧室。

单管燃烧室用于离心压气机发动机和早期型号的轴流压气机发动机中。这些燃烧室布置在发动机周围(见图 8.41),压气机出口空气用管道引入一个个单独的燃烧室中。每一燃烧室内部均有一个火焰筒,围绕它的是空气机匣。空气流入火焰筒的锥形进口,并且流入火焰筒和外机匣之间的空间。单独的火焰筒互相连接,这使

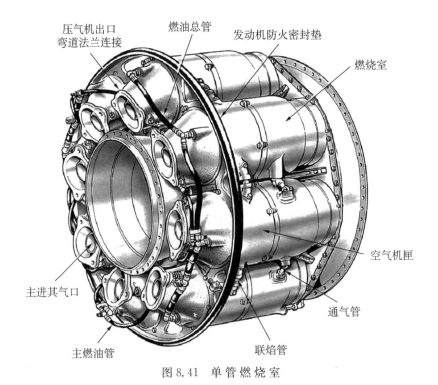

图 8.41 单管燃烧室

所有火焰筒在同样的压力下工作,并且使燃烧在发动机起动期间传遍所有火焰筒。

　　环管形燃烧室填补了从多个单管燃烧室过渡到环形燃烧室的空档。多个火焰筒装在一个共同的空气机匣里(见图 8.42)。这种布局兼有多个单管燃烧室易于翻修和试验,以及环形系统的紧凑性的优点。

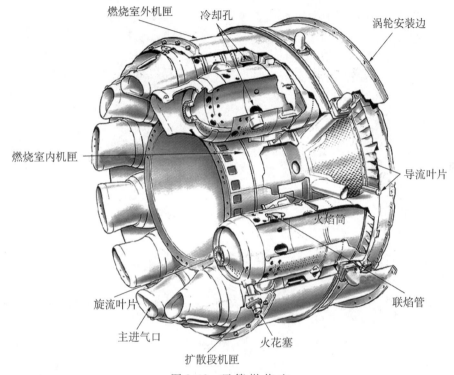

图 8.42　环管燃烧室

　　环形燃烧室(见图 4.74)有一个火焰筒,其形状完全是环形的,装在内外机匣之间。燃烧室前端向压气机敞开,后端则连接涡轮导向器。环形燃烧室的主要优点是,就同一功率输出而言,燃烧室的长度只有同样直径的环管燃烧室长度的 75%,大大节省了重量和生产成本。另一优点是消除了各燃烧室之间的燃烧传播问题。与环管燃烧室相比,与之相当的环形燃烧室的壁面积少得多,因而防止火焰筒壁烧穿所要求的冷却空气量也大约减少 15%,这将提高燃烧效率,并将一氧化碳氧化成无毒的二氧化碳,从而减少了对空气的污染。

　　在现代航空发动机中已全部采用环形燃烧室。V2500 发动机采用了双层浮壁式火焰筒(见图 8.43),铸成的像瓦片的多片内衬块的两层间留有间隙,以冷却通过空气。罗罗公司研制的分阶燃烧室如图 8.44 所示,其目的是为了减少排污量,提高燃烧效率。在 GE90 发动机中,燃烧室有两项较大的改进,即采用了双环腔头部与多孔壳体(见图 8.45)。火焰筒采用双环腔头部,是 E[3] 验证发动机上采用的结构,能减少排放污染物,因此用 GE90 作动力的波音 777 客机,每旅客一英里所产生的 NO_x 排放物比目前双发宽机身客机低 30%。GE 火焰筒上未采用大多数发动机上采用的气膜冷却环,改用了众多的斜孔,形成发散式的冷却。

发动机工作时,燃烧室故障产生的原因一般为高温产生疲劳应力从而出现裂纹等。在设计中采取的预防故障措施主要有:局部减弱、开槽或槽端钻孔,留有膨胀余地;选择合适的材料;采用冷却使温度均匀。

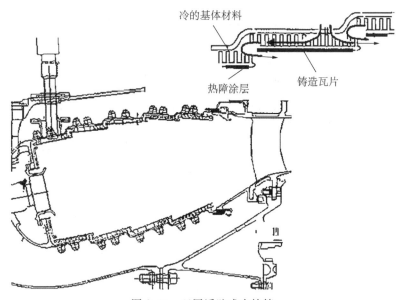

图 8.43　双层浮壁式火焰筒

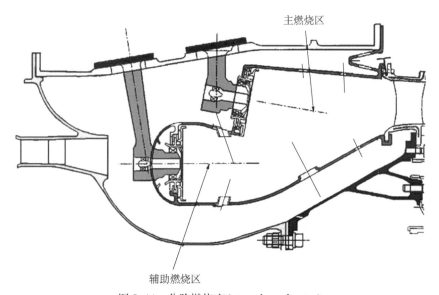

图 8.44　分阶燃烧室(staged combuster)

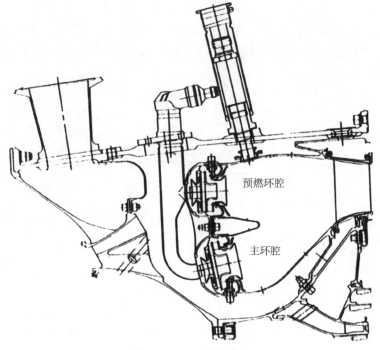

图 8.45　双环腔燃烧室

8.2.2.2　主要构件及其功能

1）火焰筒

火焰筒是燃烧室的关键构件,工作在高温区,必须采用冷却结构。图 8.46 所示为几种典型的火焰筒壁的气冷结构。

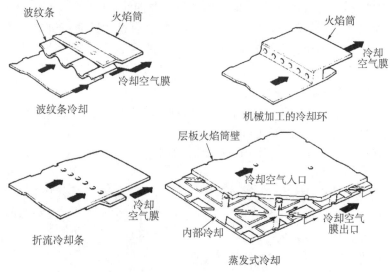

图 8.46　带有气膜冷却的火焰筒

图 8.47 所示为 PW4000 发动机的火焰筒的冷却结构,它由机械加工而成。采用 Hastelloy X 镍基高温合金,由滚轧出的环形段焊接而成,焊缝位于冷却孔附近的冷区,与燃气接触的表面用等离子喷涂一层隔热涂层,头部用 Inconel 625 镍基合金铸造。

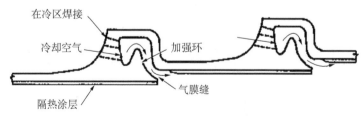

图 8.47　PW4000 发动机火焰筒冷却结构

2) 燃油喷嘴

燃油喷嘴的作用是将燃油雾化,加速混合气的形成,保证稳定燃烧和提高燃烧效率。航空发动机使用的喷嘴,有离心喷嘴、蒸发喷嘴(亦称蒸发管)、甩油喷嘴(亦称甩油盘)、气动喷嘴等。由于离心喷嘴工作可靠,结构坚固,易于调试,广泛用在单管和环管燃烧室上。但离心喷嘴要求供油压力高,存在高温富油区,容易造成发烟污染,而且在不同的飞行条件下,燃烧室出口温度场变化较大,环形燃烧室的环形通道与喷嘴的圆锥形油雾也不匹配,故近年来这类喷嘴正逐渐被蒸发喷嘴和气动喷嘴取代。

(1) 离心喷嘴。

离心喷嘴是利用高压燃油通过喷嘴的涡流器后,在涡流室内高速旋转,燃油喷出时,靠离心力作用,将燃油雾化散开成为许多微小的油珠。常用的涡流器结构有 4 种:切向槽涡流器、切向孔涡流器、螺旋槽涡流器及涡流片(见图 8.48)。

涡流器实质上只是提供切向的燃油通道,燃油通过切向通道进入涡流室后,将产生高速旋转,使从喷嘴喷出的燃油形成空心的雾状油锥。为保证雾化质量,喷嘴前的最低燃油压力为 $39 \times 10^4 \sim 49 \times 10^4$ Pa。喷嘴前的最高油压取决于燃油泵能力,一般最高油压接近 98×10^5 Pa。最高油压约为最低油压的 20 倍。由于喷嘴的供油量与油压的平方根成正比,故普通单路离心喷嘴供油量变化范围为 4～5 倍。但是,发动机的供油量变化很大,例如在低空以最大速度飞行(或起飞时),其供油量约等于在高空以最低速度飞行的 10～20 倍;如果把起动状态也估计在内,则供油量的变化可达 40～50 倍。

图 8.49 所示为双路双室双喷口喷嘴,主喷口 2 端面上有 6 条切向槽,副喷口 1 端面上也有 4 条切向槽。主、副油路的燃油旋转方向相同,但与火焰筒叶片式涡流器出口的气流旋转方向相反。喷嘴螺母的外圆通过球形衬套与火焰筒的叶片式涡流器配合。为了耐磨,喷嘴螺母的外圆渗氮 0.1～0.2 mm。

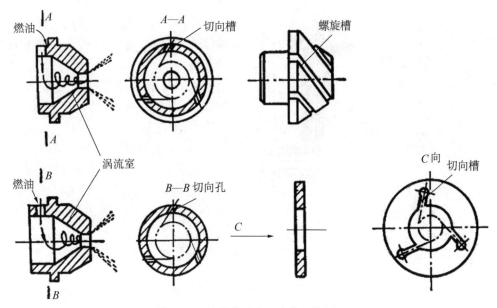

图 8.48　几种典型离心喷嘴工作原理

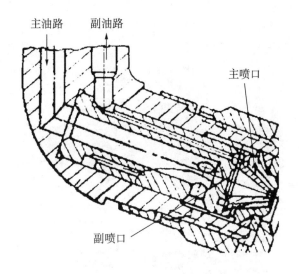

图 8.49　双路离心喷嘴

（2）气动喷嘴。

图 8.50 所示为 PW4000 发动机燃烧室采用的气动喷嘴，燃油亦是在内、外两股高速气流作用下，形成与空气充分掺混的油雾。气动喷嘴的优点是：油气混合均匀，避免了主燃区的局部富油区，减少了冒烟和积炭，火焰呈蓝色，辐射热量少，使火焰筒壁温较低；气动喷嘴不要求很高的供油压力，而且在较宽的工作范围内，喷雾锥角

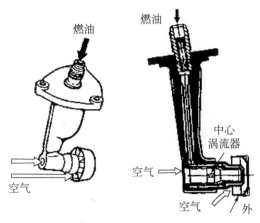

图 8.50　气动喷嘴

大致保持不变,所以容易使燃烧室出口温度场分布比较均匀、稳定;简化供油管道,仅用单管供油。气动喷嘴的缺点是:由于油气充分掺混,贫油熄火极限大大降低,使燃烧室稳定工作范围变窄;在起动时,气流速度较低,压力较小,雾化不良。

(3) 蒸发喷嘴。

在蒸发式燃烧室内,油气的混合提前在蒸发管内进行。燃油首先喷入处于高温燃气流中的炽热的蒸发管内,迅速吸热并蒸发为燃油蒸气,与进入蒸发管内的少量空气初步混合成油气,然后从蒸发管喷入火焰筒的主燃区内,与大量空气混合后燃烧。

在蒸发式喷嘴工作中(见图 8.51),燃油从供油管喷入位于火焰筒内部的蒸发管中。这些蒸发管将燃油折转 180°,并且随着它们被燃烧加热时,燃油蒸发,然后流入火焰筒。主空气流流过带着燃油的汽化管,同时也流入火焰筒进口段中的许多孔,形成空气"风扇"的作用,将火焰吹得向后倾斜。冷却和稀释空气经限流后进入火焰筒,其方式与进入雾化式火焰筒相似。

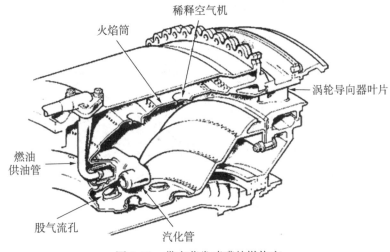

图 8.51　带有蒸发喷嘴的燃烧室

3) 点火装置

涡轮喷气发动机的点火装置如图 8.52 所示,是利用外电源,使高压火花塞打火,将点火装置中的一部分燃料和空气或氧气的混合物加热到着火温度,使它首先

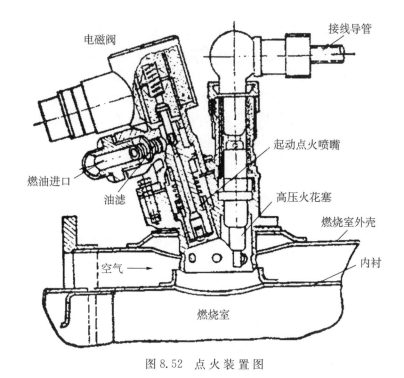

图 8.52 点火装置图

燃烧,然后再依靠这个火焰点燃整个燃烧区。在燃烧区点着之后,点火装置停止工作。对于单管或联管燃烧室则通过联焰管,传播火焰,点燃各个火焰筒。

4) 扩压器

从压气机出口到火焰筒进口,应当有一扩压段,使空气减速增压,这就是燃烧室进口扩压器。实践证明扩压角在 $7°\sim12°$ 之间对于减少流动损失是比较有利的。由于压气机压比和出口温度提高,Ma 显著下降,如果不改变损失的指标,则可增加扩压角,或者在经过一小段锥形扩压之后,采取突然扩张的形式,以缩短扩压器的长度。

8.2.3 涡轮的结构

涡轮的结构与压气机相似,主要由涡轮转子和涡轮静子组成,还包括一些冷却系统等。涡轮转子同样由转子叶片、轮盘和轴组成,涡轮静子主要由机匣及其内装的静子叶片装置(或称导向器)等组成。

8.2.3.1 涡轮转子结构

涡轮转子与压气机相比有很多共同的地方,但是在一般情况下涡轮的级数比压气机的级数少,而零件的重量大多数比压气机重,再加上涡轮零件处在高温燃气区工作,在各种工作状态下零组件温度分布又极不均匀,因而在零件热膨胀受到限制时会造成极大的热应力,所以涡轮零件所承受的负荷要比压气机大。这就是说设计涡轮部件时,除了要妥善处理类似压气机部件中的各种问题外,还要特别注意解决好高温、高负荷、温度不均所带来的一系列特殊问题,例如热变形、热应力、热定心、热疲劳、热腐蚀以及高温材料的选择、冷却系统的设计等。

　　涡轮转子由涡轮盘、涡轮轴和转子叶片等所组成。设计转子的基本要求除了和压气机转子相同外,要特别注意零件在高温、高负荷下工作所带来的特点。

　　下面分别就转子的连接结构、转子叶片及其与盘的连接等问题进行分析。

　　由于涡轮转子的旋转速度和工作温度都很高,在多级涡轮中多采用盘鼓混合式。因此转子的连接结构实际上是指盘轴及盘盘的连接结构。

　　设计涡轮转子的连接结构时,除了和设计压气机转子一样要保证足够的强度和刚性、定心可靠、结构力求简单、重量轻、制造容易、装拆方便外,还要特别注意解决以下问题:

　　(1) 减小轮盘向轴的传热量以改善轴承的工作条件,特别是第一级涡轮支承结构更要注意采取措施。

　　(2) 在各种工作状态下,保持各零件间隙始终可靠。由于涡轮在全工作过程中各零件之间配合面的性质会发生远大于压气机的变化,因此设计中要注意既不能破坏定心,影响转子的平衡及转子叶尖径向间隙,又不要造成零件间过大的热应力。

　　(3) 在多级涡轮中,转子的结构方案要和静子结构方案相协调,以利于涡轮部件的分解装配。由于涡轮工作温度高,涡轮机匣温度变化幅度大,而分半式机匣周向刚度不均匀,受热时变形不均匀,会影响转子与机匣的同心度。

　　1) 转子的典型结构

　　涡轮转子的结构特点是,由于涡轮叶片的离心负荷较大,一般使用盘式结构以承受更大的离心力,在低压涡轮中,由于需要产生大的扭矩以满足驱动风扇或低压压气机转子,大多是多级盘采用盘鼓混合式转子结构,但是为了便于控制叶尖与机匣的间隙和整体机匣设计的要求,提高涡轮效率,低压转子一般是可拆装的。此外,在涡轮转子结构设计中减少热流向盘心、轴的传递,也采取了一定的结构措施。如图 8.53 所示 V2500 两级高压涡轮盘与轴的连接是通过向前伸出的鼓筒短

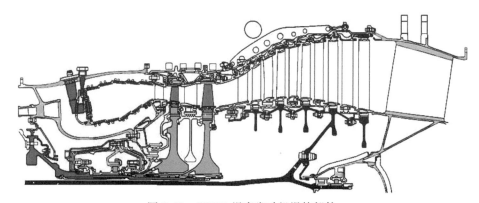

图 8.53　V2500 涡扇发动机涡轮部件

轴与低压涡轮轴相连,采用套齿传扭,轴向锁紧螺母传递轴向力的结构设计。这种设计既减小了盘轴联结中为保证定心所需要的连接紧度,又减小了轮盘上热流向轴上传递,从而提高零部件的可靠性。图 8.54 所示为 CFM56 - 7 涡扇发动机的涡轮部件,其高压涡轮转子的前轴与压气机后端连接,盘为锻造,封严篦齿涂有可修复的耐磨涂层,涡轮前部封严盘是迷宫式斜齿,叶片是高比强镍基合金,轴内装有阻尼衬套,盘中心有增压级的空气进行冷却,外缘则采用压气机出口空气冷却。

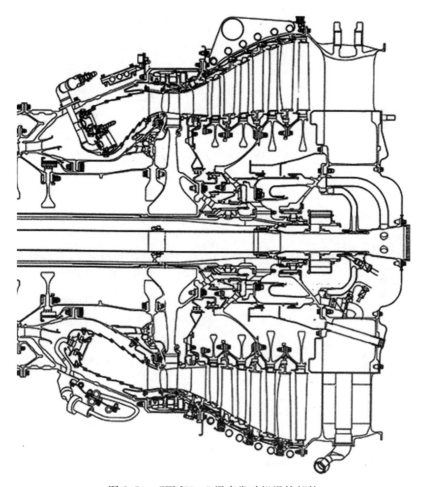

图 8.54　CFM56 - 7 涡扇发动机涡轮部件

2) 转子叶片及其安装

涡轮的转子叶片在高温燃气包围下工作。它不仅要承受转子高速旋转时叶片自身的离心力、气动力、热应力及振动负荷,还要受到燃气的严重腐蚀。当发动机工况不断变化时,叶片还得经受冷热疲劳,所以它是发动机中受力和受热最严重的零件之一。特别是第一级涡轮转子叶片的强度对发动机的热力参数(涡轮前燃气温度)的选择起着决定性的作用,直接影响着发动机的性能。因此当前一方面要不断研制新的耐高温材料以提高材料的耐高温和强度性能,另一方面要不断发展各种冷却技术,以降低转子叶片的温度。在工艺方法上,早期的转子叶片多采取高强度高温合金钢,锻造后经机械加工制成;现代的转子叶片则多采用高温合金定向结晶或单晶凝固铸造而成。

转子叶片一般由叶身、伸根和榫头 3 部分组成。

(1) 转子叶片叶身。

和压气机转子叶片相比,涡轮转子叶片的叶身厚度较大,剖面较弯曲,截面积沿叶高的变化较急剧。叶身顶端排气边缘比较薄弱,当叶片出现某种振动时,容易在此处造成很大的交变应力。同时,高温下材料的疲劳强度极限下降,因此该处容易出现裂纹或断裂等故障。消除这种故障的一种方法是在叶尖排气边缘处削掉一部分材料,或称为"切角"。采用这种方法,可以改变涡轮叶片的自振频率(称为"调频")。采取调频的方法可避免共振。为了避免转子叶片在发动机工作时产生危险共振而引起叶片的断裂,要规定其固有自振频率。叶片在设计时,基本上就已满足了这些技术要求。但由于制造误差,仍有些叶片满足不了规定的频率要求,因此允许在加工过程中,对频率不合格的叶片在尺寸公差范围内削去一些材料进行调频。叶尖切角调频改善了叶片根部的强度,但会使涡轮效率略有下降。

先进的展弦比较大的涡轮叶片多采用在叶片顶端带冠的形式(见图 8.55)。叶冠的作用是减小叶片的二次损失,提高涡轮效率,相邻叶片的叶冠抵紧后可以减小叶片曲扭变形,可采用对气动有利的薄叶型。叶冠的形状可以做成平行四边形,也可以做成锯齿形。平行四边形叶冠[见图 8.56(a)]构造简单,便于装拆,装配时保持一定间隙。在工作时由于热膨胀等原因,此间隙应该消失,相邻叶冠互相靠上。但实际使用中由于制造误差及叶片、轮盘变形等因素,间隙难以控制,所以这种叶冠常有磨损不一致的问题。锯齿形叶冠[见图 8.56(b)]在装配时 A 面靠预扭压紧,工作时由于叶片的扭曲变形,A 面紧度加大,因而减振效果较好,但它在装拆时要整环进行。为了抗磨损,A 面喷镀有硬质耐磨合金。

为了加强封气效果,减少叶片间隙处

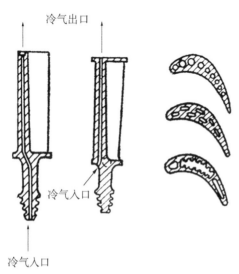

图 8.55　带冠涡轮转子叶片

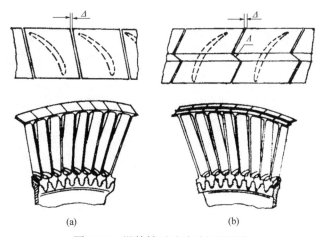

图 8.56　涡轮转子叶片叶冠的形状

的轴向漏气,更有效地提高涡轮效率,很多发动机在叶冠上还做有封严齿,与涡轮机匣上易磨材料相配合,可取得很好的封气效果。

（2）中间伸根。

涡轮叶片的叶身和榫头间往往带有一段横截面积较小的过渡段,称为中间伸根（见图 8.57）。中间伸根可以减小榫头应力分布不均,使叶片对榫头的离心力垂直作用于榫头,并可使盘缘避开高温区域。通常在中间伸根处引入冷却空气进行冷却,或将中间伸根作为冷却叶片的空气引入口。这样将大大降低榫头和轮缘的温度,减小轮盘的热应力,从而减薄轮盘的厚度,减轻轮盘及整个转子的重量。

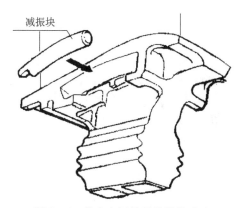

图 8.57　带有中间伸根的涡轮叶片

（3）叶片与轮盘的连接。

叶片用榫头和涡轮盘连接,它是发动机中负荷较大的部分。一般发动机一个叶片根部所承受的离心力高达 $100\sim150\,kN$。榫头又处于高温下工作（可达 $500\sim650\,℃$）,材料的机械性能将大大降低,在使用过程中这部分极易产生故障,因此应十分注意其结构和强度设计。

现代航空燃气涡轮中,最广泛使用的是枞树形榫头连接（见图 8.58）。榫头呈楔形,两侧做有对称分布的梯形或半圆形齿。叶片的离心力迫使榫头的所有齿的支撑表面压在轮盘的榫槽上。在叶片的离心力和弯曲力矩的作用下,榫齿承受着剪切和弯曲,齿的工作表面承受挤压,榫头各截面承受拉伸。榫头上一般用 $2\sim6$ 对榫齿。榫齿不宜过多,否则不易保证各齿间负荷均匀。图 8.59 所示为各种枞树形榫头的槽向固定,其锁紧通常采用锁片、挡板、销钉、卡圈等。

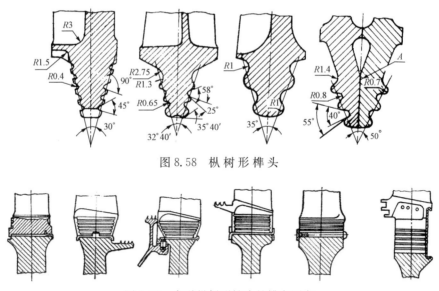

图 8.58　枞 树 形 榫 头

图 8.59　各种枞树形榫头的槽向固定

枞树形榫头具有以下优点：

a. 叶片的榫头成楔形，轮缘凸块成倒楔形，从各截面承受拉伸应力的角度来看，材料利用合理，因而这种榫头的重量最轻。

b. 叶片榫头在轮缘周向尺寸小，因此可以多加叶片。

c. 这种榫头有间隙地插入榫槽内，允许轮缘受热后能自由膨胀，因而减小了连接处的热应力。

d. 由于装配间隙的存在，低转速时叶片可以在榫槽内有一定的位移，可以对叶片起到振动阻尼作用。

e. 可以加大榫头和轮盘榫槽非接触面的间隙，并通入冷却空气对榫头和轮缘进行冷却。

f. 拆装和更换叶片方便。

枞树形榫头也存在着一些缺点，主要有：

a. 由于榫齿圆角半径小，应力集中现象严重，容易出现疲劳裂纹甚至折断等故障。

b. 叶片和盘的接触面积小，连接处热传导较差，使叶片上的热量不易散走，但如采用榫头装配间隙冷却方法，此缺点就不明显。

c. 加工精度要求高，为了使各榫齿能均匀受力，必须提高齿距、角度等榫齿几何尺寸及位置精度。但由于榫齿处工作温度较高，榫头和榫槽产生塑性变形，由于加工误差所引起的应力分布不均匀问题将会得到一定的缓和。

为了改善上述缺点，近来一些发动机多采用齿数少、圆角大的半圆形榫齿，这种榫齿不仅可以减少应力不均匀及应力集中问题,而且热接触面积也比常规榫齿大。

　　(4) 气冷转子叶片。

　　据统计资料表明,20 世纪 60 年代以来靠叶片材料的改进,每年可提高涡轮进口温度约 10℃左右。目前已经得到广泛使用的单晶铸造叶片,其工作温度可达 1350 K左右。采用冷却技术,每年可提高涡轮进口温度约 30℃左右,当前以空气冷却叶片发展最快。采用空气冷却的转子叶片,一般可比不冷却的叶片提高燃气进口温度约100～300℃。随着冷却技术、工艺及材料的不断改进,涡轮前燃气温度已达到近2 000 K,甚至更高。

　　在早期发动机中,叶片仅采用对流冷却。其简单的形式为叶身从根部至顶部有若干个直孔,冷却空气从中间伸根引入,经过叶身,在顶部甩出。叶身中的通气孔可以做成圆形、扁形或异形,如图 8.60 所示。3 种孔型中,异型孔换热面积最大,效果最好。扁平孔次之。为了节省冷却气,可以使叶身内各孔互相连通,如图 8.61 所示,叶尖中部加顶盖,使冷却气主要从前后排出,顶盖上小孔可起到排出气体中杂质的作用。

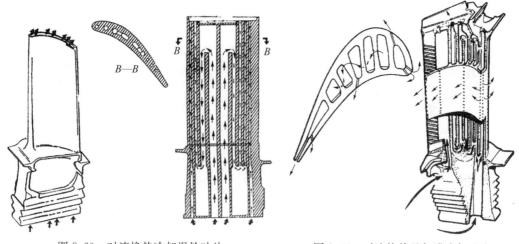

　　　图 8.60　对流换热冷却涡轮叶片　　　　　　图 8.61　对流换热及气膜冷却叶片

　　图 8.62(a)所示为叶片,冷却气从榫头底部流入,前部采用冲击及气膜冷却,后部为对流冷却,然后气流由叶片尾缘及叶尖排出。图 8.62(b)为中心带有导流片叶片。由榫头底部流入导流片的冷却气,通过导流片上的小孔喷至叶片内表面冲击冷却,最后由叶片尾缘排出。这种类型的冷却叶片,前后缘高温区得到了重点冷却,叶片表面还有一层冷气薄膜,因而冷却效果较好。冷却气从尾缘排出,还可以吹除叶片后的尾迹涡流及叶尾附近的附面层,使涡轮性能得到改善。但由图 8.62 可以看出,这种类型的叶片,表面气膜冷却小孔孔径小(约 0.05 mm),又有一定的角度要求,因而需要高级的激光或电子束打孔技术。叶片内部构造十分复杂,要求较高的

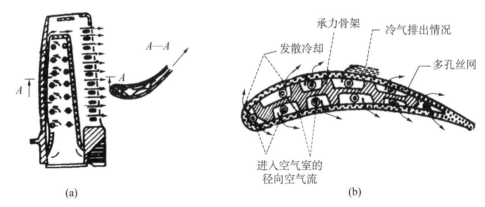

图 8.62　涡轮叶片冷却

(a) 带导流板的精铸叶片　(b) 发散冷却叶片

精铸技术；中心导流片靠焊接与叶片连成一体，因而焊接技术要求高，因此在 JT9D 及 WP15 中采用了可拆卸的芯子。芯子由底座支承于叶根底部，芯子按冷却气路的需要做成特型。这样，不仅冷却效果好，而且易于加工。上述这些措施的实现，还要建立在具有高强度的材料基础上。由此可见，现代空气冷却叶片技术的发展，实际上是设计、工艺、材料技术综合发展的结果。

　　图 8.63 为罗罗公司设计的带有叶冠的高压涡轮叶片，在叶身具有冲击冷却、气膜冷却的冷却方式。在叶冠处为回收一部分能量，在设计封严用篦齿时，在后缘加有导流板，以便回收冷却气体的能量。

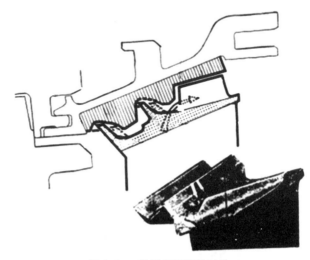

图 8.63　带冠高压涡轮叶片

　　为了进一步提高涡轮前燃气温度，人们还在研究热强更高的新材料和新的冷却技术在发动机上的应用，如陶瓷材料及发散式冷却叶片。使用陶瓷材料，允许涡轮前燃气温度达到 2000 K 左右。但其抗冲击性能差,目前只在一些小型试验机的燃气涡轮中进行研究。

8.2.3.2　涡轮静子结构及间隙控制

涡轮静子由涡轮机匣、导向器等部分组成,是涡轮主要传力件。和压气机静子相比,设计中要解决好以下几方面的特殊问题:

(1) 涡轮机匣除了要求刚性均匀,不产生翘曲变形、裂纹等问题外,还要保证尽可能小的涡轮叶尖径向间隙,以提高涡轮效率。

(2) 涡轮导向器要能经受住热冲击及热疲劳。在混合传力方案中,要处理好传力和受热件的自由膨胀问题。

(3) 在结构安排上应使得导向器的排气面积可以进行调整,以满足流函数试验要求。

下面分别研究涡轮机匣和导向器的结构。

1) 静子结构

在压气机中为了装拆及检查方便,压气机的静子机匣多做成分半式。但在涡轮部件中,由于机匣处于高温燃气中工作,冷热变化急骤,若采用分半式机匣,由于刚性不均,工作中容易出现变形、翘曲等问题。所以除少数发动机外,涡轮机匣多做成整体式的。为了方便装配,采用沿轴向分段,如图 8.64 所示。近代发动机中采用单元体设计,一般将高低压涡轮划分为两个单元体,因此涡轮机匣只要按高低压沿轴向分为两段即可。

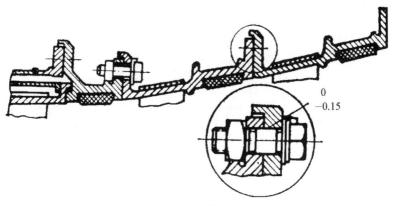

图 8.64　涡 轮 机 匣

涡轮机匣前端与燃烧室外机匣连接,后端与后支承机匣(尾喷管或加力燃烧室)连接。为保证转子和机匣的同心度,相互连接的各机匣间,要有可靠的径向及周向定位,并且要求相配的机匣只有一个周向位置可以相配。一般多采用在安装边端面装入几个不等距的精密配合的销钉作为径向及周向定位件,然后再用螺栓或螺钉拧紧。也可以将连接螺栓中的一部分做成精密螺栓以加强工作中定位的可靠性。为了装配和封严,安装边上一般带有圆柱形止口。连接螺栓的数目取决于连接刚性和密封的要求,一般螺栓间距与螺栓直径之比约为6~8,对密封要求高的地方则为2.5左右。

机匣安装边内外表面温差大。为了减少安装边上的热应力,可将各螺栓孔间的材料铣去一部分(见图8.65),这样同时还可减轻重量。

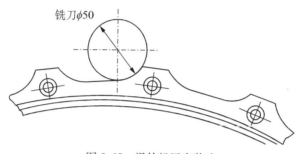

图 8.65　涡轮机匣安装边

涡轮后轴承机匣是一个重要的静子结构件。作为发动机的后承力框架,发动机的轴承通过轴承座固定于内承力环上,其外环上一般还装有辅助安装节。以CFM56系列发动机为例,涡轮的后轴承机匣 CFM56-3,-5A,-5C 的比较如图8.66 所示。CFM56-5A/B 的承力支板不仅数目由 CFM56-2/3 型的 12 根增至 16根,支板的剖面也做成叶型,且加大了弦长,起到了半级涡轮的作用,因此 CFM56-5A/B 的低压涡轮的级数又称为"4.5 级";支板不像在 CFM56-2/3 型中用一定夹角与内环、外环相连接,而是径向地置于内、外环间;但 CFM56-5C 又改了回来。

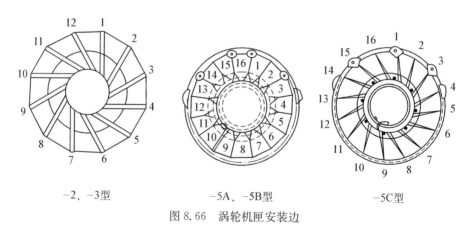

　　　　-2、-3型　　　　　　　　-5A、-5B型　　　　　　　　-5C型

图 8.66　涡轮机匣安装边

2)间隙控制

涡轮机匣与转子叶片叶尖之间的径向间隙对涡轮效率有很大的影响,从而对发动机的性能有很大影响。英国罗罗公司对现代燃气涡轮发动机的研究表明:叶尖间隙每增加叶片长度的 1%,效率约降低 1.5%;而效率每降低 1%,耗油率约增加

2%。所以应尽量减小径向间隙,但间隙太小又会使转子和机匣相碰产生事故。影响径向间隙的因素很多,其中主要有:

(1) 工作时由于离心力和热膨胀所引起的叶片和盘的伸长。

(2) 工作时受热膨胀和受不均匀力作用变形。

(3) 高温工作所带来的转子蠕变伸长,及机匣的蠕变收缩。

(4) 转子和静子件的偏心度(由于加工误差、机匣刚性、支点径向间隙,转子重量造成转子下垂等引起)、轴向角偏转(叶片受轴向负荷后引起)及椭圆和翘曲变形(制造公差及机动飞行带来的机匣变形)。

(5) 发动机结构设计带来的机匣在工作状态下的变化。例如,滚珠轴承如远离涡轮,而涡轮又采用外径扩张式通道,则由于转、静子轴向变形量的不同而带来径向间隙的变化。

设计时必须综合考虑上述因素,尽量避免对径向间隙带来不利的影响,尽量消除因转子轴向移动引起的叶片机匣间径向间隙变化等。

涡轮径向间隙随着发动机工作状态的变化而改变。特别是当发动机在过渡状态工作时,径向间隙值取决于转子对转速和温度变化的响应速度及静子机匣对温度变化的响应速度。

图 8.67 所示为运输机发动机的涡轮机匣采用通常材料的第一级涡轮的响应特性。由图可知,间隙最小值发生在突然加、减速时,这是由于发动机加速时,瞬间转速加大,离心负荷使叶片和盘径向伸长量迅速加大,这时径向间隙变小;随着涡轮机匣迅速受热膨胀,它的径向膨胀量超过叶片和转子的径向变形量,径向间隙则加大。当发动机转速稳定后涡轮叶片等温度逐渐升高,转子径向伸长量加大,径向间隙又逐渐减小。相反,当发动机减速时,由于离心负荷骤然下降,转子径向变形量下降,径向间隙瞬间加大;但紧接着涡轮机匣温度下降比转子温度下降得快,所以径向间隙逐渐减小。当发动机稳定在慢车转速时,随着涡轮盘温度的慢慢下降叶尖间隙渐渐变大。

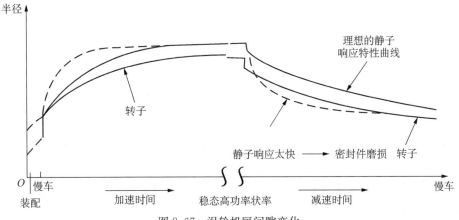

图 8.67　涡轮机匣间隙变化

　　表8.2为一台典型发动机的径向间隙在各种发动机工作状态下的实测值。由表8.2可知,发动机在最大状态和慢车状态径向间隙都较大,但设计者恰恰希望在发动机各稳定工作状态下,能得到最小的间隙,以降低油耗。也就是无论何种工况,静子的热响应速度必须等于或略慢于转子的热响应速度,而理想的最小间隙为零。实际发动机很难达到这种最佳匹配,于是人们希望能做到尽量减小最大和巡航状态的径向间隙,而在过渡状态不产生严重的摩擦,为此在结构上采取了一系列的叶尖间隙控制措施。

表 8.2　径向间隙随发动机工作状态变化的实测值

稳态			瞬态	
安装间隙	慢车状态	最大状态	突然加速	突然减速
1.244	0.889	0.584	0.457	0.406

　　(1) 尽量减小装配间隙。

　　这样各工作状态的间隙也相应缩小,但这会造成在过渡状态转子和静子间的互相摩擦。为避免摩擦所带来的严重后果,在机匣内壁装上易磨材料,例如石墨块或蜂窝结构(见图 8.68)。

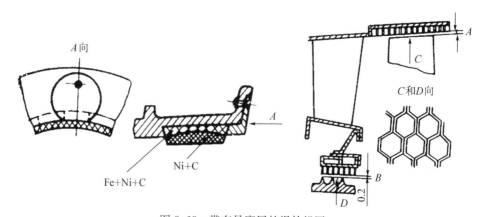

图 8.68　带有易磨层的涡轮机匣

　　(2) 采用双层机匣。

　　将机匣分为两层,中间通以燃烧室两股气流或某级压气机引来的气体,使涡轮外面不直接与空气接触。过渡状态时外环反应速度减慢,以控制机匣和转子之间的热响应匹配。这样还可以将机匣的受热件与受力件分开,让温度较低的外层机匣受力。有时与燃气直接接触的内层机匣沿圆周分成若干扇形段(又称涡轮衬段)。

　　各段间周向留有一定的间隙,允许自由膨胀。衬段可以采用挂钩式直接或间接地连接在涡轮外机匣上(见图8.69);也可以与导向叶片铸为一体,再用螺栓或螺钉固定在外机匣上(见图 8.70)。为了防止高温氧化及减小温度梯度,还可以在衬段上加工很多小孔,引入空气冷却(见图 8.71)。

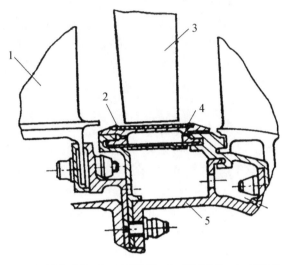

1—导向叶片;2—易磨涂层;3—转子叶片;4—双层机匣;5—涡轮外机匣。

图 8.69 双层机匣

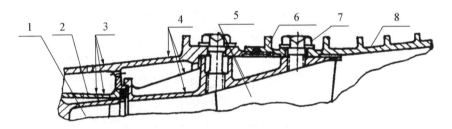

1—第一级导向叶片;2—导向器壳体;3—三层壁;4—双层壁;5—第二级导向叶片;6—涡轮外机匣;7—固定螺钉;8—单层壁。

图 8.70 与导向叶片做成一体的涡轮衬段

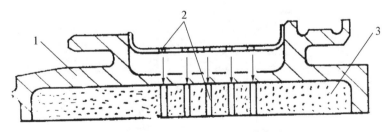

1—涡轮衬段;2—冷却气孔;3—易磨层。

图 8.71 带冷却孔及易磨材料的涡轮衬段

(3) 采用低线膨胀系数材料。

制造涡轮机匣和涡轮转子的材料不同,其线膨胀系数也不同。当涡轮机匣采用与涡轮转子相匹配的低线膨胀系数材料时,径向间隙在巡航状态时就会有较大幅度的改善,从而提高性能。例如,通常制造涡轮机匣所使用材料的线膨胀系数在 500℃ 时约为 $14 \times 10^{-6} (1/℃)$,而合金 Incoloy903 的线膨胀系数为 $5 \times 10^{-6} (1/℃)$,虽然这样装配的间隙要求加大,但巡航时径向间隙却减小。这是因为在同等的温度变化下,机匣的变形量小于转子及其叶片的变形量。

(4) 采用主动间隙控制技术。

根据发动机的工作状态,人为地控制机匣或转子的膨胀量,使转子和静子的热响应达到较好的匹配,以保证径向间隙最小,这就叫主动间隙控制(active clearance control,ACC)。在涡轮中目前常用的是采用对涡轮机匣膨胀量的控制。通常是在涡轮机匣外面加上数圈冷气管(见图 8.72),按预定的调节规律改变冷却空气的供气温度或供气量。调节规律可以按发动机的工作状况来调节,也可以按飞行高度来调节。在前者中根据不同的发动机工作状态,用不同温度的空气去吹机匣。例如,在起飞滑跑或爬升时,发动机处于加速过程,采用压气机后的热空气去加热机匣,使机匣膨胀,避免叶尖和机匣摩擦。在巡航时,利用风扇后较冷的空气去冷却机匣,以减小巡航时的径向间隙。CFM56 发动机就是采用这种调节规律。它的高压涡轮机匣外面罩一个集气环形成集气室,根据控制径向间隙的要求,在不同的工作状态下引来不同温度的冷却空气。在慢车及起飞时,供给高压第九级后较热的空气,避免叶

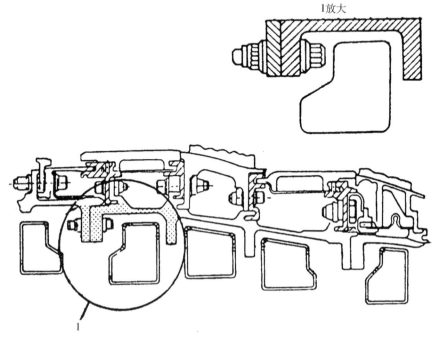

图 8.72　涡轮机匣的主动间隙控制

尖和机匣相碰,巡航状态下,供入高压第五级后的空气,以取得较小的径向间隙;爬升时则引入高压第五级和第九级后的混合气。采用按飞行高度来调节时,当飞行高度达到一定值后,即接近巡航状态后,气压开关起作用,打开冷却空气开关,对机匣进行冷却,保证在巡航中有较小的叶尖间隙。据称 JT9D 发动机采用此技术后可使燃油耗油率降低 0.5%。类似的措施在现代民用发动机上(如 CF6,PW4000,V2500 等)也得到了广泛地应用。

随着发动机增压比和涡轮前进口温度的不断提高,目前大型运输机的发动机上不仅涡轮部件采用间隙主动控制技术,而且在高压压气机后面级往往也采用这种技术。例如 PW4000,它采用了"热效"转子(thematic rotor)。即在起飞和巡航过程中,将压气机第 9 级和第 15 级的空气引入转子内腔,以保持较小的径向间隙。

间隙主动控制(ACC)的关键技术主要是 ACC 系统流动/换热模型的建立和叶尖间隙变化的数值仿真。流动/换热模型的建立,需要考虑 ACC 系统典型部件内部流场结构和流阻特性,换热特性和温度分布,以及流动和换热的工程设计准则关系式。叶尖间隙变化数值仿真,需要进行 ACC 系统典型部件的气、热、固耦合分析,以及多参数下不同分析精度的快速建模和转换。

但是,采用主动间隙控制要增加冷却空气的消耗量,造成发动机推力下降。同时还会使发动机的结构复杂、重量增加。所以,目前仅在一些大涵道比民用发动机上采用这种技术。

在有些文献中,还常常将前面所采用的一些不随发动机工作状况进行调节的、防止叶尖径向间隙变化过大的措施,统称为被动间隙控制技术,以与主动间隙控制技术相对应。例如,采用线膨胀系数小的(如 Incoloy903)材料做机匣;采用双层机匣,并对机匣壁引入空气冷却;机匣做得较厚并使其尽量保持圆度等。一般低压涡轮、高压压气机后几级以及军用发动机上多采用被动间隙控制技术。

涡轮转子和静子之间除了叶尖径向间隙外,其他各种间隙(包括径向和轴向间隙)随工作状况变化也很大,在设计中同样必须充分考虑冷热变化等各种影响因素。

参 考 文 献

[1]《航空发动机设计手册》总编委会.航空发动机设计手册(第五册　涡喷及涡扇发动机总体)[M].北京:航空工业出版社,2001.
[2]《航空发动机设计手册》总编委会.航空发动机设计手册(第八册　压气机)[M].北京:航空工业出版社,2001.
[3]《航空发动机设计手册》总编委会.航空发动机设计手册(第九册　主燃烧室)[M].北京:航空工业出版社,2001.
[4]《航空发动机设计手册》总编委会.航空发动机设计手册(第十册　涡轮)[M].北京:航空工业出版社,2001.
[5] 刘长福,邓明.航空发动机结构分析[M].西安:西北工业大学出版社,2006.
[6] 陈光.航空发动机结构设计分析[M].北京:北京航空航天大学出版社,2014.

［7］Rolls-Royce. The Jet engine. Fifth Edition ［M］. Great Britain：Renault Printing，1996.

思考和练习题

1. 分析 PW4000 和 CFM56 发动机转子支承方案形式及特点，要求画出支承简图。
2. 联轴器的作用是什么？联轴器有几种形式？
3. 指出 PW4000 低压联轴器各部件的名称是什么？说明 3 是如何将 1 和 14 连接在一起的？

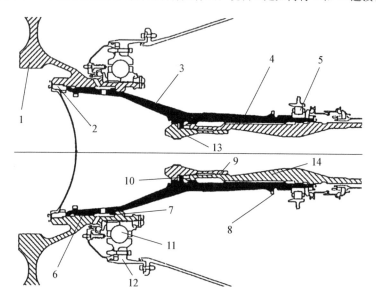

4. 珠棒轴承并用的好处有哪些？
5. 轴承密封具体有哪几种形式？其在航空发动机上应用的发展趋势是什么？
6. 查阅资料指出下列支承部件(PW4000 的 2 号轴承)1～12 的名称是什么？并分析 2 号轴承的特点。

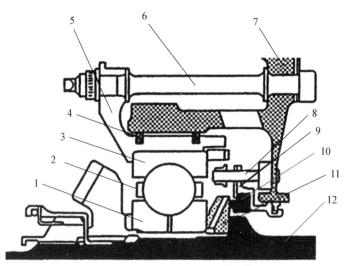

7. 发动机承力系统包括哪些部件？

8. 发动机主安装节位置的设计原则是什么？

9. 查阅资料回答航空发动机滑油系统由哪些系统组成？各自的功能是什么？

10. PW4000 系列发动机的核心机有几大部件？各部件主要由哪些零件构成？

11. 压气机转子的基本结构形式有哪些？各有什么特点？转子的联结形式有哪些？

12. 压气机转子叶片的结构是什么？叶片在轮盘槽内如何固定？

13. 压气机转子叶片带凸肩有什么问题？

14. 风扇机匣和压气机机匣的结构特点是什么？机匣间的连接形式有哪些？

15. 常用的压气机防外物打伤、防冰、防喘装置各有哪些？

16. 查阅资料，回答 PW4000 系列发动机高压压气机有几处引气？各是什么作用？

17. 用于燃气涡轮发动机的燃烧室有哪几种主要类型？各有什么特点？

18. 燃烧室主要构件的功能各是什么？

19. 燃烧室结构故障产生的原因有哪些？设计中采取的预防措施是什么？

20. 涡轮转子叶片的结构特点是什么？其锁紧、冷却形式各有哪些？

21. 涡轮导向器设计时要解决的问题有哪些？

22. 影响涡轮转子叶片与机匣间隙的因素有哪些？如何进行涡轮叶尖间隙控制？

23. 叶尖间隙主动控制（ACC）的关键技术有哪些？

24. 在 CFM56‑7B，RB211，CF6‑80C2，GE90，PW4000 等各型号的航空发动机中，选择一种型号，查阅资料，完成所选型号发动机的总体结构方案和部件结构设计分析报告，并按照对总体结构方案图的基本要求画出总体结构方案图。

第9章　航空燃气涡轮发动机的部件设计

在第8章中,我们已经讲解了航空发动机的部件结构设计,本章将分别讲解航空燃气涡轮发动机三大部件:压气机、涡轮和燃烧室以气动热力为主的基本设计方法。航空发动机的部件设计非常复杂,涉及多门基础学科,比如空气动力学、流体力学、热力学、传热学、化学热力学、物理化学、化学学科等;还涉及机械设计、材料、加工工艺、寿命预测等应用性学科。在设计研发过程中需要形成良好的研发设计体系;另外,航空发动机的部件设计还必须经过多次的试验与修改。本章的目的就是通过对航空发动机部件设计的初步讲解,建立一个基础性的航空发动机三大部件的设计概念,并通过简单的实例演练掌握基本的设计方法。

9.1　压气机设计

对压气机设计的技术要求为:

(1) 在规定的空气流量下,以尽可能少的级数实现规定的增压比,设计与非设计工作状态下具有高的效率。

(2) 气动稳定性好,稳定工作裕度符合规定要求。

(3) 结构简单,维护方便,制造与维护成本低。

(4) 单位迎面流量大,长度短,重量轻。

(5) 工作寿命长,可靠性高。

(6) 性能衰减慢。

(7) 符合国家、军方(或使用方)和行业的各种规范、标准、大纲、准则及技术条件的要求。

压气机设计的发展趋势是:

(1) 更高的级负荷,更少的级数。

(2) 更先进、更完善的气动与叶型设计计算分析方法。

(3) 更高的组件效率和适量的稳定工作裕度。

(4) 选用更先进的高比强材料。

(5) 采用新结构与新的制造工艺技术,结构更简单,零件数量更少。

9.1.1　压气机的设计流程

压气机的设计流程分为方案设计、技术设计和工程图(施工图)设计 3 个阶段,如图 9.1 所示。

1) 方案设计阶段

方案设计阶段又可以分为方案论证与方案设计两部分。方案论证(方案选择)主要是根据发动机总体和其他组件及系统提出的设计要求、设计指标和协调的需要,对压气机方案的可行性、经济性与研制周期做论证,论证一般是在两个或若干个方案的基础上进行的,并与发动机总体及其他组件、系统的方案多次协调,同步进行的。方案设计是在方案论证,而且是在选定(或经批准)实施的前提下,设计工作进一步深化的过程。

方案论证内容主要有:

(1) 压气机设计点和指定工作状态点性能,主要是空气流量、总增压比、绝热效率等设计指标,在给定设计要求如转速、直径和长度尺寸等条件下实现的可行性。

(2) 压气机非设计点性能计算,评估方案的适用性。

(3) 压气机结构方案、采用三新技术(新材料、新结构和新工艺技术)的可行性分析。

(4) 结构重量和典型构件强度评估。

(5) 验证试验的项目及试验内容、经费估算、预计研制周期等综合的经济可行性。

(6) 对民用压气机,特别是风扇组件的噪声水平与降噪技术措施做分析评估,论证降噪技术措施的可行性。

方案设计阶段应完成的工作主要有:

(1) 一维气动方案计算,确定级负荷、损失、流道形式,进行特性和稳定工作裕度预估。

(2) S_2 气动计算和叶型设计。

(3) S_1 流场计算。

(4) 二维非设计点性能(含稳定工作裕度)计算及优化。

(5) 稳定性裕度保障措施的选择及效果分析,如压气机静子叶片安装角调节方案分析计算。

(6) 发动机总体确定的强度计算点、发动机内流系统计算和飞机引气等所需的压气机气动参数数据估算。

(7) 压气机结构方案设计。

(8) 典型构件,如机匣、轮盘、轴(轴颈)和叶片等强度估算用气动、结构数据计算,以进行强度、振动和寿命估算分析。

(9) 压气机组件重量和重心估算,转子的转动惯量估算。

(10) 压气机气动和结构方案设计报告(含方案的工艺性、维护性评估)。

(11) 压气机方案设计阶段评审用报告(含经济性评估)。

2) 技术设计阶段

本阶段气动设计方面要完成图 9.1 设计流程中详细设计的全部工作任务,为与气动设计并行进行的结构技术设计提供正式的压气机流道尺寸、转速、叶型数据,以及强度计算和结构设计需用的气动数据;结构设计方面要进行结构技术设计(打样图设计并绘制打样图),为下一阶段工程图设计提供依据与设计要求。

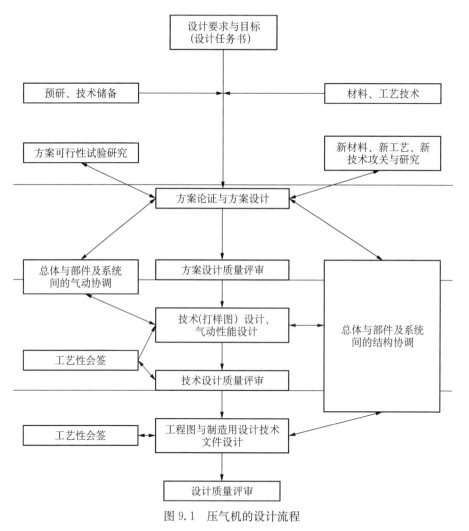

图 9.1 压气机的设计流程

技术设计阶段应完成的工作主要有:

(1) 进一步对设计气动参数(包括引气)、叶型及叶栅参数等做调整、协调、优化后,完成气动、叶型设计、流场计算分析。

(2) 全三维气动验算及气动参数进一步优化设计。

(3) 颤振分析计算。

（4）非设计点气动性能（特性）计算，含静子叶片角度调节规律、进气畸变等对气动性能与特性影响的分析计算。

（5）强度设计计算、飞机引气和发动机内流系统计算用压气机气动参数数据的计算。

（6）主要零、部件强度、振动和寿命分析计算。

（7）重量、重心、转动惯量估算。

（8）零、部、组件目录与明细表（初稿）或清单。

（9）关键件、重要件目录（初稿）或清单。

（10）锻、铸件目录（初稿）或清单。

（11）生产制造用主要设计技术文件目录与文件编制或选用（全部工作可与工程图设计同时完成）。

（12）关键材料、主要工艺与制造技术清单。

（13）结构技术设计，完成打样图，其中风扇和压气机组件内的单元体（含中介机匣）划分按发动机总体的规定或组件与总体协商确定。

（14）气动设计和结构设计技术文件。

（15）技术设计阶段设计评审用文件。

3）工程图（详细）设计阶段

本阶段的主要任务是完成压气机生产用整套工程图的设计工作和生产用各种目录、明细表及设计技术文件的编制。

工程图（详细）设计阶段主要工作有：

（1）设计所有生产用零件图、部件图、组件图以及功能图（安装图、轮廓图、测量系统图等）。

（2）提供对零、部和组件强度、振动及寿命验算分析用的数据文件，并对结构做强度振动与寿命验算，注意设计图与强度验算文件（报告）的一致性。

（3）编制生产用各种目录和明细表，即零、部、组件目录和明细表，关键件、重要件目录，锻、铸件目录，按标准样件验收的零、部件目录等。

（4）生产用的所有设计技术文件。

（5）组件尺寸链计算和装配间隙计算分析与选择。

（6）组件重量、重心和转子转动惯量计算。

（7）组件结构设计说明书。

（8）工程图设计阶段设计评审用文件。

（9）生产用图纸和技术文件发出后，对设计图和设计文件复查，确保设计图和文件的协调性和正确性。

在上述 3 个设计阶段的演进过程中，有时其中的具体工作项目是交叉进行的，而且压气机组件与总体、其他组件及系统之间、气动设计与结构设计、强度计算之间还需要进行多次反复协调，故在设计阶段必须要有一个与之相适应的严谨的管理制度，以保证 3 个设计阶段能有序、协调和正确地展开，保证设计的速度与高质量。

压气机的设计包含了压气机气动设计和结构设计两大部分内容,其设计的流程分别如图9.2和图9.3所示。

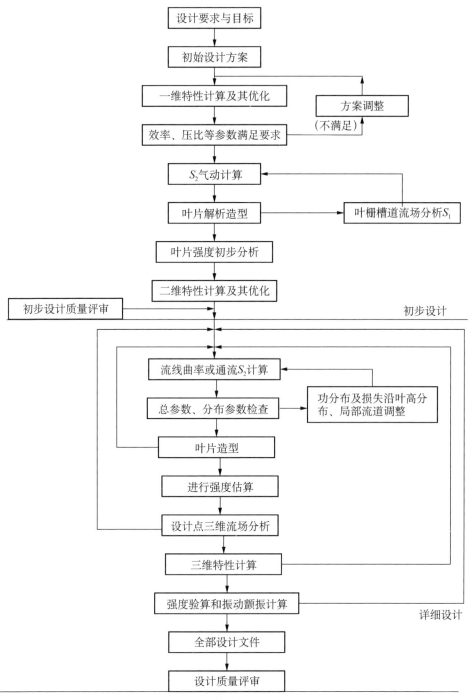

图 9.2 压气机气动设计流程

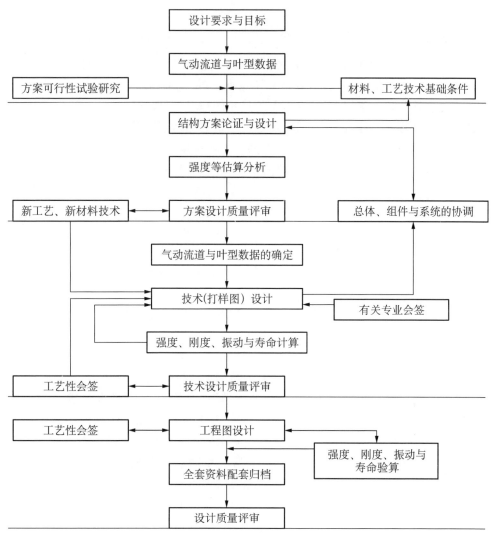

图 9.3　压气机结构设计流程

9.1.2　压气机气动设计

本节重点讲解压气机的气动设计方法和实例。从大的方面来讲,压气机的气动设计包含了正、反问题两个方面;已知压气机几何参数和工作条件,确定其内部流场及性能的问题,是分析问题,即正问题;根据要求的流量、压比、效率等性能指标和工作条件,确定压气机几何的问题,是设计问题,即反问题。本节主要讲解压气机的设计问题(即反问题),首先进行多级轴流压气机的一维设计,确定压气机级数、级压比、级效率、转速和流道等;然后确定各排叶片的速度三角形,以及叶片造型需要的其他参数;再确定各排叶片三维几何形状;最后讲解全三维数值计算在压气机设计中的应用,可以用其分析压气机内部的三维流动,检查流动是否存在明显的缺陷。

9.1.2.1 一维设计

多级轴流压气机的一维设计主要用于压气机初步设计的方案筛选,为二维计算提供初始几何与气动参数。一维性能计算是轴流压气机气动设计中的基础,作为压气机气动设计中的第一步,其重要性是不言而喻的。轴流压气机的一维气动设计,就是在已知压气机的进口总压、总温与气流角的情况下,根据给定的压气机流量、总压比与转速计算叶片排进出口的速度三角形,确定气动参数沿各级的分布。一维气动计算主要应用了 4 个基本方程:流量连续方程、能量方程、热力学第一定律与广义伯努利方程。一维性能计算方法一般是在叶片平均半径处对变比热理想气体方程

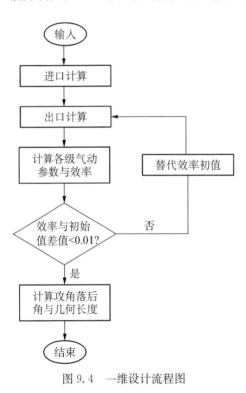

图 9.4 一维设计流程图

进行求解,编制专门的计算程序软件,采用级叠加方法,对压气机逐级进行气动计算;计算程序的损失、攻角、落后角与堵塞预估模型与平面叶栅试验数据相关联,并且按照大量的亚声速、超声速叶栅试验以及转子试验数据加以修正,在一定程度上可以较为准确地预估多级轴流压气机的性能。一维反问题设计的流程如图 9.4 所示,首先根据给定的设计参数确定压气机的进口速度三角形,接着根据效率的初值计算压气机的出口参数,并逐级进行气动计算得到压气机的等熵效率。若计算得到的等熵效率与初始给定的效率误差超过了 0.01,则用计算得到的等熵效率作为新的效率初值返回压气机出口计算。迭代计算直至效率差值下降到 0.01 以内,最后计算攻角与落后角等其余参数,完成一维气动设计计算。

关于多级轴流压气机的设计参数与单级的关系,多级轴流压气机总增压比是级压比的乘积,总压比与级压比的关系如下:

$$\pi_C^* = \pi_{st1}^* \cdot \pi_{st2}^* \cdot \pi_{st3}^* \cdots \pi_{stn}^* \tag{9.1}$$

压气机绝热效率 $\eta_{ad,C} = \dfrac{l_{ad,C}}{l_u}$ 与各级绝热效率 $\eta_{ad,i} = \dfrac{l_{ad,i}}{l_{u,i}}$ 之间的关系如下:

$$l_u = l_{u1} + l_{u2} + \cdots + l_{uz} \tag{9.2}$$

$$\eta_{ad, C} = \frac{l_{ad, C}}{\sum l_{ad, i} / \eta_{ad, j}} \tag{9.3}$$

假定各单级压气机效率相同,则

$$\frac{\eta_{ad, C}}{\eta_{ad, i}} = \frac{l_{ad, C}}{\sum l_{ad, i}} \tag{9.4}$$

下面分析一下多级轴流压气机一维气动设计时要注意的一些基本问题。

1) 多级轴流压气机的流路形状

GE90 高压压气机前 4 级流路形状如图 9.5 所示,内外流道型线都是分段高阶多项式。

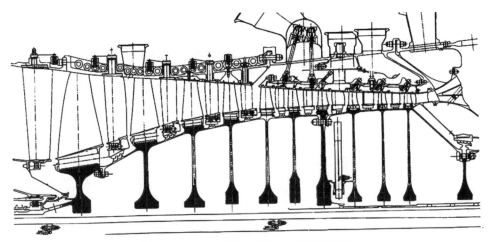

图 9.5　GE90 高压压气机前 4 级流路形状

2) 功的分配原则(级压比的确定)

功的分配原则,受叶尖切线速度和气动负荷(扭速)的影响,气动负荷的增加与切线速度的增加有相同的效果。此外还受展弦比的影响,如图 9.6 和图 9.7 所示。功的分配还要看各级所在的位置,以 E³ 高压压气机为例,如图 9.8 所示,各级的加功量是不一样的。

3) 轴向速度沿压气机通道的变化

为了满足燃烧室入口速度低的要求,压气机出口轴向速度需要降至 150 m/s 左右,因此多级轴流压气机的轴向速度不能保持不变,压气机各级轴向速度的分布规律如图 9.9 所示。各级的轴向速度降低有轴向速度比的限制,一般情况下,转子轴向速度比大于 0.9,静子大于 0.95,跨声转子尖部有时会小于 0.8。

4) 通道环壁附面层的影响

通道环壁附面层会带来堵塞,改变了各基元级速度三角形的形状,如图 9.10 所示,进而影响了各级的加功量。

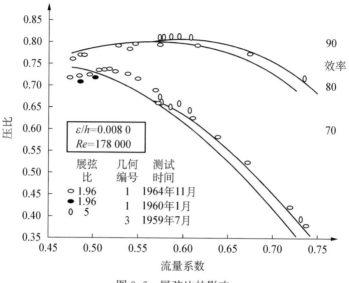

图 9.6 展弦比的影响

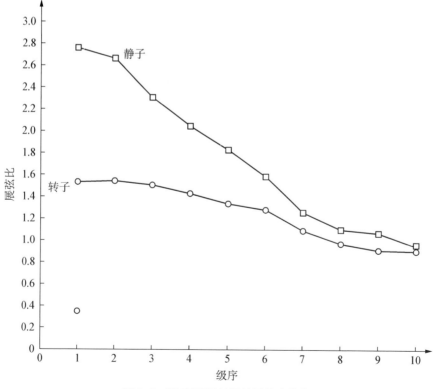

图 9.7 E^3 高压压气机的展弦比分布

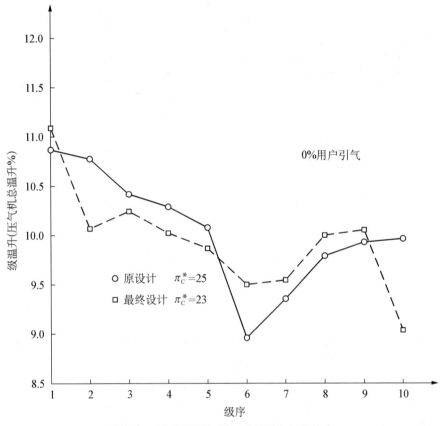

图 9.8　E³ 高压压气机加功量沿各级的分布

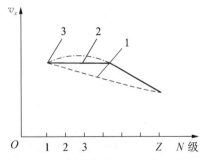

图 9.9　压气机各级轴向速度的分布规律

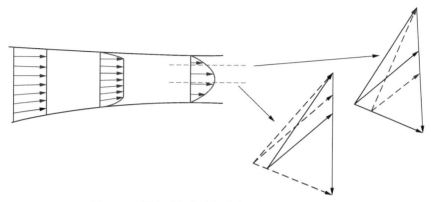

图 9.10　堵塞对各基元级速度三角形形状的改变

5) 多级轴流压气机的匹配问题

多级轴流压气机的出口与进口折合流量比约为 $\dfrac{A_1/A_n}{\pi_C^{0.85}}$，相似转速下降，从共同工作线可知，增压比减小，后面级原来按设计增压比设计的流通通道显得过小(由出口级折合流量比的公式可以分析得出)，气流速度发生变化，前面级 v_{1x} 下降，后面级 v_{1x} 增加，导致各级转子进口速度三角形发生变化——前端后堵。

下面以一台六级轴流压气机的匹配算例来说明。六级轴流压气机的压比为3.7，等加功量设计，各级转子都是轴向进气，各排叶片都是 0° 攻角，各排转子弯角10°，各排静子弯角30°。其计算的各个转速下各排叶片的攻角如表9.1所示，六级特性线如图9.11所示，第一、六级的特性线如图9.12所示。分析可知，六级轴流压气机在低转速下进入喘振边界，前端后堵，无法正常工作。为此，将各排叶片的攻角进行调整及变化，如表9.2所示，六级特性线如图9.13所示。可以发现，此时六级轴流压气机工作正常。

表 9.1　六级轴流压气机各个转速下各排叶片的计算攻角

速度	R_1	S_1	R_2	S_2	R_3	S_3	R_4	S_4	R_5	S_5	R_6	S_6
100%	0	0	0	0	0	0	0	0	0	0	0	0
95%	1.7	2.8	1.1	2.0	0.7	1.2	0.4	0.2	0.0	−0.8	−0.3	−2.1
90%	3.7	4.2	1.9	2.8	1.0	1.0	0.3	−1.1	−0.5	−3.7	−1.3	−7.3
80%	7.0	1.7	3.2	2.8	1.2	−0.5	−0.3	−5.1	−1.9	−11.9	−4.1	−24.2
70%	11.2	−4.8	6.3	2.9	1.5	−1.2	−0.6	−7.7	−2.9	−17.6	−6.1	−36.9
60%	12.9	−7.8	6.0	3.8	2.4	−0.1	−0.2	−7.2	−2.7	−17.6	−5.9	−34.8

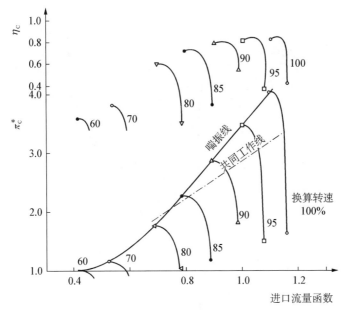

图 9.11　六级轴流压气机特性线

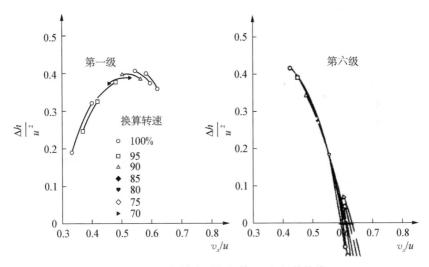

图 9.12　六级轴流压气机第一、六级特性线

表 9.2　六级轴流压气机各排叶片攻角的调整及变化

速度	R_1	S_1	R_2	S_2	R_3	S_3	R_4	S_4	R_5	S_5	R_6	S_6
100%	−2.0	−4.0	−1.0	−2.0	0.0	0.0	0.0	0.0	1.0	2.0	2.0	4.0
95%	−1.0	−1.8	−0.1	−0.2	0.7	0.9	0.3	−0.1	0.9	0.8	1.6	2.1
90%	0.0	0.5	0.7	1.1	1.1	1.0	0.3	−1.0	0.6	−1.3	0.8	−0.9
80%	2.8	4.6	2.3	3.1	1.8	1.1	0.3	−2.9	−0.2	−5.7	−0.6	−8.4
70%	5.7	7.1	3.6	6.3	2.4	1.0	0.3	−6.3	−0.7	−9.3	−1.9	−15.2
60%	8.0	8.6	4.9	5.6	3.1	1.4	0.5	−4.8	−0.9	−11.2	−2.5	−18.9

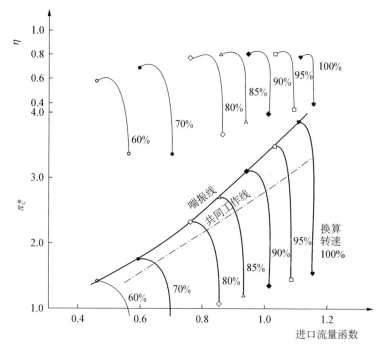

图 9.13　调整后的六级轴流压气机特性线

9.1.2.2　通流设计

通流计算是压气机气动设计阶段的关键环节。由一维计算得到压气机的流道几何以及级压比等参数信息后,通流计算便可以此为输入参数,通过轴对称假设对各叶片排沿展向的速度三角形进行计算,为接下来的叶片造型打下基础。各排叶片基元速度三角形的确定是压气机通流设计的核心。设计中各个基元的压比和效率给定后,知道了流量、转速、流道、级压比和级效率,就可以画出转子各个基元的速度三角形。由于进口速度均匀,根据流量可以知道进口的轴向速度大小,这样就可以画出各个基元进口的速度三角形;根据流量,以及给定的各个基元压比和效率,也可以唯一地确定出口的轴向速度,这样就可以画出出口的速度三角形。按照上述思路,可以确定出各个基元的速度三角形。

在上述确定各个基元速度三角形的过程中,假设了各个基元的流动相互间是没有影响的;但实际上叶片各个基元的流动是存在相互影响的,其影响机制可以通过圆柱坐标系中 N-S 基本方程组中的径向动量方程求得,这种机制被称为径向平衡。圆柱坐标系中 N-S 基本方程组见附录 A。采用圆柱坐标系下的径向动量方程,对各个基元沿径向分析是最为简单、直接的;如果采用直角坐标系的方程,则要联立 Y,Z 两个方向的动量方程。这个方程对于各种叶轮机,在大部分情况下都是适用的,但是它的求解比较困难,必须借助于电子计算机和数值分析。

1) 简单径向平衡方程

在求解径向平衡方程时,如果做如下假设:

（1）不考虑流体微团的黏性。

（2）设流动是轴对称的。

（3）流动是定常的。

（4）气体所受重力不计。

则可以得到如下的简单径向平衡方程：

$$v_r \frac{\partial v_r}{\partial r} + v_x \frac{\partial v_x}{\partial x} - \frac{v_u^2}{r} = -\frac{1}{\rho} \frac{\partial p}{\partial r} + F_r \tag{9.5}$$

如果只研究叶片排之间轴向间隙中的流动，则 $F_r = 0$；气体沿一系列同心圆柱面流动，则 $v_r = 0$，那么就可以得到最终简化的简单径向平衡方程：

$$\frac{\partial p}{\partial r} = \rho \frac{v_u^2}{r} \tag{9.6}$$

由式（9.6）可见，在简化径向平衡条件下，压力沿径向的变化完全是由于周向旋转产生的离心力引起的。在一般情况下，离心力始终存在，依然是一项重要因素，但是其他因素也会起作用，情况会更复杂一些。

下面推导一下等功等熵条件下的简单径向平衡方程：

$$l_u = \int_0^i \frac{\mathrm{d}p}{\rho} + \frac{v_i^2 - v_0^2}{2} + l_\mathrm{f} \tag{9.7}$$

$$\frac{\mathrm{d}l_u}{\mathrm{d}r} = \frac{1}{\rho} \frac{\mathrm{d}p}{\mathrm{d}r} + \frac{1}{2} \frac{\mathrm{d}v^2}{\mathrm{d}r} + \frac{\mathrm{d}l_\mathrm{f}}{\mathrm{d}r} \tag{9.8}$$

$$\frac{\mathrm{d}l_u}{\mathrm{d}r} = \frac{1}{2} \left[\frac{1}{r^2} \frac{\mathrm{d}(v_u r)^2}{\mathrm{d}r} + \frac{\mathrm{d}v_x^2}{\mathrm{d}r} \right] + \frac{\mathrm{d}l_\mathrm{f}}{\mathrm{d}r} \tag{9.9}$$

$$\frac{1}{r^2} \frac{\mathrm{d}(v_u r)^2}{\mathrm{d}r} + \frac{\mathrm{d}v_x^2}{\mathrm{d}r} = 0 \tag{9.10}$$

根据等功等熵条件下的简单径向平衡方程可以得出叶片的扭向规律。扭向规律的确定是要解决叶片进出口周向速度沿径向的分布规律，由于径向平衡机制的存在，各个基元速度三角形的确定必须统一考虑，以保证他们之间能够协调工作。扭向规律沿叶高必须保证等功设计，这样才能采用等功等熵增的简单径向平衡方程，进一步确定轴向速度沿径向的变化规律。这也是为什么在 20 世纪 50～60 年代没有电子计算机的情况下，就可以进行多级压气机的设计。下面介绍一下 3 种简单径向平衡方程。

（1）等环量设计规律。

如果在叶片设计中选定：$v_u r = \mathrm{const}$，等环量设计自然就保证了轮缘功沿叶高不变。由等功等熵增条件下的简单径向平衡方程，有

$$v_x = \mathrm{const} \tag{9.11}$$

即轴向速度沿叶高不变。试验测量结果验证了等环量设计中气流轴向分速沿叶高保持不变的规律,验证了计算的可靠性,大大提高了设计分析的准确性。但是,轴向进气情况下采用等环量设计,其缺陷是转叶尖部马赫数容易过高。

(2) 等反力度设计规律。

联立运动反力度和轮缘功公式,可以得到

$$v_{1u} = \omega(1-\Omega_C)r - \frac{l_u}{2\omega r} \tag{9.12}$$

$$v_{2u} = \omega(1-\Omega_C)r + \frac{l_u}{2\omega r} \tag{9.13}$$

则进、出口环量公式如下:

$$v_{1u}r = \omega(1-\Omega_C)r^2 - \frac{l_u}{2\omega} \tag{9.14}$$

$$v_{2u}r = \omega(1-\Omega_C)r^2 + \frac{l_u}{2\omega} \tag{9.15}$$

可见环量随半径是增加的。由简单径向平衡方程可知轴向速度随半径是减小的。等反力度设计规律的特点是转子气流 Ma 和气流转角沿叶高的变化较平缓,但轴向速度沿叶高变化剧烈,计算结果与试验结果偏差较大,导致多级轴流压气机的设计要大量地依靠试验研究,轴向速度的计算需要经验公式的修正。

(3) 中间设计规律。

联立运动反力度和轮缘功公式,可以得到中间设计规律:

$$v_{1u} = Ar - \frac{B}{r} \tag{9.16}$$

$$v_{2u} = Cr + \frac{D}{r} \tag{9.17}$$

可以看出:$A=C=0$ 时,中间设计规律就变成了等环量规律;$A=C\neq0$, $B=D$, B 和 $D>0$ 时,中间设计规律就变成了等反力度规律;$A\equiv C$ 时可获得等功设计。

中间设计规律与等反力度的特点一样,轴向速度的计算结果需要经验公式的修正。在简单径向平衡方程的基础上,不论采用哪种设计规律,不需要电子计算机,就可以容易地进行多级压气机速度三角形的计算,从而使得多级压气机的设计成为可能。第一代、第二代发动机就是基于简单径向平衡方程设计出来的。

2) 径向平衡方程及其应用

简单径向平衡方程假设只研究叶片排之间轴向间隙中气体沿一系列同心圆柱面的流动,此局限性决定了在强烈的流道变化情况下(比如第三代、第四代航空发动机的轴流压气机流道)就不能再继续应用简单径向平衡方程进行设计了。下面就从流线弯曲带来的影响入手,分析能够用于复杂流动情况的叶轮机内部流动的简化分析方法,即得到这种情况下使用的径向平衡方程。

对长叶片级内的流动,有 6 个变量需要求解:即 3 个方向的速度场,压力场,温度场和密度场,这 6 个变量又是时间和空间的函数。采用径向 r、周向 φ 和轴向 x 的圆柱坐标系,则

$$p = p(r,\ \varphi,\ x,\ t) \tag{9.18}$$

$$T = T(r,\ \varphi,\ x,\ t) \tag{9.19}$$

$$\rho = \rho(r,\ \varphi,\ x,\ t) \tag{9.20}$$

求解长叶片级内的流动与能量转换,就需要 6 个独立的方程,除了状态方程外,连续方程[见附录的式(A.37)]、运动方程[见附录的式(A.44)]和能量方程[见附录的式(A.68)]一起组成了 6 个独立的封闭方程组。其中,径向运动方程表示了气流在半径方向 r 上的力平衡条件,因此也称为径向平衡方程。如果忽略质量力的影响,运动方程径向表达式可用全微分形式来表示,这就是完全径向平衡方程

$$-\frac{1}{\rho}\frac{\partial p}{\partial r} = -\frac{v_u^2}{r} + \frac{\mathrm{d}v_r}{\mathrm{d}T} \tag{9.21}$$

式中:$\partial p/\partial r$ 表示气流压力沿径向的变化率;$\rho v_u^2/r$ 表示周向分速度产生的向心加速度力;$\rho \mathrm{d}v_r/\mathrm{d}t$ 表示气流的径向加速度力。完全径向平衡方程的物理意义就是气流压力沿径向的变化率与周向分速度所产生的向心加速度力以及径向加速度力三者达到平衡。

当 $v_r = 0$ 时,完全径向平衡方程简化为简单径向平衡方程。可以看出:即使径向分速度 $v_r = 0$,但只要存在周向分速度 v_u,气流压力沿叶高方向就不再保持常数;流动为同心圆柱面,可用圆柱流面计算法求解。简单径向平衡方程是简化的完全径向平衡方程,也能反映气动参数沿叶片高度的变化规律。

理论上,有了 6 个方程,如果给定了物理条件、边界条件和附加条件,就可以通过联立求解 6 个方程的方法,求出压气机级内流场各点的所有状态参数和气动参数。但实际上,由于方程数和未知数太多,数学求解手段有限,精确的数学解存在很大困难。有必要做进一步的简化,得到一些简化流动模型,以便进行数值求解。根据简化条件的不同,简化模型有很多种。主要可以分为三类:

(1) 无限多叶片理论。该理论假定叶片数目为无限多,同时每一叶片的厚度为无限薄;认为气流参数沿圆周方向是均匀分布的(即轴对称);叶片对气流的作用力则通过一个假想的质量力来考虑。

(2) 两类相对流面理论。这个理论是我国吴仲华教授提出的,主要思路是将一个三元流动问题,分解成两组流面(S_1,S_2)上的两个二元流动问题;分别求解 S_1、S_2 流面上的流动,在两个流面的相交线上,其解即满足 S_1 流面的规律,又满足 S_2 流面的

规律;通过对不同流面上的迭代计算,可以求解出整个流场的流动(准三元求解法)。

(3) 直接求解三元流动的方法。

下面就讲解压气机内部流场的分解——两类相对流面理论(见图9.14)。

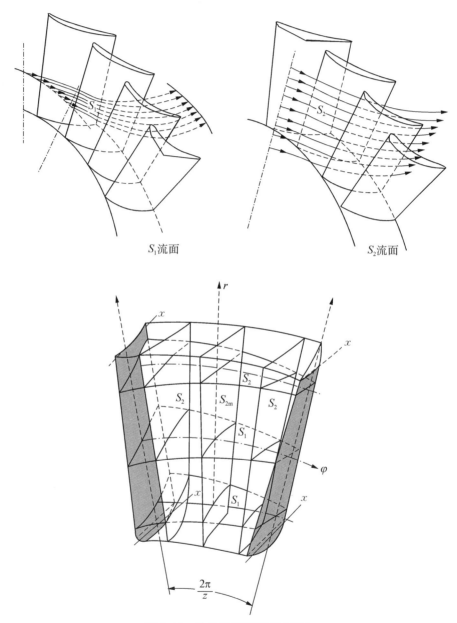

图 9.14 吴仲华的两簇流面理论

S_1 流面——与某等轴向平面的交线是个圆弧,反映叶片之间的流动,本质上存在翘曲;简化为以子午面线为母线,绕叶轮机械轴旋成的回转面;早期采用圆锥面

（轴流级），目前采用任意回转面的概念来决定基元流，早期为叶栅流动。S_2 流面——与某等轴向平面的交线是条径向线，反映叶片间展向的平均流动，表现形式有中心流面法、周向平均法和轴对称法。

求解 S_2 流面的通流设计分析方法中常用的是流线曲率法，它在计算时引入流线曲率和斜率的影响，沿径向将流道分为多个流管，以求解径向平衡方程得到的速度场为依据，反复调整各条流线的位置来满足质量守恒方程，最终得到新的流线形状及流场速度分布，反复迭代直至收敛。下面推导采用流线曲率法的 S_2 流面径向平衡方程。推导用图如图 9.15(a) 和图 9.15(b) 所示，ABC 线分别为 S_2 平均流面中的某一条流线在子午面和轴向视图中的投影；流线与其上每一点的速度矢量都是相切的；m、n 分别为流线在子午面内投影在 B 点处的切向和法向；x，r，φ 分别为轴向、径向和周向。

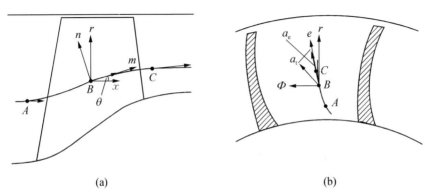

图 9.15　流线曲率法 S_2 流面径向平衡方程推导用图

（a）子午面视图　（b）轴向视图

首先进行弯曲的流线子午面内的加速度运动分析。沿流向 m 的加速度 $v_m\,\partial v_m/\partial m$，离心加速度 $-v_u^2/r$，沿子午流线运动时的向心加速度 v_m^2/r_m，曲率半径为 $r_m = \partial m/\partial\theta$，这三项之和就是子午面内总的加速度。再来看弯曲的流线子午面内 φ 方向的加速度，由周向的动量矩方程，$F_u r = \mathrm{d}M/\mathrm{d}t$，由 $F_u = ma_u$，$M = mrv_u$，代入上式可得 $a_u r = \mathrm{d}(rv_u)/\mathrm{d}t$，由于 $\mathrm{d}t = \mathrm{d}m/v_m$，可得周向加速度 $a_u = (v_m/r)\partial(rv_u)/\partial m$。周向加速度与子午面内的加速度可以合成出 B 点处的总加速度 a_t。

假定 e 为 B 点处与 S_2 流面相切的某一方向，总加速度 a_t 在 e 方向的投影为 a_e，根据牛顿第二定律，e 方向的力与加速度平衡关系为 $-\dfrac{1}{\rho}\dfrac{\partial p}{\partial e} = a_e$，这样可以得到 S_2 流面内任意方向的压力梯度与加速度的平衡关系式。由于空气重力可以忽略，这样流体微元的加速度主要是由压力差来平衡。

在子午面内，选取的流线与网格线形成准正交线（见图 9.16），就可以进行 S_2 流面的迭代计算。迭代过程中流线不断变化，准正交线不动，因此要建立沿准正交线的径向平衡方程。e 方向是与 S_2 流面在 B 点处相切,其在子午面内的投影即为 q 方向(网格线方向);e 方向在 q,φ 平面内。

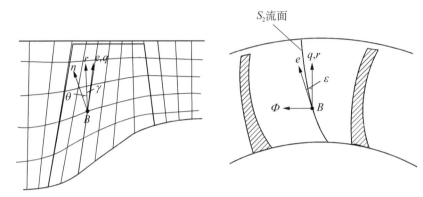

图 9.16 S_2 流面迭代计算

子午面内沿 q 方向的加速度分量为

$$a_q = v_m \frac{\partial v_m}{\partial m} \sin(\theta + \gamma) + \frac{v_m^2}{r_m} \cos(\theta + \gamma) - \frac{v_u^2}{r} \cos \gamma \tag{9.22}$$

由于 e 方向在 q,φ 平面内,e 方向的加速度可以由 B 点处的 q 方向的加速度分量和 φ 方向的加速度分量直接合成:

$$a_e = a_q \cos \varepsilon + a_u \sin \varepsilon \tag{9.23}$$

$$\delta q = \delta e \cos \varepsilon \tag{9.24}$$

由 S_2 流面内 e 方向的力与加速度平衡关系,有

$$-\frac{1}{\rho} \frac{\partial p}{\partial q} = a_q + a_u \tan \varepsilon \tag{9.25}$$

子午面内的径向平衡方程为

$$-\frac{1}{\rho} \frac{\partial p}{\partial q} = v_m \frac{\partial v_m}{\partial m} \sin(\theta + \gamma) + \frac{v_m^2}{r_m} \cos(\theta + \gamma) - \frac{v_u^2}{r} \cos \gamma + a_u \tan \varepsilon \tag{9.26}$$

为了将实际流动中的损失考虑进来:

$$-\frac{1}{\rho} \frac{\partial p}{\partial q} = T \frac{\partial s}{\partial q} - \frac{\partial h}{\partial q} = T \frac{\partial s}{\partial q} - \frac{\partial h_0}{\partial q} + \frac{1}{2} \frac{\partial (v_m^2 + v_u^2)}{\partial q} \tag{9.27}$$

最终可以得到准正交方向的径向平衡方程:

$$\frac{1}{2} \frac{\partial v_m^2}{\partial q} = \frac{\partial h_0}{\partial q} - T \frac{\partial s}{\partial q} + v_m \frac{\partial v_m}{\partial m} \sin(\theta + \gamma) +$$

$$\frac{v_m^2}{r_m}\cos(\theta+\gamma)-\frac{1}{2r^2}\frac{\partial(r^2 v_u^2)}{\partial q}+\frac{v_m}{r}\frac{\partial}{\partial m}(rv_u)\tan\varepsilon \tag{9.28}$$

　　通过上述变换,得到了通用条件下 S_2 流面的子午速度,周向速度,与焓、熵的关系式。计算从给定的初始流线开始迭代,准正交线始终不动,但流线不断更新,直至得到最后的实际流线。径向平衡方程可以用来分析问题,给定流道、叶片几何形状可以用于求解内部流场,从而计算出压气机特性;S_2 正问题计算目前仍然是轴流压气机在设计转速和部分转速特性计算的重要手段。径向平衡方程还可以用来设计问题,给定流道,给定转子叶片级压比、级效率,静子叶片损失系数沿叶高的分布同样可以计算出压气机内部流场,从而可以确定出叶片各个基元的速度三角形,进而可以设计出压气机叶片。采用流线曲率法求解径向平衡方程,突破了简单径向平衡近似等圆柱面、等功、等熵增等的限制,使得沿叶高变功、变熵增的高负荷压气机的设计成为可能,能够用于各种压气机的设计,从而成就了第三代发动机的研制。为了得到速度三角形,并不需要计算到叶片内部,即求出叶片部分的流场,只需要计算出进出口的流动参数;在多级压气机设计中,S_2 的计算就像求解管道中的流动一样,也称管流计算。

　　在径向平衡中存在径向掺混现象。图 9.17 是某 4 级压气机中流动掺混的流动显示;乙烯气体在第三级静子入口注入,虚线表示注入的半径位置。湍流扩散和二次流作用都是形成掺混的重要原因,湍流掺混在远离端壁的区域占主导地位,而二次流掺混在近端壁区的作用很强,实际过程可能更为复杂。流线曲率法中考虑径向掺混对计算结果是非常重要的,如图 9.18 所示。

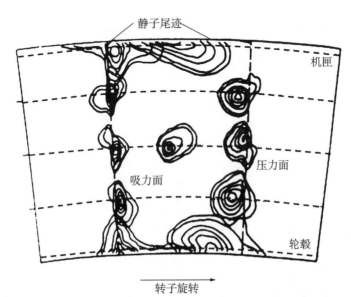

图 9.17　某 4 级压气机中流动掺混流动显示

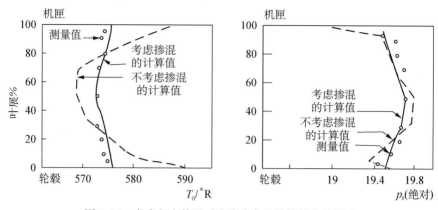

图 9.18 考虑径向掺混对流线曲率法计算精度的影响

下面以 NASA 两级小展弦比压气机的设计为例,来介绍采用流线曲率法进行第三代发动机压气机的设计。NASA 双级跨声速风扇流道如图 9.19 所示,第一级转子即 Rotor 67,由原设计的展弦比 2.94 改为小展弦比 1.56,其他叶片仍为原设计,属于中等展弦比,主要参数如表 9.3 所示。

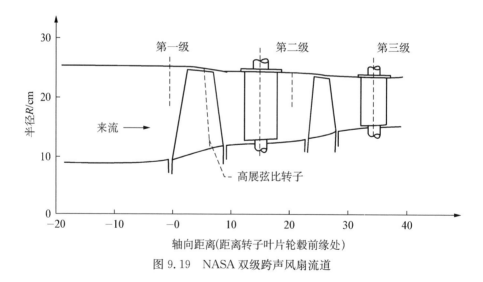

图 9.19 NASA 双级跨声风扇流道

表 9.3 NASA 双级跨声风扇主要参数表

压比	流量	效率	叶尖切线速度		展弦比	
			第一级转子	第二级转子	第一级转子	第二级转子
2.4	33.25	0.849	428.9	405.3	1.56/2.94	1.97

　　以第一级转子为例,总压和总压损失沿叶高的分布如图 9.20 所示。两级压气机特性线的试验结果如图 9.21 所示,由图可知,特性线的喘振裕度太低,效率偏低,流量偏大,这个设计并没有达标。两级压气机的计算分析结果与试验测量结果对比分别如图 9.22 和图 9.23 所示。由图可知,计算与试验结果都存在一定偏差,这也是流线曲率法的难点所在。根据总压分布随流量的变化规律,可以发现该压气机的第一级压比偏高,根部出口总压达到设计值之后不再增加,而且损失非常大;第二级压比偏低;损失分布偏差较大,效率较低。

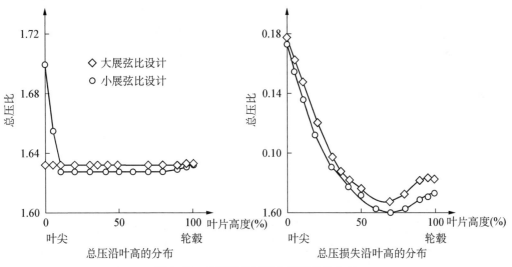

图 9.20　总压和总压损失沿叶高的分布

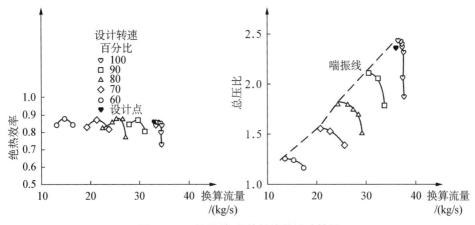

图 9.21　两级压气机特性线的试验结果

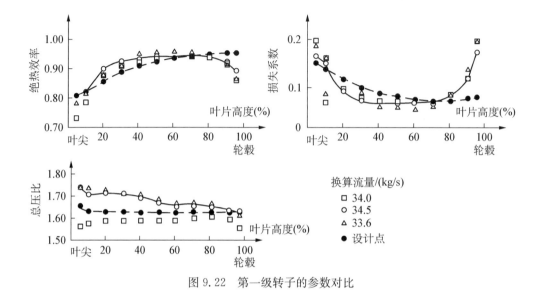

图 9.22   第一级转子的参数对比

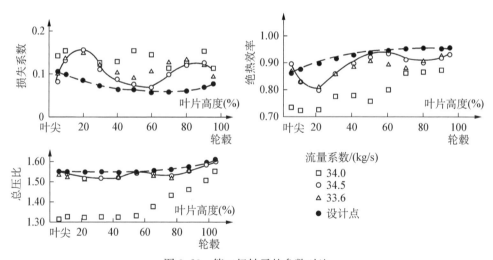

图 9.23   第二级转子的参数对比

为此,对两级压气机的设计进行调试,调整静子安装角,第一级静子打开 10°,第二级静子关小 5°;调试试验结果如图 9.24 所示。

影响径向平衡方程的计算精度的主要影响因素是堵塞、损失和落后角的估算精度,因此建立丰富的数据库和经验关系式是非常重要的。

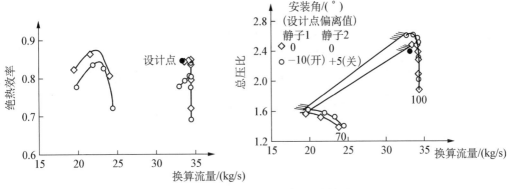

图 9.24　两级压气机的调试试验结果

9.1.2.3　叶片造型

叶型是控制叶片通道内流动,实现设计意图的基本手段,叶型的发展变化反映出对于压气机内部复杂流动认识的深化,叶型的改进依然是未来轴流压气机气动性能进一步提高的基本途径。在确定进出口速度三角形之后,再确定攻角、落后角、弦长、中弧线和厚度,选定基元叶型(系列叶型、可控扩散叶型等)和积叠规律,就可以进行三维叶片造型设计了。

三维叶片造型设计是要满足一些设计指标的迭代的过程,目前通常采用优化设计方法来进行。叶片气动优化设计方法是当前研究的方兴未艾的热点,将某种优化算法与流场计算方法结合起来,以优化达到给定的气动性能要求。相比于传统的设计方法,气动优化设计方法可以全面考虑黏性、全三维效应等对叶轮机械性能的影响,采用有效的优化算法加速收敛到全局最优的设计方案,同时优化设计方法把流场的评价系统、优化策略和叶轮机械的几何造型结合起来,便于实现叶轮机械的自动优化设计。更进一步再进行流固等耦合计算,以满足气动和强度等要求,具有很大的挑战,这也是带复合弯掠的全三维叶片设计系统的更进一步发展。

本节从压气机叶型和叶片积叠规律两方面对叶片造型方法进行阐述。

1) 压气机叶型

从叶轮机械的发展历程来看,压气机叶型可分为三大类。

第一类是由美、英、俄等国家在 20 世纪 50～60 年代成功研制的 NACA65、C-4(见图 9.25)、BC-6 等亚声速原始叶型,它们完全通过叶栅风洞的吹风试验获得,观察几何形状可知叶型厚度变化比较平坦,这类叶型具有较大的层流区和较小的摩擦阻力,应用于低进口马赫数的压气机时会产生较好的效果,能够满足当时条件下低流量、低压比轴流压气机叶片设计的需要。迄今,在通风机、鼓风机、风力涡轮设计过程中仍采用原始叶型选配的方法进行。但是,随着跨声速压气机的普及,这些传统叶型已经无法适应不断增大的叶尖马赫数和叶片负荷。

第二类是参数化叶型,包括双圆弧叶型(DCA)、多圆弧叶型(MCA)、任意成型

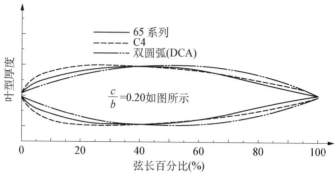

图 9.25   原始叶型厚度分布规律对比

叶型等。这些叶型的特征是采用参数化定义的叶型几何参数,这类方法发展到目前仍被广泛采用。双圆弧叶型(见图 9.25)的吸力面和压力面均为圆弧,它是以等转折率概念来控制气流扩散的叶型,既适用于高亚声速流动,也适用于 $Ma = 1.2$ 以下的低超声速流动。多圆弧叶型广泛应用在相对较高马赫数下,其中弧线由两段圆弧控制,中弧线曲率在前后两段圆弧的变化率为常数,它能通过改变转接位置和圆弧的曲率实现对激波损失的控制,因此适用于超、跨声速压气机叶片的设计。但多圆弧叶型基本只适用于 $Ma = 1.4$ 以下的超声速流动。为了能适应更高马赫数的超声速流动,任意成型叶型应运而生,具有代表性的叶型有楔形叶型、S 型叶型等,也称预压缩叶型,其几何特点是前缘尖,叶型较薄,叶型弯角较小或为负转折角,前段有一斜直线段或负曲率段。设计这种叶型的关键在于要选择恰当的参数以实现对叶型中弧线曲率的控制,从而使进口段的叶型表面马赫数降低以减小激波强度。

在采用中弧线加厚度分布的叶片造型时,选取合适的攻角,以及计算出较为准确的落后角非常重要,叶片弯角的确定按照气流折转角=叶片弯角+攻角-落后角,其中落后角的确定采用卡特(Carter)公式:

$$\delta = m\theta \sqrt{\frac{s}{b}} \qquad (9.29)$$

式中: $m = 0.18 + 0.23(2a/b)^2 - 0.002\beta_2$, a/b 为最大挠度的相对位置。

但实际的落后角大于 Carter 公式的计算结果,所以需要增加落后角附加修正量 ΔX,于是可以得出

$$\theta = \Delta\beta - i + m\theta \sqrt{\frac{s}{b}} + \Delta X \qquad (9.30)$$

早期的中弧线设计一般采用单圆弧或抛物线。单圆弧中弧线的曲率变化是相同的。抛物线的曲率变化则不同,随着选取位置的不同,会使得叶片负荷分布发生改变而带来前加载或后加载设计。也有采用 sin 曲线做任意中弧线设计的,由于 sin

曲线是周期性变化,所以从中选择不同的区间,可以生成任意曲率变化规律的中弧线,包括预压缩叶型的中弧线。sin 曲线的曲率半径是连续变化的;多圆弧也可以生成预压缩叶型,但其曲率半径一般难以连续变化。

　　早期的厚度分布设计一般采用原始叶型厚度分布规律,其对比如图 9.25 所示。采用相同的参数,中弧线都是单圆弧,最大厚度弦长比为 0.10,稠度为 1.25,叶片安装角为 33.6°,叶片弯角为 27.3°,来流攻角为 0°,来流马赫数为 0.6,D 因子约为 0.48,代表了 20 世纪 80 年代的负荷水平,NACA65 系列、C-4 和双圆弧叶型(DCA)的压力系数分布对比如图 9.26 所示。

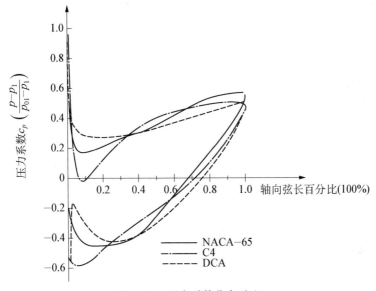

图 9.26　压力系数分布对比

　　系列叶型 10C4/25C50、10C4/25P40 和 DCA 叶型的攻角特性对比如图 9.27 所示。其中,10 代表最大厚度相对弦长百分比,25 代表叶型的弯角,C/P 代表圆弧/抛物线中弧线,50/40 代表最大挠度距前缘百分数。对比分析可以发现双圆弧叶型在高来流马赫数条件下的突出优点,其最小损失攻角范围较为宽广。

　　跨声叶型有进口直线段叶型(见图 9.28)、预压缩叶型(见图 9.29)和任意厚度分布预压缩叶型(见图 9.30)等。

　　目前,中弧线和厚度分布一般采用参数化设计,参数化的方法多种多样,但应用最多的是 NURBS 和 Bezier 曲线,控制点的选取也依据不同的设计而有所不同(见图 9.31 和图 9.32)。

　　第三类则是定制叶型,利用流场的数值计算来确定叶型的几何特征,通常是根据给定的表面压力或近表面速度分布特征,利用正/反问题数值方法计算流场,通过对叶型的"裁剪"最终确定叶型几何,以获得最优叶型表面马赫数分布,达到最大限

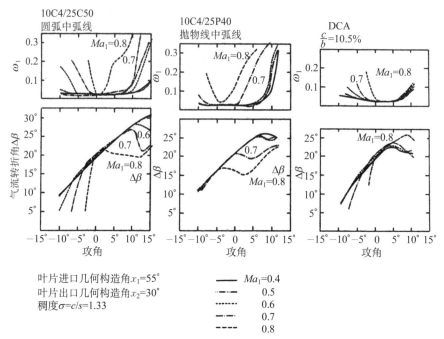

图 9.27 系列叶型 10C4/25C50、10C4/25P40 和 DCA 叶型的攻角特性对比

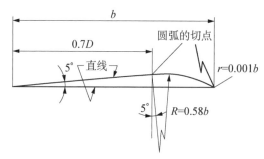

图 9.28 CW-1 叶型

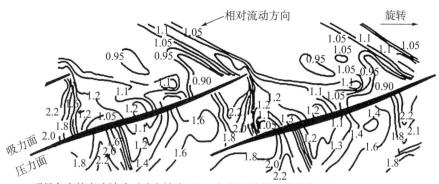

明显负弯的高速转叶（叶尖转速550m/s）机匣处静压等值线图(From Prince, 1980)

图 9.29 多圆弧预压缩叶型

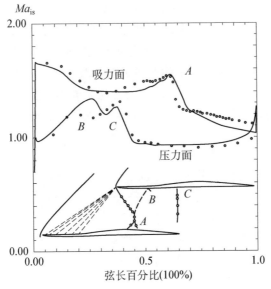

图 9.30　任意厚度分布预压缩叶型

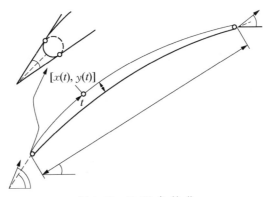

图 9.31　叶型参数化

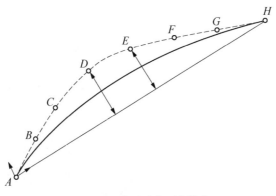

图 9.32　叶型吸力面参数化

度地减少流阻损失的目的。这类叶型包括可控扩散叶型(CDA)、PVD 叶型(prescribed velocity distribution airfoils)等,目前已经在国内外被广泛地应用。但在压气机叶片设计中,各叶型截面若分别按给定速度分布来"裁剪",不但耗时长,更突出的问题是有时很难满足叶片设计在几何上的严格要求。因为叶片各截面的前后缘构造角、安装角和弦长等必须达到规定值,且沿径向变化要光滑,这在常规叶型设计中能比较自然地得到满足,但按反问题或杂交问题方法生成叶型时,则需要经过反复调整方能达到要求。

下面重点介绍一下可控扩散叶型。

从研究趋势上看,可控扩散叶型(CDA)设计是目前国外对亚声、跨声速压气机叶型研究的主要内容之一。作为新一代压气机叶型,CDA 具有常规叶型无法比拟的优点,愈来愈引起研究者的重视。CDA 不仅在设计状态下具有较小的气流总压损失,而且小损失工作范围也相应扩大。多级轴流压气机的试验结果表明,采用CDA 后,压气机的喘振裕度增加,级间匹配也有明显的改善。CDA 叶型及与其他常规叶型对比如图 9.33 所示。

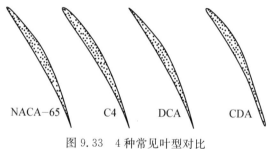

图 9.33　4 种常见叶型对比

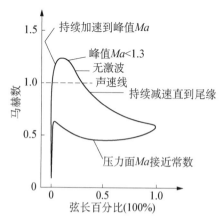

图 9.34　典型的 CDA 表面马赫数分布

典型的可控扩散叶型表面马赫数分布如图 9.34 所示,其特点是:

(1) 吸力面前缘区持续加速到峰值马赫数,提供一个有利的压力梯度以维持一段层流附面层。

(2) 控制叶型吸力面峰值马赫数在低超声水平,避免产生弱激波。

(3) 控制气流从峰值马赫数到叶型后缘的扩散程度,使该部分维持不分离的附面层。

(4) 控制叶型压力面的峰值速度,以保证一定堵塞裕度和不产生负的失速。

可控扩散叶型的设计难点是转捩点位置的准确预测、峰值马赫数的限制值和分离的可靠预测。

普惠公司的 Stephens 等人（1979年）运用这一准则设计了一种具有 CDA 叶型的叶栅,在 DFVLR 的跨声速风洞中进行了试验(见图 9.35),并且与相同试验条件下的 DCA 进行了对照(见图 9.36)。由图可知,试验所得马赫数和设计所用马赫数符合得很好;试验验证了叶栅流道中的无激波性和叶片表面附面层的附着性;并且该叶型在非设计工况下也表现出了很好的气动性能,流道中只出现了很弱的激波,对叶片性能的影响很小(见图 9.37)。Stephens 试验验证了 CDA 在压气机叶栅应用中具有很好的前景。

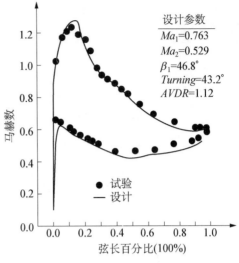

图 9.35　试验与设计马赫数分布图

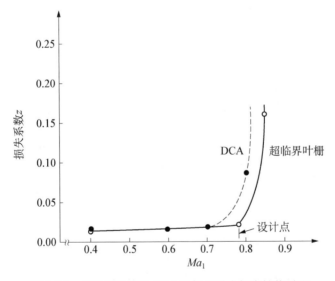

图 9.36　超临界叶栅及 DCA 叶栅的最小损失性能对比

自 20 世纪 70 年代以来,第一代可控扩散叶型(CDA-Ⅰ)的应用已经提高了压气机的性能。20 世纪 80 年代早期,应用 CDA 的商用发动机中压气机的多变效率(polytropic efficiency)已经提高了 2%,每级叶片的压增已经提高了 60%。NASA/Pratt 和 Whitney 的 E^3(energy efficiency engine)发动机的压气机在效率提高 1% 的条件下,每叶片压增可达到 150%,采用 CDA 的益处超过了以往对流道、转速以及其他配置改变的总和。在现代生产工艺下,它可以使多变效率超过 90%,在 PW2037 和 PW4000 中,CDA 的采用也明显地减少了叶片数。总的来说,CDA-Ⅰ

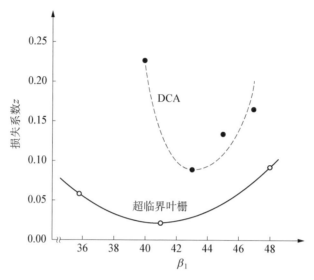

图 9.37　在设计进口马赫数下超临界叶栅及 DCA 叶栅损
　　　　失随进口气流角变化的对比

的采用已经提高了效率,增加了喘振裕度。

　　但是,CDA‐Ⅰ的二维设计方法,只考虑叶片中部最小的附面层增长和阻止附面层分离,用一些经验系数代替端部施加于中部的影响;但由于旋涡导致的端部流动和压力梯度的改变,转叶的泄漏损失,静叶通道损失和端壁摩擦这 4 个方面很剧烈地改变了流道中的流型,要想达到 CDA 的峰值性能,就必须考虑流道中流动的三维性。考虑到端部的损失影响,Behlke 提出了 CDA‐Ⅱ的设计思想。

　　CDA‐Ⅱ建立在 CDA‐Ⅰ的准则和方法的基础上,CDA‐Ⅱ的成型采用叶型加角度的方法,这些数据是通过沿叶高的试验获得的。如图 9.38 所示,大尺寸压气机设备在低、高马赫数下的试验提供了详细的流道和叶片截面数据,反过来应用于端壁摩擦、顶部泄漏和通道影响的修正,代替人为修正系数。

　　CDA‐Ⅱ设计的基础是精确模型化多维通道流与叶片几何参数间的相互作用,包括一个二维、可压缩基元级附面层流道中的势流解。当附面层发生分离时(通常在近壁面处),调用计算损失的子程序,另外还需要附加一些计算壁面摩擦、顶部泄漏、尾迹、通道影响以及一些无法消除的上游影响的旋涡模型。这些沿着叶展方向的损失和角度分布输送给一个轴向流动计算程序,该程序运用径向平衡方程和连续方程对这些数据在流道中加以综合求解。这种综合考虑为优化叶片端部形状和进、出气角提供了可能。图 9.39 为 Behlke 运用这一方法设计的 CDA‐Ⅱ叶栅,该叶型可以提高 1.5% 的效率和 8% 的喘振裕度。

　　在叶片造型时,需要确定稠度,这就需要考虑扩散因子的选取。扩散因子也称 D 因子,其定义如图 9.40 所示。

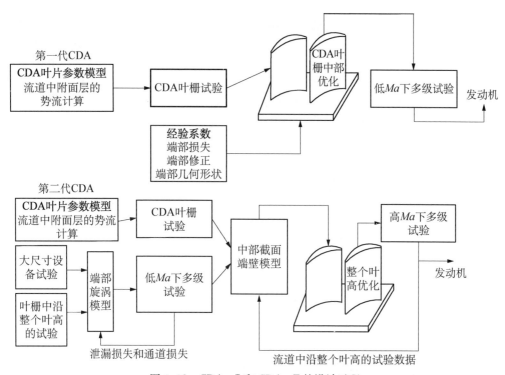

图 9.38　CDA-Ⅰ和 CDA-Ⅱ的设计过程

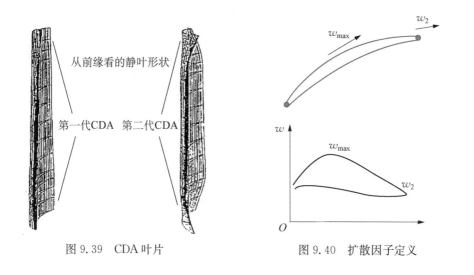

图 9.39　CDA 叶片　　　　　　　图 9.40　扩散因子定义

局部扩散因子定义为

$$D_{\text{loc}} = \frac{w_{\max} - w_2}{w_{\max}} \tag{9.31}$$

根据试验可知

$$w_{\max} \approx w_1 + \frac{\Delta w_u}{2\tau} \tag{9.32}$$

则叶片扩散因子为

$$D = 1 - \frac{w_2}{w_1} + \frac{\Delta w_u}{2\tau w_1} \tag{9.33}$$

对于系列叶型,两者的效果是等价的,如图 9.41 和图 9.42 所示。

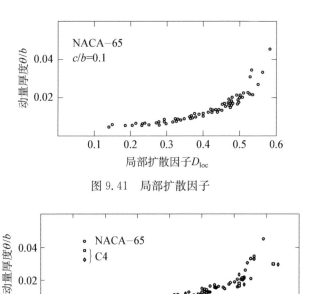

图 9.41 局部扩散因子

图 9.42 扩 散 因 子

2) 叶片积叠规律

叶片造型设计方法采用较多的是二维流面叶型,加上三维积叠成型来完成设计。三维积叠参数化的方法多种多样,但应用最多的是 NURBS 和 Bezier 曲线,控制点的选取也依据不同的设计而有所不同。带复合弯掠的全三维叶片设计是当前叶片参数化造型的主流设计。叶片积叠不仅仅是个气动问题,除了保证良好的气动性能外,还需要保证结构合理、足够的强度和抗震性能以及良好的工艺性。

早期采用简单径向积叠进行叶片沿叶高的气动造型,如图 9.43 所示。

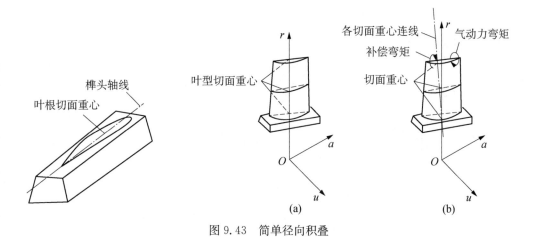

图 9.43　简单径向积叠

目前采用空间任意积叠进行叶片三维气动造型。在 20 世纪 90 年代,叶片三维气动造型技术提高压气机效率的主要措施是消除或改善各排叶片内部的分离,特别是角区的分离流动。在过去 20 年,随着对三维气动造型技术认识的不断深化,三维气动造型技术同样用于改善通道主流的流动情况,进一步降低了通道主流的流动损失,提高负荷;同时通过加大转子叶片前掠,在稳步提高压气机的级负荷的同时,有效地提高了压气机的失速裕度。叶片三维气动造型是对弯叶片和掠叶片的进一步发展,是设计体系从二维/准三维发展到三维的必然结果,也是风扇/压气机性能明显提高的核心措施。

首先来看一下倾斜叶片技术,倾斜定义如图 9.44 所示。积叠线相对径向线产生了倾斜。再来看一下弯曲叶片技术,弯曲定义如图 9.45 所示。弯曲叶片技术源于附面层迁移理论,即在沿叶高 C 型压力分布的作用下(见图 9.46),叶栅两端低能量流体(边界层)被吸到叶栅中部,并被主流带走,从而降低了端部能量损失。叶片的正弯和反弯均可控制叶栅流道内的径向压力梯度和横向压差,采用正弯曲叶片还是反弯曲叶片决定于流道内沿流向的压力梯度;叶栅中的能量损失主要由流道内的

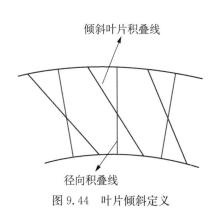

图 9.44　叶片倾斜定义

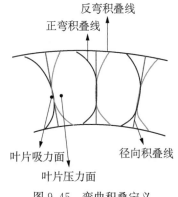

图 9.45　弯曲积叠定义

三维压力场(径向、横向和流向的压力变化)决定,而弯扭叶片可以有效地控制三维流场中的静压分布。直叶片、倾斜叶片和弯曲叶片沿叶高的静压分布对比如图9.47所示。

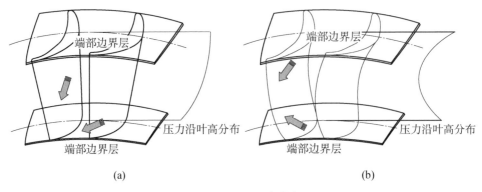

图 9.46 C 型压力分布

(a) 原型 (b) 改型

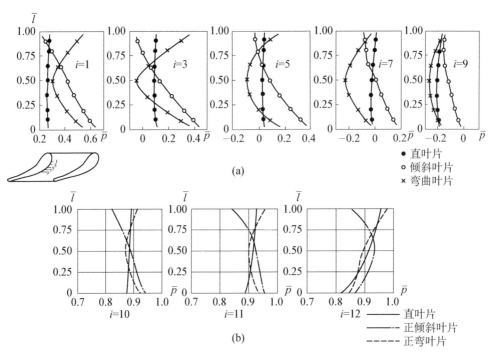

图 9.47 静压沿叶高的分布

(a) 试验结果 (b) 计算结果

美国通用电力公司在其先进的 E^3 发动机中采用了弯曲叶片技术,改善了高、低压压气机中间过渡段的气动性能。美国普惠公司为装备 B777 飞机所研制的

PW4084 发动机的一级风扇叶片、七级低压和十一级高压压气机的静子导流叶片全部采用具有可控扩散叶型的三维弯曲造型的端弯叶片,试验证明壁面的扩散损失减小,效果明显。横跨三大洲的国际合作涡扇发动机——V2500,压气机叶片设计采用了端部弯曲的可控扩散叶型;叶片端部弯曲的叶型适于低速环形附面层气流,可减少二次流并控制涡系的形成;试验表明,效率提高了 1%,高压压气机喘振边界提高了 6%。研究中应当解决采用弯曲静叶片与转叶片的匹配原则,叶片的弯向与弯量的确定原则及子午型面、侧型面与回转面之间的综合优化成型及与可控扩散叶型(CDA)、端弯和叶片前缘后掠等新技术的综合优化目标准则的确定。

关于掠叶片技术,定义如图 9.48 所示。开展在子午面内前掠转子的计算和试验研究,这是提高失速裕度和抗畸变能力的有效途径。

复合弯掠叶片造型如图 9.49 所示。由图可知,复合弯掠叶片形状非常复杂。

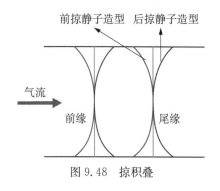

图 9.48　掠积叠

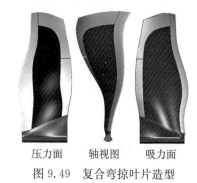

图 9.49　复合弯掠叶片造型

9.1.2.4　全三维数值计算的应用

在叶轮机械气动设计与分析时,通常有 3 种手段。①试验:昂贵,周期长,得到有限数据;②理论分析:仅用于简单几何形体和简单流动;③计算流体动力学(computational fluid dynamics,CFD)数值模拟:便宜、快速,可用于复杂几何体,数据量大。CFD 数值模拟实际上就是数值试验,如图 9.50 所示。下面就对全三维CFD 数值计算在叶轮机械气动设计中的应用进行简介。

CFD软件包	试验台
计算域、网格	试验段、试验模型
边界条件	试验条件
网格密度和分布	测试点密度和分布
计算精度	试验精度

图 9.50　CFD 数值模拟与试验对比

CFD 基本原理是数值求解控制流体流动的微分方程,得出流场在连续区域上的离散分布,从而近似模拟流体流动情况。CFD 是利用计算机求解各种守恒控制偏微分方程组的技术,涉及流体力学(湍流力学)、数值方法及计算机图形学等多学科,如图 9.51 所示。因问题的不同,模型方程与数值方法也会有所差别,如可压缩气体的亚声速流动、不可压缩气体的低速流动等。CFD 软件是进行流场分析、计

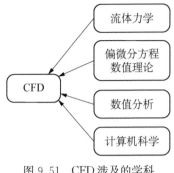

图 9.51　CFD 涉及的学科

算、预测的专业软件,通过 CFD 软件,可以分析并显示发生在流场中的现象,在比较短的时间内,能预测性能,并通过改变各种参数,达到最佳设计效果。深刻地理解问题产生机理,指导试验,节省所需人力、物力和时间,并有助于整理试验结果、总结规律。商用 CFD 软件使许多不擅长 CFD 的其他专业研究人员能够轻松地进行流动数值计算,从而使其以更多的精力投入到考虑所涉及问题的物理本质、问题的提法、边界(初值)条件和计算结果的合理解释等重要方面。

CFD 的发展经历了如下过程:1960 年代,通流计算以及二维无黏性叶栅计算开始应用;1970 年代,三维无黏性欧拉解开始出现;1980 年代出现三维纳维斯托克斯(N-S)解;1990 年代出现三维多级定常流以及单级非定常流计算;如今,耦合求解技术是 CFD 发展的方向。CFD 技术中最重要的 6 个方面如下。

(1) 几何与网格:强大高效的网格功能。

(2) 解的精确性:高精度数值处理与湍流模型。

(3) 解的可靠性:稳健的求解策略。

(4) 求解的快速性:优异的并行计算。

(5) 丰富的物理模型:完整适用的各类物理模型。

(6) 软件的灵活性、易用性:友好的界面、开放的系统架构。

本小节中 CFD 是指 3D N-S 计算,而不包含通流计算、2D 计算和无黏计算。CFD 的流程如图 9.52 所示。

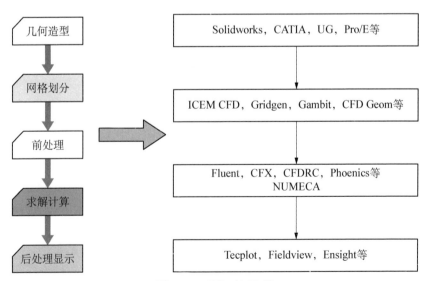

图 9.52　CFD 的流程

旋转叶轮机械基本设计流程如图 9.53 所示,其基本分析需求有了解性能,基本设计,几何、网格划分,物理设置,流动模拟,后处理和效率分析等。

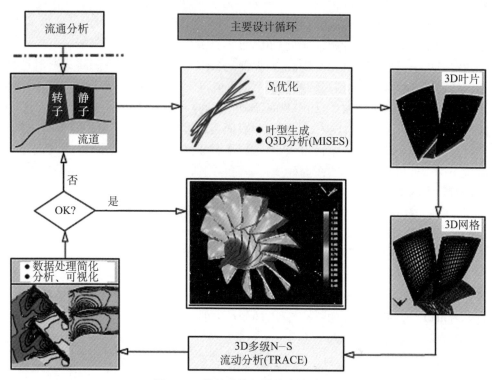

图 9.53　旋转叶轮机械基本设计流程

目前比较常用的 CFD 软件有:Fluent、Ansys CFX、Phoenics、Star‐CD、Numeca 等。运用 CFD 软件计算时,需要在保证计算域设定、几何一致性、网格质量、边界条件正确的基础上,进行 CFD 求解过程;在判别达到收敛标准后,开始进行 CFD 后处理工作。通过 CFD 分析不但要得到产品的总体性能,而且要从流场特征中分析判断其产生原因和对流动的影响,以提供产品优化改型的依据。

虽然 CFD 如今已广泛应用在叶轮机械的设计中,但是我们还是需要了解 CFD 在叶轮机械设计中的一些限制。随着设计者越来越多地关注 CFD 结果而非试验结果,他们可能会夸大 CFD 结果的准确性而忽略了其本身的一些限制,这个问题在利用 CFD 做系统优化时尤为危险。CFD 并非精确计算的科学,其误差有如下来源:

(1) 数值误差,由有限元差分所产生。

(2) 模型误差,由物理现象未知或难于建模导致,如湍流模型。

(3) 未知边界条件,如进口压力、温度分布。

(4) 未知几何形状,如叶尖间隙、前缘的形状。

(5) 稳定流动的假设。

　　上述每一种误差来源都会对结果造成影响,其中有些误差来源于 CFD 本身建模时的限制,还有些误差是由于未知几何形状和未知边界条件。叶片排损失、机器效率和压气机失速边界的预测是最容易产生误差的量,任何用于预测这些量的 CFD 都应该尽可能经常地按照试验数据进行标定。总之,不能因 CFD 可用而减少试验,也就是说试验应该被设计用于标定 CFD,而不是只模拟一个特殊的设计。

　　多年来,随着 CFD 的发展,模型误差已经减小,并且毫无疑问将来会继续减小。然而,通用的湍流模型和转捩模型不太可能再发展,除非 DNS 计算变成一个设计工具。有些几何形状误差,如密封间隙和叶尖间隙会因更好的制造和装配公差而减小,但是有些几何形状误差,如腐蚀和表面粗糙度的运行状态将一直保持未知。若模型误差和几何形状误差得以减小,边界条件误差也会跟着减小,因为它们在上游级中可以被精确预测。然而,流体的湍流度,特别是离开燃烧室的流体湍流度,仍然会有很大的不确定性。

　　尽管 CFD 有以上许多限制,它仍然是叶轮机械设计中的有力工具。无论如何,CFD 必须用于相对基准,而非绝对的性能预测。例如,我们可以用 CFD 比较同样叶尖间隙下的两种设计,即使实际间隙未知,CFD 也可以用来检验叶尖间隙的敏感度。也许 CFD 最重要的结果在于可以帮助用户理解流场的物理现象,这需要用户研究细节的解决方案而不是仅仅看几个总性能数据。有了对流场物理现象的理解,我们就可以改善不合需要的流动特性,即使性能的定量预测并不可信。

9.1.2.5　轴流压气机设计实例

　　一台轴流压气机在设计时,已知的设计条件有进口总温、总压,空气流量,总压比,绝热效率,喘振裕度,其他的限制条件(包括几何限制和出口温度限制等)。其中,进口总温、总压,空气流量,总压比这几个条件是必须满足的。压比过高,加热量低;压比过低,热效率低;流量偏大偏小均不利于匹配。绝热效率是整个特性线都要尽可能地高;喘振裕度需要满足全工况稳定工作。设计时需要确定的参数有级数,各级平均轴向速度分布,进口内外径、叶片轮毂比,出口内外径、叶片轮毂比,压气机轴向长度,流道几何的确定,各级的功分配,叶片的展弦比,稠度与叶片数的选择,进口预旋,各基元速度三角形(扭向规律,S_{2m} 设计),叶片几何造型设计等。

　　本小节通过实例根据给定的设计点参数进行一台轴流压气机的设计。

　　在进行压气机气动设计时,可以参考压气机参数取值范围的指导原则(见表 9.4)。

表 9.4　压气机参数取值范围的指导原则

参　　数	取值范围	典型值
流量系数 φ	$0.3 \leqslant \varphi \leqslant 0.9$	0.6
D 因子	$D \leqslant 0.6$	0.45
轴向马赫数	$0.3 \leqslant Ma_x \leqslant 0.6$	0.5

（续表）

参　　数	取值范围	典型值
反力度	$0.1 \leqslant \Omega \leqslant 0.90$	$0.5(Ma < 1)$
基于弦长的雷诺数	$300\,000 \leqslant Re$	$500\,000$
叶尖相对马赫数（第一级转叶）	$(Ma_{1w,t}) \leqslant 1.7$	$1.3 \sim 1.4$
级平均稠度	$1.0 \leqslant \tau \leqslant 2.0$	1.4
级平均展弦比	$1.0 \leqslant AR \leqslant 4.0$	1.0
多变效率	$0.85 \leqslant e_C \leqslant 0.92$	0.90
轮毂旋转速度	$\omega_h \leqslant 380\,\mathrm{m/s}$	$300\,\mathrm{m/s}$
叶尖旋转速度	$\omega_t \sim 500\,\mathrm{m/s}$	$450\,\mathrm{m/s}$
载荷系数	$0.2 \leqslant \psi \leqslant 0.5$	0.35
DCA 叶片（范围）	$0.8 \leqslant Ma \leqslant 1.2$	一样
NACA - 65 叶片（范围）	$Ma \leqslant 0.8$	一样
De Haller 准则	$w_2/w_1 \geqslant 0.72$	0.65
叶片前缘半径	r_{LE} 约 $5\% \sim 10\% c_{max}$	$5\% c_{max}$
叶排轴向间距	$0.23 b_x \sim 0.25 b_x$	$0.25 b_x$
展弦比，风扇	约 $2 \sim 5$	约 3
展弦比，压气机	约 $1 \sim 4$	约 2
楔形比	约 $0.8 \sim 1.0$	0.8

根据以下设计点参数设计一台轴流压气机：

（1）在标准海平面条件下起飞，$T_0 = 15\,℃(288\,\mathrm{K})$，$p_0 = 101\,\mathrm{kPa}$，$k = 1.4$，$c_p = 1004\,\mathrm{J/(kg \cdot K)}$，$Ma_0 = 0$。

（2）压气机总的压比为 23。

（3）沿压气机的多变效率为常值 $e_C = 0.90$。

（4）质量流量为 $60\,\mathrm{kg/s}$。

设计选项：无 IGV、重复级、常值轴向速度 v_x。

求：

（1）压气机的进出口环面几何形状、级数和级压比。

（2）第一级的基于弦长的雷诺数、中径处的叶型设计。

解：

选取压气机迎面的设计轴向马赫数 Ma_{1x}

发动机迎面的静温为

$$T_1 = T_1^* / [1 + (k-1)Ma_1^2/2]$$
$$\alpha_1 = \sqrt{(k-1)c_p T_1}$$

求出轴向速度为 v_{1x}。

发动机迎面的静压为

$$p_1 = p_1^* / [1 + (k-1)Ma_1^2/2]^{k/(k-1)}$$

发动机迎面的静密度为

$$\rho_1 = p_1/RT_1$$

气体常数为 $R = (k-1)c_p/k$,给出的值为 $R = 286.86\text{J}/(\text{kg} \cdot \text{K})$。求得发动机迎面的静密度为 ρ_1。

定常、均匀流动的连续性方程为

$$q_{ma} = \rho AV = \rho_1 A_1 v_{1x}$$

可以求出发动机迎面的面积为 A_1。

发动机迎面面积可以写为叶尖半径和轮毂叶尖半径比的函数。

$$A_1 = \pi r_{1t}^2 \left[1 - \left(\frac{r_{1h}}{r_{1t}} \right)^2 \right]$$

在此,引入下一个假定,即选取第一级的叶尖半径和轮毂叶尖半径比 $\dfrac{r_{1h}}{r_{1t}}$。

上述假定加上面积 A_1,就可以用上述方程求得叶尖半径 r_{1t},即求得发动机迎面的叶尖半径为

$$r_{1t} = \sqrt{A_1 / \pi \left[1 - \left(\frac{r_{1h}}{r_{1t}} \right)^2 \right]}$$

根据设计选项,就可以求出轮毂半径 r_{1h}。

现在来计算压气机出口条件:出口总压是进口的 23 倍,所以可求出 p_{out}^*。

压气机的温度与压力通过多变效率相联系:

$$\tau_C = \pi_C^{(k-1)e_C k}$$

据此可求出压气机出口总温 T_{OUT}^*。

假定压气机出口没有周向速度,另外还假定了轴向速度沿压气机为常值,可求出

$$v_{OUT} = v_{x,\,OUT}$$

计算出压气机出口的静温 T_{OUT} 为

$$T_{OUT} = T_{OUT}^* - v_{OUT}^2/2c_p$$

假定气体为完全气体,$c_p = 1004\text{J}/(\text{kg} \cdot \text{K}) = $ 常数,所以可求出 T_{OUT}。

出口声速为

$$a_{OUT} = \sqrt{(k-1)c_p T_{OUT}}$$

所以,可求出压气机出口的马赫数 Ma_{OUT}。

要注意的是,常值轴向速度的选项导致了压气机出口的流动马赫数的下降。这是因为气体温度因声速沿压气机增大,马赫数也随之下降。这对燃烧室来说是好事,因为必须将压气机出口流动降至马赫数为 0.2 才能保证高效的燃烧。燃烧室的预扩压器必须将气体减速至马赫数约为 0.2~0.3。

根据 Ma_{OUT} 和 p_{OUT}^{*},求得 p_{OUT} 为

$$p_{\text{OUT}} = p_{\text{OUT}}^{*}/[1 + (k-1)Ma_{\text{OUT}}^{2}/2]^{k/(k-1)}$$

根据完全气体状态方程,从出口温度和压力可以求得出口密度 ρ_{OUT}。

根据连续性方程,求得出口面积为

$$A_{\text{OUT}} = \frac{q_{ma}}{\rho_{\text{OUT}} v_x}$$

假定叶尖半径为常值,即 $r_t = \text{const}$,求得压气机出口轮毂半径为

$$r_{\text{h, OUT}} = \sqrt{r_t^2 - A_{\text{OUT}}/\pi}$$

要注意的是,压气机出口的通道高度(或叶高)。如果缩小机匣即叶尖半径,而不是保持其为常数,出口叶高就会增大。

在此,可以很快做一个机匣缩小对最后一级叶高的影响的研究。环面面积可以表达为中径半径 r_m 和通道高度 l 的形式:

$$A = 2\pi r_m(r_t - l)$$

根据出口面积,计算得出中径半径和通道高度的乘积 $r_m \cdot l$。

由此可求出 l。

所以,叶高或通道高度与中径半径成反比。在此,调查 3 种常见的选择。

(1) 叶尖半径为常值:可求出 l。

(2) 中径半径为常值:$r_m = (r_h + r_t)/2$,可求出 l。

(3) 轮毂半径为常值:可求出 l。

计算一下情形(1)和(2)间的叶高差异是多大? 而情形(3)的叶高和(1)的差异又是多大?

下面进行中径处的计算。

压气机迎面上的中径半径为:$r_{1m} = (r_{1h} + r_{1t})/2$

$u_t = 450\text{m/s}$ 对压气机压比而言是很理想的,可根据这个速度来决定轴的转速。轴和叶片几何形状的选取将由叶根离心应力计算来校验。

不过,此刻来先选取 u_t,再确定轴速。

$$u_t = \omega r_t$$

求出 ω(单位为 rad/s),并单位换算成 r/min。

所以,中径处的转叶转速为

$$u_m = u_t(r_m/r_t)$$

确定转叶进口的流动角度 α_1 和 β_1。

相对速度为 w_{1m},确定中径处的相对进口马赫数是 Ma_{1rm}(中径是否为超声速?)

为了确定转叶出口的流动角度,可以选取中径处的反力度 Ω 为 0.5,即

$$\Omega = 0.5$$

这个选取马上就可以得到 v_{2um},因为

$$\Omega = 1 - \frac{v_{1um} + v_{2um}}{2u_m}$$

选取中径处的反力度为 1/2 导致 $v_{2um} = u_m$,这样,就要求转叶相对出口流动为纯轴向的,即 $\beta_{2m} = 0$。

中径处的净流动偏转角度是否过大?这意味着叶片需要过大的弯度,这样过度的扩压会导致边界层分离。这一点应该在对 D 因子进行的计算中变得很明显。看看 D 因子计算的事实是不是这样的。

$$D_m = 1 - \frac{w_{2m}}{w_{1m}} + \frac{\mid \Delta v_u \mid}{2\sigma_m w_{1m}}$$

确定 w_{2m},w_{1m},Δv_u。

让中径处的稠度为 $\tau_m = 1$(设计选项),这样计算得到的中径处的 D 因子为 D_{rm}。(是否可以接受?)

如上述所怀疑的,流动偏转的大小是边界层所不能承受的,边界层会失速分离。D 因子高于 0.55 就表示边界层处于失速的边缘。另外,de Haller 准则指导着对叶片扩压的限制,即

$$\frac{w_2}{w_1} \geqslant 0.72$$

根据 de Haller 准则,求得中径处的出口相对速度为 w_{2m}。

这样,求出 β_2。

转叶出口的相对周向速度为

$$w_{2um} = v_{2x} \tan \beta_{2m}$$

确定中径处的载荷系数是 ψ_m,绝对周向速度为 v_{2um},中径处的转叶出口绝对流动角度为 α_{2m}。

转叶出口的绝对速度为

$$v_{2m} = (v_x^2 + v_{2u}^2)^{1/2}$$

这样,如果要达到一个重复级的设计,静叶必须按上述流动偏转角度给定,并将

轴向速度降至上述数值。那么依据 de Haller 准则这个减速是多大呢?

计算 v_3/v_2。(这个值满足 de Haller 准则的要求吗?)

现在,通过计算 D 因子来进一步评价转叶和静叶的扩压:

$$D_{rm} = 1 - \frac{w_{2m}}{w_{1m}} + \frac{|\Delta v_u|}{2\tau_{rm}w_{1m}}$$

$$D_{sm} = 1 - \frac{v_{3m}}{v_{2m}} + \frac{|\Delta v_u|}{2\tau_{sm}v_{2m}}$$

在转叶的计算中,选取中径处的稠度为 $\tau_m = 1$,而静叶的中径处的稠度选为 $\tau_{sm} = 1.25$(参见静叶设计部分,这是个典型的选取)。这些是在压气机初步设计阶段可以做出的设计选项。在设计过程中可以随时返回来重新审查这些选项。

计算出中径处的反力度 Ω。

下面进行中径处的转子叶片设计。

为中径处的超声速型面选取双圆弧叶型,叶片前缘的相对流动与上表面相切。另外,必须选取中径处的叶片厚度弦长比。最小的 c/b 是在叶尖处,由于结构方面的原因,它的值被限定在 3%。在亚声速相对流动下运行的轮毂可以将 c/b 赋值 10%。如果将这些 c/b 作为选择,并且设定 c/b 沿叶根为线性分布,可以得到中径处的 c/b 为 6.5%。

在开始进行叶片的叶型设计前,可以先确定叶片上形成湍流边界层所要求的最小弦长。$Re > 300000$ 显然是一个有用的法则,但必须在所有飞行高度上满足它。用飞行包线中最高飞行高度对应的低密度飞行状态来计算需要的弦长。

在 16 km 高度,空气密度约为海平面值的 0.136 倍。所以在发动机迎面上有

$$\rho_1 \approx (0.136) \times (1.046 \, \text{kg/m}^3) \approx 0.142 \, \text{kg/m}^3$$

另外,16 km 高度空气的运动黏性系数 ν 约为海平面值的 5.849 倍。

$$Re = \frac{w_{1m} \cdot v_m}{\nu_1} = \frac{377.4(\text{m/s}) \cdot v_m}{8.54 \times 10^{-5} \, \text{m}^2/\text{s}} \geqslant 300000$$

据此可求出叶片中径弦长 b_m。

基于下列原因,还可以增大这个最小弦长:

(1) 叶片结构计算(要求弦长更宽)。

(2) 叶片展弦比(指向宽弦设计的好处)。

(3) 叶片振动模态(Campbell 图)。

相对进口流动与上表面平行,所以攻角可以写为

$$i \approx \frac{\theta_{LE}}{2} \approx \left(\frac{c_{max}}{b}\right)$$

落后角可以在 Carter 基本法则的估算值上再加 2°来计算,激波边界层相互作用

的效果就是加厚吸力面上的边界层,所以增大了落后角,即

$$\delta \approx \frac{\Delta\beta}{4\sqrt{\tau}} + 2°$$

叶片的前缘角为

$$\chi_{1m} = \beta_{1m} - i$$

叶片的尾缘角为

$$\chi_{2m} = \beta_{2m} - \delta$$

所以,叶型弯角为

$$\varphi_m = \chi_{1m} - \chi_{2m}$$

双圆弧翼型叶片的安装角 γ 依下式与进口流动角度 β_1、叶型弯角 θ、攻角 i 相关

$$\beta_1 = \gamma + \frac{\theta}{2} + i$$

现在就可以求得转叶叶片数,因为已经选取了中径稠度及弦长。中径处的叶片间距是

$$s_{rm} = \frac{2\pi r_m}{Z_r}$$

选取了中径处的稠度为 1,于是

$$\tau_{rm} = \frac{b_m}{s_{rm}} = 1.0$$

所以,转叶叶片数为 $Z_r = 2\pi r_m/b_m$。

根据选取的转叶弦长、中径半径,求得转叶第一级的叶片数为 Z_r。

下面进行中径处的静叶叶片设计。

静叶叶片的设计要根据绝对参照系下的流动角度 α_2 和马赫数,且 $\alpha_3 = 0°$(重复级)。

为了计算静叶进口的马赫数,需要计算转叶下游中径处的静温和声速。

根据欧拉方程

$$T_{2m}^* = T_1^* + u_m(v_{2u} - v_{1u})/c_p$$

假定经过转叶没有径向位移,气体为完全气体,此假定是设计初步阶段中合理的近似。

将 $T_1^* = 298\,K$, u_m, v_{1u}, v_{2u}, $c_p = 1004\,J/(kg \cdot K)$ 各值代入欧拉方程,可求得 T_{2m}^*。

因为静温和总温的关系为 $T = T^* - v^2/2c_p$，求得中径处静叶上游的静温 $T_{2\mathrm{m}}$，$a_{2\mathrm{m}}$ 及 $Ma_{2\mathrm{m}}$（是亚声速静叶流动吗？）。由此可求得 $v_{2\mathrm{m}}$。

中径处的静叶是亚声的，所以选取 NACA - 65 系列叶栅分布，使得

（1）最佳地符合进口、出口流动角度。

（2）提高合理的"失速裕度"。

可以选取稠度为 $\tau = 1.25$ 的 65 -(18)10 叶栅，此处的进口和出口角度的交叉点（要注意的是，静叶进、出口角度分别是 α_2 和 α_3）有

$$\alpha_{2k} \approx 15°$$

则迎角可由 $\alpha_2 - \alpha_{2k}$ 求出。

注意，进口流动角度的变化需要与正失速边界间有约为 $6.5°$ 的裕度。可以用这个进口流动角度变化范围来求得第一级中径处的静叶叶型的近似"失速裕度"。

下面求级压比与级数。

中径处的第一级总温升高为 ΔT^*。根据重复级及假定随后级的叶片旋转速度 u 在中径处保持不变，得到每级的 ΔT^*。再求得的压气机总的滞止温度的升高 ΔT_{C}^*（假定气体为完全气体）。通过每级产生的总温升高，计算出压气机级数来达到需要的压气机总的滞止温度的升高（中径处）。基于做出的近似，即完全气体，以中径代表压气机的行为，将压气机选定级数 Z_{C}。

可以计算出每级的级压比 π_{st}，并画出图形。

要注意的是，经过 Z_{C} 级后，压气机中径处的压比要大于压气机设计压比 23。然而，中径代表的并不是级压比的"平均值"。主要的原因是中径远离了损失是主导的端壁。因而，预期每级的总压比要比中径估算得来的低。另一点要注意的是，多变效率 e_{C} 不应该当作沿多级压气机的一个常值。在压缩推进的过程中，端壁损失增大，导致理想与实际功的斜率下降（对微元级而言）。多变效率在前几级可以高达 0.90（或甚至 0.92），但在后几级可以低至 0.85。

下面进行转叶叶片应力计算。

转叶叶片承受着离心应力以及弯曲、振动和热应力。然而，转叶应力的主导项是离心应力 σ：

$$\sigma \equiv \frac{F}{A_{\mathrm{h}}}$$

$$F = \int_{r_{\mathrm{h}}}^{r_{\mathrm{t}}} \rho \cdot A(r)\omega^2 r \mathrm{d}r$$

$$\sigma = \frac{1}{A_{\mathrm{h}}} \int_{r_{\mathrm{h}}}^{r_{\mathrm{t}}} \rho \cdot A(r)\omega^2 r \mathrm{d}r$$

$$\frac{\sigma}{\rho} = \frac{\omega^2}{A_{\mathrm{h}}} \int_{r_{\mathrm{h}}}^{r_{\mathrm{t}}} A(r) r \mathrm{d}r = \omega^2 \int_{r_{\mathrm{h}}}^{r_{\mathrm{t}}} \frac{A}{A_{\mathrm{h}}} r \mathrm{d}r$$

$$\frac{\sigma}{\rho} = \omega^2 \int_{r_{\mathrm{h}}}^{r_{\mathrm{t}}} \frac{A}{A_{\mathrm{h}}} r \mathrm{d}r$$

沿展向的叶片面积分布 $A(r)/A_h$ 即是楔形比,它通常被近似成叶高的线性函数。因而,它可以写成

$$A = A_h - \frac{r - r_h}{r_t - r_h}(A_h - A_t)$$

$$\frac{A}{A_h} = 1 - \frac{r - r_h}{r_t - r_h}\left(1 - \frac{A_t}{A_h}\right)$$

当然可以将 $A(r)/A_h$ 代入积分中进行积分,但是通常采用的是一个近似办法,即以中径 r_m 取代变量半径 r。其结果为

$$\frac{\sigma}{\rho} = \frac{\omega^2 A}{4\pi}\left(1 + \frac{A_t}{A_h}\right)$$

所以,离心应力与材料密度的比值和下列参数相关:旋转角速度、楔形比、流动面积,其中 $A = 2\pi r_m (r_t - r_h)$。

因其密度低、强度高的特点,钛合金是压气机/风扇转叶叶片合适的材料,它的高强度、重量比,或高比强度值,使它成为压气机/风扇转叶叶片的首选材料。钛合金的密度为

$$\rho = 4\,680\,\text{kg/m}^3$$

转叶的一个重要材料参数是抗拉极限强度,它是在给定的工作温度下在给定的时间段内材料可以承受的最大拉应力。

钛合金的比强度很高,TC11 的抗拉极限强度允许值为 $1\,030\,\text{MPa}$ 以上。

最后求出强度值。

9.2 涡轮设计

9.2.1 发动机总体对涡轮设计的要求

涡轮设计是在发动机循环计算的基础上开始的。由循环计算给出了涡轮的进口压力和温度,规定了涡轮的转速、空气流量、可用焓降以及要求达到的效率。其主要内容包括:

(1)选定级数,分配焓降,设计子午面通道形状并确定有关几何尺寸。

(2)选择流型,进行径向平衡计算,确定叶栅造型及强度、冷却计算所需要的,一般是叶列间隙中的各项气流参数的径向分布。

(3)根据进、出口速度三角形及相应的气流马赫数,考虑到冷却、强度及工艺限制,选择叶栅和叶型的各项几何参数,进行平面叶栅造型并进行径向积叠。

(4)对所设计的涡轮级进行设计点及变工况时的性能估算。

从工程实用的观点出发,涡轮设计是一个包含很多互相影响、互相制约的矛盾因素的复杂过程,需在涡轮设计的各个基本阶段讨论具体遇到的矛盾和应该考虑的因素,采用相应的处理方法以及推荐选用的数据和公式。

涡轮的基本循环参数要求有：

（1）涡轮进口燃气流量 q_{mg0}。

（2）涡轮进口燃气总温 T_0^*。

（3）涡轮转子进口总温 T_1^*。

（4）涡轮进口燃气总压 p_0^*。

（5）涡轮总压膨胀比 π_T。

（6）涡轮功率 P_T。

（7）涡轮效率 η_T。

（8）冷却空气的分配比例 ν 及各冷却叶片的冷气流量 q_{mgcol}。

涡轮的约束条件有：

（1）涡轮出口绝对气流角 α_{2T}。

（2）涡轮出口绝对气流马赫数 Ma_{2T}。

（3）涡轮出口最大直径 D_{max}。

（4）涡轮轴向长度 L_{max}。

涡轮需协调的参数有：

（1）涡轮级数 Z。

（2）涡轮转子转速 n，当发动机为双转子时，低压转子转速 n_L，高压转子转速 n_H。

（3）主燃烧室出口周向平均的径向温度分布 $T_0^*(r)$。

（4）相关部件的流道尺寸。

涡轮气动方案的设计结果为：

（1）涡轮的热态流道沿流程平均直径 $D(Z)_{av}$。

（2）各静子叶片排及转子叶片排的平均损失系数。

（3）各级功分配比例。

（4）各级平均反力度 Ω_{st}。

（5）各级平均载荷系数 ψ_T。

（6）各级平均速度环量 $v_{1u}r_1$，$v_{2u}r_2$。

9.2.2　民用涡扇发动机涡轮的发展特点

9.2.2.1　高压涡轮的发展特点

提升涡轮前温度是获取更大的推力与更高的气动效率的有效途径，目前最先进的涡扇发动机涡轮前温度已超过 2000 K。为保证发动机叶片寿命，高压涡轮冷气量达到涡轮入口流量的 25%～30%，大冷气量将直接造成叶栅通道的掺混损失增加，对限制高压涡轮气动效率的提升和传统的冷却结构设计提出挑战。

为提升发动机推重比，将民用涡扇发动机高压涡轮的设计由两级变为单级，单级高压涡轮的膨胀比在 4 以上，膨胀比的提升造成了高压涡轮负荷的上升，叶栅内的分离流动与激波损失是气动设计中面临的主要问题，高负荷单级涡轮的设计同样加剧了大冷气量造成的问题。

高压涡轮转叶转速较高,并且叶尖为热负荷集中区域,冷热态尺寸变化大,采用无冠设计,间隙的存在导致泄漏流损失较大,叶尖热负荷集中易烧蚀。发展主动间隙控制以及新型的叶尖冷却结构设计方法是解决热烧蚀和降低泄漏流损失的直接途径。

涡轮气动设计的发展经历了以基元级设计为主和以准三维设计为主的阶段。目前的设计体系中,采用基元级以及准三维设计对设计方案进行筛选后,引入三维气动设计的手段对涡轮进行气动设计,目前仍以三维定常设计为主,非定常设计为辅。三维气动设计主要体现在多级(S_1、S_2 和 S_3 等 3 个型面)匹配工作中的弯扭掠叶片以及子午通流的三维设计与调整。

材料的耐受温度与冷却结构的设计水平决定了涡轮前温度的最高水平,目前典型冷却结构(气膜冷却、冲击冷却等)所能达到的冷却效果在 700 K 左右,热障涂层效果低于 150 K,其余温度水平靠材料完全承受,因此新型耐高温材料的发展是促进高压涡轮设计的重要因素。

为提升发动机推重比,在推力不变前提下,可以将两级高压涡轮改为单级高压涡轮,提升单级膨胀比和级负荷;降低叶片数目,提升叶片的载荷。级负荷和叶片载荷上升都增加了高压涡轮气动设计的难度。高压涡轮设计过程中主要需要解决高效冷却结构设计、大冷气量气动设计、高负荷叶片设计、叶片烧蚀以及主动间隙控制等诸多难题。可以说,热端部件的设计水平严重制约了发动机的性能。

9.2.2.2　低压涡轮的发展特点

低压涡轮用于驱动风扇,其转速较低,造成了级负荷偏高,并且随着低压涡轮负荷的提升,该现象更加明显,部分低压涡轮的设计,级负荷系数大于 3,在此前提下保持低压涡轮的气动高效率是低压涡轮的一个发展趋势。为降低发动机重量,减少低压涡轮叶片数,造成了叶片负荷上升,高负荷叶片的设计也是低压涡轮的一个发展特点。同时,取消进口导叶的设计,采用对转涡轮设计,也能有效降低发动机重量。与高压涡轮类似,低压涡轮三维气动设计过程中虽然没有冷气掺混影响,但是由于级数多、叶片展弦比较大,在低压涡轮中三维气动设计中各个型面的匹配与子午通流的匹配工作更为复杂与必要。

低压风扇由低压涡轮驱动,风扇消耗了发动机获得的绝大部分机械能。因此,高涵道比涡扇发动机的低压涡轮级数较多(4~7 级,如 PW4086 为 7 级,GE90 为 6级,CF6-80 和 CFM56-5 为 5 级,CFM56-3 和 V2500 为 4 级)。多级低压涡轮设计需要解决热稳定性、热变形及热应力、热疲劳寿命、热定心、平衡性、装配工艺性、间隙控制等诸多技术难题,所以高品质的低压涡轮是大型民用飞机发动机的关键技术之一。低压涡轮气动设计过程中,低雷诺数高负荷叶片的设计是其关键的设计技术。

9.2.3　涡轮气动设计要素

在涡轮设计中,需要考虑如下几个方面因素。

1) 涡轮基元级反力度

反力度 Ω_T 是用来衡量燃气在涡轮转叶中的膨胀占全基元级总膨胀功的百分比的参数,其定义如式(4.46)所示。冲击式涡轮中,气体流经转叶只拐弯不膨胀,$\Omega_T = 0$,实际的冲击式涡轮均带有少量反力度(0.02~0.15),它的优点是转叶叶尖漏气损失极小(因转叶前后无静压差),但也因为气体流经叶栅通道不加速膨胀,没有顺压强梯度,因而气流易于分离,效率较低。通常,冲击式涡轮仅用于蒸汽涡轮和发动机辅助系统。反力式涡轮中,反力度大于 0,气流流经反力式涡轮转叶为降压加速过程,叶栅通道内具有负压力梯度,附面层增长慢,气流不易分离,因而效率较高,适用于航空燃气涡轮发动机。反力度过大会导致转叶叶尖泄漏损失增大和静叶膨胀不足,一般来讲,平均半径处的反力度控制在 0.25~0.4 之间。

在涡轮设计中,针对反力度应做如下考虑:

(1) 反力度沿叶高逐渐加大。经验表明,为保证在实际流动中叶根没有分离,不出现负反力度并具有一定的做功能力,一般根部反力度不小于 0.2,根据叶片长短的不同,平均半径处反力度可在 0.35~0.5 之间取值;

(2) 试验表明,涡轮级平均反力度高则效率高。因此,采用高反力度设计是提高涡轮效率的措施,但是随着反力度的提高,叶尖间隙处的压差加大造成漏气量加大,泄漏流损失增加,需采用有效的封严措施;

(3) 反力度的增加使转子轴向力加大,因此增加反力度的同时需要协调推力轴承的承载能力;

(4) 反力度的高低影响导向叶片的出口绝对马赫数和转子叶片出口相对马赫数的分布。

2) 载荷系数/负荷系数

涡轮的载荷系数 ψ_T 表征涡轮级的做功能力,其定义如式(4.47)所示(也可将载荷系数定义为 ψ_T 的 0.5 倍)。

给定轮缘功时,可以根据无量纲参数 ψ_T、Ω_T 和 v_{1x}/v_{2x},静叶出口气流角 α_1 确定速度三角形,其中各参数关系如式(9.52)~式(9.55)所示。

$$v_{2u} = u\left[\frac{\psi_T}{2} - (1 - \Omega_T)\right] \tag{9.34}$$

$$v_{2u} = v_{2x}\cot\alpha_2 \tag{9.35}$$

$$\overline{v}_{2a} = v_{2x}/u \tag{9.36}$$

$$\overline{v}_{2x}\cot\alpha_2 = \left[\frac{\psi_T}{2} - (1 - \Omega_T)\right] \tag{9.37}$$

$\overline{v}_{2x}$ 和 Ω_T 固定时,ψ_T 上升,α_2 下降,气流偏离轴向,余速损失增加。负荷系数增加,表征涡轮级的做功能力上升,其中负荷系数的典型数值在 1.7 左右,超高负荷的低压涡轮设计过程中负荷系数可以达到或超过 3。

3）流量因子/流量系数

流量因子是基元级的重要特性参数,其定义如式(9.38)所示。

$$\varphi = \frac{\upsilon_{1x}}{u} \tag{9.38}$$

当流量因子变化时,基元级流通能力和叶片形状会有相应变化。在一定圆周速度下,选择大的流量因子标志着设计者想通过增大气流轴向分速的办法来减小叶片高度。因而,高流量系数是轻型、大流量、高速涡轮的一个特征。反之,在既定圆周速度下,小流量因子则表明设计者想在小气体流量下,把通道中的叶片造得尽量高,涡轮级载荷如图9.54所示。

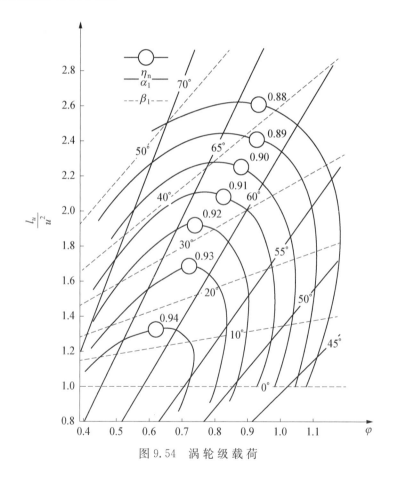

图9.54 涡轮级载荷

4）涡轮出口马赫数

涡轮出口绝对马赫数 Ma_2 及其轴向分量 Ma_{2x} 的值关系到涡轮的出口面积,直接决定了出口级叶片强度是否可行(其简单的估算方式为根据材料性质限制出口处 $A \cdot N^2$),影响到涡轮储备功率的大小,其最佳设计为 $Ma_{2x} = Ma_2$,即做到轴向出气

$\alpha = 90°$。设计过程中一般选择 Ma_2 不大于 0.5,充分降低余速损失,$\alpha_2 \geqslant 85°$。因此 Ma_2,Ma_{2x} 与 α_2 可作为选择的涡轮定性参数。若选择了其他定性参数设计,可检查 Ma_2,Ma_{2x} 与 α_2 是否在合理的参数范围区间。

5)叶型负荷分布选择

叶片是叶轮机械内部的核心部分,其本身气动性能直接决定整机的气动效率,随着对流动现象认识的加深,为降低气动损失,出现了众多型线设计原则与概念,其中通过改变叶片负荷分布形式来提升气动效率是一个主要的方面。

叶片的负荷分布形式主要有前部加载、均匀加载以及后部加载,不同的负荷分布形式主要由通过静压沿型线的分布曲线构成的封闭图形的面积以及不同位置的压差来决定,其中不同类型涡轮负荷的典型形式如图 9.55 所示。

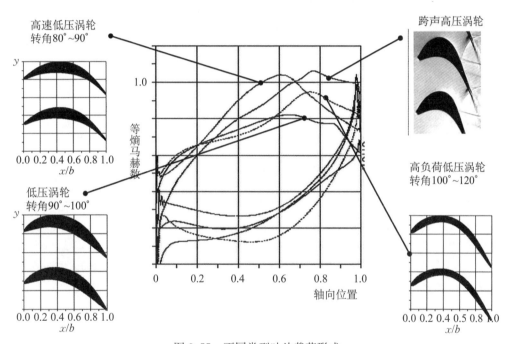

图 9.55 不同类型叶片载荷形式

在高负荷涡轮设计出现之前,相对于前部加载叶型,采用均匀加载以及后部加载的形式对流动损失的降低是较为有利的。后部加载,在吸力侧 60% 弦长之后范围内由于较大的顺压梯度导致流动扩压现象严重,压力迅速下降至最低压力点,这种流动情况能够保证边界层内的流动基本保持层流状态(或称为层流叶型,见图 9.56),由最低压力点至出口位置,出现了逆压力梯度,导致边界层增厚、转捩,但在发生分离前流体已经进入下游区域,可有效延缓转捩的发生和避免分离流动的发生,有利于减小损失,在对展弦比较小的常规涡轮进行设计时,后加载形式在减小通道内二次流方面有其他两种加载形式不具备的优势。低 Re 定常流动条件下,后部

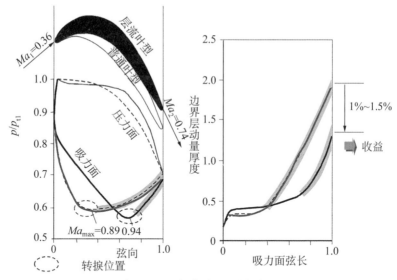

图 9.56　后加载叶型(层流叶型)

加载会导致叶型损失增加;若考虑尾迹的影响,后加载叶型对气动性能的提升较为显著;在非定常超高负荷条件下采用后加载形式,也会导致气动性能的降低。低雷诺数条件下,超高负荷叶片设计时采用后加载形式会导致吸力侧出现明显的分离气泡,降低气动性能。

对于前部加载型线,由于其往往会导致流道内横向二次流的加大,常规涡轮的设计过程中,在后部加载型线出现后,前部加载的应用相对减小。但是随着目前高负荷涡轮的设计,前部加载又显示了其优势,采用前部加载形式可获得更大的气动负荷,降低叶片数量与发动机重量,节约成本,在实际应用过程中需要采用其余技术控制流道内的横向二次流,提升前部加载的应用空间。

对于均匀加载的静叶流道内流动结构与前加载以及后加载叶片的流动结构几乎一致,其受二次流的影响相对后部加载较大,但是随着马赫数的升高,端区二次流难以进入主流区域,均匀加载叶型体现出较好的跨声速性能,而对于后部加载叶型在马赫数较高时,尾缘的逆压力梯度急剧上升,反而会带来气动效率的降低。

不同的加载形式具有各自不同的适用范围,不能简单地判定某种加载形式的优劣,在实际应用过程中应根据不同的实际情况确定所要采用的负荷加载形式。

6) 影响损失的因素

(1) 相对前缘半径的影响。

不同前缘半径对于不同来流的能量损失反映不同,具有较小的前缘半径的叶型在设计工况下能量损失系数显著低于大前缘直径叶型(大头叶型),但是随着攻角的变化,小前缘叶型的能量损失系数提升明显,而大头叶型损失系数随攻角的变化并不明显,如图 9.57 所示。正是由于大头叶型能量损失系数的特性,采用大头叶型构成了变工况设计中"三大一小"原则中的一项。

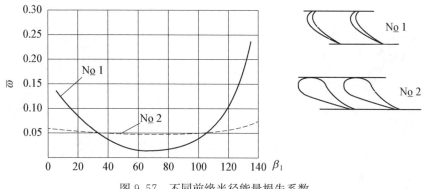

图 9.57　不同前缘半径能量损失系数

(2) 相对尾缘半径的影响。

涡轮设计过程中尾缘半径的选择,从气动设计的角度来讲,应尽量选取小的尾缘半径,同时选取尽量小的尾楔角,采用这种设计方式,可以缩小尾缘处的对涡尺度,并且降低尾缘区域的压力波动,降低尾迹损失。图 9.58 展示了不同尾缘形式在不同马赫数情况下叶型的损失系数,其中叶型 4 与叶型 5 具有相同的尾缘半径,但是由于叶型 4 的尾楔角较小,其损失系数明显降低;叶型 4 与叶型 3 具有相同的尾楔角,叶型 4 的尾缘半径较小,其损失系数明显降低。

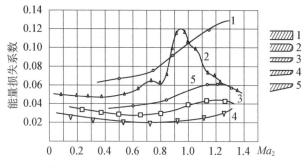

图 9.58　不同尾缘结构形式能量损失系数

但在实际叶片的设计过程中,为保证叶片强度尾缘附近的强度,并且在高压涡轮设计过程中,由于冷却结构设计过程中尾缘劈缝以及内部冲击套筒的设计要求,叶片尾缘直径以及尾楔角尺寸不可能达到理想状态,高压涡轮尾缘直径在 $1.1\,\mathrm{mm}$ 左右。

(3) Ma 的影响。

与常规叶型设计相比,超声速叶型的设计,在吸力侧后半段往往采用直线段或一定的负曲率设计来降低超声速工况下的能量损失系数,如图 9.59 所示的损失系数曲线,叶型 B 在吸力侧后半段较为平直,其损失系数有在超声速工况下较常规叶型有明显降低。

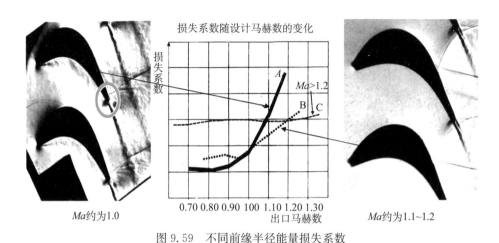

损失系数随设计马赫数的变化

Ma>1.2

0.70 0.80 0.90 100 1.10 1.20 1.30
出口马赫数

Ma约为1.0   Ma约为1.1~1.2

图 9.59 不同前缘半径能量损失系数

叶栅背压降低至某一数值时,内尾波与吸力面局部超声速区后的正激波相遇,归并为一道正激波,这时超声速区在喉部附近贯穿整个叶栅通道(见图 9.59),叶栅进入阻塞状态,此时的状态马赫数称为阻塞状态马赫数,一般约为 1.0 或略小于1.0。与此同时,进口马赫数不随之增加而增大,达到进口最大马赫数,称为叶栅阻塞马赫数,同时,叶栅流量也达到最大值。这时,出口反压与进口总压之比称为临界压比。反压继续降低,叶栅出口气流超过声速。气流绕压力面尾缘急剧加速,在斜切口(喉部以后的通道区域)内形成一组扇形膨胀波射向相邻叶片的吸力面,并在吸力面上形成反射膨胀波。气流穿过该组膨胀波及反射膨胀波在斜切口继续超声速膨胀,即所谓的"超声斜切口膨胀"。随出口马赫数的增大,内尾波逐渐变斜,射向吸力面,内尾波作用在吸力面壁面,与边界层相互干扰后产生反射激波。反压越低,内尾波越斜,在吸力面上的激波入射点越向尾缘移动。当马赫数增大到某值后,内尾波在吸力面上的入射点移至尾缘处,其反射波与另一叶片的外尾波重叠,膨胀波系的最后一道波也大致与叶栅出口额线相平行。这时达到了该叶栅的极限负荷状态,斜切口的膨胀能力已经得到充分利用,与额线相垂直的气流分速即气流轴向分速这时也达到当地声速。

如果反压比极限负荷状态对应的值还要低,并进一步下降,则气流只能在叶栅外面无制约地膨胀,并使轴向分速继续增加。但叶片表面的压强分布不再受到反压进一步下降的影响,气流作用在叶片上的气动力也不会改变。因而,决定涡轮输出功的切向分速就再也不会增加了,所以当叶栅几何参数完全确定以后,叶栅的最大膨胀能力也就确定了。

（4）Re 数的影响。

常规涡轮设计在高空低雷诺数条件下,效率显著降低,其在低压涡轮中的体现更为明显,由于低雷诺数环境中流动具有特殊性,针对涡轮部件的气动设计,研究表明涡轮叶片表面速度分布对涡轮性能具有非常大的影响,叶片表面速度分布直接影响涡轮性能对工作雷诺数的敏感程度。提高涡轮工作雷诺数和降低涡轮性能对雷诺数变化的敏感程度是低雷诺数环境下高性能涡轮气动设计的关键。

图 9.60 展示了不同雷诺数条件下,叶片表面粗糙度对气动性能的影响。通过改变粗糙度,促使附面层提前转捩,增强低雷诺数条件下边界层抗分离能力,从而大幅提升了低雷诺数条件下的涡轮的气动效率并降低了对雷诺数的敏感性。具体工作中可以通过通流扩张角配合叶片弯扭掠的先进三维气动设计,以及高反力度和保证一定弦长的高展弦比叶片设计减小二次流损失。

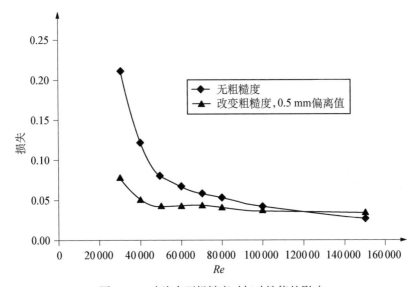

图 9.60　叶片表面粗糙度对气动性能的影响

（5）攻角的影响。

涡轮叶型的设计过程中,大量试验数据以及数值模拟结果表明:正攻角时的损失比同样数值的负攻角损失有明显增加;高反力度叶栅,低损失攻角范围较大,低反力度叶栅同样攻角范围内损失要显著增加;损失曲线显示,零攻角并非损失最低点,最小损失往往出现在负攻角区域,其大致为$-8°\sim-4°$。

（6）相对节距的影响。

实际涡轮设计过程中,相对节距的降低导致摩擦损失和尾迹损失显著增加,相对节距增加时,叶型两侧相对压差增加,叶栅通道中周向压力梯度较大,造成了横向二次流增加,同时吸力侧上正压力梯度增加,附面层增厚,损失显著增加,因此涡轮设计过程中存在一个相对最佳节距。常规涡轮的设计过程中,中径处相对节距大约为 0.7～0.8。

(7) 级的气流组织。

级的气流组织主要是体现在涡轮参数沿叶高的分布以及不同叶列间的匹配工作。20 世纪 40 年代,叶轮机械的设计主要采用基元级的原理进行设计,主要是在叶片进、出口位置用速度三角形简单确定气动参数,忽略参数沿叶展方向的变化,由此导致的设计结果是动静叶均为直叶片。为进一步提升叶轮机械性能,出现了以简单径平衡方程为理论基础的设计,采用简单径平衡方程可基本确定气动参数沿叶展方向的变化,此时对叶片的设计出现了不同的扭曲形式。随着设计要求的进一步提升,出现了以求解完全径平衡方程为理论基础的可控涡设计方法,以下将简要介绍叶片扭曲规律的发展。

a. 简单径向平衡方程

在讨论级前、级后和动静叶片间隙中 3 个特征截面上的气流参数问题时,在气体微团只沿同心圆柱面运动的条件下,近似地认为在 3 个特征截面上所有气体参数沿轴向 x 的偏导数均等于 0,即 $\frac{\partial}{\partial x} = 0$,并假设在这些截面上,气体参数沿周向的偏导数也等于 0,即 $\frac{\partial}{\partial \varphi} = 0$,此外略去气体的黏性,并认为流动是定常的,则得到简单径向平衡方程,形式为 $\frac{\partial p}{\partial r} = \frac{v_u^2}{r}$,右端表示单位质量流体产生的离心力,左端表示单位质量流体的径向压力梯度。在进行简单径向平衡方程求解时,产生了以下几种扭曲规律。

等环量的扭曲方法是广泛采用的一种长叶片设计方法,其优点是在每一圆柱层上,单位质量的气体自级入口至出口产生相同的轮缘功,换言之,采用该扭曲方法可保证沿叶高的等功条件。每个流层上的等功条件保证了级后各流层上的滞止焓相等(在级前滞止焓相等的条件下),因此避免了流层间的摩擦和漩涡造成的混合损失。但当叶片径高比降低时,等环量的扭曲方法的缺点比较明显,其转叶片扭曲特别剧烈,进气角沿着半径变化很大,给叶片的加工和制造带来了较大的难度,为了简化叶片的工艺和结构,发展了等出气角的扭曲方法。

等出气角扭曲方法是指静叶出口按照出气角沿半径不变的条件设计,这种扭曲方法仅规定了静叶片出口边的扭曲方法,而没有规定转叶片出口边的扭曲条件。对于转叶出口边,存在几种不同的扭曲方法,其比较典型的如下:转叶出口按等功进行扭曲,转叶进口按等出气角扭曲,这种扭曲规律又被称为非自由漩涡扭曲规律;按等出气角条件扭曲的方法使叶片的加工和制造工艺较简单;转叶出口按等背压条件进行扭曲,在级前气流参数不变条件下,当级后压力沿叶高不变时,级焓降沿叶高也不变,轴向速度沿着半径自根部至顶部逐渐下降。

等密流扭曲方法,等环量和等出气角扭曲方法均不能保证涡轮通流部分各截面上的密流沿叶高不变。等环量的扭曲方法使得在叶片的顶部,单位面积中通过的气体的质量大于在叶片根部单位面积通过的气体质量,按照等出气角的扭曲方法会使流经叶片的根部气体密流大于顶部,使流体微团向叶片顶部偏移。为消除气体微团的径向运动,在 20 世纪 50 年代提出了等密流扭曲规律设计长叶片。按照等密流的设计方法,轮缘功自叶根至叶顶是逐渐增加的。

b. 完全径向平衡方程

叶片径高比较小时,叶片顶部的反力度可能较高,使得转叶顶部间隙中的漏气损失增大,为降低这部分的能量损失,需要减小顶部的反力度,而前 3 种扭曲规律,其反力度沿叶高的分布大致相同。1968 年,可控涡长叶片的试验结果发布,试验结果表明可控涡设计的长叶片比常规设计的长叶片具有更高的效率,实际应用中,可控涡设计的思想也取得较好效果。可控涡技术于 20 世纪 70 年代用于燃气轮机,如波音 B747 飞机装备的 JT9D 发动机,由于采用了可控涡的设计思想,提升三级做功能力,使得低压涡轮的设计由六级改为四级。

可控涡设计的思想主要体现在:涡轮的反问题设计计算中,通过轮缘功沿叶高的变化以达到在径向合理分布级反力度的目的。其本质是通过改变涡轮级通流部分的质量流量沿叶展的分布规律来促使流线在级静、转叶间隙中出现反曲率,进而利用完全径向平衡方程式中的右边第二项来抵消一部分径向压力梯度。通过控制反力度沿叶高合理分布来提高效率,还可以通过子午流线反曲率、合理三维造型、倾斜叶片以及弯叶片的应用来改变压力沿径向的分布,以使反力度沿径向的分布合理。

(8) 多级涡轮。

采用多级涡轮设计的主要原因包括:单级功率不够;受到马赫数的限制,轴流式压气机圆周速度较低,如采用单级涡轮,则需加大圆周速度,可能造成涡轮的直径过大,增大发动机迎风面积;涡轮的最大尺寸受到限制或者需要保证一定的效率。

采用多级涡轮的优点:级数多,每级焓降较小,工作时圆周速度不高,涡轮的安全性好,寿命长;级焓降减少,变工况性能较好。多级涡轮中,上一级的损失会引起下一级温度的升高,使各级理想焓降之和大于整个涡轮的理想焓降,这个现象称为重热现象。

功率分配的原则:总焓降逐级下降为佳;末级功小,易使末级出口气流接近轴向,能量损失较小,可以减少加力燃烧室进口扩压段的整流损失,并且有利于变工况性能;第一级功大则焓降大,反力度一定时,第一级静中叶气流的膨胀功就大,气流在静叶中的温度降低就多,对强度有利,但是第一级轴向速度一般较低,若分配功大,则气流转折角大,流动损失大,因此在多级低压涡轮的设计中,第一级功率略低,整个功率分配呈现出"两头小,中间大"的趋势。

α_1 的分配:一般前小后大,前面级为 18°~25°,后面级为 30°~35°;前面级的叶片不致过短(二次损失较小),高压涡轮叶片的设计,叶高一般不小于 40 mm,而后面级的叶片不致过长(容易保证强度),流道的扩张变化也较缓和。

中径上的反力度分配:前小后大;在焓降前大后小的分配方案下,第一级反力度小就可以降低工作轮前的温度,后面几级选大,避免叶根出现负的反力度。

通流设计:等内径、等外径、等中径,针对民用高低压涡轮并没有严格符合上述3种形式的通流设计,高压涡轮设计中采用等中径或者中径沿流向略微增加的设计方式;低压涡轮通流采用接近等内径的设计方式。

(9) 多级涡轮内的重热系数。

多级涡轮绝热效率高于单级的效率,从物理概念上说明这一现象。前面已经指出,在略去对外散热的情况下,涡轮全体实际膨胀过程由于重热作用,在相同的落压比下,膨胀终了的气体总温高于等熵膨胀终了的总温。大家知道,在多变指数 n 值相同和落压比相同的情况下,气体的总温愈高,则其所做的膨胀功愈大,因此在气体膨胀过程中发生的"流阻"损失,可在其以后的膨胀过程中回收一部分。落压比愈大,则回收得愈多,涡轮效率也就愈高。根据上述分析可以看出关于涡轮效率确切

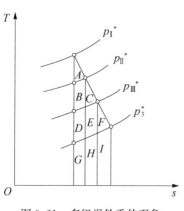

图 9.61   多级涡轮重热现象

说法应该是:在多变线一定的前提下(即多变指数 n 值一定),落压比愈大,则涡轮效率愈高,而和具体的涡轮级数无关,这也就是说,在多变线和落压比均为定值的情况下,将一级涡轮改成多级涡轮的做法,除了增加涡轮结构的复杂度外,并不在效率方面带来好处。通常,合理的多级涡轮设计意味着多变线的改进,因而效率可以提高,同时,合理的多级涡轮设计也意味着落压比大。因此,在一般情况下,人们关于多级涡轮效率高于单级涡轮率的说法也是符合实际的,但是绝不可以只根据级数的多少判断涡轮效率的高低,如图 9.61 所示。

根据上述分析可以看出:提高涡轮效率的正确途径在于减少气体流经涡轮的流阻损失,使多变线靠拢等熵线。合理的分级设计能够避免气流拐弯过大或马赫数过高引起的损失增大,使流阻减少,因而在相同的落压比下,涡轮效率提高。

(10) 涡轮特性。

涡轮常常是在与设计状态不同的工作状态下工作,称为非设计工作状态。涡轮转速、涡轮前燃气总温、总压和涡轮后反压决定涡轮工作状态的参数。变工况设计中基本遵循"三大一小"的设计原则:大速比、大反力度、大头叶型和小环量。

9.2.4   涡轮设计实例

本节将设计一台能够带动压气机的冷却轴流涡轮。通过涡轮设计工况的质量流量由燃气涡轮发动机中压气机和燃烧室来确定,连接压气机和涡轮的轴旋转速度相同。除了这两个约束条件外,在涡轮设计时还有两个约束条件,就是燃烧室出口处的温度,以及由压气机循环压比所决定的燃烧室出口处的总压。为此,本小节计算中涉及的压气机出口气动参数按照9.1.2.5小节的计算结果确定。

首先给出燃气发生器轴流涡轮的已知参数为：

涡轮进口质量流量 $q_{mg} = 56\,\text{kg/s}$；

涡轮轴转速 n（根据 9.1.2.5 小节计算得出的压气机转速确定）；

涡轮进口总温 $T_4^* = 2100\,\text{K}$；

进口总压 p_4^*（根据 9.1.2.5 小节计算得出的压气机出口总压确定）；

涡轮进口平均半径 $r_{m4} = 0.45\,\text{m}$。

另外，要求压气机提供引气用来为涡轮冷却，冷却气体的相关参数如下：

$$\text{冷却气体质量流量 } q_{mcol} = 5.6\,\text{kg/s；}$$

$$\text{冷却气体总温 } T_{col}^* = 790\,\text{K；}$$

$$\text{冷却气体总压 } p_{col}^* = 2100\,\text{kPa。}$$

设计点大气压力、温度和飞行马赫数如下：

$$\text{飞行马赫数 } Ma = 0；$$

$$\text{总温 } T^* = 15\text{℃；}$$

$$\text{总压 } p^* = 101\,\text{kPa。}$$

最后，假定给出燃气每一截面的气体特性 (k, c_p)，对于初始设计，选择

$$\text{空气：} c_p = 1004.5\,\text{J/(kg · K)}, \ k = 1.40$$

$$\text{燃气：} c_{pg} = 1234.67\,\text{J/(kg · K)}, \ k_g = 1.30$$

下面进行求解：

1）冷却涡轮的初步设计

因为涡轮轴功率与压气机、轴承还有其他外载设备有关，所以我们从涡轮轴的功率开始着手。假设燃气涡轮仅对压气机提供轴功率，因此涡轮轴功率为

$$P_{\text{T}} = \frac{P_{\text{C}}}{\eta_{\text{m}}}$$

在功率平衡方程中存在机械效率 η_{m} 是因为存在轴承损失以及其他外部功率需求，如发电机需要涡轮提供轴功率。在此，假设机械效率为 0.995。从压气机的角度上，可以计算压气机所获得的轴功率为

$$P_{\text{C}} = q_{ma} c_p (T_3^* - T_2^*)$$

根据压气机进口、出口的总温以及压气机进口的质量流量，计算出压气机消耗的轴功率 P_{C}。

于是可以计算得出涡轮轴功率 P_{T}。

燃气涡轮轴功率是燃气与冷却气体做功总和，两者均膨胀到相同的出口温度 T_{5col}^*，于是实际的燃气涡轮轴功率为

$$P_{\mathrm{T}} = q_{ma}(1-\varepsilon)c_{pg}(T_4^* - T_{5\mathrm{col}}^*) + \varepsilon c_p(T_{\mathrm{col}}^* - T_{5\mathrm{col}}^*)$$

已知压气机进口质量流量 q_{ma} 和冷却气体系数 ε,从燃气涡轮功率方程中解未知量 $T_{5\mathrm{col}}^*$,得到 $T_{5\mathrm{col}}^*$。

通过燃气涡轮后的总温降需要用多少级来达到? 答案取决于设计所选择的级反力度。冲击式涡轮功率(理论上)是一台 0.5 反力度涡轮功率的两倍(出口无旋流)。但是应该注意到,冲击式涡轮的效率比反力式涡轮低。另外,使燃气涡轮出口达到无旋流动状态也是目标之一,但在中间级出口可以采用有旋流动。从这种意义上说,涡轮各级的设计将是不同的。从一级到另一级唯一相同的是我们在设计时假定气流轴向速度恒定。另外,计算也仅限于平均半径处的计算。

图 9.62 是一二级涡轮示意图,图中标注后续计算的相应节点位置。

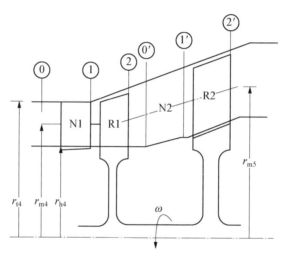

图 9.62 二级涡轮示意图和节点编号

2) 第一级涡轮导向器平均半径处设计(v_x——设计常数)

最大转角 α_1 出现在导向器出口马赫数为 1 的地方。因为第一级涡轮导向器工作在阻塞状态(在一个相当大的范围内),选择第一级涡轮导向器出口的马赫数略微超过声速,即

$$Ma_1 = 1.1(\text{第一级涡轮导向器的设计选择})$$

通过导向器进口总温和出口马赫数,可以计算出导向器出口静温为 T_1,以及导向器出口的声速 a_1。

因此可以求出导向器出口气体的绝对速度 v_1。

选取第一级涡轮导向器出口角为 $60°$,通过计算得到导向器出口切向 v_u 和轴向速度 v_x。

因为采用轴向流速相等的设计方法,即假定导向器进口速度和出口速度在轴向

上是相等的,这样就可以计算出导向器进口的静温和声速 a_0:

$$T_4 = T_4^* - v_0^2/2c_{pg}$$

因此,计算得到涡轮导向器进口的马赫数为 Ma_0。

3)第一级涡轮导向器最佳稠度

Zweifel 将最佳(轴向的)稠度 τ_x、载荷系数 ψ 和相对气流角 β_0、β_1 联系起来,即

$$\tau_x\psi = \frac{2\cos\beta_1}{\cos\beta_0}\sin(\beta_0 - \beta_1)$$

图 9.63 给出了最佳稠度参数 $\tau_x\psi$。第一级涡轮导向器进口来流为轴向,即 $\alpha_0 = 0$,如前所述,假定出口绝对气流角 $\alpha_1 = 60°$,根据图 9.64,我们可以得到最佳稠度参数 $\tau_x\psi = 0.85$。因此,根据推荐载荷系数 $\psi = 1$,得到第一级导向器轴向稠度 τ_x 为

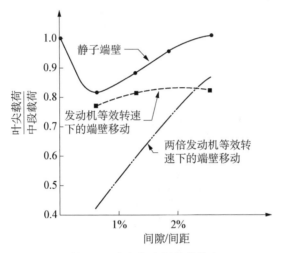

图 9.63　尖部与中部的载荷比

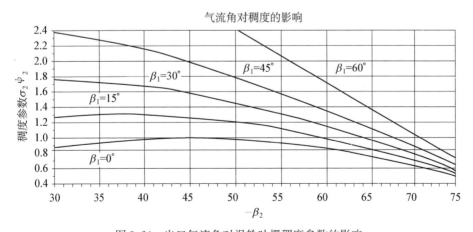

图 9.64　出口气流角对涡轮叶栅稠度参数的影响

0.85。实际稠度 $\tau = \tau_x / \cos \beta_y$,其中 β_y 是安装角。在涡轮导向器中安装角的第一个近似值是平均气流角 a_{av}(基于平均旋度),而在转叶中是平均相对气流角。这意味着通过导向器的平均切向速度 $v_{u,av}$ 和平均气流角 $\alpha_{1av} = \arctan(v_{u,av}/v_x)$,因此,安装角 $\beta_y = \alpha_{1av}$,而实际最佳稠度值为

$$\tau = \tau_x / \cos \beta_y$$

虽然在这种情况下用 Zweifel 方法估算出了最佳导向器稠度,但是遇到其他叶栅约束条件如冷却要求时可以有所改变。在选择最佳稠度时,如果缺乏丰富的经验而仅靠 Zweifel 方法计算得来,随后的迭代设计中就会发现需要对其进行修改。

4) 第一级涡轮导向器落后角

涡轮叶片由于气流处于最有利的压力梯度方向,比起压气机叶片来说,落后角较小。对于出口为声速或超声速流动,因为流体穿过喉部后持续加速而且边界层很薄,落后角小到可以忽略不计。本题中,第一级涡轮导向器出口马赫数已经确定为 1.1,所以忽略第一级涡轮导向器出口处的落后角。

5) 第一级涡轮导向器喉道尺寸

燃气涡轮导向器喉道尺寸对于壅塞和非壅塞导向器都是很重要的。如图 9.65 所示,可用几何学确定喉道开口尺寸和叶片间距的关系:

$$l_t = s \cdot \cos \alpha_1$$

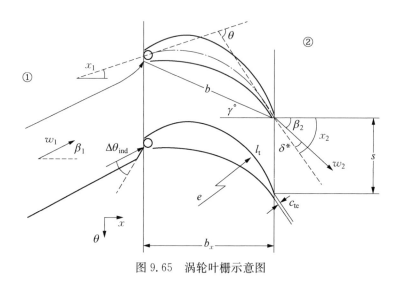

图 9.65　涡轮叶栅示意图

对于出口流动亚声速的情况,这个近似是可以接受的。然而,对于超声速出口马赫数(低于 1.3),用倒数 A/A^* 校正,也就是

$$\frac{l_t}{s} = \frac{\cos \alpha_1}{(A/A^*)_{Ma_1}}$$

其中，A/A^* 约为 1.008，因此校正系数很小（对于较低出口超声速马赫数），如当 $\alpha_1 = 60°$ 和 $Ma_1 = 1.1$ 时，有

$$\frac{l_t}{s} = \cos\alpha_1 = 0.5 \quad Ma_1 \leqslant 1$$

$$\frac{l_t}{s} = \frac{\cos\alpha_1}{(A/A^*)_{Ma_1}} = 0.496 \quad Ma_1 = 1.1$$

6）第一级涡轮导向器冷却

根据冷却气体侧和燃气侧稳态热量传递方程式，可将叶栅中冷却气体系数 ε 与燃气、壁面温度以及斯坦顿数联系起来：

$$\varepsilon = \frac{q_{mcol}}{q_{mg}} = \frac{c_{pcol}}{c_{pg}} \frac{St_{col}}{St_g}\left(\frac{T_{wcol} - T_{col}}{T - T_{wg}}\right)$$

式中：下标 w 代表壁面。

根据傅里叶热传导定律和稳态下燃气热量经壁面到冷却气体的传递过程，可得冷却气体侧的壁温和燃气侧的壁温、壁厚、叶片稠度、气流质量流量以及热传导率的关系如下：

$$T_{wcol} = T_{wg} - \left(\frac{t_w}{k_w}\right)\frac{1}{2\tau}\rho_g u_g c_{pg} St_g (T - T_{wg})$$

其中，需要注意到叶片稠度 τ 体现在叶片冷却问题中。

最后，根据连续性方程，气体质量、密度和平均半径处马赫数、总压以及温度关系如下：

$$\rho_g u_g = \frac{q_{mg}}{A_g} = \sqrt{\frac{k_g}{R_g}}\,\frac{p_g^*}{\sqrt{T_g^*}} Ma_g\left(1 + \frac{k_g-1}{2}Ma_g^2\right)^{-\frac{k_g+1}{2(k_g-1)}}$$

平均半径处的马赫数可简单看做为进口和出口马赫数的算术平均，即

$$Ma_g = (Ma_0 + Ma_1)/2$$

因此，如果基于 p_g^*，T_g^*，$Ma_g = (Ma_0 + Ma_1)/2$，可以近似估算涡轮导向器中的气体质量密度 $\rho_g u_g$。

现在，用估算的气体质量密度和以下参量来计算冷却气体侧的壁温 T_{wc}。

$T_{wg} = 1200\,\text{K}$（希望的气体壁温，一个影响寿命的设计选择）

$t_w = 1.5\,\text{mm}$（壁厚的初始设计选择）

$k_w = 14.9\,\text{W}/(\text{m} \cdot \text{K})$（壁面热导率，燃气涡轮中所用的镍基合金）

$St_g = 0.005$（燃气侧的斯坦顿数）

$T = T_g^* = 2100\,\text{K}$（绝热壁面温度≈气体总温）

计算得到冷却侧的壁面温度 T_{wcol}。另外,冷却侧和燃气侧的斯坦顿数之比 St_{col}/St_g 近似取为 0.5(由 Kerrebrock 于 1992 年提出),由此得到 $\varepsilon_{1nb} \approx 0.0252$(涡轮导向器 1 的冷却气体系数)。这里,估算了第一级涡轮导向器内冷却气体系数为 2.5%,这样如果需要的话另外的 7.5% 的冷却气体可对转叶、机匣以及第二级涡轮导向器和转叶冷却。如果冷却气体量(10%)不够(对于内部冷却的目标),就需要返回去从压气机引出更多的冷却气体。

7) 第一级涡轮转叶平均半径设计(v_x——设计常数)

第一级转叶平均半径处的转速为

$$u_m = \omega \cdot r_m$$

这里,用涡轮进口的平均半径估计第一级转叶的进口平均半径。可根据功率需要和不同级载荷变化修改平均半径。因此涡轮设计中平均半径是可变化的,但在设计第一步可用涡轮进口的平均半径来估计其值以便确定其他相关部位尺寸。

涡轮转叶的出口相对马赫数影响到转叶功率以及涡轮性能,是一个设计时需要确定的参数。随着出口相对马赫数的增大,涡轮性能增强。开始选取 0.8,但是如果有必要对其修改的话其取值上限可达 0.9 或者小于 0.8,注意到第一级转叶需保持非壅塞。相对马赫数用轴向速度、切向速度以及声速表示如下:

$$Ma_{2w} = \frac{1}{a_2}(v_{2x}^2 + w_{2u}^2)^{1/2}$$

从能量守恒观点,可得如下关系式:

$$\frac{a_2^2}{k_g - 1} + \frac{w_2^2}{2} = \frac{a_1^2}{k_g - 1} + \frac{w_1^2}{2}$$

两式联合求解并由轴向速度相等,可得

$$w_{2u}^2 = \frac{Ma_{2w}^2[a_1^2 + (k_g - 1)w_{1u}^2/2] - v_x^2}{1 + (k_g - 1)Ma_{2w}^2/2}$$

第一级涡轮转叶出口气体旋流方向与转子转速相反,因此方向为负,取上式的负解,得

$$w_{2u} = -\sqrt{\frac{Ma_{2w}^2[a_1^2 + (k_g - 1)w_{1u}^2/2] - v_x^2}{1 + (k_g - 1)Ma_{2w}^2/2}}$$

从相对速度的切向分量计算可得绝对速度的切向分量 v_{2u},因此第一级反力度是

$$\Omega_{\mathrm{I}} = 1 - \frac{v_{um}}{u_m} = 1 - \frac{v_{1u} + v_{2u}}{2u_m}$$

根据涡轮转叶出口的速度分量,可得转叶出口的气流角,即 α_2 和 β_2。所以第一

级转叶平均半径处的速度分量、气流角和马赫数如下：

$$w_{1u} = v_{1u} - u_m \to \beta_1$$
$$w_{2u} \to \beta_2$$
$$v_{2u} = w_{2u} + u_m \to \alpha_2$$
$$w_1 = (v_{2x}^2 + w_{2u}^2)^{0.5} \to Ma_{1w}$$

为了计算涡轮转叶进口的相对总压和总温，先要确定进口处的静压和静温，再用相对马赫数 Ma_{1w} 或相对动能计算相对总压和总温。涡轮进口处的燃气静温为

$$T_1 = T_1^* - v_1^2/2c_{pg}$$

因此相对总温是

$$T_{1w}^* = T_1 + w_1^2/2c_{pg}$$

注意转叶对应的滞止温度是多少？是第一级涡轮导向器所接触的温度吗？涡轮转叶由于旋转使得对应的气体温度降低了多少？

由于存在叶型损失、二次流损失、其他（二次流除外的）三维损失以及超声速激波损失，为了计算导向器出口位置静压，需要预估其总压损失因子。根据图 9.66 估算导向器总压损失约为 0.06。另外，根据已有的相关流动损失数据，设计时应取较高的总压损失系数。按总压损失系数定义：

$$\overline{\omega} = \frac{p_0^* - p_1^*}{p_1^* - p_1}$$

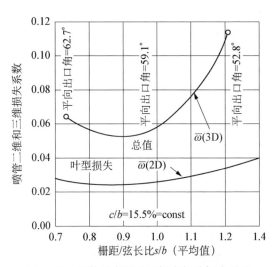

图 9.66　涡轮导向器叶型损失与总损失对比

首先应利用之前已算得的 p_0^* 和 Ma_0 计算 p_0。由此可得导向器出口总压 p_1^*。根据 p_1^* 和 $Ma_1 = 1.1$ 可求出 p_1。根据已算出的 Ma_{1w} 可得 p_{1w}^*。

为了完成对第一级压力和温度的计算,还要计算转叶的出口条件。根据涡轮的欧拉方程和已知的速度三角形,可知 T_2^*。根据下式计算静温 T_2:

$$T_2 = T_2^* - v_2^2/2c_{pg}$$

这样可以求出对应的声速 a_2 以及转叶出口的绝对马赫数 Ma_2。

如取转叶的总压损失系数 0.08(注意因考虑到转子叶尖间隙损失,我们选取了较高值),可以算出转叶出口的相对总压 p_{2w}^*。一旦选取了 Ma_{2w}(此处选为 0.8),可算出 p_2。

根据 Zweifel 的最佳稠度准则,估算第一级涡轮转叶的轴向稠度为

$$\tau_x \psi = 1.8$$

根据 $\psi = 1.0$,得到 $\tau_x = 1.8$。在平均半径处的安装角预估为转叶的平均气流角,即

$$\beta_{\mathrm{m}} \approx \arctan(w_{u\mathrm{m}}/v_x)$$

可得转叶最佳稠度为 1.8。

计算时,先从稠度值入手,但为了减少叶栅中的冷却气体量,有必要减少转叶的稠度。通常第一级取 1.1。

8) 转叶落后角

运用 Carter 准则估算第一级转子落后角 δ_2,注意相对大的落后角是由大的气流转角造成的,减少气流转折角,落后角就随之减小。

9) 第一级转叶冷却

在涡轮转叶冷却计算中,会面临相对坐标系下部件热传递的问题,因此滞止温度以转叶为参照系。根据之前算出的相对滞止压力和温度,冷却气体系数可按如下公式计算:

$$\varepsilon = \frac{q_{m\mathrm{col}}}{q_{mg}} = \frac{c_{p\mathrm{col}}}{c_{pg}} \frac{St_{\mathrm{col}}}{St_{\mathrm{g}}} \left(\frac{T_{\mathrm{wcol}} - T_{\mathrm{col}}}{T_{\mathrm{adw}} - T_{\mathrm{wg}}} \right)$$

根据等式中的相关参数可估算冷气侧壁面温度:

$$T_{\mathrm{wcol}} = T_{\mathrm{wg}} - \left(\frac{t_{\mathrm{w}}}{k_{\mathrm{w}}} \right) \frac{1}{2\tau} \rho_{\mathrm{g}} u_{\mathrm{g}} c_{pg} St_{\mathrm{g}} (T_{\mathrm{adw}} - T_{\mathrm{wg}})$$

取

$t_{\mathrm{w}} = 2.0 \,\mathrm{mm}$(因离心应力较大故选择稍厚的壁面)

$k_{\mathrm{w}} = 14.9 \,\mathrm{W/(m \cdot K)}$(和涡轮导向器相同的高导热性材料)

$\tau_{\mathrm{R}} = 1.1$(按照 Zweifel 准则选取,在计算中其值可变)

$T_{\mathrm{adw}} = T_{1w}^*$(第一级绝热壁温近似值)

$T_{\mathrm{wg}} = 1200 \,\mathrm{K}$(希望的壁温 —— 影响叶片寿命的设计选择)

$St_{\mathrm{g}} = 0.0065$(转叶通道中因湍流更剧烈而有更大值)

对于转子叶栅中质量密度,采用同样的连续方程,但要注意到这里采用的是相对坐标系下的参变量:

$$\rho_g w_g = \frac{q_{mg}}{A_g} = \sqrt{\frac{k_g}{R_g}} \frac{p_g^*}{\sqrt{T_g^*}} Ma_w \left(1 + \frac{k_g-1}{2}Ma_w^2\right)^{-\frac{k_g+1}{2(k_g-1)}}$$

燃气马赫数从转叶进口的 Ma_{1w} 变化到 Ma_{2w},可以在转叶中取平均值。

现在代入这些数据到质量密度方程中,得到 $\rho_g w_g$。

计算得出冷气侧壁面温度 T_{wcol},估算得出转叶冷却气体系数 ε_{RI}。

第一级涡轮已经消耗了多少冷却气体? 涡轮导向器和转叶中分别是多少? 剩下的用于机匣和第二级冷却的气体有多少?

第一级载荷系数和轮缘功为

$$\psi_I = N_T/u_m^2$$
$$l_{uI} = u_m(v_{1u} - v_{2u})$$

第一级转叶发出的轴功率为

$$P_I = q_{mgI} \cdot l_{uI}$$

比较第一级产生的功率和总的功率,可知第二级是必需的,需要产生剩下的功率。同时,因为第一级出口的气体温度超过了要求壁温,所以第二级必须冷却。

10) 第二级燃气涡轮导向器平均半径设计(v_x——设计常数)

开始设计第二级涡轮导向器之前,首先列出第二级的入口条件 $T_{0'}^*$, $p_{0'}^*$, $v_{0'}$, $\alpha_{0'}$。现在,需选择一些第二级设计的参数,如涡轮导向器出口马赫数 $Ma_{1'}$ 或涡轮导向器出口气流角 $\alpha_{1'}$,基于气流轴向速度恒定的设计原则,选择出口气流角 $\alpha_{1'} = 55°$(可在 $40°\sim70°$ 之间选取),得到涡轮导向器出口马赫数(必须是亚声速或者未壅塞)$Ma_{1'} = 0.887$。这里第二级平均半径有一个附加选择,即 $r_{0'm}$ 不一定要与 r_{0m} 相同。开始以它们相等来计算,然后可增大半径以获得足够的轴功率。最后,得到第二级的中径 $r_{0'm}$,比第一级半径增加了多少? 根据这些选择,计算出第二级涡轮导向器出口流动条件 $w_{1'u}$, $\beta_{1'}$, $w_{1'}$, $Ma_{1'w}$, $p_{1'}^*$, $p_{1'w}^*$。并且根据总压损失系数为 0.06 的假设,计算出总压。

我们选择第二级涡轮导向器的稠度为 $\tau_{NII} = 0.8$,由此可得到落后角 $\delta_{0'}$。对于叶片内部冷却计算,可以选择:

$$St_g = 0.0065, t_w = 2.2\,\mathrm{mm}$$

根据在第一级假设冷却气体和燃气的斯坦顿数比为 $St_c/St_g = 0.5$,计算得出 $\rho_g u_g$, T_{wcol}。

最后,求出第二级涡轮导向器冷却气体系数 ε_{IIN},以及第二级涡轮导向器的喉道尺寸 $(l_t/s)_{IIN}$。

11) 第二级涡轮转子中径设计(v_x 为常数)

第二级转子的出口马赫数是一个设计选择参数,选取

$$Ma_{5w} = 0.75(\text{一个设计选择,总是小于 1})$$

另外,假设第二级转子的稠度、冷却壁厚、燃气侧斯坦顿数、冷气和燃气的斯坦顿数比为

$$\tau_{R\text{Ⅱ}} = 0.44 \quad t_w = 2\,\text{mm}$$
$$St_g = 0.0065 \quad St_c/St_g = 0.5$$

计算第二级转子参数 $T_{1'w}^*$,$\rho_g u_g$,T_{wcol},第二级转叶冷却气体系数 $\varepsilon_{\text{ⅡN}}$。第二级转叶出口流动条件为 $v_{2'}$,$v_{2'u}$,求出 $\alpha_{2'}$,是我们所希望的出口接近无旋状态吗?求出 $Ma_{2'}$,是合理的出口马赫数吗?

再求出第二级的反动度 $\Omega_{\text{Ⅱ}}$。

第二级的载荷系数和轮缘功为

$$\psi_{\text{Ⅱ}} = P_T/u_m^2$$
$$l_{u\text{Ⅱ}} = u_m(v_{1'u} - v_{2'u})$$

第二级的轴功率为

$$P_{\text{Ⅱ}} = q_{mg\text{Ⅱ}} \cdot l_{u\text{Ⅱ}}$$

12) 冷却对燃气涡轮出口温度和压力的影响

在处理叶片冷却问题时认为完全是内部冷却使叶片表面达到了希望的温度 T_{wg},注意到这点很重要。据此来估计内部叶片冷却时的冷却气体系数。我们不是像实际燃气轮机的通常做法那样,在每排叶片中使冷却气体喷入燃气流中。冷却气体通常通过气膜孔、尾缘孔和其他小孔排出。

在用内部冷却方法至少忽略了 3 个影响。首先,通过下一排叶片的质量流量由于冷却气体流入燃气通道使得质量流量增加了。其次,忽略了随着每排叶片中冷却气体的流入,燃气温度的降低。最后,忽略了燃气总压随着燃气和冷气的掺混而带来的损失。当冷却气体由气膜孔喷出后,两股气流相互有夹角地掺混时仍有一些别的重要细节。例如,冷却掺混后状态的气流角度和我们计算中不考虑冷却气体的气体流动角度并非完全一致。对冷却问题的处理可以采用两种方法来弥补不足。第一种方法对于所有的冷却气体突然喷入涡轮出口的情况,可修正出口总压和滞止温度。第二种方法对于当冷却气体喷入燃气流道,并和燃气充分混合的情况,可以对每排叶片进行逐步计算,这种方法更准确。这里为简单起见,我们采取第一种方法。

对于温度和压力的修正,可以通过建立通道中没有冷却气体排放的涡轮燃气总温和冷却气体温度为 T_{col}^* 的能量平衡。根据能量守恒有

$$T_{5col}^* = \frac{q_{mg} c_{pg} T_5^* + q_{mcol} c_p T_{col}^*}{(q_{mg} + q_{mcol}) \bar{c}_p}$$

这里混合气体的恒压平均比热为

$$\bar{c}_p = \frac{q_{mg}c_{pg} + q_{mcol}c_p}{q_{mg} + q_{mcol}}$$

这样可以求出混合后的总温。

在设计涡轮之初,功的平衡计算得到冷却涡轮出口温度为 T_{5col}^*,由于这些估算都是基于同一个原理,因而结果应该十分接近。

为了估算燃气涡轮出口总压,近似假设冷却涡轮为绝热的,然后利用效率和温比得到燃气涡轮膨胀比。估算中按每 1% 冷却气体使得冷却燃气涡轮绝热效率损失约 3%。因而,10% 的冷却气体质量导致燃气涡轮的绝热效率约为 70%。采用绝热效率,可以根据下式得到涡轮膨胀比:

$$\pi_{\mathrm{T}}^* = \left[1 - \frac{1}{\eta_{\mathrm{T}}^*}(1 - \tau_{\mathrm{T}}) \right]^{\frac{k_{\mathrm{g}}}{k_{\mathrm{g}}-1}}$$

我们可以代入 τ_{T} 和 0.7,得到冷却涡轮的膨胀比和出口总压:

$$\pi_{\mathrm{T}}^* \rightarrow p_{5col}^*$$

总结一下。目前的设计结果,涉及需求的轴功、目标冷却系数(尽管是对于内部冷却)和出口没有切向速度的条件。内部冷却燃气涡轮包括两级功之和的总功与所需的总功计算值两者能够匹配。涡轮前两级总共有 4 排叶片需要内部冷却,所需冷却气体系数之和与给定值相当。另外,机匣和排气导流叶片也需要冷却。因而,为达到涡轮转叶和导向器的冷却要求,需要从压气机提取更大流量的冷却气体。但就目前的初步设计而言,已经实现了内部冷却目标。燃气涡轮出口切向速度为零的目标基本实现。最终得出了第二级出口的切向气流角和绝对切向速度。

13) 计算涡轮流道尺寸

根据导向器进口马赫数 Ma_4 和进口质量流量,可确定导向器进口面积,对于已知的平均半径根据流量方程可以求出 A_4:

$$q_{mg} = \sqrt{\frac{k_{\mathrm{g}}}{R_{\mathrm{g}}}} \frac{p_4^*}{\sqrt{T_4^*}} A_4 Ma_{4x} \left[1 + \left(\frac{k_{\mathrm{T}}-1}{2} \right) Ma_{4x}^2 \right]^{\frac{k_{\mathrm{g}}+1}{2(k_{\mathrm{g}}-1)}}$$

通过流动面积和平均半径,计算得到第一级导向器的长度为

$$l_4 = r_{\mathrm{t}4} - r_{\mathrm{h}4} = \frac{A_4}{2\pi r_{\mathrm{m}4}}$$

根据冷却涡轮出口总压和总温,可通过质量方程来计算涡轮出口的通流面积 A_5:

$$q_{m5} = q_{mg} + q_{mcol} = \sqrt{\frac{k_{\mathrm{g}}}{R_{\mathrm{g}}}} \frac{p_{5col}^*}{\sqrt{T_{5col}^*}} A_5 Ma_{5x} \left[1 + \left(\frac{k_{\mathrm{T}}-1}{2} \right) Ma_{5x}^2 \right]^{-\frac{k_{\mathrm{g}}+1}{2(k_{\mathrm{g}}-1)}}$$

求涡轮出口叶片的高度 l_5,假定平均半径 $r_{5m} = r_{1'm}$,则

$$l_5 = r_{5t} - r_{5h} = \frac{A_5}{2\pi r_{5m}}$$

9.3 燃烧室设计

本节所讲的燃烧室设计是指航空发动机主燃烧室的设计。主燃烧室内不仅有非常复杂的气流流动,而且还供入燃料,在伴有强烈湍流交换(热交换和质量交换、动量交换)的情况下,进行着剧烈快速的释热化学反应(又与流动情况密切相关)。所有这些物理的和化学的过程都是在高速流动的气流中同时进行的,彼此之间既相互影响,又相互重叠,并且随着发动机工作状态的变化而变化。在现代燃烧室的设计研发中,主要还是以试验为主,数值计算结果为辅。下面将从燃烧室设计概貌、民用航空发动机污染排放控制技术和先进燃烧概念3个方面进行讲述。

9.3.1 燃烧室设计概貌

9.3.1.1 燃烧室的设计流程
航空发动机燃烧室的设计流程如图9.67所示。

9.3.1.2 气动热力设计内容
燃烧室气动热力的初步设计内容包括:

(1)计算火焰筒总的空气流量分配。

(2)选定火焰筒横截面积。

(3)选定火焰筒与机匣之间环形高度,确定外机匣内径以及内机匣外径,给出外形火焰筒及机匣简图。

(4)选定喷嘴类型,确定喷嘴数目。

(5)选定冷却方式,确定室壁结构、材料及尺寸,做初步冷却设计和冷却计算等。

气动热力设计的详细内容包括5个方面。

(1)燃烧室组织设计。主要包括3个方面,首先是气:空气流量分配,燃烧区空气动力学;其次是油:油的喷射,喷嘴的选择,喷嘴流量数的选择以及喷嘴压力降的设计,主副油路的关系;然后是油与气的关系:油雾的穿透,油-气的散布及混合,这是燃烧室设计的核心。

燃烧室组织设计的趋势是:理想平面火焰,雾化或蒸发,混合,燃料的空间均匀分布,热容强度高等;完全燃烧;绝对稳定,发动机工作边界,最恶劣工况(低温、低压、高速),燃烧组织方式(头部结构),点火方式,燃烧不稳定性;温度均匀,前处理技术包括头部结构优化,多点喷射,多源涡,脉冲喷射,无焰燃烧等,后处理技术包括掺混射流,主动控制,合成射流,出口形状等;损失小,低速加热,低流动损失;低污染,温度(局部)控制技术等。

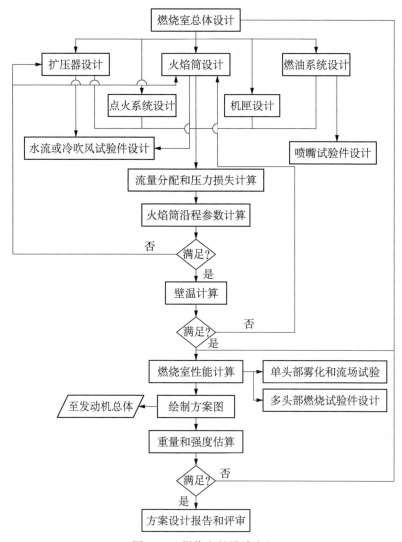

图 9.67　燃烧室的设计流程

（2）冷却设计。包括冷却方式的选择,冷却空气总量的选择,内、外火焰筒冷却空气的分配,轴向方向冷却空气的分配冷却空气孔径的设计,冷却空气孔排列的选择,隔热涂料的选用,冷却计算的反复修正,最高壁温的调整,过大壁温梯度的调整,冷却空气总流量的控制以及头部冷却的设计。

（3）出口温度分布及掺混区的空气动力学设计。根据需要对是否掺混空气进行选择。

（4）扩压器气动设计。设计的扩压器,满足需要的情况下使扩压器总压损失最小。

（5）火焰筒前温场设计。根据需要选用设置合适的导流片。

9.3.1.3 燃烧室的宏观设计估算

燃烧室的宏观设计估算如下:

(1) 估算空气流量,根据推力(由飞机总体提供,由于燃烧室重量很轻,宏观设计燃烧室时可不考虑推/重比要求)要求进行。公式如下:

$$q_{ma} = \frac{F}{\Delta v} = \frac{F}{Ma\sqrt{kRT}} \tag{9.39}$$

如 $F = 5\,\text{t}$,$T = 800\,\text{K}$,$Ma = 1.5$,则

$$q_{ma} \approx \frac{5\,000 \times 10}{1.5 \times \sqrt{1.4 \times 287 \times 800}} = 58.8\,\text{kg/s}$$

(2) 估算温升,燃烧室温升=涡轮叶片允许温度(可考虑不均匀性)-压气机绝热压缩温度(可考虑非绝热损失)。

(3) 估算总余气系数,根据温升进行。根据能量守恒:

$$q_{mf}q = (q_{mf} + q_{ma})c_p\Delta T \tag{9.40}$$

可得

$$q = (1 + q_{ma}/q_{mf})c_p\Delta T \tag{9.41}$$

根据定义

$$\alpha = \frac{q_{ma}}{q_{mf}} \tag{9.42}$$

可得

$$\frac{q_{ma}}{q_{mf}} = \alpha l_0 \tag{9.43}$$

代入能量守恒公式,得

$$q = (1 + \alpha l_0)c_p\Delta T \tag{9.44}$$

$$\alpha = \frac{\dfrac{q}{c_p\Delta T} - 1}{l_0} \tag{9.45}$$

如燃烧室温度从 $700\,\text{K}$ 增加到 $1\,600\,\text{K}$,燃料为 RP-3 航空煤油,则 c_p 取为 $700 \sim 1\,600\,\text{K}$ 之间的平均值,约为 1.17。因此有

$$\alpha = \frac{\dfrac{q}{c_p\Delta T} - 1}{l_0} = \frac{\dfrac{43\,535}{1.17 \times 900} - 1}{14.7} = 2.73$$

(4) 估算供油量,根据总余气系数的定义,可得

$$q_{mf} = \frac{q_{ma}}{\alpha l_0} \tag{9.46}$$

如空气流量 58.8 kg/s，燃料的理论空气量 14.7，总余气系数 2.73，则总供油量为

$$q_{mf} = \frac{q_{ma}}{\alpha l_0} = \frac{58.8}{2.73 \times 14.7} = 1.455 \, kg/s$$

（5）估算主燃区体积，根据容热强度 I 定义：

$$I = \frac{Q}{p \cdot V} \tag{9.47}$$

可以评估现有发动机燃烧室主燃区容热强度（采用主燃区体积），得到不同燃烧室的容热强度值。再选取其中高值（若有新的提高容热强度的技术出现，则可选取最高值，甚至更高值）作为新燃烧室的设计依据，记为 I_0。主燃区体积可估算为

$$V = \frac{Q}{p \cdot I_0} = \frac{q \cdot q_{mf}}{p \cdot I_0} \tag{9.48}$$

（6）估算燃烧室总体尺寸，可以根据常规设计准则进行。根据空气流量及参考流速估算横截面积：

$$A = \frac{q_{ma}}{\rho v} \tag{9.49}$$

根据主燃区体积及横截面积估算主燃区长度：

$$l = \frac{V}{A} \tag{9.50}$$

根据主燃区长度估算头部高度：

$$H = (1 \sim 2)l \tag{9.51}$$

最后，与燃烧室外观尺寸要求协调，确定 H、l。

9.3.2　民用航空发动机污染排放控制技术

9.3.2.1　民用航空发动机排放标准

民用航空发动机在"安全性、经济性、舒适性、环保性"都有较高的要求。在"环保性"方面具有强制性规定，必须满足国际民航组织和区域民航组织的相关民用航空发动机排放标准。

由于人类对环境保护的要求日趋严格，国际民航组织（ICAO）航空环境保护委员会（CAEP）在世界范围内颁布有关民用发动机的污染排放标准。ICAO CAEP 于 1986 年召开了第一次正式会议，通过了第一个污染排放标准 CAEP/1；1991 年召开了第二次正式会议，并通过了 CAEP/2 标准；此后，每隔 3 年召开一次正式会议，制

定了多个 CAEP 污染标准。这些标准颁布、修订和生效的日期如表 9.5 所示。

表 9.5   ICAO CAEP 排放标准颁布、修订和生效日期

标准	颁布年份	修订年份	生效年份	标准	颁布年份	修订年份	生效年份
CAEP/1	1986			CAEP/6	2004		2008
CAEP/2	1992	1993	1996	CAEP/7	2007		
CAEP/3	1995			CAEP/8	2010		2014
CAEP/4	1998		2004	CAEP/9	2013		
CAEP/5	2001						

ICAO CAEP 标准规定的污染物共有 4 种,分别是气态的一氧化碳(CO)、未燃碳氢(UHC)、氮氧化物(NO_x,包括 NO 和 NO_2)和颗粒状的烟。对 CO,UHC 和颗粒状烟的要求基本没有变化,只是对 NO_x 排放的要求越来越严格,因为 NO_x 危害最大也最难控制。对于 NO_x 的排放值,CAEP/4 比 CAEP/2 降低了 16%,而 CAEP/6 比 CAEP/4 又降低了 12%,最近开始生效的 CAEP/8 比 CAEP/6 又降低了 15%。在我国,在 ICAO CAEP 标准和美国联邦航空条例 FAR34 基础上,在 2002 年颁布实施了《涡轮发动机飞机燃油排泄和排气排出物规定(CCAR - 34)》,其中规定的排放标准与 CAEP/2 相当。

为了和大自燃和谐相处,低排放一直是人类追求的发展方向。ICAO 和各国、各区域都制订有相应的低排放发展目标。针对航空 NO_x 污染排放,2010 年 ICAO 提出,对于增压比为 30 的民用航空发动机,中期(到 2016 年)目标较 CAEP/6 标准低 45%,远期(到 2026 年)则比 CAEP/6 标准低 60%。美国国家航空航天局(NASA)针对亚声速固定翼民用飞机提出了 N+1、N+2 和 N+3 概念,分别要求在 2015 年、2020 年和 2025 年将民用航空发动机的 NO_x 排放比现行标准 CAEP/6 降低 60%、75% 和 75% 以上。同时,要求到 2020 年发展出具有燃料灵活性燃烧室技术的新一代民用低排放发动机。欧盟在 2000 年提出的 2020 年发展愿景是 NO_x 排放比 CAEP/2 降低 80%,在 2010 年又提出了 2050 年发展愿景是 NO_x 排放较 2000 年技术进一步降低 90%。我国也指定了低排放发展目标,计划到 2020 年民用航空发动机燃烧室污染排放物比 CAEP/6 降低 50%,并且研发 NO_x 排放比 CAEP/6 降低 75% 的燃烧室技术。

9.3.2.2   航空发动机污染物生成机理

航空煤油是一种组分复杂的"煤油型"碳氢燃料,其燃烧及污染物生成过程复杂,受物理和化学因素的控制,特别是大分子碳氢燃料的热解、低温氧化和高温氧化等一系列反应,对污染物生成具有显著影响。

1) 一氧化碳(CO)

CO 与 NO_x 不同,前者是碳氢燃料氧化燃烧反应的一个中间产物,或者说 CO 是碳氢燃料完全反应的一个必经过程。在碳氢燃料燃烧过程中,CO 与羟基(OH)

反应是其主要消耗反应。虽然燃料起始的裂解反应与具体燃料的化学官能团有关，但是裂解速率太快，一般不会影响到燃烧的总反应速率，而初始裂解后产生的"活性基团池"主要是 C0～C4 小分子基团，它们才是决定燃烧性能及污染排放的主要因素。

2）未燃碳氢（UHC）

UHC 在航空发动机排放中是对所有没有完全燃烧的碳氢化合物的总称。它包括大分子碳氢燃料裂解成的小分子碳氢和基团，也包括没有参与燃烧过程的液滴和燃油蒸汽等。

碳氢生成主要受燃烧室内气动热力过程控制。从碳氢燃料燃烧反应机理来看，小分子碳氢燃料和碳氢基团等是燃烧过程中热裂解和不完全氧化反应的产物，与燃烧过程关联，实际上是燃烧过程中的中介产物未完全氧化的结果，其影响因素与 CO 一致，而未参加燃烧反应的液滴和燃油蒸汽则更多的与液雾喷射和掺混分布等物理过程有关。

3）氮氧化物（NO_x）

在航空发动机燃烧室的污染排放中，NO_x 主要是指一氧化氮（NO）和二氧化氮（NO_2）。燃烧过程首先产生的是 NO。主要有 5 种途径：一是热力 NO（thermal NO）；二是瞬发 NO（prompt NO）；三是燃料 NO（fuel NO）；四是氧化亚氮（N_2O）转变生成 NO，有些文献也将这种生成机理视为瞬发 NO 的一种；五是二氮烯基（NNH）转变机理，与氢燃料有关。

热力 NO 是在高温燃烧条件下，在火焰和火焰后的高温区域内反应而成，其反应机理为 Zeldovich 机理，是目前燃烧室中产生 NO 的主要途径。瞬发 NO 的 Fenimore 生成机理，以 HCN 基被氧化生成 NO 为主要反应途径，在大多数情况下只占总 NO_x 生成量的小部分，而在贫油低温燃烧时，需要控制 N_2O 转变机理。

4）颗粒状的烟（冒烟）

航空发动机燃烧室出口冒烟的主要成分是碳烟，碳烟在燃烧室中的局部富油高温区产生，随后在高温区中裂解和氧化。所以，虽然目前大多数燃烧室富油头部烟生成量很大，但是在燃烧室出口冒烟并不是特别严重。

碳烟形成的初始是多环芳香烃的物理和化学聚集成核，随后经历脱氢、聚合和生长的过程，以及碳烟表面气相反应，最终成为可被观察到的碳烟颗粒。从火焰中生成的碳烟，在排出之前还会被 OH，O 和 O_2 氧化。

具体到航空发动机燃烧室中，碳烟产生的源头主要是头部喷嘴下游，消耗是在主燃孔后。特别在大工况高温、高压、高油气比燃烧时，碳烟生成量会很大。

9.3.2.3　民用航空发动机污染排放控制方法

我国民用飞机动力系统的排放物必须符合适航标准 CCAR34 部《涡轮发动机飞机燃油排泄和排气排出物规定》的要求，同时要符合国际民航组织（ICAO）的排放标准。要研制大型民机发动机，不仅要参考以上标准，更要预测十多年以后 ICAO 排放标准的变化。在要求燃烧稳定、迅速、完全的同时还要求排放污染物少，在技术上的难度可想而知。

减少航空发动机包括 CO_2 在内的污染物排放,首先要减少燃料用量,并使用更清洁燃料。减少燃料用量,就需要提高燃气轮机总的热效率和推进效率。航空发动机从涡喷、小涵道比、大涵道比发动机发展到超大涵道比以及桨扇发动机,其热效率得到了大幅度提高,污染排放水平也随之明显下降。航空发动机常规燃烧室采用富油燃烧模式,且以扩散燃烧为主。燃烧组织沿着一条温度逐渐升高再下降的路线运行(见图9.68),途经高 NO_x 生成区域,主燃区燃烧当量比在航空煤油化学恰当比附近,导致高温燃烧区域大、停留时间长,热力 NO_x 排放量极大,但在出口前 NO_x 的消减反应却很慢。这是常规燃烧室存在的核心问题,导致其不满足低 NO_x 排放要求。

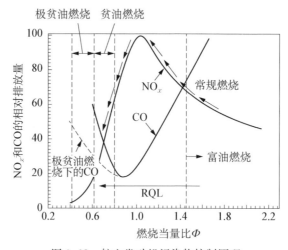

图 9.68　航空发动机污染物控制原理

在航空发动机燃烧室中,影响氮氧化物生成的主要因素是主燃区的火焰温度和燃气滞留时间,温度仍然是决定 NO_x 排放的首要因素。在理想的平衡系统中,化学恰当比时的高温燃烧 NO_x 生成量最大,在贫油和富油燃烧则都会减小,但由于非平衡动力学影响,NO_x 峰值都在恰当比偏贫一侧。这就为航空低排放燃烧室的研发提供了最基本的理论依据。

1) 富油燃烧

在常规富油燃烧的基础上,若能使富油燃烧快速转换成贫油燃烧,在空间和时间两方面都极大地压缩化学恰当比燃烧的存在,就能降低 NO_x 的排放,这种思想就是富油燃烧-淬熄-贫油燃烧(RQL)。

目前的 RQL 燃烧技术是基于常规富油燃烧室技术,弱化主燃孔射流的回流作用,保持头部下游以空间均匀的当量比 1.4~2.0 富油燃烧,在缺氧、富油低温环境中以形成"活性基团池"为目的,再利用掺混射流迅速将当量比降到 0.6~0.7 的贫油状态燃烧,氧化掉碳氢基团和烟粒,有效回避恰当比高温燃烧,抑制 NO_x 生成。这样不仅可以降低污染排放,还能保持常规燃烧室的点火与熄火性能,确保"安全性"和"环保性"之间的平衡。

需要注意的是,在发动机工作包线内 RQL 燃烧室富油燃烧区当量比从低到高连续变化,在非设计点时可能处于化学当量比燃烧,此时的 NO_x 排放很高,需要优化燃烧室运行模式,才能满足未来对超低排放燃烧室的要求。

2) 贫油燃烧

贫油燃烧是降低燃烧温度并减少 NO_x 排放最直接的方式,具有降低排放的最大潜能。在当量比 0.6~0.8 的区域,此时 NO_x 和 CO 排放都处于可以接受的范围。在更低的当量比下,航空煤油燃烧的燃烧效率和稳定性将恶化。

在实际的扩散燃烧中,尽管全局混合当量比是贫的,最终的排气温度也和全局当量比相对应,但由于燃油颗粒和蒸汽与空气混合燃烧的局部火焰面都是在恰当比附近,局部温度依然导致 NO 大量生成。所以,均匀的当量比分布是保证低 NO_x 排放的前提,也是其关键技术之一。

为了提高燃烧区当量比和温度分布的均匀性,贫油预混预蒸发燃烧(LPP)是最佳的低排放燃烧方式。但 LPP 本身存在燃烧不稳定性、自燃与回火等问题,特别是随着增压比的不断提高而变得更加突出。于是提出了贫油直接喷射燃烧(LDI)的方式,以避免自燃与回火,在一定程度上可以减轻燃烧不稳定性。

为了保证航空发动机良好的点火、贫油熄火性能,以及工作包线内的高燃烧效率和低污染排放,对于贫油燃烧室还需采用分级燃烧的设计。分级的形式有很多,包括轴向分级、径向分级、中心分级等,其目的都是将不同作用的燃烧区域分开,在不同工况下发挥各自作用并保证工作性能。目前看来,中心分级的单环腔燃烧室在气动和结构上更具发展优势,这也是国外第四代低排放燃烧室的共同选择。

贫油燃烧低排放燃烧室的首要目标是减少高功率状态下的 NO_x 排放,在低功率时仅预燃级工作,采用扩散燃烧确保稳定性,NO_x 排放改善不大。过渡态时会受到预燃级冒烟和主燃级低效燃烧两方面的限制,对分级策略的优化匹配难度较大。

当然,分级燃烧会增加燃烧室和燃油喷嘴的结构复杂性,对燃油控制也提出了更高要求,在中小型发动机上更加突出。为了保证燃油与空气的快速均匀混合,需要发展微小喷嘴技术以及闪蒸或超临界燃油喷射技术,对抗结焦性更好的航空新型燃料提出要求。同时,从降低碳排放角度出发,也要求新研发的低排放燃烧室对新型燃料具有适应性,而且新型燃料对减少燃烧气态污染物和颗粒物也具有积极的作用,可是基于安全考虑,还需要开展更为广泛的验证。

3) 极贫燃烧

贫油燃烧进一步降低 NO_x 排放的限制在于低当量比小于 0.6 情况下,CO 的排放会升高,并且还有火焰稳定性和振荡燃烧等问题。目前国外在积极探索采用非常规手段实现极贫燃烧的方法,希望大大减少 NO_x 的同时对 CO 排放和稳定性没有明显的不良影响。

对于极贫燃烧,国外提出了利用加氢燃烧来实现。纯氢在低污染燃烧方面具有巨大潜力,但由于其存在体积热值小、发动机和飞机结构改动大等诸多缺陷,短期内无法作为单独的航空燃料使用。不过,随着等离子体电离制氢、煤油重整制氢和低温超导余氢等技术的发展,氢与航空燃油作为多燃料使用成为可能。其基本原理是:利用氢气燃烧所产生的大量羟基促进 CO 氧化和火焰传播,进而拓宽贫油稳定范围,使燃烧发生在更低的当量比和火焰温度下,从而达到减少 NO_x 排放的目的。

9.3.2.4　先进低污染燃烧室

目前,国外研究的先进低污染燃烧技术主要采用分级燃烧的概念,即把燃烧室分成几个燃烧区,通过控制各区的燃油和空气供给来控制各区油气比,以使燃烧室在所有工况下都保持低的污染排放水平。分级燃烧技术一般可分为径向、轴向和径/轴向分级 3 种。其中,径向分级燃烧室主要有双环腔燃烧室(DAC)、双环预混旋流(TAPS)燃烧室、驻涡燃烧室(TVC)、双头部燃烧室等;轴向分级燃烧室主要有富油燃烧-淬熄-贫油燃烧(RQL)燃烧室、贫油预混预蒸发燃烧室(LPP)等。另外,还有喷嘴内部中心分级的贫油直接喷射燃烧室(LDI)和变几何燃烧室等。

1) 美国 GE 公司 TAPS 燃烧室

TAPS 燃烧室是美国 GE 公司于 20 世纪 90 年代开始研制的,是 70~90 年代研制的单环腔燃烧室(SAC)和双环腔燃烧室(DAC)的后续发展型,如图 9.69~图9.71所示。SAC,DAC 和 TAPS 得到了"TECH56、GE90 发动机发展"和 NASA 的

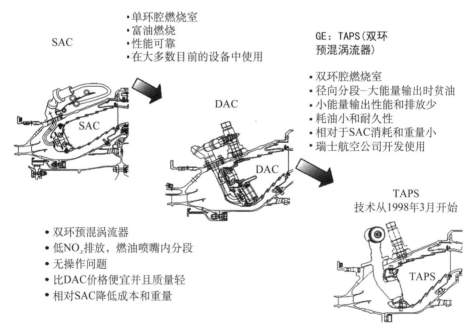

图 9.69　美国 GE 公司燃烧室的发展

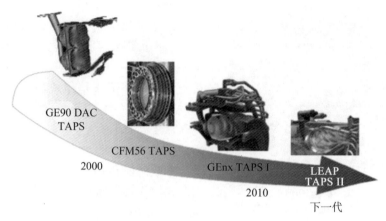

图 9.70　美国 GE 公司燃烧室的近十多年的发展

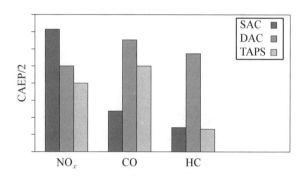

图 9.71　SAC、DAC 和 TAPS 燃烧室污染排放值比较

"先进亚声速运输机（AST）"等计划的支持,在 CFM56 - 5B,CFM56 - 7B 和 GE90 等发动机上得到了应用。GE 公司在发展 TAPS 燃烧室过程中,按照降低排放的程度,规划了 TAPS Ⅰ,TAPS Ⅱ 和 TAPS Ⅲ。TAPS Ⅰ 的目标是比 1997 年 GE90 的 NO_x 排放低 50%,TAPS Ⅱ 的目标是比 TAPS Ⅰ 再降 50%,TAPS Ⅲ 将比 TAPS Ⅱ 再降 50%。目前,TAPS Ⅰ 已应用于 B787 的 GEnx 发动机上,TAPS Ⅱ 将应用在为 B737 - max,A320neo,C919 提供动力的 LEAP 发动机上,TAPS Ⅲ 将应用在为 B777X 提供动力的 GE9X 发动机上。

TAPS 燃烧室的主燃级燃油喷嘴:气动雾化式,雾化更充分,混合度更高,形成稳定的主燃级燃烧回流区,以便实现贫油燃烧,从而达到低污染排放的目的。预燃级燃烧回流区:和主燃级燃烧回流区可形成一定的交叠,从而形成预燃/主燃旋流交叠区。TAPS 燃烧室:仅用一套喷嘴系统实现发动机不同工况燃烧的要求,可实现发动机全工况的贫油燃烧。

（1）中心分级喷嘴。

从图 9.72TAPS 头部燃油喷射及燃烧组织可以看出,该燃烧室总体结构与常规

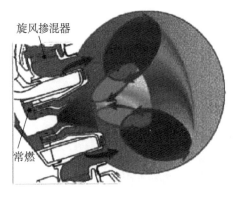

图9.72　TAPS燃烧室燃油喷射和燃烧组织

单环腔环形燃烧室相似,位于火焰筒头部端壁的燃油喷嘴采用中心分级供油,实现空气与燃油混合。该燃烧室的关键在于贫油头部设计,一组头部由两个独立控制的、旋流稳定的环形火焰组成,中心为扩散燃烧的预燃级,一圈环形预混燃烧的主燃级与预燃级同轴布置,是典型的中心分级方式。

小状态时仅中心预燃级独立工作,确保稳定操作和低的 CO 和 UHC 排放;大状态时主、预燃级共同工作,依靠主燃级的贫油预混燃烧降低 NO_x 排放,但旋流之间存在明显的耦合作用。TAPS 燃烧室不仅能够在 ICAO LTO 循环下达到史无前例的 NO_x 排放降低,在高空爬升和巡航状态下同样能显著地降低 NO_x 排放。

由于采用了贫油头部燃烧方式,TAPS 头部的空气流量分配占整个燃烧室的70%,剩余的30%用于火焰筒冷却。TAPS 燃烧室主燃级采用了充分预混设计,贫油燃烧时火焰温度明显低于常规富油头部燃烧室,且分布均匀,减小了 NO_x 形成速率,同时也减少了碳烟的形成,而火焰对壁面的热辐射少,减轻了壁面冷却的压力。

(2) 燃油分级方案。

图 9.73 展示了 TAPS 燃烧室的燃油分级方案,在慢车和进场工况下只有预燃级供油工作,在进场之后主燃级才切入。由于进场工况只有预燃级供油,其局部油气比很高,这从适航取证数据中的冒烟数也可见一斑,进场冒烟数最大,达到 5.54,

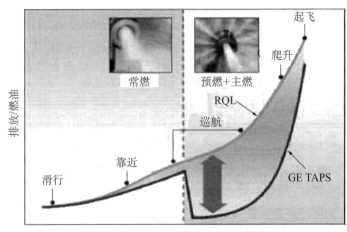

图 9.73　TAPS 燃烧室燃油分级

而其他 3 个工况几乎为零。

（3）主燃级预混预蒸发。

如图 9.74 所示，为了加快预混预蒸发过程，
TAPS 燃烧室主燃级采用了多个燃油喷射点，在合
理的预混段长度内取得充分的燃油穿透和混合。
TAPS Ⅰ 主燃级由径向旋流器产生旋流，沿圆周利
用一排或两排燃油喷射孔将燃油沿径向喷射到主燃
级通道内的横向气流中，实现雾化、蒸发与混合。通
过对喷射孔数量、孔径及轴向位置等的优化，在
TAPS Ⅰ 主燃级出口获得了理想的周向和径向均匀
油气分布，从而降低主燃级燃烧时的 NO_x 排放。

图 9.74　燃油喷射器

为改善主燃级的燃油与空气混合，TAPS Ⅱ 增加了 1～2 个旋流器（见图 9.75）
提供反向旋流的剪切层，使燃油喷射到这个剪切层中，同时对燃油射流采用环形空
气包裹的形式，控制不同工况下的射流轨迹和混合效果。

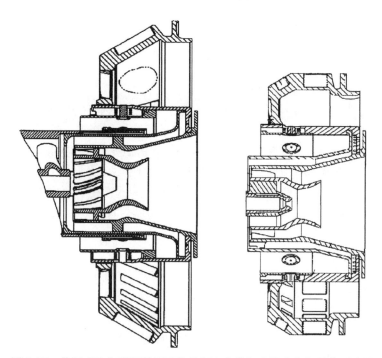

图 9.75　美国 GE 公司发明的两种 TAPS 主燃级多旋流空气雾化混合器

（4）预燃级流动。

TAPS Ⅰ 燃烧室的预燃级采用了双级旋流器，预燃级和主燃级之间采用隔离段
分开，目的是减轻两者之间的相互影响。

从图 9.76 所示的预燃级无燃烧反应与有燃烧反应时的流动可以看出，与传统

的双级旋流器相比,TAPS Ⅰ燃烧室预燃级下游流场有很大的区别:当预燃级不供油燃烧时存在中心回流区;而当预燃级供油燃烧时中心是朝下游流动,类似于"inside-out"的特殊流动,主燃级和预燃级之间存在回流区。这是一个独特的现象,说明燃烧释热改变了中心回流区流场,与常规燃烧室完全不同,是决定 TAPS 燃烧室性能的关键技术之一。

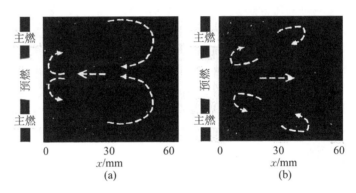

图 9.76　TAPS 燃烧室预燃级的流动

(a) 无反应　(b) 有反应

(5) 两级火焰的相互作用。

针对 TAPS 燃烧室中的预燃级和主燃级双重火焰非定常相互作用研究发现:主燃级与预燃级火焰部分重叠,但是主燃级火焰主要是依靠两级火焰间回流区中的预燃级燃烧产物来稳火的,流场和片激光诱导荧光(PLIF)测试结果证明了这一点,如图 9.77 所示。与主燃级预混火焰的燃烧不稳定性和 NO_x 排放密切相关的是主燃级的剪切层流动,因为该剪切层很大程度上决定了主燃级火焰的位置以及燃烧反应前的预混程度。尽管中心预燃级也存在剪切层,但它的作用很有限,因为预燃级本身是较稳定的扩散燃烧,同时其燃油消耗量也很少。

(6) 主燃级自燃和回火。

主燃级燃油的预混预蒸发需要一定的空间和时间尺度才能完成。采用德国亚琛大学通过对航空煤油反应机理对点火延迟进行预估发现:在目前的发动机增压比下,化学反应的自燃时间仅为 0.9 ms,它与燃油蒸发时间之间的裕度非常小。并且现代航空发动机的增压比还在不断提高,自燃时间甚至小于蒸发时间,预混段出口要达到完全蒸发、混合几乎是不可能的。

实际上,航空发动机低排放燃烧室主燃级中的自燃与回火都是在非均相小尺度空间复杂流动下出现的,耦合了破碎、蒸发、扩散、化学反应、旋涡流动等物理和化学过程。因此,预混合器的设计必须非常小心,尽量减少停留时间,避免剪切层、尾迹等低速区,优化速度及其梯度的分布,才能防止自燃与回火的发生,并且主燃级预混合器要在广泛的压力、温度和当量比参数范围内经过严格的试验验证。

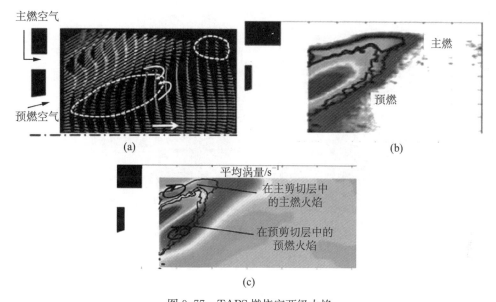

图 9.77   TAPS 燃烧室两级火焰

(a) 预燃级和主燃级双重火焰   (b) 流场和片激光诱导荧光测试结果   (c) 预燃级和主燃级剪切层

(7) 燃烧不稳定性控制。

GE 公司在 TAPS 燃烧室整机验证时,曾经出现过严重的燃烧不稳定现象,因此不得不重新修改燃烧室方案。为了研究燃烧不稳定性,最终采用一个特殊的单头部火焰筒试验台即可调频燃烧室声学试验台(tunable combustor acoustics,TCA)测试 TAPS Ⅰ 燃烧室的脉动频率和幅值为了抑制燃烧不稳定性。TAPS Ⅲ 燃烧室采取控制主燃级和预燃级供油模式的方法,采用双油路的主燃级和预燃级,如图 9.78 所示。同时,预燃级采用半预混方式,进一步降低慢车和进场等小工况下的 NO_x 排放,实现 NO_x 排放比 CAEP/6 低 75% 的超低排放水平,但需要足够的热防护措施来保证复杂燃油喷嘴的抗结焦能力和足够低的应力水平。

由于 LPP 工作在贫油熄火极限附近,微小的当量比脉动会导致释热率的显著变化,当所产生的压力波与燃烧室的声学几何条件形成"共振"时,就会出现大幅度的压力和速度脉动、火焰吹熄和回火等现象。

事实上,燃烧室内的喷雾、流动、混合、燃烧等过程均呈现强烈的非定常耦合特征,为了解决 LPP 燃烧不稳定性难题,国内外致力于对以下 4 类非定常问题和控制方法开展研究:一是与燃油喷射相关联的非定常过程;二是与流场相关联的非定常过程;三是与火焰释热结构相关联的非定常过程;四是上述非定常过程对外界扰动的响应。

2) 美国 PW 公司 TALON 燃烧室

RQL 技术是美国 PW 公司低排放燃烧室发展的首选方案,发展出了 TALON

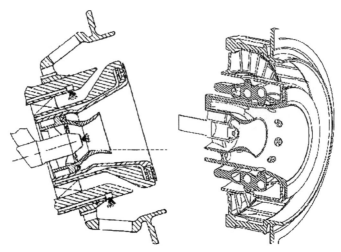

图 9.78　美国 GE 公司研发的两种 TAPS 双油路主燃级和预燃级

(Technology for Advanced Low NO_x)系列低排放燃烧室。目前已发展了 TALON 1、TALON 2、TALON 3 和 TALON X 等四代,已应用在 PW4098、PW4158、PW4168 和 PW6000 等发动机上,如图 9.79 所示。最新的 TALON X NO_x 排放仅为 CAEP/2 标准的 30%,相当于比 CAEP/6 降低 60% 左右,全环试验结果表明其燃烧效率、出口温度分布和操作性都符合要求。TALON X 燃烧室已达到验证机阶段,预计 2015 年完成取证。

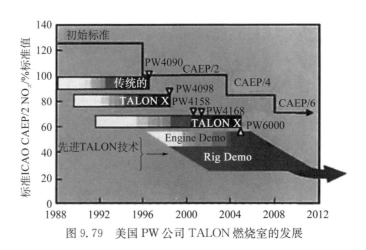

图 9.79　美国 PW 公司 TALON 燃烧室的发展

　　RQL 燃烧技术是美国 NASA 于 20 世纪 70 年代中期在试验清洁燃烧室研究计划(ECCP)中开发的低排放燃烧技术。RQL 低污染燃烧实际上是一个轴向分级燃烧的方案,分为富油燃烧区、淬熄掺混区和贫油燃烧区三部分。其降低 NO_x 排放的原理是在 NO_x 生成量低的富油区和贫油区进行燃烧,对于接近化学恰当比的 NO_x

大量生成的区域,利用空气大量掺混使其淬熄,从而达到降低 NO_x 排放的目的。

　　TALON 燃烧室为单环腔结构,见图 9.80,其头部采用 PW 公司研制的空气雾化喷嘴,火焰筒壁面冷却方式为冲击发散浮动壁冷却,燃烧室分为富油燃烧区、淬熄掺混区和贫油燃烧区三部分;掺混区气流流速加快,通过迅速冷却热的燃气来减少 NO_x 的排放。

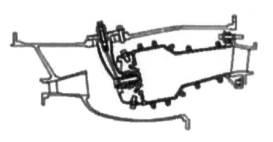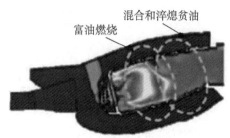

　　图 9.80　TALON 燃烧室示意图　　　　图 9.81　TALON X 燃烧室污染控制技术

　　为了使 RQL 燃烧室污染排放达到比 CAEP/6 中 NO_x 排放标准低 50% 的目标,PW 公司新一代的 ALON X 燃烧室过程中主要采取 4 种关键技术(见图 9.81):一是均匀的富油主燃区设计,依靠强剪切式燃油喷射系统,产生良好的雾化效果和均匀的旋流混合流动,创造相对均匀的富油燃烧区;二是淬熄掺混优化设计,利用火焰筒压力降保证射流动量,通过优化掺混孔设计来增强空气对富油燃烧产物的快速掺混、淬熄,防止掺混过程中产生明显的高温区;三是先进的冷却技术,采用冲击和发散等复合冷却提高壁面冷却效率、降低温度梯度,以及先进的材料和涂层技术,节省冷却气量;四是缩短高温燃烧驻留时间,通过控制燃烧室全局和局部驻留时间减少 NO_x 排放,前提是不对 CO、UHC 及燃烧效率产生负面影响。

　　3) 欧盟 ANTLE 燃烧室

　　20 世纪 90 年代末,欧盟发起了高效环保航空发动机研究计划(EEFAE)。该计划总投资达一亿英镑,是一项有史以来最大规模的推进技术研究计划,包括 ANTLE 和 CLEAN 两个子计划。英国 RR 公司在 ANTLE 子计划支持下,发展了 ANTLE 低污染燃烧室技术。

　　RR 公司研发的 ANTLE 燃烧室是一个中心分级的贫油直接喷射燃烧(LDI)燃烧室,如图 9.82 所示。LDI 是将燃油与空气直接喷射到火焰区燃烧,但在进入燃烧区前要迅速雾化与混合,与 LPP 相比没有预混预蒸发的过程,也就不存在自燃、回火的风险。

　　(1) 中心分级 LDI 工作原理。

　　RR 公司的中心分级 LDI 低排放燃烧室源于美国 CFD 研究公司早期专利,由 RR Deutsch-land 将该技术发展到技术成熟度 6 级,比 CAEP/6 标准降低 50%。

　　预燃级和主燃级采用共轴双油路设计,主燃级直接将燃料喷射进燃烧室中并与

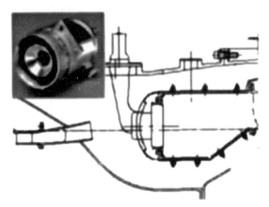

图 9.82　ANTLE 低污染燃烧室

大量空气混合,在反应开始之前,使油气充分混合至贫油状态,减小火焰温度。慢车状态,ANTLE 燃烧室仅靠预燃级喷油工作。随着发动机功率上升,贫油主燃级开始工作,降低 NO_x 排放。

事实上,该燃烧室主燃级的燃油与空气混合必须在燃油喷射口和火焰之间的短距离内完成,属于外部混合形式。主燃级燃油采用了预膜空气雾化概念,被高速旋流空气破碎成微小液滴,向下游分散、混合并蒸发。主燃级出口采用收敛/扩张套筒,为主燃级流动建立起流动角,防止流动附着在燃烧室头部端壁上。

从分级方式、空气流量分配和油气当量比匹配等主要气动热力特点上来看,RR公司 LDI 与 GE 公司 TAPS 其实很类似,区别在于贫油头部燃油在燃烧前是直接喷射还是预混预蒸发,以及预燃级和主燃级间的隔离结构。

(2) 中心分级 LDI 主/预燃级相互作用。

预燃级和主燃级的燃烧区在物理上并没有完全隔开,通过剪切层和旋涡形成相互耦合作用,而这种耦合作用存在正、反两方面的影响:一方面,主燃级对预燃级的燃烧起到焠熄作用,导致了点火、贫油熄火和燃烧效率的恶化;另一方面,当主燃级单独贫油燃烧时,燃烧效率和稳定性会受到影响,此时需要预燃级火焰的帮助来维持主燃级高效稳定燃烧。这两方面作用的平衡是保证燃烧室性能的关键技术,为此RR 公司对预燃级和主燃级的喷嘴、旋流强度和流量分配,以及流道和隔离段形状开展了大量优化研究。

RR 公司 LDI 燃烧室头部喷嘴的关键特征是主燃级和预燃级空气形成分叉流动,关键部分是将主燃级和预燃级气动隔离的空气隔离段,如图 9.83 所示。与中心回流不同,空气分叉流动可以防止主燃级对预燃级火焰稳定性的干扰,保证稳定燃烧和低污染排放的平衡,慢车贫油熄火时燃烧室总油气比仅为 0.003～0.004。为了进一步减小形成中心回流区的可能,RR 公司 LDI 燃烧室的主/预燃级隔离段采用了分叉结构,隔离段在靠近主燃级一侧往外延伸了一段形成分叉结构,在头部下游

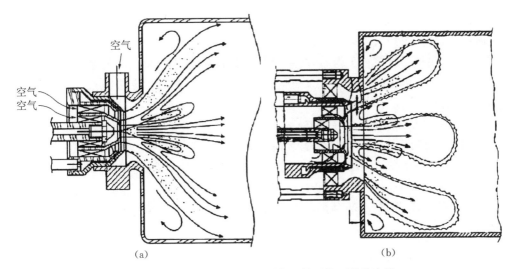

图 9.83　RR 公司 ANTLE 燃烧室使用的两种分流器

减轻主燃级与预燃级的耦合作用,产生分叉回流区,改善预燃级稳定性。

(3) 中心分级 LDI 预燃级流动及流量分配。

RR 公司中心分级 LDI 低排放燃烧室的预燃级采用旋流结构,其空气流量占头部总流量的 4%~10%。如图 9.84 所示,低旋流数预燃级会导致中心线轴向速度朝

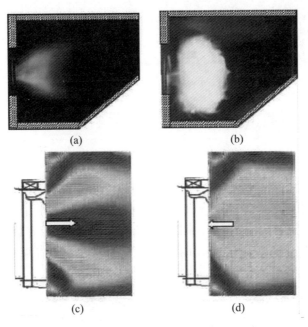

图 9.84　不同旋流强度预燃烧级对比

(a) 低旋火焰　(b) 高旋火焰　(c) 低旋流体　(d) 高旋流体

下游流动,喷雾张角小,与主燃级形成分叉流型;而高旋流数导致中心线轴向速度朝上游回流,喷雾张角大,形成中心回流流型,熄火性能会变差,但其点火性能会更佳。

不过,在预燃级单独工作时,高旋流数及低流量分配对降低 NO_x 和碳烟排放更加有利,因为有更多的空气卷入预燃区降低反应温度,此时预燃级类似于一个局部的 RQL 燃烧。

(4) ANTLE 燃烧室分级策略。

如图 9.85 所示,ANTLE 燃烧室在发动机整个工作范围内采用了三级燃油—预燃级(慢车)、预燃级+部分主燃级(进场)、预燃级+全主燃级(巡航、爬升、起飞),这一分级策略在全环燃烧室中通过开/关相邻头部的主燃级燃油来实现,是一种周向主燃级分级模式,在富油预燃区的污染排放和贫油主燃区的低效燃烧之间寻求平衡。

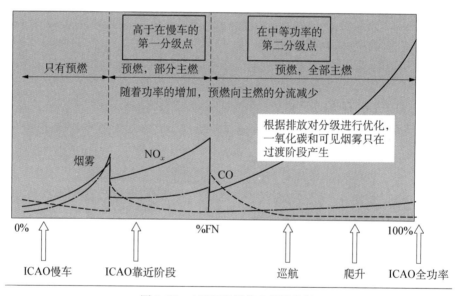

图 9.85　ANTLE 燃烧室燃油分级

(5) ANTLE 面临的挑战。

ANTLE 使用的 LDI 低排放燃烧技术在降低 NO_x 排放方面具有巨大潜力,但未来仍然面临以下几大设计挑战:慢车状态头部当量比过低;大量空气需要在燃烧前与燃料迅速混合;拥有很大流通面积的喷嘴尺寸过大,对机匣强度造成影响;大量微小燃油喷射孔的存在对喷嘴热防护及热管理提出强烈需求。

9.3.3　先进燃烧概念

随着对飞行器要求的提高,人们对为飞行器提供动力的发动机进行了大量的研究。为了提供发动机的性能和效率,更先进的燃烧概念孕育而生。

9.3.3.1　超声速燃烧

随着飞行速度的不断提高,为了保证发动机的热效率,出现了超声速燃烧技术,该技术是超声速燃烧室的理论基础。超声速燃烧室一般应用在超声速冲压发动机中。这种发动机压缩空气的方法是靠飞行器高速飞行时的相对气流进入发动机进气道中减速,将动能转变成压力能(例如进气速度为 3 倍声速时,理论上可使空气压力提高 37 倍)。冲压发动机的工作时,高速气流迎面向发动机吹来,在进气道内扩张减速,气压和温度升高后进入燃烧室与燃油(一般为煤油)混合燃烧,将温度提高到 2000～2200℃ 甚至更高,高温燃气随后经推进喷管膨胀加速,由喷口高速排出而产生推力。冲压发动机的推力与进气速度有关,如进气速度为 3 倍声速时,在地面产生的静推力可以超过 200kN。2004 年,美国航空宇航管理局(NASA)实现了装备超声速燃烧冲压发动机的高超声速飞行器(飞行马赫数达到 10)的验证飞行。

9.3.3.2　微尺度燃烧

微尺度燃烧是随着微机电系统技术的发展而提出的,它是相对于传统燃烧发生在较大的尺度范围而言的。目前研究的微尺度燃烧一般发生在很小的尺度范围内,它们通常在低于 $1cm^3$ 的容积内发生。20 世纪 90 年代中期,MIT 的 Epstein 教授最早开始了相关的研究。21 世纪初他们加工出了厚 3.8mm、直径为 21mm 的圆形涡轮发动机,燃烧室厚度为 1mm,预混氢气和空气,成功点火并稳定燃烧。随后,很多的研究机构开展了这方面的研究,并约定为微尺度燃烧。由于微尺度燃烧器并不仅仅是简单的传统燃烧器在尺度上按比例缩小,它会产生很多新的问题与挑战:表面积相对增加,黏性效应更加明显,时间尺度缩短以及在三维形状制造方面受到限制。所有这些均会直接或间接地影响其内部的微尺度燃烧,所以使得微尺度燃烧有以下一些特点:低雷诺数、低火焰尺度(很多小于熄火距离)。

9.3.3.3　爆震燃烧

爆震燃烧是利用爆震波的一种燃烧模式。在一端封闭一端开口的管道内充满可燃混合气,如果在开口端点燃,那么火焰就是缓燃波,不会转化为爆震波;如果在封闭端点燃,反应后的高温气体像一个活塞推着未燃气体加速前进,这类波不断加速,在一定条件下,缓燃波就会转化为爆震波。由于爆震波的传播不是通过传热传质发生的,它是依靠激波的压缩作用使未燃混合气的温度不断跳跃升高,而引起化学反应,使燃烧波不断向未燃混合气推进。爆震燃烧的传播速度很快,一般高于 1000m/s。

9.3.3.4　涡轮燃烧

在目前航空发动机的热力循环过程中,高温高压的燃气在涡轮里膨胀做功时,气体的温度急剧下降,由此导致气体的做功能力的迅速衰退。但是如果气体在做功的过程中维持温度不变,这就变成了一个定温的过程,此时的做功能力将大为增加。另一方面,人们为了燃料在燃烧室中能够保持高效的燃烧,同时缩小燃烧室的体积,所以燃烧室内的温度很高,热负荷很大,因此热防护也更困难。但若适当降低燃烧

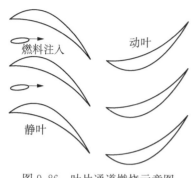

图 9.86　叶片通道燃烧示意图

室内燃烧效率,使得一部分未燃烧燃料进入涡轮里面继续发生燃烧反应,这样空气可以一边膨胀,一边吸收反应热用来维持做功过程的近似定温,应该是提高循环功的另一个方向。在此背景下,1987 年 Rmaohalli 首先提出了涡轮燃烧的概念,如图 9.86 所示,即利用涡轮前的高温燃气,在涡轮叶间或涡轮级间进行喷油燃烧,这在理论上可以提高热力循环性能。相对于加力燃烧室来说,涡轮燃烧室能够在少量增加耗油率的前提下,使单位推力大幅增大。对于不适合使用加力燃烧室的分别排气涡扇发动机来说,该技术非常具有应用潜力。

9.3.3.5　旋转燃烧

常规燃气轮机燃烧室燃烧的组织形式是在气流主要沿轴向流动的基础上利用主燃区的局部低速回流区形成连续点火源稳定燃烧,并采用适当供油方式雾化燃油,空气分股进入火焰筒可以保证主燃区接近恰当油气比,从而保证稳定高效燃烧。常规燃烧室内的燃烧组织主要是在轴向流动的基础上构建的。21 世纪初,一些新型的燃烧室技术也迅速的发展和应用了起来。其中的一类就是利用旋转燃烧即旋转流动下强离心力的燃烧。在此基础之上可以将冲压模型、燃烧室和尾喷管安装在一个转子轮缘上组成冲压推进模块,以实现空气压缩、燃烧和膨胀做功三大功能,成为一个独立工作的转子式发动机。

9.3.3.6　高温气体燃烧

高温气体燃烧是 20 世纪 80 年代末、90 年代初开发出的新一代燃烧技术。该技术的基本思想是让燃料在高温低氧体积浓度气氛中燃烧,它包含两项基本技术措施:一是采用蓄热式烟气余热回收装置,将烟气的温度预热到 800℃以上,最大限度地回收高温烟气的显热,实现余热的极限回收;二是控制燃烧区氧的浓度在 15%～20% 以内,达到燃烧过程 NO_x 的最低排放。燃料在这种高温低氧气氛中,首先进行诸如裂解等重组过程,造成与传统燃烧过程完全不同的热力学条件,在与贫氧气体做延缓状燃烧下释出热能,不再存在传统燃烧过程中出现的局部高温高氧区。这种燃烧方式,一方面使燃烧室内的温度整体升高且分布更趋均匀,使燃料消耗显著降低。降低燃料消耗也就意味着减少了 CO_2 等温室气体的排放。另一方面抑制了热力型 NO_x 的生成。

在上述各种先进燃烧概念中,都面临一个共性问题就是燃烧不稳定性问题。燃烧不稳定性是在现代推进系统燃烧室中易于发生的问题,其伴随的是结构的严重烧蚀破坏。几乎所有的推进系统,火箭发动机、航空发动机、地面燃气轮机,以及弹用冲压发动机,其研制和设计过程都曾经或者正在被燃烧不稳定性这个问题困扰。

从燃烧不稳定性产生的机理来看,它是由于燃烧过程中某些因素,如油气比或燃烧室上、下游其他旋转部件传来的瞬间压力脉动等诸多参数突然改变引起火焰非定常热释放产生的。而理论上可以严格地证明,这些非定常热释放将会产生强烈的压力脉动并形成类似于单极子特性的声源。同时,如果这些压力脉动的频率与燃烧室系统的固有频率一致,就将发生"声共振"现象,而由"声共振"所放大的压力脉动,又会进一步激励火焰的非定常热释放。一旦这一正反馈机制行成(见图 9.87),所产生的压力脉动比稳态燃烧正常脉动至少高 2% 以上,有时甚至高达 10% 以上。单从声音的强度来看,它可以从稳态的 120 dB 左右发展到高达 160 dB 以上,而这足以导致发

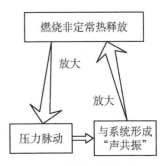

图 9.87　燃烧不稳定性中热声耦合放大的正反馈机制

动机振动加剧、热负荷增高,从而使发动机部件遭到破坏和烧毁,其危害性由此可见一斑。

　　由于燃烧学是比较偏重工程应用的研究,一般来讲,即使是国际知名专家,也很少能够获得诺贝尔奖。为了鼓励国际燃烧学者进行燃烧研究,到目前为止为燃烧学者设立了三大奖项,被称为"燃烧界的诺贝尔奖",分别为 Lewis(刘易斯)奖、Egerton(伊格尔顿)奖和 Zeldovich(泽尔多维奇)奖,这三大奖项分别从 1958 年、1958 年、1990 年开始颁发,每两年颁发一次;如表 9.6 所示。

表 9.6　燃烧界的诺贝尔奖

名称	Lewis 奖	Egerton 奖	Dovich 奖
创始人	Bernard Lewis	Afred C Egerton	Ya B Zeldovich
国籍	美国	英国	苏联
起始时间	1958 年	1958 年	1990 年
颁发间隔	两年	两年	两年

参 考 文 献

[1] 彭泽琰,刘刚,桂幸民,等. 航空燃气轮机原理[M]. 北京:国防工业出版社,2008.
[2] 桂幸民,滕金芳,刘宝杰,等. 航空压气机气动热力学理论与应用[M]. 上海:上海交通大学出版社,2014.
[3] Cumpsty N A. Compressor aerodynamics [M]. London:University of Cambridge,1989.
[4] John D Denton. Some limitations of turbomachinery CFD [R]. ASME paper GT2010 - 22540.
[5] [美]赛义德·法罗基. 飞机推进[M]. 刘洪,陈方,杜朝辉,译. 上海:上海交通大学出版社,2011.
[6] 《航空发动机设计手册》总编委会.《航空发动机设计手册》(第八册　压气机)[M]. 北京:航空工业出版社,2001.

［7］《航空发动机设计手册》总编委会.《航空发动机设计手册》(第九册　主燃烧室)[M].北京:航空工业出版社,2001.

［8］《航空发动机设计手册》总编委会.《航空发动机设计手册》(第十册　涡轮)[M].北京:航空工业出版社,2001.

［9］航空航天工业部高效节能发动机文集编委会.高效节能发动机文集[M].北京:航空工业出版社,1991.

［10］吴仲华.燃气的热力性质表[M].北京:科学出版社,1957.

［11］王仲奇,秦仁.透平机械原理[M].北京:机械工业出版社,1981.

［12］Ramohalli K N R. Isothermal combustion for improved efficiencies [R]. AIAA-87-1999.

［13］Lefebvre A H, Ballal D R. Gas turbine combustion: alternative fuels and emissions [M]. CRC Press, 2010.

［14］张弛,林宇震,徐华胜,等.民用航空发动机低排放燃烧室技术发展现状及水平[J].航空学报,2013,35:332-250.

［15］尉曙明.先进燃气轮机燃烧室设计研发[M].上海:上海交通大学出版社,2014.

［16］Foust M J, Thomsen D, Stickles R, et al. Development of the GE aviation low emissions TAPS combustor for next generation aircraft engines [C]. AIAA 2012-0936, 2012.

［17］Glassman I, Yetter R. Combustion [M]. London: Academic Press, 2008.

［18］Mongia H C. TAPS—A 4th Generation Propulsion Combustor Technology for Low Emissions [C]. AIAA 2003-2657, 2003.

［19］Turns S R. An introduction to combustion: concepts and applications [M]. McGraw-Hill, Singapore, 2000.

［20］Glassman I. Combustion [M]. Academic Press, London UK, 1996.

［21］Williams F A. Combustion Theory [M]. Westview Press, California, 1994.

［22］宁晃,高歌.燃烧室气动力学[M].北京:科学出版社,1987.

［23］Opdyke C E. Integrated high performance turbine engine technology (IHPTET) [J]. Gas Turbine Forecast, 2006,10:1-8.

［24］von der Bank R, Donnerhack S, Anthony R, et al. LEMCOTEC: improving the core-engine thermal efficiency [C]. ASME GT2014-25040,2014.

［25］Ballal D R, Zelina J. Progress in aeroengine technology (1939—2003) [J]. Journal of Aircraft, 2004,41:43-50.

［26］International Civil Aviation Organization. ICAO enviromental reoport 2013-aviation and climate change [S]. Montreal: ICAO Environment Branch, 2013.

［27］中国民用航空总局.CCAR34 涡轮发动机飞机燃油排泄和排气排出物规定[S].北京:中国民用航空总局,2002.

［28］Koopman F S, Ols J T, et al. RQL integrated module rig test, NASA/CR-2004-212881 [R]. Cleveland, OH: NASA, 2004.

［29］McKinney R G, Sepulveda D, Sowa W. The Pratt & Whitney TALON X low emissions combustor: revolutionary results with evolutionary technology [C]. AIAA 2007-386,2007.

［30］Smith L L, Dai Z, Lee J C, et al. Advanced combustor concepts for low emissions supersonic propulsion [J]. Journal of Engineering for Gas Turbines and Power, 2013,135(5):051503.

思考和练习题

1. 按照 9.1.2.5 节例题中给定的设计点参数设计一台轴流压气机,并进行如下分析或推导:
   (1) 有无 IGV 的压气机设计各有什么优缺点?
   (2) 采用重复级的压气机设计有什么优缺点?
   (3) 等外径、等中径、等内径的流道形式各有什么优缺点?
   (4) 如何选取压气机迎面的设计轴向马赫数,第一级的叶尖半径和轮毂比? 为什么?
   (5) 如何选取中径处的反力度、D 因子、中径处的稠度? 为什么?
   (6) 超声速叶型一般有哪些?
   (7) 推导压气机压比和多变效率的公式。
   (8) 什么是 Campbell 图?
2. 按照 9.2.4.1 节例题中给定的方法,进行 CFM56 - 7B 发动机多级高压涡轮设计计算。
3. 按照 9.3.1.3 节例题中给定的方法,进行 CFM56 - 7B 发动机燃烧室的宏观设计估算。

第 10 章 火箭发动机原理

本章讲述推进原理的另一个重要组成部分即火箭发动机原理,分为火箭发动机概述、主要参数、热力学关系式和喷管理论、液体火箭发动机以及固体火箭发动机共5节内容。

10.1 火箭发动机概述

飞天是人类共同的梦想,从嫦娥奔月到万户飞天,中华民族探索太空和进入太空的梦想与中华民族的历史一样悠久。飞天的途径通过喷气推进(jet propulsion)实现,火箭推进(rocket propulsion)是一类通过喷射自身携带的物质(称为推进剂)产生推力的喷气推进。航天飞行器主要是在极度真空宇宙空间里运动,那里没有空气,因此人类要实现航天,首先要寻找到不依赖空气,并能产生巨大推力来克服地球引力的运载工具,这种工具就是火箭。

飞行器要以马赫数 25 以上的速度才能进入近地轨道飞行。为了得到近地轨道飞行时对应马赫数的估计值,先对一些参数进行近似,例如地球表面的重力加速度 g_0 表示飞行高度 100 km(通常近地轨道半径大于 100 km)处的引力加速度,忽略飞行高度在 100 km 时的大气阻力以及将地球看做是半径为 6 000 km 的均质球体,在半径为 r 的圆形轨道上运动,质量为 m 的飞行器将承受的离心力为 mV^2/r,而地球引力大小为 mg_0。如果飞行器要维持在圆形轨道运动,离心力与地球引力需平衡,因此 $V \approx \sqrt{rg_0} \approx \sqrt{6\,000\,\text{km}(9.8\,\text{m/s}^2)} \approx 7\,668\,\text{m/s}$,在该飞行高度下声速约为 300 m/s,因此可知飞行马赫数约为 25.5。

火箭推进的重大进展是在 20 世纪取得的。近代火箭发展史上的三大先驱是俄罗斯的齐奥尔科夫斯基、美国的哥达德和德国的奥伯特。齐奥尔科夫斯基最先提出了火箭飞行基本方程,在 1903 年提出制造火箭的提议。奥伯特建立了更详细的数学理论,提出了用于空间飞行的多级飞行器和燃料冷却的推力室方案。哥达德在 1926 年利用液体火箭发动机首次实现了火箭飞行,由此闻名于世。

一般来讲,现代火箭有三大系统:结构系统、控制系统和动力系统。结构系统是它的躯壳,控制系统就像它的大脑,指挥火箭飞多快、怎样飞和飞到哪儿,动力系统是它的心脏,由燃料部分和发动机部分组成。火箭发动机(rocket engine)是由飞行器自带推进剂,不依赖外界空气提供氧化剂的喷气发动机。其应用于航天器推进,也可用于导弹等地面装备。其按能源的分类如图 10.1 所示,其中化学火箭发动机(chemical rocket engine)在目前技术最成熟、应用最广泛,核火箭发动机(nuclear rocket engine)原理样机已经研制成功,电火箭发动机(electric rocket engine)已经在空间推进领域有所应用,反物质火箭发动机还处于概念研制阶段。火箭推进的分类,还可以按基本功能分类,有助推器、主级、姿态控制

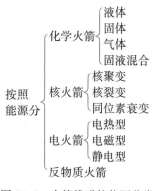

图 10.1　火箭推进按能源分类

和轨道位置保持等;按推力大小分类,有运载火箭、小火箭和微火箭(微推进)等。

典型化学火箭发动机与两种通管推进系统的性能比较(截至 2003 年)如表 10.1 所示。

表 10.1　典型化学火箭发动机与两种通管推进系统的性能比较

性能	火箭发动机	涡轮喷气发动机	冲压发动机
典型推重比	75∶1	5∶1(带加力燃烧室)	7∶1(10 km 高度、马赫数为 3)
推进剂或燃料比耗量 $\left(\dfrac{\text{lb}}{\text{lbf}\cdot\text{h}}\right)^a$	8～14	0.5～1.5	2.3～3.5
单位迎风面积比推力 $\left(\dfrac{\text{lbf}}{\text{ft}^2}\right)^b$	5 000～25 000	2 500(海平面、低马赫数)	2 700(海平面、马赫数为 2)
推力与高度的关系	随高度稍有增加	随高度降低	随高度降低
推力与飞行速度的关系	接近常数	随速度增加	随速度增加
推力与空气温度的关系	常数	随温度降低	随温度降低
飞行速度与排气速度的关系	无关,飞行速度可大于排气速度	飞行速度总是小于排气速度	飞行速度总是小于排气速度
高度极限	无,适合于空间飞行	14～17 km	20 km,马赫数为 3 30 km,马赫数为 5 45 km,马赫数为 12
典型比冲c(每秒单位推进剂质量流量产生的推力)	270 s	1 600 s	1 400 s

注:a 乘以 0.102 转化为 kg/hrN。
　　b 乘以 47.9 转化为 N/m²。
　　c 比冲是一个性能参数,它将在 10.2 节中定义。

　　火箭的发展取决于如下条件:经济、环保和飞行器要求;另外需要考虑的是可重

复利用性、可靠性、增大推力和减小推力、无毒等。

10.1.1　化学火箭发动机

化学推进剂包括燃料和氧化剂,既是能源也是工质,它在燃烧室内发生高压燃烧反应,将化学能转化为热能,生成高温(2500~4100℃)燃气经喷管膨胀加速,将热能转化为气流动能,以高速(1800~4300 m/s)从喷管排出,产生推力。按推进剂的类型分类,化学火箭发动机包括液体火箭发动机、固体火箭发动机、气体火箭发动机和混合推进剂火箭发动机等,下面分别进行介绍。

1) 液体火箭发动机

液体火箭发动机(liquid propellant rocket engine)是液体推进剂火箭发动机的简称。大多数液体火箭发动机使用的是双组元推进剂,即氧化剂组元和燃料剂组元。液体火箭发动机需要加注燃料,所以,发射准备时间较长。液体火箭发动机的基本工作过程组成包括推力室、推进剂贮存系统(贮箱)、推进剂供应系统(挤压式或泵压式)和控制系统(包括控制阀、传感器等)等。挤压式通常用于推力小的推进系统,泵压式通常用于推进剂量大、推力大的情况,其系统如图10.2所示。

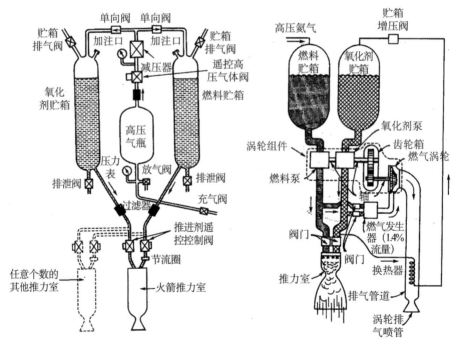

图 10.2　挤压式(左)和泵压式(右)液体火箭发动机系统

2) 固体火箭发动机

固体火箭发动机(solid propellant rocket engine)是固体推进剂火箭发动机的简称。固体火箭发动机(见图10.3)的推进剂是固体(药柱),其工作特点是可快速投入使用;设计简单,活动件少;可贮存5~25年;可回收、重复使用;无推进剂泄露、溢出

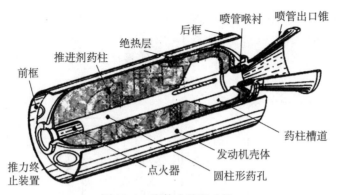

图 10.3　固体火箭发动机

或晃动；无法重复启动，一经点燃，直到推进剂耗光；羽流辐射强。

3）气体火箭发动机

气体火箭发动机（gas propellant rocket engine）（见图 10.4）是气体推进剂火箭发动机的简称，其使用自身携带的高压气体（如空气、氮气或氨气等）作为推进工质。气体火箭发动机的优点是结构相对简单，不需要热防护；缺点是容易泄漏、比冲不高。

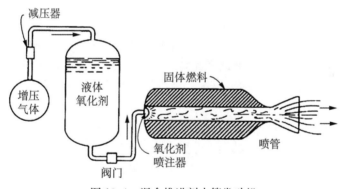

图 10.4　混合推进剂火箭发动机

4）混合火箭发动机

混合火箭发动机（hybrid propellant rocket engine）是混合推进剂火箭发动机的简称，一种推进剂组分以液相存储，另外一种推进剂组分以固相存储的推进系统叫做混合推进系统（见图 10.4）。大多数采用液体氧化剂和固体燃烧剂。混合火箭发动机的优点是安全，具有重复起动的能力，成本低，比冲比固体高；缺点是大型混合推进系统的可靠性还没有得到证实。

10.1.2　核火箭发动机

核火箭发动机是以核能为初始能源的火箭发动机，按照能量释放形式可分为核裂变、核聚变和放射性同位素衰变火箭发动机 3 种类型。核能源可以提供长航程任务所需要的高比能，如理论上核裂变和核聚变提供的能量密度比目前的传统化学推进剂高 107~108 倍。图 10.5 所示为具有固体堆芯核裂变反应器的核火箭发动机原理,反应器中铀裂变产生热量,加热工质液氢,经喷管加速后高速喷出(速度可达 6 000~10 000 m/s),其特点是高比冲、高能量密度、大推力。

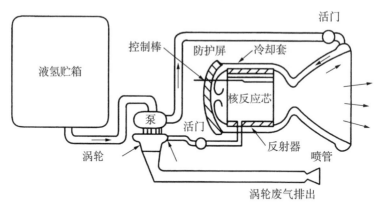

图 10.5　具有固体堆芯核裂变反应器的核火箭发动机原理

10.1.3　电火箭发动机

电火箭发动机也称电推进,就是利用电能加热或者直接加速推进剂,使得推进剂以高速喷出产生反作用推力的系统。有的电推进装置仅是靠加热推进剂以提高喷气速度,有的仅靠直接加速推进剂提高喷气速度,还有的是两种情况的综合效应。电推进装置与非电推进装置的主要区别就在于它所利用的能源系统和推进剂供给系统是相互独立的。

电推进的优势在于推进剂用量少(有效载荷、长寿命、发射成本),推力小,易控制(精确定位)。由大量功能单一的微小卫星代替功能齐全的大卫星,不仅可以降低整个系统的费用,而且还能提高空间系统的可靠性、灵活性和生存能力。空间推进用电推进是一种趋势。经过几十年的发展,特别是进入 1990 年代以来,在国际上,电推进技术已经发展到商业应用阶段,并且开始用于地球轨道航天器,取代那些发动机贮箱随航天器寿命加长而越造越大或在轨补充量大、成本上不划算的推进系统。

电推进的分类,按能源供给方式分类可分为太阳能电推进和核能电推进等。按能源转换方式分类可分为电热型、静电型和电磁型发动机 3 种类型。

电热型发动机与化学火箭发动机很相似,采用电阻加热(见图 10.6)或电弧加热(见图 10.7)推进剂包括氨、氢、氮或肼分解气体产物等,工质受热膨胀,经拉瓦尔喷管高速喷出,产生推力。其特点是不能获得太高的喷气速度,因此其性能虽然比传统的化学火箭发动机高,但没有实质性的改善。

静电型发动机(或称离子发动机,英文缩写词为 ION)和电磁型发动机与上述火箭发动机的推进原理不同,不存在气体在喷管中的热力学膨胀现象。这两种电推进发动机只能在真空中工作。离子发动机(ion engine)是在宇航中应用得最广的一种

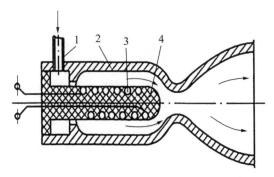

1—供应工质；2—加热室和喷管；3—加热元件（钨导线）；4—加热元件支架。

图 10.6　电阻加热发动机

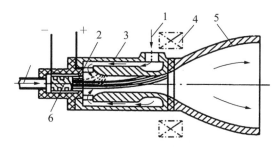

1—供应工质；2—阴极（钨）；3—阳极（钨）；4—磁绕组；5—喷管；6—螺纹衬套。

图 10.7　电弧加热发动机

电推进装置，其原理如图 10.8 所示，首先用各种方式将推进剂（常用氙）变成离子，然后生成的离子经多孔栅极的静电场加速引出而产生推力。关键有三步：离子产生、加速和中和。电磁型发动机有霍尔（效应）推力器（HALL）、脉冲等离子体推力器（PPT）和磁等离子体发动机（MPD），其原理是带电等离子体（包含离子、电子和中性粒子的高能热气）在电流和磁场的相互作用下加速，以很高的速度（1～50 km/s）喷出。其特点是比冲高，性能好，可以产生小而精确的推力和脉冲推力。其中，霍尔推力器（Hall thruster）是目前最先进和有效的电推进装置之一。

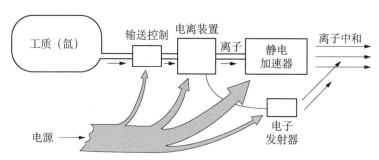

图 10.8　离子发动机原理

10.1.4　火箭推进的应用

由于火箭发动机自身携带氧化剂和燃料,这是其他吸气式发动机无法比拟的,因此飞行于大气层以外的飞行器必须使用火箭推进,这包括运载、姿轨控和其他辅助推进等方面。另外,对于大气层内的某些高速飞行器,如导弹,也需要采用结构相对简单、推力大的火箭推进。

1) 运载火箭

运载火箭的作用是将有效载荷运送到预定轨道,火箭推进系统是它的心脏。根据运载火箭的不同飞行目标,通常火箭由2~5级,每一级都有自己的推进系统。第一级通常称为主推级。单级入轨运载火箭因其避免了分级带来的成本和复杂性而具有很大的吸引力,可靠性更高,但推力有限导致了有效载荷太小。

2) 航天器

航天器又称为空间飞行器或太空飞行器。航天器具有多种分类方法,可以分为无人航天器和载人航天器,也可以按照其轨道性质、科技特点、质量大小、应用领域等进行分类。火箭推进系统既可以用作航天器的主推进系统(推力沿飞行方向,用于如轨道切入、变轨机动等),也可以用于完成辅助推进功能,比如姿态控制、自旋控制等。

3) 导弹

导弹的分类和一些典型代表如表10.2所示,绝大多数导弹的推进系统采用固体火箭发动机。

表 10.2　导弹的分类和一些典型代表

分类	名称	直径/ft	长度/ft	发动机	起飞质量/lb
面面 (远程)	民兵Ⅲ	6.2	59.8	3级固体	78 000
	海神	6.2	34	2级固体	65 000
	大力神Ⅱ	10	103	2级液体	330 000
面空 (或反导)	矮橡树	0.42	9.5	1级固体	185
	霍克改进型	1.2	16.5	1级固体	1398
	标准导弹	1.13	15/27	2级固体	1350/2996
	红眼	0.24	4	1级固体	18
	爱国者	1.34	1.74	1级固体	1850
空面	野犊	1.0	8.2	1级固体	475
	百舌鸟	0.67	10	1级固体	400
	SRAM	1.46	14	固体、2级装药	2230
空空	猎鹰	0.6	6.5	1级固体	152

（续表）

分类	名称	直径/ft	长度/ft	发动机	起飞质量/lb
	不死鸟	1.25	13	1级固体	980
	保镖	0.42	9.5	1级固体	191
	麻雀	0.67	12	1级固体	515
反潜	Subroc	1.75	22	1级固体	4000
战场支援 （面面短程）	长矛	1.8	20	2级液体	2424
	地狱火（反坦克）	0.58	5.67	1级固体	95
	潘兴Ⅱ	3.3	34.5	2级固体	10000
	Tow（反坦克）	0.58	3.84	1级固体	40
巡航导弹 （亚声速）	战斧	1.74	21	固体助推＋ 涡扇发动机	3900

10.2　火箭发动机的主要参数

火箭发动机的主要参数包括推力（thrust）、总冲（total impulse）、比冲（specific impulse）、有效排气速度（effective exhaust velocity）、质量比（mass ratio）、推进剂质量分数（propellant mass fraction）、冲重比（impulse-weight ratio）、推重比（thrust-weight ratio）、比功率（specific power）、内效率（internal efficiency）、推进效率（propulsion efficiency）、推力系数（thrust coefficient）和特征速度（characteristic exhaust velocity）等，其中推力系数和特征速度将在 10.3 节讲解。

10.2.1　推力

推力是火箭推进系统产生的、作用在飞行器上的力，即为作用在推力室内外壁面上的合力的轴向分量。作用在推力室上的压力如图 10.9 所示。

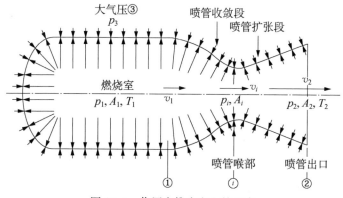

图 10.9　作用在推力室上的压力

理论上讲,轴向推力可通过对所有作用在内外表面(投影到与喷管出口方向垂直的平面)上的压力积分得到,即

$$F = \iint_{\sum A_{\text{in}}} p_{\text{in}} \mathrm{d} A_{\text{in}} + \iint_{\sum A_{\text{out}}} p_{\text{out}} \mathrm{d} A_{\text{out}} \tag{10.1}$$

作用在内壁面上的轴向压强分量　　　　作用在外壁面上的轴向压强分量

但由于推力室内部压力的复杂变化,式(10.1)中的第一项很难直接通过积分得到,于是,我们根据作用力和反作用力的原理来推导,首先做如下假设:①推力室轴对称,室内燃气为稳定一维流动,不计气体的重力;②推力室处于不变的环境压力下。由推力定义

$$\boldsymbol{F} = \boldsymbol{F}_{\text{in}} + \boldsymbol{F}_{\text{out}} \tag{10.2}$$

式中:$\boldsymbol{F}_{\text{in}}$ 和 $\boldsymbol{F}_{\text{out}}$ 分别表示作用于推力室内、外表面上的合力。

并且

$$\mathrm{d}\boldsymbol{F} = p \cdot \mathrm{d}A \cdot \boldsymbol{n} = \boldsymbol{p} \cdot \mathrm{d}A \tag{10.3}$$

故

$$\boldsymbol{F} = \iint_{A_{\text{in}}} \boldsymbol{p}_{\text{g}} \mathrm{d}A + \iint_{A_{\text{out}}} \boldsymbol{p}_3 \mathrm{d}A \tag{10.4}$$

$$\boldsymbol{F}_{\text{out}} = \iint_{A_{\text{out}}} \boldsymbol{p}_3 \mathrm{d}A = \boldsymbol{p}_3 \iint_{A_{\text{out}}} \mathrm{d}A = -\boldsymbol{p}_3 A_2 \tag{10.5}$$

为了求解推力室内表面上的合力,取推力室内表面和喷管出口截面所包围的空间为控制体,内壁面作用于控制体上的力为 $\boldsymbol{F}'_{\text{in}}$,即

$$\boldsymbol{F}'_{\text{in}} = -\iint_{A_{\text{in}}} \boldsymbol{p}_{\text{g}} \mathrm{d}A \tag{10.6}$$

控制体端面所受压力 $\boldsymbol{F}_{A_2}$ 为

$$\boldsymbol{F}_{A_2} = \boldsymbol{p}_2 A_2 \tag{10.7}$$

对控制体运用动量定理计算,则

$$-\iint_{A_{\text{in}}} \boldsymbol{p}_{\text{g}} \mathrm{d}A + \boldsymbol{p}_2 A_2 = q_{m2} v_2 - q_{m1} v_1 \tag{10.8}$$

$$\boldsymbol{F}_{\text{in}} = \iint_{A_{\text{in}}} \boldsymbol{p}_{\text{g}} \mathrm{d}A = \boldsymbol{p}_2 A_2 - q_m(v_2 - v_1) \tag{10.9}$$

$$\boldsymbol{F} = -q_m(v_2 - v_1) + \boldsymbol{p}_2 A_2 - \boldsymbol{p}_3 A_2 \tag{10.10}$$

$$F = q_m(v_2 - v_1) + (p_2 - p_3)A_2 \tag{10.11}$$

忽略推进剂进入速度 v_1，并化简，可得

$$F = q_m v_2 + (p_2 - p_3)A_2 \tag{10.12}$$

式中：q_m 为单位时间推进剂的质量流量，kg/s；v_2 为喷管出口截面处的排气速度，m/s；A_2 为喷管出口处的横截面积；p_2 为喷管出口处的燃气的压强；p_3 为工作高度处的大气的压强。

式(10.12)的第一项为动量推力，当喷管的面积比和流量一定时，该项不变。第二项为压差推力，随着高度改变而改变。由第二项可知如下 3 种工况下的推力：

(1) 设计状态推力。

此时 $p_2 = p_3$，即发动机工作在与 p_2 相对应的飞行高度上，则 $F = q_m v_2$，此时称喷管具有最佳膨胀比。

(2) 海平面推力。

此时 $p_3 = p_0 = 101\,325\,\text{Pa}$，即发动机工作在海平面高度上，则 $F = q_m v_2 + (p_2 - p_0)A_2$。

(3) 真空推力。

此时 $p_3 = 0$，即发动机工作在真空状态下，则 $F = q_m v_2 + p_2 A_2$。

推力公式(10.12)表明：推力与飞行速度无关，但随着飞行高度的增加而增加，其变化可达 $10\% \sim 30\%$。推力公式中存在 $-A_2 p_3$ 项，说明环境介质的作用降低了推力室的推力。

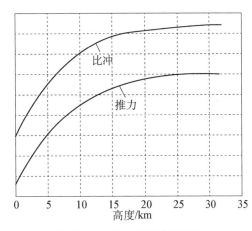

火箭发动机的高度特性为：当燃烧室压力一定时，发动机的推力随飞行高度的增加而增加。典型火箭发动机的高度特性如图 10.10 所示。

图 10.10　发动机的高度特性

上面讨论了单个推力室的推力。对于有多个推力室的火箭发动机，其发动机的推力等于所有推力室的推力之和。对于采用涡轮泵压式推进剂供应系统的液体火箭发动机，其涡轮废气也产生一定的推力，所以发动机的推力 F 为

$$F = \sum_{i=1}^{n} F_i + \sum_{j=1}^{k} \Delta F_j \tag{10.13}$$

式中：n 和 k 分别是发动机的推力室和涡轮废气排出管的个数；F_i 为第 i 个推力室提供的推力；ΔF_j 为第 j 个废气排出管提供的推力。

国内外典型化学火箭发动机的推力，如表 10.3 所示。

表 10.3 国内外典型化学火箭发动机的推力

发动机代号	国别	类型	推进剂	推力	推力类型	用途
F-1	美国	液体发动机	液氧/煤油	6770 kN (地面)	大推力	5 台组成土星 5 号一级发动机
SSME	美国	液体发动机	液氧/液氢	2090 kN (真空)	大推力	3 台组成航天飞机的主发动机
YF-73	中国	液体发动机	液氧/液氢	44.44 kN (真空)	中推力	CZ-3 火箭第 3 级发动机
FY-81	中国	液体发动机	肼	9.8 N, 39.2 N, 58.8 N	小推力	CZ-3 运载火箭第 3 级姿态控制发动机
航天飞机 SRB	美国	固体发动机	PBAN	11530 kN	巨型推力	航天飞机固体助推器
FG-02	中国	固体发动机	PS	11.80 kN	中推力	CZ-1 运载火箭第 3 级发动机

10.2.2 总冲(量)

总冲(量)I_t 为发动机推力 F 对工作时间 t 的积分

$$I_t = \int_0^t F \mathrm{d}t \tag{10.14}$$

如果推力 F 恒定不变,则

$$I_t = F \cdot t \tag{10.15}$$

总冲与推进系统中全部推进剂所释放的总能量成正比。

10.2.3 比冲(量)

比冲(量)I_s 是火箭发动机最重要的性能指标,数字越大表明性能越高。通常有两种定义方式,分述如下:

(1) 单位重量推进剂产生的总冲,即单位重量流量($\dot{W}$)的推进剂所产生的推力,其中 $\dot{W} = g_0 q_m$。

$$I_s = \frac{\int_0^t F \mathrm{d}t}{g_0 \int_0^t q_m \mathrm{d}t} \tag{10.16}$$

式(10.16)是火箭发动机的时均比冲。如果推力和质量流量都不随时间变化,则有

$$I_s = \frac{I_t}{g_0 q_m \mathrm{d}t} = \frac{I_t}{g_0 m_p} = \frac{F}{\dot{W}} \tag{10.17}$$

式中:$g_0 m_p$ 为等效推进剂总重量;g_0 是海平面标准重力加速度。

将前面推力的公式代入式(10.17),则有

$$I_{\mathrm{s}} = \frac{F}{\dot{W}} = \frac{v_2}{g_0} + \frac{A_2}{g_0 q_m}(p_2 - p_3) \tag{10.18}$$

(2) 单位质量推进剂产生的总冲,即单位质量流量的推进剂所产生的推力(单位为 m/s):

$$I_{\mathrm{s}} = \frac{I_{\mathrm{t}}}{q_m t} = \frac{I_{\mathrm{t}}}{m_{\mathrm{p}}} = \frac{F}{q_m} \tag{10.19}$$

将推力的公式代入式(10.19),则有

$$I_{\mathrm{s}} = \frac{F}{q_m} = v_2 + \frac{A_2}{q_m}(p_2 - p_3) \tag{10.20}$$

两种比冲的定义都有应用。为了统一起见,我们以后都采用第一种比冲的定义。由比冲公式可以看出,比冲与推进剂的种类、推力室的尺寸和内部工作过程有关,同时也随着高度的变化而变化。在真空环境下工作时的比冲称为真空比冲,即

$$I_{\mathrm{s}} = \frac{v_2}{g_0} + \frac{A_2}{\dot{W}}p_2$$

在喷管出口压力与环境压力相同时的比冲称为设计高度比冲,此时有

$$I_{\mathrm{s}} = \frac{v_2}{g_0}$$

可见,提高推力室的排气速度,就等于提高了设计高度比冲。

值得注意的是,一般情况下,液体火箭发动机用推力、推进剂流量求比冲,固体火箭发动机用总冲、推进剂重量求比冲,其原因在于流量是否易于精确测量。固体火箭发动机在测量时,总的推进剂消耗量可以通过试验前后发动机的称量来得到,总冲为燃烧时间 t_{b} 上推力的积分,其可通过积分推力时间曲线得到。固体火箭发动机燃烧时间和工作时间的确定方法如图 10.11 所示。

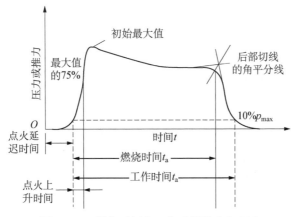

图 10.11　燃烧时间和工作时间的确定方法

10.2.4　有效排气速度

发动机实际排气速度在整个喷管出口截面是不均匀的,且并不一定代表推力大小。排气速度分布难以精确测量,为方便起见,假设了一个均匀的轴向速度 c,问题就可以采用一维方式描述,这就是有效排气速度 c(或称等效排气速度),其定义式如下:

$$c = I_s g_0 = \frac{F}{q_m} = v_2 + \frac{A_2}{q_m}(p_2 - p_3) \tag{10.21}$$

由式(10.21)可知,当 $p_2 = p_3$ 时,$c = v_2$。

10.2.5　质量比

质量比 MR 是衡量飞行性能的重要参数之一。某一级火箭的质量比 MR 定义为最终质量 m_f 与初始质量 m_0 之比,即

$$MR = \frac{m_f}{m_0} \tag{10.22}$$

初始质量 m_0 等于最终质量 m_f 与全部可用的推进剂质量 m_p 之和。对于多级推进系统,则有

$$MR = MR_1 \cdot MR_2 \cdot MR_3 \tag{10.23}$$

MR 的值,比如一些战术导弹一般为 60% 左右,一些无人运载火箭的某一级一般为 10% 左右。

10.2.6　推进剂质量分数

推进剂质量分数 ζ 是指推进剂质量 m_p 在初始质量 m_0 中所占的比例,同样也是衡量飞行性能的重要参数之一,它可应用于整个飞行器、飞行器某一级或某火箭推进系统,即

$$\zeta = \frac{m_p}{m_0} = \frac{m_0 - m_f}{m_0} = \frac{m_p}{m_p + m_f} \tag{10.24}$$

由式(10.22)可知,$\zeta = 1 - MR$。

10.2.7　冲重比和推重比、比功率

冲重比定义为总冲 I_t 除以飞行器初始重量 W_0,该值高表明设计水平高超。假设推力恒定,忽略启动关机瞬变过程,则冲重比可表示为

$$\frac{I_t}{W_0} = \frac{I_t}{(m_p + m_f)g_0} = \frac{I_s}{1 + m_f/m_p} \tag{10.25}$$

推重比定义为推力除以飞行器初始重量 W_0,即 F/W_0。推重比表示发动机能对装填推进剂后的自身提供的加速度(用地表重力加速度的倍数表示),推重比可用

于比较各种火箭发动机的性能。

在火箭发动机理论和应用中,很少用功率的概念,只有对不同发动机系统进行比较和评估时使用。比功率 P_s 可以用来度量不同推进系统质量的可用性,其定义为射流功率 P_{jet} 与飞行器初始质量 m_0 之比,即 P_{jet}/m_0。射流功率 P_{jet} 定义为单位时间内输出的喷射物质的动能,其公式如下:

$$P_{jet} = \frac{d\left(\frac{1}{2}mv^2\right)}{dt} = \frac{1}{2}q_m v^2 \tag{10.26}$$

各种火箭推进系统的典型性能参数范围如表 10.4 所示。排气速度与典型飞行器加速度的关系如图 10.12 所示,圈中区域表示各种推进系统的大致性能范围,飞行器质量包括推进系统,但假设有效载荷质量为 0。

表 10.4　各种火箭推进系统的典型性能参数范围

发动机类型	比冲[a] (s)	最高温度(℃)	推重比[b]	工作时间	比功率[c] (kW/kg)	典型工质	技术状态
化学(固体或双元液体)	200~410	2 500~4 100	10^{-2}~100	数秒到数分	10^{-1}~10^3	液体或固体推进剂	已飞行验证
单元液体	180~223	600~800	10^{-1}~10^2	数秒到数分	0.02~200	N_2H_4	已飞行验证
核裂变	500~860	2 700	10^{-2}~30	数秒到数分	10^{-1}~10^3	H_2	停止研制
电阻加热	150~300	2 900	10^{-4}~10^{-2}	数天	10^{-3}~10^{-1}	H_2,N_2H_4	已飞行验证
电弧加热	280~1 200	20 000	10^{-4}~10^{-2}	数天	10^{-3}~1	N_2H_4,H_2,NH_3	已飞行验证
电磁式(包括脉冲等离子体 PPT)	700~2 500	—	10^{-6}~10^{-4}	数周	10^{-3}~1	H_2,PPT 为固体	已飞行验证
霍尔效应	1 000~1 700	—	10^{-4}	数周	10^{-1}~5×10^{-1}	Xe	已飞行验证
静电离子	1 200~5 000	—	10^{-6}~10^{-4}	数月	10^{-3}~1	Xe	有些已飞行
太阳加热	400~700	1 300	10^{-3}~10^{-2}	数天	10^{-2}~1	H_2	在研

注:a 海平面最佳膨胀,$p_1 = 1\,000\,psi$①,$p_2 = p_3 = 14.7\,psi$。

　　b 推力与整个推进系统海平面重量(含推进剂,不含有效载荷)之比。

　　c 单位排气流量的动能。

———————————

① psi 即磅/平方英寸,$1\,psi = 6.895\,kPa$。

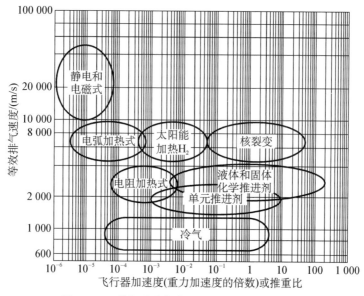

图 10.12　排气速度与典型飞行器加速度的关系

10.2.8　能量与效率(内效率、推进效率)

虽然火箭发动机一般并不直接使用效率,但这个概念有助于理解火箭发动机系统的能量平衡,典型化学火箭发动机的能量平衡如图 10.13 所示。在能量转换的过程中,一定存在着各种能量损失,效率就是用来计算能量损失大小的物理量,所考虑的损失通常可用内效率和推进效率来表示。

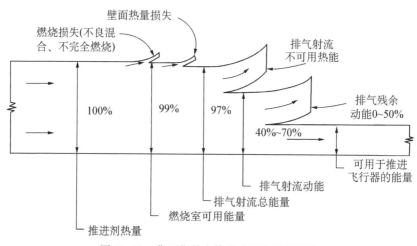

图 10.13　典型化学火箭发动机的能量平衡

火箭发动机的内效率用于表示输入给发动机的能量向喷射物质动能转化的有效性,其定义为射流功率与发动机输入功率之比,用 η_{in} 表示。

推进效率表示排气射流动能中有多少是对推动飞行器有用的,其定义为飞行器功率除以飞行器功率与射流残余动能之和,用 η_{p} 表示,具体公式如下:

$$\eta_{\mathrm{p}} = \frac{Fv}{Fv + \frac{1}{2}(\dot{W}/g_0)(c-v)^2} = \frac{2v/c}{1+(v/c)^2} \tag{10.27}$$

式中:F 为推力;v 为飞行器的绝对速度;c 为发动机相对于飞行器的有效排气速度;$\dot{W}$ 为重量流量。

不同飞行速度时的推进效率如图 10.14 所示。由图可知,当速度比 $v/c = 1$ 时,推进效率最大。火箭发动机与航空发动机的一个区别在于火箭飞行时 $v/c > 1$,这是火箭很独特的地方,而吸气式发动机飞行时排气速度要大于飞行速度,会产生一个冲压阻力。

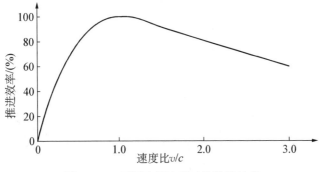

图 10.14　不同飞行速度时的推进效率

10.3　火箭发动机热力学关系式和喷管理论

本节首先讲解一些对火箭发动机分析和设计都很重要的基本热力学关系式,先给出理想火箭发动机的基本假设,在此假设的基础上得出热力学基本方程和滞止参数,并推导出喷管的基本关系式。然后介绍喷管理论,包括喷管的工作状态、喷管构型、实际喷管、实际火箭发动机、喷管对准和变推力等。

10.3.1　热力学关系式

10.3.1.1　理想火箭发动机

为了推导出火箭发动机的基本热力学关系式,需要先给出理想火箭发动机的基本假设。理想火箭发动机的概念是非常有用的,由此通过热力学基本方程和滞止参数就可以得出火箭发动机喷管的基本关系式。

满足以下假设的发动机称为理想火箭发动机:

(1) 工质(或化学反应产物)是均相的。

(2) 工质的所有成分都是气态的,总质量中任何凝聚相(液态或固态)所占的量都可忽略。

（3）工质服从完全气体定律。

（4）没有穿过发动机室壁的传热，因此流动是绝热的。

（5）没有明显的摩擦，忽略所有的边界层效应。

（6）喷管流动无激波或不连续性。

（7）推进剂流动是定常的；工质的膨胀均匀而稳定，没有振动；瞬变效应（即启动和关机）的时间非常短，可忽略。

（8）离开发动机喷管的排气只有轴向速度。

（9）在与喷管轴线垂直的任何截面上的气体速度、压力、温度和密度都是均匀的。

（10）在发动机燃烧室内气体达到化学平衡，气体成分在喷管内不变（冻结流动）。

（11）所贮存的推进剂处于室温，低温推进剂处于沸点温度。

10.3.1.2 热力学基本方程和滞止参数

由10.2节的假设可以得出理想火箭发动机喷管中的流动是完全燃烧的一维稳态理想气体做单向流动和可逆等熵膨胀。在此假设的基础上，在喷管内任一截面上都将满足4个热力学方程，即质量守恒方程［见式（2.22）］、能量守恒方程［见式（2.30）］、等熵方程［见式（2.15）］和状态方程［见式（2.1）］，这是推导气动关系式的基础。气体状态方程还可以表示为 $pv - \dfrac{k'}{\mu}T$，k' 为通用气体常数，其大小等于 $8314.3\text{J}/(\text{kg} \cdot \text{mol} \cdot \text{K})$，$\mu$ 为相对分子质量。根据这些方程和理想气体等熵流动的条件，可得到如下各个热力学关系式。

（1）温度比和压力比：

$$\frac{T_x}{T_y} = \left(\frac{p_x}{p_y}\right)^{\frac{k-1}{k}} = \left(\frac{\rho_x}{\rho_y}\right)^{k-1} \tag{10.28}$$

（2）滞止温度：

$$T_0 = T\left[1 + \frac{1}{2}(k-1)Ma^2\right] \tag{10.29}$$

（3）滞止压力：

$$p_0 = p\left[1 + \frac{1}{2}(k-1)Ma^2\right]^{\frac{k}{k-1}} \tag{10.30}$$

（4）面积比（收缩比或扩张比）。对于喷管内的任意两点 x 和 y，等熵喷管的面积比可表示为马赫数的函数，即

$$\frac{A_y}{A_x} = \frac{Ma_x}{Ma_y}\sqrt{\left\{\frac{1 + [(k-1)/2]Ma_y^2}{1 + [(k-1)/2]Ma_x^2}\right\}^{\frac{k+1}{k-1}}} \tag{10.31}$$

压力比、温度比和面积比随马赫数的变化如图 10.15 所示。由图可知,亚声速时,k 影响很小;超声速时,k 对温度和面积比影响较大,对压力比影响较小。

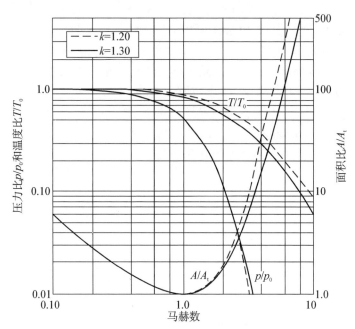

图 10.15 压力比、温度比和面积比随马赫数的变化

10.3.1.3 喷管基本关系式

(1) 喷管出口的排气速度。

由能量守恒方程可以求出喷管出口的排气速度公式,即

$$v_2 = \sqrt{2(h_1 - h_2) + v_1^2} \tag{10.32}$$

式中:下标 1 和 2 分别表示喷管的进出口。式(10.32)可用于理想和非理想火箭发动机中,对于喷管内任意两点也适用。

对于 k 为常数的情况,由式(10.28)和 $c_p = \dfrac{kR}{k-1}$ 可得

$$v_2 = \sqrt{\frac{2k}{k-1}RT_1\left[1 - \left(\frac{p_2}{p_1}\right)^{\frac{k-1}{k}}\right] + v_1^2} \tag{10.33}$$

略去燃烧室内的气流速度,燃烧室温度 T_1 即为喷管进口温度,等熵条件下它与滞止温度 T_0 差别很小,可以认为近似相等,于是可以得到喷管出口排气速度的简化公式(该公式很重要,在喷管性能分析中经常用到)。

$$v_2 = \sqrt{\frac{2k}{k-1}RT_1\left[1 - \left(\frac{p_2}{p_1}\right)^{\frac{k-1}{k}}\right]} = \sqrt{\frac{2kRT_0\eta}{(k-1)\mu}} \tag{10.34}$$

式中：$\eta = 1 - \left(\dfrac{p_2}{p_1}\right)^{\frac{k-1}{k}}$。

由式(10.34)可见，喷管排气速度为压比 p_1/p_2、比热比 k、喷管进口绝对温度 T_1 以及气体常数 R 的函数。由于任何特定气体的气体常数都与分子量成反比，故排气速度或比冲是喷管进口温度与分子量之比的函数，该比值在优化化学火箭发动机混合比时很重要，提高排气温度或减小排气的相对分子量，可以改善发动机性能。在喷管最佳膨胀时，不同的 k 和 p_1/p_2 值的理想火箭发动机的比冲、排气速度与燃烧室绝对温度 T_1 和分子量 μ 之间的关系如图 10.16 所示。由图可知，提高燃气温度或降低推进剂分子量都能提高比冲，压比和比热比的影响不太显著。通常性能随压比的增大而提高，随 k 值的增大而略有降低。

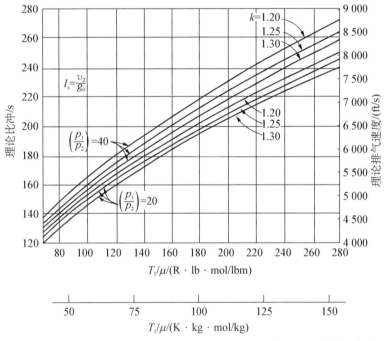

图 10.16　比冲、排气速度与燃烧室绝对温度 T_1 和分子量 μ 之间的关系

当压比无限大时，喷管出口速度达到理论最大值，即

$$(v_2)_{\max} = \sqrt{\dfrac{2kRT_0}{k-1}} \tag{10.35}$$

压比无限大时，比如燃气排入真空环境，最大排气速度是一个有限值。但这种膨胀情况实际上不存在，因此此时气体温度会降至液化温度或冰点以下，不会再进行气体膨胀。

（2）流量公式与临界参数。

下面再来推导一下喷管内的流量公式。由式(2.22)、式(10.28)和式(10.34)联立可得

$$q_m = \frac{A_x p_1}{R} \sqrt{2} \left\{ \frac{c_p}{T_1} \left[\left(\frac{p_x}{p_1} \right)^{\frac{2}{k}} - \left(\frac{p_x}{p_1} \right)^{\frac{k+1}{k}} \right] \right\}^{\frac{1}{2}} \tag{10.36}$$

单位面积气体流量的最大值出现在喷管喉部，并且与这个最大流量相对应，存在着一个唯一的压力值，也称临界压力(critical pressure)p_{cr}，此时 p_{cr}/p_1 称为临界压力比（其典型值在 0.53～0.56 之间），即

$$\frac{p_{cr}}{p_1} = \left(\frac{2}{k+1} \right)^{\frac{k}{k-1}} \tag{10.37}$$

临界比体积：

$$V_{cr} = V_{cr} \left(\frac{k+1}{2} \right)^{\frac{1}{k-1}} \tag{10.38}$$

临界温度：

$$T_{cr} = \frac{2T_1}{k+1} \tag{10.39}$$

对于临界状态的理想喷管，其喉部马赫数等于1。可得出喉部临界截面 A_t 的速度 v_t 和流量 q_m 分别为

$$v_t = \sqrt{\frac{2k}{k+1} R T_1} = \sqrt{kR T_{cr}} \tag{10.40}$$

$$q_m = \Gamma(k) \frac{A_t p_1}{\sqrt{R T_1}} \tag{10.41}$$

式中：$\Gamma(k) = \sqrt{k \left(\frac{2}{k+1} \right)^{\frac{k+1}{k-1}}}$。

由式(10.41)可知，临界截面的质量流量与喉部面积和上游压力成正比，与喷管进口绝对温度成反比，与气体的热物性有关。

（3）喷管的面积比。

喷管内任意两点 x 和 y 面积比公式见式(10.31)。对于超声速喷管，可求出喉部面积与下游压力为 p_x 处的面积比，公式如下：

$$\frac{A_t}{A_x} = \frac{p_x v_x}{p_t v_t} = \left(\frac{k+1}{2} \right)^{\frac{1}{k-1}} \left(\frac{p_x}{p_1} \right)^{\frac{1}{k}} \sqrt{\frac{k+1}{k-1} \left[1 - \left(\frac{p_x}{p_1} \right)^{\frac{k-1}{k}} \right]} \tag{10.42}$$

喷管下游速度比：

$$\frac{v_x}{v_{\mathrm{t}}} = \sqrt{\frac{k+1}{k-1}\left[1-\left(\frac{p_x}{p_y}\right)^{\frac{k-1}{k}}\right]} \tag{10.43}$$

对于理想发动机喷管,给定压力比,即可求出速度比、面积比,反之亦然。

喷管出口面积与喉部面积之比称为喷管扩张比,或膨胀面积比(area expansion ratio),用 ε 表示,即

$$\varepsilon = \frac{A_2}{A_1} \tag{10.44}$$

(4) 推力系数。

由喷管出口速度公式(10.34)、临界比体积公式(10.38)和临界速度公式(10.40),可以求出推力的具体公式如下:

$$
\begin{aligned}
F &= \frac{A_{\mathrm{t}} v_1 v_2}{V_{\mathrm{t}}} + (p_2 - p_3) A_2 \\
&= A_{\mathrm{t}} p_1 \sqrt{\frac{2k^2}{k-1}\left(\frac{2}{k+1}\right)^{\frac{k+1}{k-1}}\left[1-\left(\frac{p_2}{p_1}\right)^{\frac{k-1}{k}}\right]} + (p_2 - p_3) A_2
\end{aligned}
\tag{10.45}
$$

式(10.45)的第一个等号为通用形式,适用于所有的发动机,而第二个等号只适用于在整个膨胀过程中 k 为常数的理想发动机。由式(10.45)可见,推力与 A_{t} 和 p_1 成正比,并与压比、比热比和压力推力有关,该公式称为理想推力方程。

推力系数定义为推力除以燃烧室压力 p_1 和喷管喉部面积 A_{t} 的乘积,常用 C_F 表示,即

$$C_F = \frac{F}{p_1 A_{\mathrm{t}}} \tag{10.46}$$

推力系数表示喷管对推力室产生推力的贡献,是一个重要的喷管性能参数。其表示的意义为,衡量燃气流经喷管后经过燃气膨胀而得到的推力与假定燃烧室压力只作用于喉部面积上所产生的推力相比增大了多少。因此,C_F 值实质上反映了燃气的膨胀特性及喷管的设计质量。

把式(10.45)代入式(10.46),可得到理论推力系数的计算公式:

$$C_F = \Gamma(k) \sqrt{\frac{2k}{k-1}\left[1-\left(\frac{p_2}{p_1}\right)^{\frac{k-1}{k}}\right]} + \frac{A_2}{A_1}\left(\frac{p_2}{p_1} - \frac{p_3}{p_1}\right) \tag{10.47}$$

由式(10.47)可见,推力系数为气体特性 k、喷管面积比 ε 和喷管压比 p_1/p_2 的函数,与燃烧室温度无关。对于任何给定的 p_1/p_3,当 $p_2 = p_3$ 时推力系数 C_F 和推力 F 达到最大值。这个最大值称为最佳推力系数,它是喷管设计中要考虑的一个重要准则。利用推力系数可对式(10.45)进行化简,得出

$$F = C_F p_1 A_{\mathrm{t}} \tag{10.48}$$

式(10.48)可用于求解 C_F，此外它还提供了根据室压、喉部直径和推力的试验测量值确定推力系数的关系式。推力系数的值一般在 0.8～1.9 之间。该参数方便了观察室压或高度变化对给定的喷管构型带来的影响，或把海平面结果修正到飞行高度条件下的值。

图 10.17 给出了最佳膨胀条件下（$p_2 = p_3$）推力系数随面积比、压比和 k 值的变化关系。图 10.18 和图 10.19 分别给出了 $k = 1.20$ 和 1.30 时不同面积比和压比的完整推力系数曲线。这两组曲线可用于计算欠膨胀和过膨胀喷管的工作，根据这两个图来获得推力系数，且有助于理解各种喷管问题。如果 k 不等于 1.2 或 1.3，则可以采用插值方法获得。由图 10.18 可知，在低空时，面积比较小时具有较高的比冲，但小面积比的喷管在高空时的推力系数反而较小；在高空时则恰好相反。

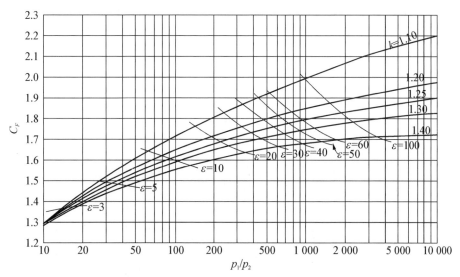

图 10.17　最佳膨胀条件下推力系数随面积比、压比和 k 值的变化关系

当 p_1/p_3 趋向无穷（例如膨胀到接近真空）时，推力系数达到理论的极限推力系数 $(C_F)_{max}$ 也就是接近图 10.18 和图 10.19 所示的渐近线的最大值，其计算公式如下：

$$(C_F)_{max} = \sqrt{\frac{2k^2}{k-1}\left(\frac{2}{k+1}\right)^{\frac{k+1}{k-1}}} \tag{10.49}$$

（5）特征速度。

特征速度主要用于化学火箭发动机。特征速度定义为燃烧室压力 p_1 和喷管喉部面积 A_t 的乘积与质量流量 q_m 的比值，常用 C^* 表示，即

$$C^* = \frac{p_1 A_t}{q_m} \tag{10.50}$$

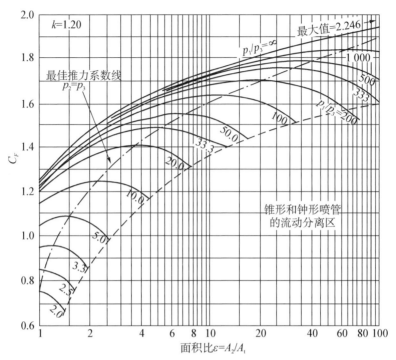

图 10.18 $k = 1.20$ 时,推力系数 C_F 与喷管面积比的关系

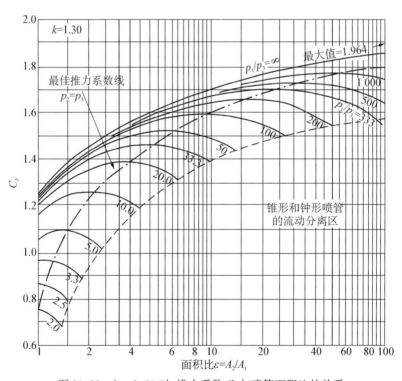

图 10.19 $k = 1.30$ 时,推力系数 C_F 与喷管面积比的关系

由式(10.21)、式(10.41)和式(10.46)联立求解,可将特征速度表示为燃烧室内燃气性质的函数,即

$$C^* = \frac{p_1 A_t}{q_m} = \frac{I_s g_0}{C_F} = \frac{c}{C_F} = \frac{\sqrt{kRT_1}}{k\sqrt{\left(\frac{2}{k+1}\right)^{\frac{k+1}{k-1}}}} \tag{10.51}$$

由式(10.51)可见,特征速度代表了推进剂组合的优越性和燃烧室的设计品质,与喷管的特性无关。式(10.51)右边最后一个等号给出了根据高温燃气性质计算特征速度 C^* 理论值的关系式。一般情况下,这个理论值都与试验值吻合得很好,可以在设计计算中运用。

特征速度在火箭推力室设计中具有特殊的意义:

a. 为推进剂的优选提供了比较基础。C^* 值的大小反映了推进剂的固有能量特性。选择高能推进剂,实际上就是选择具有较高 C^* 值的推进剂,而该值完全可以通过理论计算精确获得。

b. 为检验燃烧室的设计水平提供了比较基准。

(6) 喷管计算总结。

归纳以上过程,并采用马赫数和比热比为变量,可以得到下面所示的无量纲参数,它们将大大简化喷管性能的分析过程,总结如下所述。

温度比:

$$\tau(Ma) = \frac{T}{T^*} = \left(1 + \frac{k-1}{2}Ma^2\right)^{-1}$$

压比:

$$\pi(Ma) = \frac{p}{p^*} = \left(1 + \frac{k-1}{2}Ma^2\right)^{-\frac{k}{k-1}}$$

密度比:

$$\rho(Ma) = \frac{\rho}{\rho^*} = \left(1 + \frac{k-1}{2}Ma^2\right)^{\frac{1}{k-1}}$$

声速比:

$$a(Ma) = \frac{a}{a^*} = \left(1 + \frac{k-1}{2}Ma^2\right)^{-\frac{1}{2}}$$

面积比:

$$\varepsilon(Ma) = \frac{A}{A_t} = \frac{1}{Ma}\left[\frac{2}{k+1}\left(1 + \frac{k-1}{2}Ma^2\right)\right]^{\frac{1+k}{2(k-1)}}$$

速度系数:

$$\lambda(Ma) = \frac{v}{c_t} = \left[\frac{k+1}{2}Ma^2 \Big/ \left(1+\frac{k-1}{2}Ma^2\right)\right]^{\frac{1}{2}}$$

动压函数:

$$\omega(Ma) = \frac{\rho v^2}{2} \Big/ p^* = \frac{k}{2}Ma^2\left(1+\frac{k-1}{2}Ma^2\right)^{-\frac{k}{k-1}}$$

流量函数:

$$q(Ma) = \frac{\rho v}{\rho_t v_t} = Ma\left[\frac{2}{k+1}\left(1+\frac{k-1}{2}Ma^2\right)\right]^{\frac{1+k}{2(k-1)}}$$

故如已知燃烧室的温度和压力,就可利用气动函数很方便地求出推力室任一截面的参数。其方法是利用面积比公式,先求出在喷管中某一已知面积比所对应的马赫数,然后再用其他公式求得公式有两个解:一个是超声速,一个是亚声速。

10.3.2 喷管理论

10.3.2.1 喷管的工作状态

喷管的工作状态分为设计状态和非设计状态两种。

1) 设计状态

对于确定的环境压力,选定适当的喷管扩张比使发动机获得最大的比冲,是推力室初步设计中的一项重要任务。为了使比冲达到最大,需要保证最佳膨胀比。在喷口压力 p_2、比热比 k、燃烧室压力 p_1、喉部面积 A_t 确定后,就可以获得喷管出口的扩张比,计算如下:

$$\pi(Ma) = \frac{p}{p^*} = \left(1+\frac{k-1}{2}Ma^2\right)^{-\frac{k}{k-1}}$$

$$\varepsilon(Ma) = \frac{A}{A_t} = \frac{1}{Ma}\left[\frac{2}{k+1}\left(1+\frac{k-1}{2}Ma^2\right)\right]^{\frac{1+k}{2(k-1)}}$$

2) 非设计状态

火箭发动机是在飞行中工作的,而环境压力随飞行高度的改变而改变(在大气层内飞行时),故发动机的工况也在变。研究喷管在不同状态下的工作情况(以下简称工况),对确定喷管的设计参数及研制方案具有重要作用。

具有固定扩张比的发动机,非设计状态会出现两种工况:欠膨胀工况和过膨胀工况。

(1) 欠膨胀工况:燃气会在喷管外发生补充膨胀,喷管出口压力高于当地大气压。

(2) 过膨胀工况:此时,随着过膨胀的程度不同,会在喷口或喷管内产生复杂的激波系。有时会严重影响喷管性能。如果背压高于喷口压力很多时,则会产生分离流。

随着高度变化,将喷管中可能出现的过程总结如下:

(1) 当外界压力 p_3 低于喷管出口压力 p_2 时,喷管满流,但在出口处存在外膨胀波(即欠膨胀)。气体在喷管内的膨胀是不完全的,C_F 和 I_s 将小于最佳膨胀下的值。

(2) 当 $p_2 = p_3$ 时,最佳膨胀比,此时,C_F 和 I_s 最高。

(3) 当外界压力 p_3 稍高于喷管出口压力 p_2 时,喷管继续满流,直到 p_2 达到 p_3 的 25%～40% 左右。膨胀效率稍低,C_F 和 I_s 低于最佳喷管的值。喷管出口截面外存在激波。

(4) 当外界压力更高时,喷管扩张段内将发生流动分离。超声速气流的直径将小于喷管出口直径。在稳态流动情况下,分离一般是轴对称的。分离平面的轴向位置取决于当地压力和喷管壁型面。

当出现流动分离时,只要知道喷管中的分离点,就能计算出推力系数 C_F,因此就可确定等效小喷管的 C_F。另外,由于在稳态流动情况下的分离一般是轴对称的,因此在地面进行高空喷管试验时一般都采用半截的喷管,这样可以节省试验费用。

两个面积比不同的喷管的推力系数,如图 10.20 所示,一个喷管在 7 000 m 以下的高度发生气流分离。图中未示出充分膨胀的排气羽流。

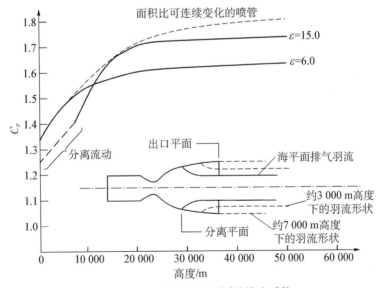

图 10.20　两个面积比不同的推力系数

三级运载火箭中 3 种典型的火箭发动机喷管排气特性如图 10.21 所示。第一级发动机的推力室和推力最大,但喷管面积比最小,而顶级或第三级发动机通常推力最小但喷管面积比最大。可见,要获得最大比冲,就需要相应的扩张比,对于给定的喷管,这样的扩张比有时会导致喷管太长,从而造成火箭综合性能的下降。因此,要获得综合性能好的发动机,就需要详细考虑喷管的构型。

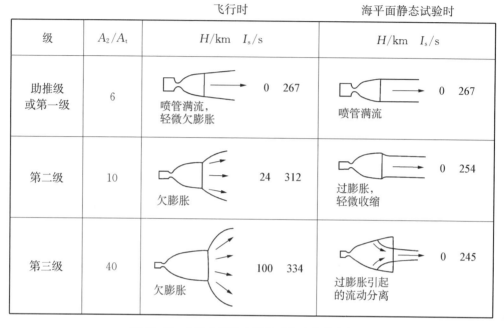

级	A_2/A_t	飞行时 H/km　I_s/s	海平面静态试验时 H/km　I_s/s
助推级 或第一级	6	喷管满流, 轻微欠膨胀　　　　0　267	喷管满流　　　　0　267
第二级	10	欠膨胀　　　　24　312	过膨胀, 轻微收缩　　　　0　254
第三级	40	欠膨胀　　　　100　334	过膨胀引起 的流动分离　　　　0　245

图 10.21　3 种典型的火箭发动机喷管排气特性

10.3.2.2　喷管构型

火箭发动机喷管通常由收敛段、喉部和扩张段三部分组成。喷管构型主要指喷管的扩张段,因为收敛段和喉部对喷管性能影响不大。目前有多种成熟的喷管构型。按其扩张段的造型,可分为锥形喷管、钟形喷管、塞式喷管、膨胀-偏转喷管等形式。

早期的火箭发动机多采用锥形喷管。近半个世纪以来,为了提高喷管的效率,各国有关学者、专家对喷管内流场做了深入的理论分析。基本明确了各种损失产生的原因,使喷管型面的设计建立在坚实的理论基础上,从而发展了各种钟形喷管。同时,在各种结构因素(喷管长度、结构质量、扩张比等)约束下,进行了优化设计研究。现在,除了小推力火箭发动机有时采用锥形喷管外,绝大部分大推力、大扩张比的发动机都采用钟形喷管。

图 10.22 画出了 6 种喷管构型,下面将分别进行讨论。前 3 个简图给出了锥形和钟形喷管。后 3 个为内部有中心体的喷管,它们有极好的高空补偿特性,虽然它们均经过了地面试验,但至今都未曾参与过运载火箭的飞行。图 10.23 比较了几种喷管的长度,良好的喷管构型的目标是得到最高的实际 I_s、最小的喷管质量和最短的长度(短喷管可以减小飞行器长度、飞行器结构件和飞行器死重)。

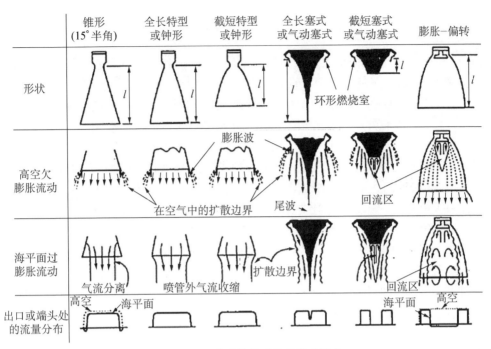

图 10.22 几种喷管构型及其流动效应

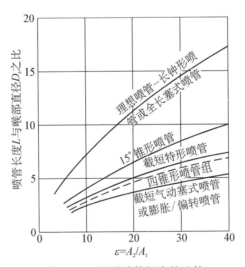

图 10.23 几种喷管长度的比较

(1) 锥形和钟形喷管。

锥形喷管构型(见图 10.24)是最古老或许也是最简单的,它比较容易制造,因此目前一些小发动机中仍在使用。锥形喷管理想发动机的出口排气动量可用一理论修正系数 λ 修正。

图 10.24 锥形喷管示意图

$$\lambda = \frac{1}{2}(1 + \cos \alpha) \tag{10.52}$$

小的喷管扩张角使绝大多数动量沿轴向,于是得到较高的比冲,但长喷管增加了火箭推进系统、飞行器的干质量以及设计的复杂性。采用大的扩张角能得到短而轻的设计方案,但性能较低。因此锥形喷管的形状和长度有一最佳值,半角为 $12°\sim$ $18°$时,综合性能较好。通常要根据具体用途和飞行轨道进行折中。

钟形喷管或改进的钟形喷管(见图 10.22 和图 10.25)是目前最常用的喷管形状,喷管的型面是根据能量损失最小的原则来设计的,如特征线法。排气中含固体颗粒时,会对反曲率面造成冲蚀,因此,目前典型的固体火箭发动机的张角为 $20°\sim$ $26°$,回折角为 $10°\sim15°$。相比之下,目前无颗粒的液体火箭发动机的张角为 $27°\sim$ $50°$,回折角为 $15°\sim30°$。紧接喉部之后使用大的扩张角($20°\sim50°$)是可以接受的,因为这个区域内相对压力较高、压力梯度很大、工质迅速膨胀,不会引起气流分离,除非喷管型面有不连续性。理想的钟形喷管(损失最小)很长,相当于 $10°\sim12°$左右的锥形喷管。这种喷管的长度差不多等于全长度塞式喷管的长度。通常这种喷管对于合理的飞行器质量比来说太长了。因此,人们开发了几种改进型钟形喷管,它们具有全程或几乎完整的高空补偿特性,即它们可以在多种高度下达到最佳性能。图 10.26 画出了 3 种两级喷管方案,它们在地面或地面附近时采用较低的初始面积比,而在高空时采用较大的(第二个)面积比以提高性能。

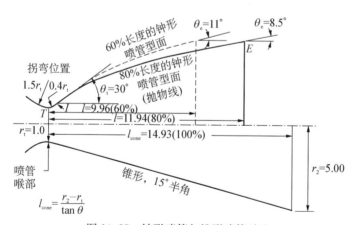

图 10.25 钟形喷管与锥形喷管对比

可延伸喷管需要作动器、动力源、飞行中将延伸段移动到位的机构、固定和密封装置。它已成功地参加了几种固体火箭发动机和液体火箭发动机的飞行,在这些飞行中它们在点火前展开。图 10.26 中虽然只画出了两级,但还有三级的方案。迄今为止还没有在火箭发动机工作时改变面积比的做法。可延伸喷管的主要问题在于将延伸段可靠地移动到位的坚固的机构、喷管各段之间的热燃气密封,另外它增加了重量。

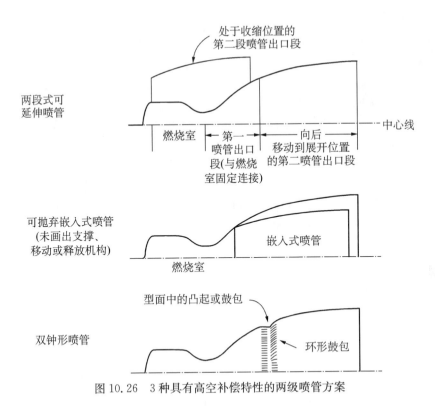

图 10.26　3 种具有高空补偿特性的两级喷管方案

　　可抛弃嵌入喷管方案不需要移动机构和燃气密封,但在连接处可能存在滞止温度问题。它要有可靠的释放机构,另外它抛出的嵌入体会产生飞行碎片。到目前为止这种方案只进行了很少的试验。

　　双钟形喷管采用了两个缩短钟形喷管,组合成一个带拐点或转折点的喷管。在上升段一开始是面积比较低的喷管起作用,转折点处出现分离。随着高度增加和气体的进一步膨胀,喷管在高面积比下工作,得到较高的性能。迄今为止这种方案几乎没有实际使用经验。

　　(2) 具有气动边界的喷管。

　　具有气动边界的喷管(见图 10.22),如塞式喷管或气动塞式喷管,有一个环形燃烧室与一个环形缝隙喷管。膨胀偏转喷管,从燃烧室出来的气流沿径向离开喷管轴线,流动在一扩张的特型喷管外壁面上偏转。

　　另外,采用多喷管可以减少喷管长度,即采用多个小喷管代替一个大喷管,如运载火箭中大都使用了 4 个喷管代替一个。

10.3.2.3　实际喷管

　　前面给出的 11 条假设只是为了简化喷管的分析过程,实际上,喷管内参数分布是二维,甚至三维的。与理想喷管相比,实际喷管的能量损失包括:

　　(1) 喷管出口截面流动扩散造成的损失。

（2）小的喷管收缩比 A_1/A_t 引起的燃烧室压力损失。

（3）边界层中较低的流动速度或壁面摩擦会使等效排气速度降低 0.5%～1.5%。

（4）气体中的固体颗粒或液滴会引起多达 5% 的损失。

（5）非稳态燃烧和流动振荡会引起少量的损失。

（6）喷管流化学反应改变了燃气的特性和温度所造成的损失，一般为 0.5%。

（7）在瞬变压力工作时性能较低，例如起动、关机或脉冲。

（8）对于不冷却的喷管材料，例如纤维增强合成树脂或碳，工作时喉部区域的逐渐侵蚀会使喉部直径增加约 1%～6%。这样，当工作接近结束时，室压和推力将降低 1%～6%，并使比冲有所降低（降低 0.7% 以下）。

（9）气体成分不均匀会降低性能。

（10）采用真实气体特性有时会改变气体成分、k 和 μ 值，引起少量的性能损失，比如说 0.2%～0.7%。

（11）在非最佳喷管面积比下，工作会降低推力和比冲。

首先来看边界层的影响，高空条件下喷管出口唇部的流动状态，如图 10.27 所示，图中画出了放大的边界层，也画出了流线、速度和温度分布。

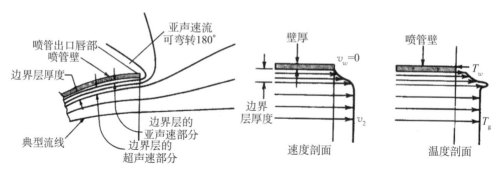

图 10.27　高空条件下喷管出口唇部的流动状态

再来看多相流的影响。多相流的影响为颗粒随气体的运动和换热，需要对性能进行简单修正。基于以下假设：气体和颗粒的比热在整个喷管内为常数，颗粒足够小以致运动速度与气体相同并与气体处于热平衡，颗粒与气体之间无质量交换（无蒸发或凝结）。此外还假设：只有气体有膨胀和加速；颗粒占据的容积与气体容积相比很小，可忽略；如果颗粒数量很少，加速颗粒所需的为所有颗粒（液体和/或固体）的质量除以总质量。存在以下关系（下标 g 和 s 分别表示气态和固态）：

$$h = (1-\beta)(c_p)_g T + \beta c_s T \tag{10.53}$$

$$v = v_g(1-\beta) \tag{10.54}$$

$$p = R_g T / v_g \tag{10.55}$$

$$R = (1-\beta)R_g \tag{10.56}$$

$$K = \frac{(1-\beta)c_p + \beta\, c_s}{(1-\beta)c_V + \beta\, c_s} \tag{10.57}$$

10.3.2.4　实际火箭发动机

实际火箭发动机中,在燃烧室或喷管内的任一截面上,燃气的组成、压力和温度等,无论是时间还是位置都是偏离平均值的。实际火箭发动机与理想火箭发动机之间的性能偏差常用能量转换系数、速度修正系数、流量修正系数和推力修正系数来表示。能量转换系数定义为喷管排出的单位流体的动能与假想理想排气的单位流体的动能之比。把能量转换系数的平方根定义为速度修正系数,其值范围为0.85～0.98,该系数也近似等于实际比冲与理想比冲之比。流量修正系数定义为实际发动机的质量流量与理想发动机质量流量之比,假设在同样的初始状态、以同样工质膨胀到同样出口压力的情况下,其值范围为 1.0～1.15。推力修正系数的范围为0.92～1.00。

在利用推力、比冲、推进剂流量和其他性能参数的数值时,必须仔细确定或检验产生特定数据的具体条件。实际火箭发动机至少有 4 类性能参数,它们在概念和数值上往往是不同的,即使针对同一火箭推进系统也是如此。每类性能参数,如 F,I_s,c,v_2 和/或都应附带明确的适用条件,即

(1)燃烧室压力,对于细长燃烧室,要规定室压的位置。

(2)外界压力,或高度,或真空度。

(3)喷管面积比,不管是否为最佳值。

(4)喷管形状和出口张角。

(5)推进剂,它们的组成或混合比。

(6)理论性能计算中所做的主要假设和修正。

(7)推进剂的初始温度。

实际火箭发动机的 4 类性能参数如下:

(1)理论性能值,通常适用于理想火箭发动机,应用于实际火箭发动机时一般要做一些修正。

(2)实测性能值,根据全尺寸推进系统的静态试验或飞行试验得到的。

(3)标准状态性能值,为上述(1)和(2)项的修正值。通常标准状态指易于评定或易于与基准值比较的状态,也常常指易于测量和/或修正的状态。例如,为了合理地比较几种推进剂和火箭推进系统的比冲,常把数据修正到以下标准状态:

a. $p_1 = 1000\,\text{psi}$ 或 $6.894 \times 10^6\,\text{Pa}$。

b. $p_2 = p_3 = 14.69\,\text{psi}$(海平面) 或 1.0132×10^5 或 $0.10132\,\text{MPa}$。

c. 面积比为最佳状态,$p_2 = p_3$。

d. 锥形喷管的扩张半角 $\alpha = 15°$,或其他约定值。

e. 特定的推进剂,采用设计混合比和/或特定的推进剂组成。

f. 推进剂初始温度:21℃(有时为20℃或25℃)或沸点(低温推进剂)。

(4) 最低保证性能,用户通常要求发动机研制单位交付时的性能。

10.3.2.5　喷管对准和变推力

喷管对准指的是当推力线或推力方向与飞行器的质心不相交时,就会产生一个使飞行中的飞行器旋转的翻转力矩。安装时应保证偏角在±0.25°以内,并使大喷管喉部中心位于飞行器中心线上,误差在1~2 mm之内。

只有少数应用需要在飞行时改变推力。前面的分析表明推力正比于喉部面积 A_t、室压 p_1 或质量流量 q_m,推力系数 C_F 的影响并不太强,而 C_F 本身又取决于比热比 k、高度、压比和 A_2/A_1。这些公式表明了改变推力的途径,并表明了其他性能参数如何受这种变化的影响。变推力一般可以采取如下措施:

(1) 调节流量,保持喷管喉部面积不变。

(2) 调节流量的同时改变喷管喉部面积。

10.4　液体火箭发动机

本节分别从液体火箭发动机的推进剂及燃烧、气液系统和基本部件共3个方面对液体火箭发动机进行讲解。

10.4.1　推进剂及燃烧

10.4.1.1　液体火箭推进剂的分类

推进剂(propellant)是火箭发动机的工作物质,是要经历化学反应和热力学变化的流体。术语液体推进剂包含了全部所使用的液体,它可能是:

(1) 氧化剂(液氧、硝酸等)。

(2) 燃料(汽油、酒精、液氢等)。

(3) 包含氧化剂成分和燃料成分的化学复合物或混合物,能自身分解。

(4) 上面任何一种加上凝胶介质。

推进剂组元(propellant suit)是指单独贮存并单独向液体火箭发动机供给的液体火箭推进剂的组成部分。推进剂按基本组元数目进行分类,可分为单组元推进剂(monopropellant)、双组元推进剂(bipropellant)和三组元推进剂(tripropellant)。

单组元推进剂为同时包含氧化剂和燃料成分的一种物质。它可能是多种化合物的混合物,也可能是一种均相材料,如过氧化氢或肼。单组元推进剂在常规大气环境下是稳定的,但对其加热或催化后它就分解产生高温燃气。

双组元推进剂是指火箭发动机有两种独立的液体推进剂,一种为氧化剂,另一种为燃料。两种推进剂分开贮存,在燃烧室外不混合。大多数液体火箭发动机采用双组元推进剂。

三组元推进剂由氧化剂、燃料和摩尔质量小的组元组成。采用第三种组元后,可增大比冲,但也使得结构复杂,飞行器的质量增大。

双组元推进剂的混合比是氧化剂与燃料的比例,氧化剂与燃料在此比例下混

合、反应产生燃气。混合比 r 定义为氧化剂质量流量与燃料质量流量之比,即

$$r = \frac{q_{mo}}{q_{mf}} \tag{10.58}$$

混合比决定了反应产物的成分。通常混合比的选择原则是得到最高比冲或最大的 T_1,这里 T_1 是燃烧温度,是燃气平均分子量。

推进剂还可按保持液态的温度范围来分类,具体分为高沸点推进剂(沸点 > 298K)、低沸点推进剂(沸点在 120~298K 之间)和低温推进剂(沸点 < 120K)。

根据氧化剂和燃料互相接触后能否自行着火,可将推进剂分类为自燃推进剂和非自燃推进剂。

按液体推进剂中使用的氧化剂不同,液体推进剂可分为液氧类推进剂(见表 10.5)、硝酸类推进剂、四氧化二氮类推进剂(见表 10.6)以及液氟类推进剂。硝酸推进剂具有比较低的能量特性,后期很少采用。液氟类推进剂是高能有毒推进剂,应用于火箭的上面级和行星间的航天器上。

表 10.5 以液氧为基础的推进剂组合

推进剂名称	特点	应用
液氧/乙醇	燃烧效率一般	苏联 P-1、P-2 运载火箭,V2 导弹,红石运载火箭
液氧/煤油	燃烧效率一般	土星 5 火箭第一级,宇宙神火箭第一级
液氧/偏二甲肼	燃烧效率一般	苏联宇宙号运载火箭第二级
液氧/液氨	—	美国试验飞机 X-15
液氧/液氢	燃烧效率高,燃烧产物无毒,不能长期贮存	长征三号、长征三号 A 火箭的第三级,能源号运载火箭第二级,阿里安 5 火箭芯级,航天飞机主发动机

表 10.6 以硝酸和四氧化二氮为基础的推进剂组合

推进剂名称	特点	应用
红发烟硝酸/煤油	燃烧效率一般,可贮存推进剂	宇宙号运载火箭第一级
红发烟硝酸/偏二甲肼	燃烧效率一般,可自燃,可贮存推进剂	长征一号运载火箭的第一级和第二级
四氧化二氮/偏二甲肼	燃烧效率较高,推进剂有一定的腐蚀性和毒性	长征二号运载火箭的芯级和助推器,美国航天飞机的姿态控制发动机
四氧化二氮/混肼50	燃烧效率较高,可自燃,在发射井内可长期保存	"大力神Ⅱ"和"大力神Ⅲ"导弹

10.4.1.2 燃烧

液体火箭推进剂的燃烧过程是复杂的物理、化学过程,各步骤相互联系、相互影响。

如图 10.28 所示,包含了喷射和雾化、蒸发、扩散混合以及燃烧反应等 4 个主要过程。

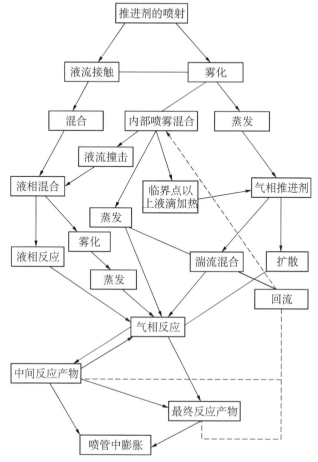

图 10.28　燃烧室内发生的主要过程及相互关系

　　燃烧过程易于发生燃烧不稳定性现象,具体表现在以下 3 个方面。

　　(1) 当发生燃烧不稳定时,燃烧室压力振荡具有明显的周期性,振荡能量集中在某几个固有频率的振荡上,而且燃烧室内不同位置的燃气压力振荡之间具有一定的联系。在平稳燃烧时,尽管燃烧室压力也经常存在微小程度的脉动和起伏,但往往带有随机性,且各位置的燃气压力振荡互不关联。

　　(2) 当发生燃烧不稳定性时,燃烧室压力的振荡幅值较大,通常在燃烧室平均压力的 5% 以上,有时甚至可能高达百分之几十或更高。平稳燃烧时的随机扰动往往幅值较小,一般不超过燃烧室平均压力的 5%。

　　(3) 燃烧不稳定性可能会导致发动机振动加剧和热负荷增高,从而使发动机的某些部件遭受破坏或烧蚀,有时还对燃烧效率产生明显的影响,稳态燃烧时虽然室压脉动的幅值有时也可能较大,但由于其随机性,对发动机的工作不会带来严重的影响。

振荡燃烧一般按照压力振荡频率范围分为低频(<200 Hz)、中频(200~1 000 Hz)和高频(>1 000 Hz)3 种燃烧不稳定性。第一种是低频类型,也称为间歇性燃烧,产生原因主要和推进剂供给系统震荡和燃烧室压力震荡的相互作用有关。这种轴向不稳定现象可以看做是飞行器操纵不稳定的前兆,一般是出现在室压下降和推进剂供给系统与推力室部件耦合作用强化的情况下。第二种是中频范围,也称为声学不稳定、蜂鸣或熵波,发生原因主要和推进系统结构与喷注器振动、流动漩涡以及推进剂系统谐振有关。第三种是高频范围,也称尖叫或啸叫。该种现象的出现根源于隔板燃烧室能量释放或者燃烧腔内发生谐振。

为了防止燃烧不稳定性的发生,可以采取如下两个抑制措施:一是根据耦合机理,采取针对性的措施,削弱其耦合作用;二是增加阻尼促使振荡衰减。按照燃烧不稳定性的种类,低频燃烧不稳定性的抑制措施可以采取提高喷射器压降,增加流体惯性,增大燃气停留时间;中频燃烧不稳定性的抑制措施可以采取改变推进剂供应系统或推力室喷注器结构以减小两者之间的耦合作用,或在推进剂供应系统设置振荡阻尼器;高频燃烧不稳定性(对发动机危害严重)的抑制措施可以采取安装喷注器隔板,增加声学阻尼器,改善喷注器的燃烧稳定性等,这些措施可以单独或组合使用。

10.4.2　气液系统

液体火箭发动机的主要气液系统包含了推进剂供应系统、贮箱增压系统、吹除与预冷系统、推进剂利用系统、推进剂的起动和关机系统。

10.4.2.1　推进剂供应系统

推进剂供应系统(propellant feed system)有两个主要功能,一是提高推进剂的压力,二是把推进剂输送到一个或多个推力室。完成这些功能所需的能量要么来自于高压气体或离心泵,要么同时来自于这两者,这就是挤压式或泵压式推进剂供应系统,系统如图 10.2 所示。挤压式通常用于推力小的推进系统,泵压式通常用于推进剂量大、推力大的情况。液体火箭发动机具体供应系统方案的选择主要取决于发动机的用途、要求、工作时间、推力室数目或类型以及以往的研制经验等。

10.4.2.2　贮箱增压系统

挤压式或泵压式推进剂供应系统都需要有为贮箱增压的系统,但它们的增压系统有所不同。对于挤压式推进剂供应系统来说,贮箱增压系统就是挤压供应系统的一部分,贮箱内的压力通常为 1.3~12 MPa。对于泵压式推进剂供应系统来说,增压系统和输送系统是分开的,增压系统的作用是保证贮箱内有一个较小的压力以避免泵的气蚀,通常贮箱内的压力仅为 0.07~0.35 MPa。

下面介绍一下泵压式液体火箭发动机中的贮箱增压系统。

(1) 气瓶增压系统。

气瓶增压系统的优点是与发动机其他系统不相关,缺点是质量、尺寸大,限制了使用。气瓶增压系统如图 10.29 所示,增压气体采用氮气,加温是减少氮气用量和气瓶数,增压单向阀是防止贮箱的氮气倒流。

(2)汽化增压系统和化学增压系统。

推进剂汽化增压系统是利用火箭发动机自身携带的液体推进剂,经换热器换热后变为蒸汽,用来给推进剂贮箱增压。汽化增压系统适用于热稳定性好、沸点低的推进剂和低温推进剂。

化学增压系统是利用化学反应产物给推进剂贮箱增压。此方法要求反应产物与推进剂及贮箱材料有较好的相容性,燃气温度不能过高,一般用富燃燃气增压燃料贮箱,富氧燃气增压氧化剂贮箱。

汽化增压系统和化学增压系统一般有多种方案,图 10.30 所示即为其中的一种。

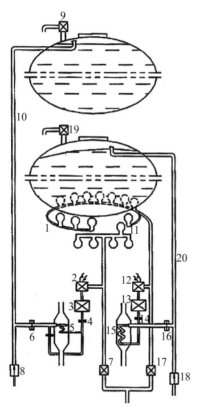

1,11—气瓶组;2,12—电爆阀;3,13—减压器;4,14—限流环;5,15—氮气加温器;6,16—隔离膜片组件;7,17—充气开关;8,18—增压单向阀;9,19—保险阀;10,20—增压溢出管。

图 10.29　气瓶增压系统

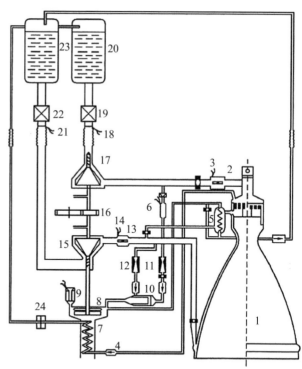

1—推力室;2—氧化剂主阀;3—电爆管;4—单向阀;5—燃气降温器;6—氧付断流阀;7—氧化剂蒸发器;8—涡轮;9—火药起动器;10—燃气发生器;11—氧付气蚀管;12—燃料付系统气蚀管;13—燃料主阀;14、18、21—电爆管;15—燃料泵;16—齿轮箱;17—氧化剂泵;19—氧化剂气动阀;20—氧化剂贮箱;22—燃料起动阀;23—燃料贮箱;24—膜片阀。

图 10.30　汽化增压系统和化学增压系统

10.4.2.3　吹除与预冷系统

对于液氢/液氧发动机,为了保证其正常工作,必须有吹除系统(purging system)与预冷系统(chilldown system)。吹除系统是为了防止推进剂发生化学反应和冻结,预冷系统包括自然对流式预冷和循环回流式预冷。

10.4.2.4　推进剂利用系统

在液体火箭发动机中,用以调节发动机推进剂混合比,保证推进剂组元(燃料和氧化剂)同时耗尽(或剩余量最小)的控制系统称为推进剂利用系统(propellant utilization system)。推进剂利用系统的组成如图 10.31 所示。

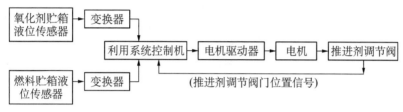

图 10.31　推进剂利用系统

10.4.2.5　起动

火箭发动机的起动为从发出起动指令到进入主级工况的过程,液体火箭发动机大部分故障都发生在起动阶段。推力室的起动过程必须加以控制,以使推进剂及时、平稳地点燃,流量和推力平稳而迅速地达到其额定值。推进剂初始流量要小于全流量。

推力室起动延迟期理论上由以下时间组成:

(1) 推进剂阀门完全打开所需的时间(一般为 0.002～1 s,视阀门类型、尺寸及上游压力而定)。

(2) 填充阀座和喷注器面之间的空腔(管道、喷注器内部供应孔和空腔)所需的时间。

(3) 形成液体推进剂(若低温液体被环境温度下的冷却夹套加热的话则为气态推进剂)离散射流、初始雾化成小液滴以及这些液滴混合所需的时间。

(4) 液滴蒸发和着火所需的时间(试验室试验表明这个时间很短,为 0.02～0.05 s,但这取决于推进剂和可获得的热量)。

(5) 一旦燃烧室某处着火后,火焰传播或加热已进入燃烧室的混合好的推进剂、使其蒸发并升温到点火温度所需的时间。

(6) 将燃烧室温度提高到燃烧能自身维持、然后室压升到其额定值所需的时间。

小推力室通常能在几毫秒内快速起动,而较大的发动机需要 1 s 以上。

非自燃推进剂在开始燃烧之前需要通过吸收能量来激活。这部分能量由点火系统提供,一旦点火后,火焰是自保持的。点火器必须安装在喷注器附近,已经成功使用的点火系统至少有如下 5 种不同的类型。

（1）火花塞：已成功地用于液氧-汽油和氢-氧推力室,特别是在飞行期间要多次起动的推力室,火花塞常安装在喷注器内。

（2）电热丝：已经实现,但用于液体推进剂有时不如火花塞可靠。

（3）火药：使用燃烧时间为数秒的固体推进剂插管或药柱。固体推进剂装药用电点火,燃烧后在燃烧室内产生高温火焰,几乎所有的固体火箭发动机和许多液体火箭发动机推力室都用这种点火方式。

（4）预燃室：少量燃料和氧化剂喷入预燃室并点火,起火的混合物像火炬一样进入主燃烧室,将喷入主燃烧室的大流量主推进剂点燃。这种点火方法可以重复起动变推力发动机,并已成功地用于液氧-汽油和氧-氢推力室。

（5）辅助流体点火这种方法中,除正规的燃料或氧化剂外,在起动的短时间内还将某种液体或气体喷入燃烧室,这种流体是自燃的。

在泵压式发动机中,涡轮的起动包含了自身起动、外能源起动(火药起动或气瓶起动)和抽氢起动等不同类型。

10.4.2.6　关机

火箭发动机的关机是指从发出关机指令到推力下降到零期间的过渡过程。火箭发动机关机时需要减小后效冲量,其方法包括减小关机时发动机的推力,减短管路、减少阀门作动时间,减少剩余推进剂体积,将剩余推进剂强迫排空等。

10.4.3　基本部件

液体火箭发动机的基本部件有推力室、涡轮泵和阀门。本节只介绍推力室(thrust chamber),重点讲解喷注器、燃烧室的基本结构和特点,涡轮泵和阀门略讲。

10.4.3.1　概述

液体火箭发动机推力室组件(见图 10.32)由喷注器、燃烧室、喷管和一些结构连接件组成。所有部件都必须承受极端的燃烧温度条件和各种力,包括传递给飞行器的推力。

10.4.3.2　喷注器

喷注器的作用是将燃料和氧化剂雾化及混合。喷注器的设计对使燃料和氧化剂能够高效混合并且发生反应非常重要。喷注器的作用是将液体推进剂按预定流量和比例引入燃烧室,完成雾化、气化和混合。雾化的作用是扩大液体表面积,增强燃料与氧化剂的混合。几类喷注器如图 10.33 所示,喷注器的类型主要有以下5 种。

（1）撞击式：撞击式多孔喷注器通常用于采用氧-烃和可贮存推进剂的发动机。

（2）莲蓬头式：喷注器产生的推进剂流束不撞击,它们通常垂直于喷注器面射出,V2 曾采用,目前已经不再使用,因为它需要很大的燃烧室容积才能获得较好的燃烧效果。

（3）同轴空心套管式：被大多数国内外火箭发动机设计师用作液氧/气氢喷注

器。可贮存双组元液体推进剂不采用这类喷注器,部分原因是达到高速需要的压降太高。

（4）离心式:由许多喷嘴组成,其上装涡流器或钻有切向小孔,结构复杂,尺寸大,雾化效果好,被广泛采用。

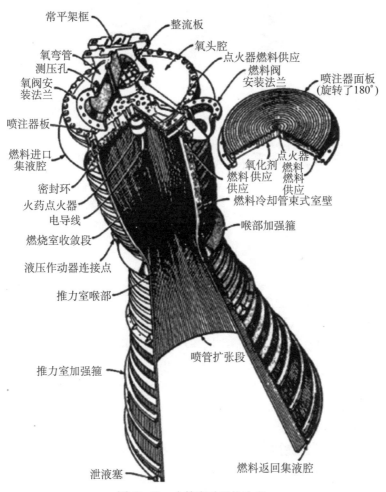

图 10.32　火箭发动机推力室

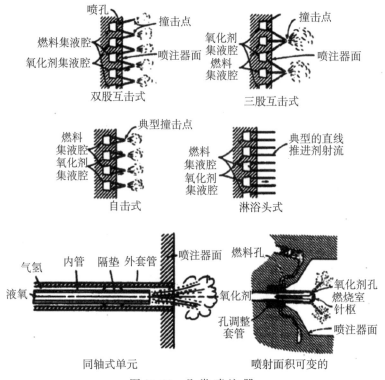

图 10.33　几类喷注器

(5)层板喷注器:如图 10.34 所示,采用多层蚀刻的很薄的板(常常称为层板),重叠并扩散焊在一起,形成喷注器整体结构。它是 Aerojet Propulsion 公司的专利。在每一块板或金属薄片上蚀刻的图案不仅形成了喷注器面上的许多小喷孔,而且还是喷注器内部的推进剂分配或流动通道,有时还形成喷注器内部的细网过滤器。层板既可以平行于喷注器面叠放,也可垂直于喷注器面。

精准加工喷注器内喷注孔间距和相对燃烧室轴线合适的喷注角度可保证液体燃料和氧化剂以合适的混合比混合。喷注孔的位置和方向如果在加工出现问题会导致推进剂混合不均匀、燃烧效率低以及化学反应过程中冷却不充分。相反,喷注器设计和加工精确可避免推进剂向后飞溅冲撞,使得燃烧效率大大提高,推力室壁面处燃烧热可及时交换。

喷注器的流动特性,在给定压降的情况下,喷孔决定了火箭发动机的推进剂流量和混合比。流量公式如下:

$$q_V = C_d A \sqrt{\frac{2\Delta p}{\rho}} \qquad (10.59)$$

$$q_m = q_V \rho = C_d A \sqrt{2\rho\Delta p} \qquad (10.60)$$

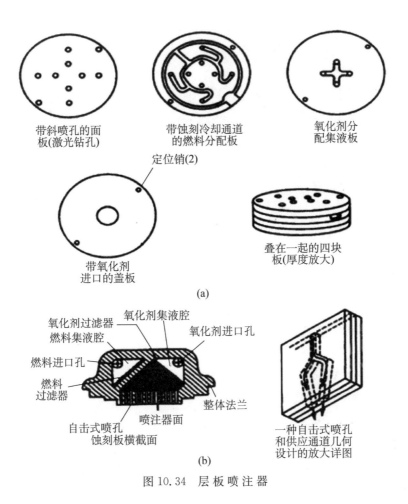

带斜喷孔的面
板(激光钻孔)

带蚀刻冷却通道
的燃料分配板

氧化剂分
配集液板

定位销(2)

带氧化剂
进口的盖板

叠在一起的四块
板(厚度放大)

(a)

氧化剂过滤器
燃料集液腔
氧化剂集液腔
氧化剂进口孔
燃料进口孔
燃料
过滤器
整体法兰
自击式喷孔
蚀刻板横截面
喷注器面

一种自击式喷孔
和供应通道几何
设计的放大详图

(b)

图 10.34　层 板 喷 注 器

式中:q_V 为容积流量;C_d 为无量纲流量系数,是喷注孔几何尺寸和雷诺数的函数。

混合比公式如下:

$$\gamma = \frac{q_{mo}}{q_{mf}} = \frac{(C_d)_o}{(C_d)_f} \frac{A_o}{A_f} \sqrt{\frac{\rho_o}{\rho_f} \frac{\Delta p_o}{\Delta p_f}} \tag{10.61}$$

式中:下标 o 代表氧化剂;f 代表燃料。

喷速公式如下:

$$v = \frac{q_V}{A} = C_d \sqrt{\frac{2\Delta p}{\rho}} \tag{10.62}$$

当氧化剂和燃料射流撞击时,其合成动量可根据下面基于动量守恒原理的关系式计算。图 10.35 画出了一对撞击射流,其中 γ_o 为燃烧室轴线与氧化剂射流的夹角,γ_f 为燃烧室轴线与燃料射流的夹角,δ 为燃烧室轴线和合成射流的夹角。若两

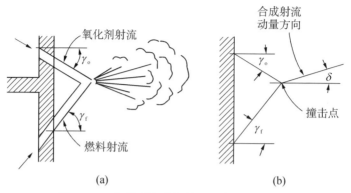

图 10.35　氧化剂和燃料射流撞击及合成射流

股射流撞击前后总的动量相等,则

$$\tan \delta = \frac{q_{mo} v_o \sin \gamma_o - q_{mf} v_f \sin \gamma_f}{q_{mo} v_o \cos \gamma_o + q_{mf} v_f \cos \gamma_f} \tag{10.63}$$

10.4.3.3　燃烧室的形状

燃烧室的几何形状基本可分为 3 种类型:球形、环形和圆筒形,目前广泛采用的是圆筒形燃烧室。燃烧室的容积定义为至喷管喉部截面的容积,包括圆柱形燃烧室和喷管收敛段,忽略拐角半径的影响,燃烧室容积 V_c 为

$$V_c = A_1 l_1 + A_1 l_c \left(1 + \sqrt{\frac{A_t}{A_1}} + \frac{A_t}{A_1} \right) \tag{10.64}$$

燃烧室特征长度 l^* 的定义为具有同样容积、没有喷管收敛段、截面为喉部截面时的直管燃烧室的长度,公式如下:

$$l^* = \frac{V_c}{A_t} \tag{10.65}$$

对于双组元推进剂,l^* 的典型值为 $0.8 \sim 3.0 \, \text{m}$。

推进剂燃气停留时间 t_s 的定义为分子或原子在燃烧室内的停留时间的平均值,公式如下:

$$t_s = \frac{V_c}{q_m v_1} \tag{10.66}$$

停留时间必须用试验确定,通常为 $0.001 \sim 0.04 \, \text{s}$。

10.4.3.4　推力室的冷却

本节将介绍液体火箭发动机推力室的冷却技术。由于液体火箭经常长时间运行,一般有几分钟时间,因此燃烧室壁面剧烈受热。燃烧产物到达的温度取决于推进剂的组分。火箭燃烧室内的各种传热模式都能促使燃烧室壁面被加热。燃气通过收缩-膨胀喷管产生推力。燃气在喷管中膨胀可以将热能转化为动能,而喷管喉道下游部件仍面临气体温度过高的情况,因此需要得到冷却。

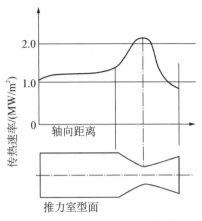

图 10.36　推力室型面的传热效率分布

传热速率或传热强度在发动机内是变化的。推力室型面传热速率的典型分布如图 10.36 所示。峰值总是出现在喷管喉部处,最低值通常在喷管出口附近。燃气总能量中只有 $0.5\%\sim5\%$ 以热量形式传给了燃烧室壁。

推力室的冷却方法有稳态法和瞬态法两种。稳态法包括再生冷却、发汗冷却、辐射冷却和膜冷却。通过冷却可以保证发动机工作时间只受推进剂供应量的限制。

再生冷却(regenerative cooling)是通过在推力室周围制造冷却夹套,并使液体推进剂的一种组元(通常为燃料)在其进入喷注器之前通过冷却夹套流动来实现。主要用于中大推力的双组元推力室以及大多数喷注器。再生冷却技术是既能保证发动机正常工作而又不降低其性能的主要手段,国内外绝大多数大型液体火箭发动机均采用此项技术,但由于再生冷却的物理过程涉及流动、传热及燃烧等诸多方面,而且冷却剂在再生冷却通道内一般处于超临界态,其物性的强烈变化对流动和传热有很大的影响,大高宽比和推力室收敛-扩张外形造成的流道弯曲和通道截面的变化使理论模型比较复杂,目前国外研究主要集中在试验方面,专门对其进行理论分析的文献不多。

再生冷却的通道一般分为管束式(见图 10.37)和层板式两种,两者各有优缺点。

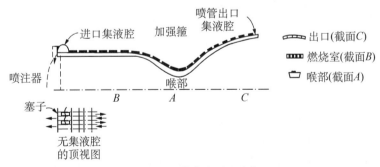

图 10.37　管束式再生冷却

在再生冷却中,冷却剂吸收的热量并没有浪费,它增加了推进剂喷射前的初始能量,使排气速度稍有提高($0.1\%\sim1.5\%$)。这种方法因为与蒸汽再生器相似而称为再生冷却。管束式燃烧室和喷管的设计结合了薄壁(有利于降低热应力和壁温)

和结构温度低、质量轻的优点。管子通常用液压成型的方法制成特殊的形状和截面。

辐射冷却(radiative cooling)是一种简便、结构质量轻的冷却方法,它被广泛地用于燃气温度较低的发动机中。在辐射冷却中,燃烧室和/或喷管只有单层室壁,它由高温材料制造。当其达到热平衡时,室壁通常发红或白热,把热量辐射到外界环境或真空中。辐射冷却用于单组元推力室、双组元和单组元燃气发生器以及面积比在6~10以上的喷管扩张段,少数小型双组元推力室也采用辐射冷却。这种冷却方案在较低的室压(小于250 psi)和中等传热速率下工作得很好。

膜冷却(film cooling)分为气膜冷却和液膜冷却两种。液膜冷却是液体火箭发动机常用的、相对成熟的热防护方法,并发展出了较为成熟的传热传质经验公式。膜冷却的基本原理是用温度较低的薄液膜覆盖和保护与燃气接触的壁面,防止其过热。图10.38所示为形成低温边界层的3种不同方法(中间的方法为固体火箭发动机所用)。

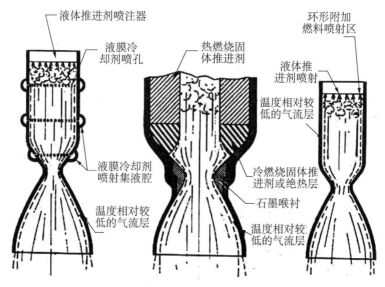

图10.38 形成低温边界层3种不同方法的示意图

发汗冷却技术也是一种特殊类型的膜冷却,分为多孔式和层板式两种。前者使用多孔室壁材料,冷却剂通过小孔均匀分布在壁面上。使用氢燃料的登月运载火箭上面级发动机(J-2)和航天飞机主发动机(SSME)已成功地采用了这种技术来冷却喷注器面。其基本原理为:在金属(不锈钢、锆铜和钛等)超薄板片上蚀刻或激打出许多专门设计的细微通道,然后将这些数量为几十甚至几百的金属板片叠合在一起,经扩散焊接形成一整体结构,再经二次加工后形成所需部件,如层板推力室。发汗冷却的主要优点是压降远小于再生冷却,冷却液流量小,冷却液进入位置适当,有利于提高比冲。

　　由于多孔材料流量分配不均,而且不好控制,于是,发展了层板发汗冷却技术。层板发汗冷却技术的关键是层板构型及推力室结构设计,推力室的性能仿真和优化,试验方案和试验台设计等。

　　瞬态传热或非稳态传热是指推力室内未达到热平衡,推力室内的温度会随工作时间持续上升,火箭发动机必须在任何与燃气接触的壁面达到可能破坏的临界温度之前停止燃烧,这种方法主要用于低室压和低传热速率的情况。瞬态传热基本上可分为两类,一类是简单金属推力室(钢、铜、不锈钢等),其室壁很厚,足以吸收大量热能。另一类是烧蚀冷却或热沉冷却推力室(见图 10.39),常用方法是采用吸热反应、有机物的热解、热流和冷却剂气流的逆流换热、碳化以及局部熔化等的组合带走燃气传给壁面的热流量,防止其过热,这种热防护方式通常用于固体火箭发动机,现在也用于液体发动机的例子。

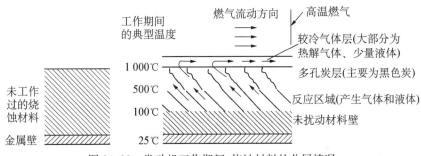

图 10.39　发动机工作期间,烧蚀材料的分层情况

　　在重复起动和关机(也称为脉冲工作)的情况下,烧蚀材料的受热状态比在同样的累计燃烧时间内不中断地工作的情况下更严重。脉冲推力器的工作占空特性定义为燃烧时间或工作时间占总时间的平均比例。在工作占空特性低于 3% 时,两次点火之间的时间足够用于辐射冷却。但在燃烧时间较长时(50% 以上),烧蚀材料隔热层起到了绝热的作用,防止承载部分温度过高。根据设计情况,工作占空特性为 4%～25% 的推力器的热载荷最严重。

　　绝热涂覆法。理论上,在燃烧室燃气侧安装良好的绝热层能有效地降低室壁传热率和壁面温度。然而,良好的绝热材料(如难熔氧化物或碳化陶瓷)的研究工作一直没有成功,这些材料在受到不均匀的热膨胀时会产生裂纹或剥落。表面上的锐边(绝热层的裂纹或剥落片)会引起滞止温度的激升,极可能导致局部破坏。石棉是良好的绝热体,几十年前就已使用。但它是致癌的,现已不再使用。铼和其他金属涂层的开发工作现仍在继续。

　　绝热层或隔热罩已成功地用于辐射冷却推力室的外部,以减少对附近敏感设备或结构的传热。对于烃类燃料,燃气中可能有小的碳粒或碳黑,会导致燃烧室或喷管壁燃气侧积碳。若它是一层很薄、中等黏性的碳黑,则它可作为一绝热层,但这种涂层很难实现,可能性更大的是生成硬的块状沉积,它会引起局部剥落,并形成锐利的边缘,这是不希望出现的,因此,大多数设计师喜欢采用不会产生黏性碳黑的膜冷却或提高冷却夹套中的冷却剂速度。

10.4.3.5　传热分析

火箭发动机的传热分析是非常必要的,一是为有效地选择和设计冷却方式提供依据,二是为确定发动机性能提供条件。传热分析的对象,液体火箭发动机传热主要指推力室传热,其次有燃气发生器传热、蒸发器或加温器传热,此外,凡是涉及有热源或冷源而需要防热、绝热、冷却或加温的地方,都有传热问题。对推力室传热问题进行详细的计算是十分复杂的,涉及多种过程,如雾化、蒸发、燃烧、相变、对流、导热、辐射和变物性等;涉及多个学科,如传热学、热力学、燃烧学、流体力学、化学和数学等。下面仅以推力室再生冷却的一维传热(见图 10.40)为例进行简单的分析,其稳态传热环节包括如下 6 个方面:

(1) 燃气与气壁的对流换热。

(2) 燃气与气壁的辐射换热。

(3) 喷管内壁的导热。

(4) 冷却液的对流换热。

(5) 环境与外壁面的对流换热。

(6) 环境与外壁面的辐射换热。

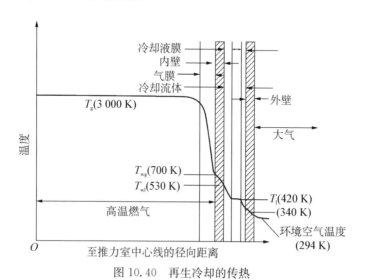

图 10.40　再生冷却的传热

10.5　固体火箭发动机

本节分别从固体火箭发动机概述、固体推进剂及燃烧、装药及内弹道计算、基本组件共 4 个方面对固体火箭发动机进行讲解。

10.5.1　概述

同液体火箭发动机相比,固体火箭发动机相对简单,易于使用,维护工作少。固体火箭发动机的主要用途分类如表 10.7 所示,固体火箭发动机的分类如表 10.8 所示。图 10.41 画出了 STAR™27 火箭发动机(用于卫星轨道机动)的横截面,其在设计高度推力为 6 000 lbf 时,燃烧时间为 34.5 s,初始质量为 796 lb。图 10.42 所示为"飞马座"空射三级运载火箭的助推器,采用翼柱型装药,50 in 直径的壳体加了结构增强使"飞马座"火箭固定在发射飞机上并且可以在壳体上安装翼;最大真空推力为 726 kN,工作时间为 68.6 s,真空比冲为 295 s。推进剂质量为 15 014 kg,初始质量为 16 383 kg。

表 10.7　固体火箭发动机的主要用途分类

类型	应用	典型特征
大型助推器、二级发动机	运载火箭;远程弹道导弹的基础级	大直径(超过 48 in);壳体 $l/D = 2 \sim 7$;燃烧时间 $t = 60 \sim 120$ s;应用于低高度,喷管面积比小($6 \sim 16$)
高空发动机	多级弹道导弹或者运载火衡的上面级;空间机动	高性能推进剂;大的喷管面积比($20 \sim 200$);$l/D = 1 \sim 2$;燃烧时间 $t = 40 \sim 120$ s
战术导弹	1. 高加速度:短程轰炸,反坦克导弹	发射管发射,$l/D = 4 \sim 13$;燃烧时间很短($0.25 \sim 1$ s);小直径($2.75 \sim 18$ in);有些是自旋稳定的
	2. 中等加速度:空对地,地对空,近程地对地和空对空导弹	小直径($5 \sim 8$ in);$l/D = 5 \sim 10$;通常有鳍或翼;推力在发射时大,随后减小(助推-续航);许多有长尾管;较宽的环境温度限制;有时最低温度为 -53℃,最高温度为 71℃;通常有较高的加速度;推进剂少烟或者无烟
弹道导弹防御	防御远程和中程弹道导弹	助推火箭和小型上面机动级,带有多个姿态控制喷管和一个或者多个侧向力喷管或转向喷管
燃气发生器	飞行员紧急逃生;从潜艇发射管或者陆上移动发射管推出导弹;短期能量提供;喷气发动机起动;弹药弥散;火箭涡轮泵起动;汽车安全气囊	通常气体温度较低;结构、设计和推进剂各异;目的是产生高压、高能气体而不是产生推力

表 10.8　固体火箭发动机的分类

分类原则	分类示例
用途	如表 10.7 所示
直径/长度	$0.005 \sim 6.6$ m;$0.025 \sim 45$ m

(续表)

分类原则	分类示例
推进剂	复合药:金属粉末(燃料),氧化剂晶体和聚合物黏合剂的多相(物理的)混合物 双基药:两种炸药的均相(胶体的)混合物(通常硝化甘油在硝化纤维素中) 复合改性双基药:将复合药和双基药组合 燃气发生器和其他
壳体设计	整体的钢:一整块钢的壳体 整体纤维:在塑料基体上缠绕纤维(高强度纤维) 分段的:无体(通常为钢)和装药是分段的,分开运输,在发射场组装
装药结构	柱状:圆柱形,通常是空心的 端面燃烧:实心的圆柱形装药 其他结构
装药安装	贴壁浇注:在装药和壳体之间或者装药和绝热层、壳体之间进行黏结;通常推进剂直接注入壳体 自由装填:装药在发动机壳体外成型然后装配进壳体
爆炸危险性	危险等级:燃烧和爆炸(不是爆燃)引起灾难性的失败;或者爆燃引起的灾难性失败
推力形式	等面燃烧装药:燃烧期间推力基本保持恒定 增面燃烧装药:推力随时间增大 减面燃烧装药:推力随时间减小 脉冲火箭:有两个或者更多的推力脉冲或者燃烧时段 分段推力火箭:通常有两种不同的推力
毒性	有毒和无毒的排气

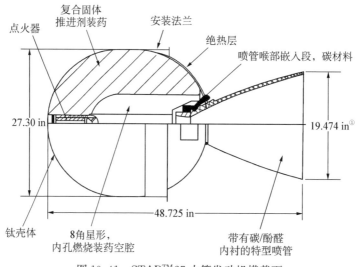

图 10.41　STAR™27 火箭发动机横截面

---

① in 即英寸,1 in＝2.54 cm。

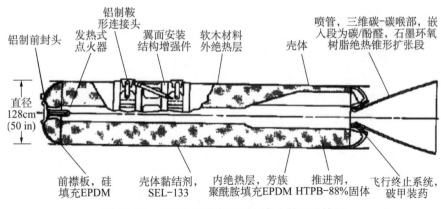

图 10.42　"飞马座"空射三级运载火箭的助推器

10.5.2　固体推进剂及燃烧

10.5.2.1　固体推进剂

　　常用的固体推进剂(solid propellant)分为两大类:一是均质推进剂(homogeneous propellant),二是异质推进剂(heterogeneous propellant)。

　　双基推进剂(double-base propellant)是一种均质推进剂,通常由固体硝化纤维素吸收液体硝化甘油(NG),再加少量添加剂组成。两种主要成分的分子结构中都含有可燃剂和氧化剂。双基推进剂的优点是药柱质地均匀,结构均匀,再现性好;良好的燃烧性能,燃烧速度压力很小;工艺性能好;具有低特征信号,排气少烟或无烟;常温下有较好的安定性、力学性能和抗老化性能;原料来源广泛,经济性好。缺点是能量水平和密度偏低,高、低温下力学性能变差。双基推进剂主要用于小型固体燃气发生器。

　　双基推进剂的最大缺点是能量低,且用挤压工艺难于制造大型药柱。因此,发展了浇注双基推进剂工艺,并在其中又加入了高氯酸铵和金属粉末,有的还加入了奥克托金(HMX)、黑索金(RDX)、吉纳等,这样制成的推进剂称为改性双基(modified double-base,MDB)推进剂。目前已研制成功了 4 类改性双基推进剂,包括复合改性双基推进剂、硝铵改性双基推进剂、复合双基推进剂和交联改性双基推进剂。改性双基推进剂是一种异质推进剂。

　　复合推进剂(composite propellant)也是一种异质推进剂。由晶体氧化剂、黏合剂和金属燃烧剂组成,黏合剂将晶体氧化剂和金属燃烧剂紧紧黏合在一起,并具有适当的力学性能。复合推进剂通常按黏合剂分类。氧化剂通常占推进剂总重量的60%~80%,许多无机化学品可作为氧化剂,如高氯酸盐类(高氯酸铵、高氯酸钾),硝酸盐类(硝酸铵、硝酸钾),奥克托金和黑索金;现在使用最多的是含氧量较高的高氯酸铵(AP,又称为过氯酸铵)。复合推进剂综合性能良好,使用温度范围较宽,能量较高,力学性能较好,广泛用于各种类型的固体火箭发动机,尤其是大型火箭发动机。

对固体火箭发动机设计来说,按照推进剂的特性要求,推进剂的选择是严格的。推进剂的特性包括如下几个方面。

(1) 能量特性:表征参数为燃烧热、比冲、特征速度;

(2) 燃烧性能:表征参数为燃速 $r = \mathrm{d}e/\mathrm{d}t$;

(3) 力学性能:表征参数为拉伸强度、伸长率、模量、玻璃化温度;

(4) 安全性能:要求对外界激发能源敏感度尽可能低、点火可靠,禁止爆燃、爆轰;

(5) 贮存性能:表征参数为贮存寿命,要做到抗老化。

10.5.2.2　燃烧

1) 固体推进剂的燃烧性能

燃速(burning rate)的定义为燃烧过程中推进剂装药燃烧表面沿其法线方向向推进剂内部连续推进的速度。

设在 $\mathrm{d}t$ 时间内燃面推移的距离为 $\mathrm{d}e$,则燃速 r 可表示为

$$r = \frac{\mathrm{d}e}{\mathrm{d}t} \tag{10.67}$$

燃速主要采用试验方法测定,测量装置如图 10.43 所示。

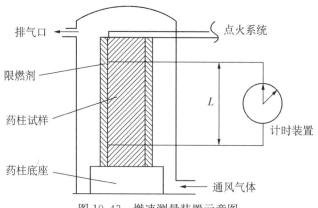

图 10.43　燃速测量装置示意图

对于常用的推进剂,在固体火箭发动机的工作压力范围内,燃速的经验公式主要有如下 3 种形式。

(1) 指数燃速公式:

$$r = ap_1^n \tag{10.68}$$

式中:a 为燃速系数;n 为燃速的压力指数。

(2) 线性燃速公式:

$$r = a_1 + b_1 p_1 \tag{10.69}$$

式中:a_1,b_1 为燃速系数。

（3）萨默菲尔德燃速公式：

$$\frac{1}{r} = \frac{A}{p_1} + \frac{B}{p_1^{1/3}} \tag{10.70}$$

式中：A、B 为燃速系数。

影响燃速的因素有如下两个方面。

（1）推进剂的化学成分和物理结构对燃速的影响，燃速随下列因素而增大：

a. 添加燃速催化剂，或增大催化剂的百分数。

b. 减少氧化剂颗粒尺寸。

c. 增加氧化剂含量百分数。

d. 增加黏结剂的燃烧热。

e. 在推进剂中加入金属丝。

（2）发动机的工作条件对燃速的影响，包括：

a. 燃烧室的压力。

b. 装药的初温。

c. 侵蚀燃烧，指的是平行于燃烧表面的气流速度作用。

d. 各种加速度的作用。

现在讲一下装药初温的影响。燃速对装药初温的敏感性可以采用燃速的温度敏感系数和压力的温度敏感系数来表示。燃速的温度敏感系数 σ_p 定义为在特定的燃烧室压力下，推进剂温度变化 1 K 对应燃速变化的百分数。公式如下：

$$\sigma_p = \left(\frac{\delta \ln r}{\delta T}\right)_p = \frac{1}{r}\left(\frac{\delta r}{\delta T}\right)_p \tag{10.71}$$

将式（10.68）代入式（10.71），可得

$$\sigma_p = \left[\frac{\delta \ln(ap_1^n)}{\delta T}\right]_p = \frac{1}{a}\left(\frac{\delta a}{\delta T}\right) \tag{10.72}$$

压力的温度敏感系数 π_K 定义为在特定的 K（K 是燃面面积 A_b 与喷管喉部面积 A_t 的比值）值下，推进剂温度变化 1 K 对应燃烧室压力变化的百分数。公式如下：

$$\pi_K = \left(\frac{\delta \ln p}{\delta T}\right)_K = \frac{1}{p}\left(\frac{\delta p}{\delta T}\right)_K \tag{10.73}$$

装药的初温还对发动机压力、推力和工作时间造成影响，如图 10.44 所示。

2）固体推进剂的稳态燃烧

双基推进剂的稳态燃烧，燃烧过程如图 10.45 所示，包括如下各个阶段。

（1）固相预热区。

（2）表面层反应区：燃面处非常薄的表层（1～3 μm），放热量占总燃烧热的 10% 左右。

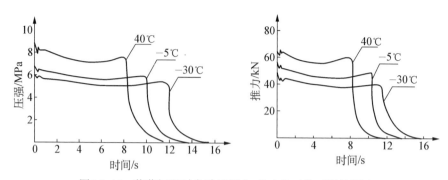

图 10.44 装药初温对发动机压力、推力和工作时间的影响

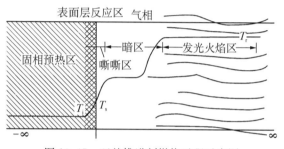

图 10.45 双基推进剂燃烧过程示意图

(3) 嘶嘶区:在燃面附近反应十分剧烈,甚至嘶嘶发声,放热量占总放热量的40%左右。

(4) 暗区:积聚能量的准备阶段,反应速度较慢,温度仅为1100～1500℃,还达不到发光的程度。

(5) 发光火焰区:放热量约占总热量的50%,温度升高到2500℃以上。

复合推进剂的稳态燃烧与双基推进剂不同,由于复合推进剂的种类繁多,其燃烧过程也复杂得多。高氯酸铵(AP)是目前复合推进剂中使用最为广泛的一种氧化剂,关于AP复合推进剂的燃烧模型具有代表性的有3种:粒状扩散火焰模型、多火焰模型和小粒子集合模型,具体如图10.46～图10.48所示。

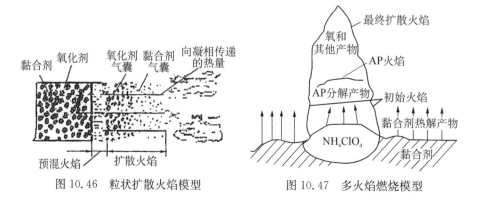

图 10.46 粒状扩散火焰模型　　　图 10.47 多火焰燃烧模型

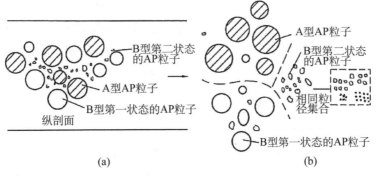

图 10.48　小粒子集合模型

(a) 氧化剂粒度、类型随机分布的实际推进剂　(b) 氧化剂粒度、类型单分散的假想推进剂

3）燃烧不稳定性

固体推进剂的燃烧不稳定性表现为振荡燃烧，燃烧室压力随时间周期性或近似周期性振荡，具体分类包括下面 3 种。

（1）声学不稳定性和非声学不稳定性燃烧。

（2）线性不稳定性和非线性不稳定性燃烧。

（3）高频、中频、低频不稳定燃烧。

对于高频不稳定性的防、抑措施有改进推进剂配方和增加抑制装置等。

10.5.3　装药及内弹道计算

10.5.3.1　装药的分类及基本术语

固体推进剂装药有很多种分类方法，举例如下：

（1）按药柱横截面的几何形状进行装药的分类，如图 10.49 所示。

管形装药　　星形装药　　车轮形装药　　多孔形装药　　水母形装药　　狗骨形装药

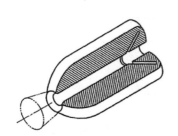 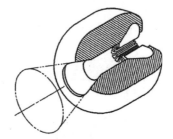

锥柱形装药　　　　　　　　　翼柱形装药

图 10.49　按药柱的几何形状区分的各种装药

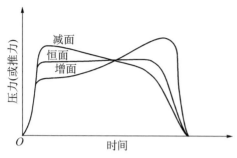

图 10.50　按照压力-时间特性的装药分类

（2）按燃烧表面随时间的变化规律进行装药的分类，如图 10.50 所示，包括增面燃烧药柱、减面燃烧药柱和中性燃烧药柱。

（3）按燃烧表面所处的位置分类，包括端面、侧面、侧端面燃烧药柱。

（4）按装药在壳体中方式分类，包括自由装填药柱、壳体黏结装药。

关于装药的一些基本术语包括以下几种。

（1）绝热层：在固体火箭发动机内壁和喷管的某些部位粘贴的具有一定厚度的耐烧蚀、隔热材料，它作为燃烧室的内衬，保护壳体不受烧蚀。

（2）包覆层：将药柱不参与燃烧的表面用阻燃材料覆盖的一层。

（3）药柱长径比：指药柱长度 l 与药柱直径 D 之比。

（4）肉厚：药柱的最小厚度，从最初燃烧表面到绝缘壳体壁或到另一个燃烧表面交界面的距离。它是决定燃烧时间的药柱厚度，用 e_1 表示，t_b 为药柱的燃烧时间，公式如下：

$$e_1 = \int_0^{t_b} r \mathrm{d}t \tag{10.74}$$

（5）肉厚系数：对于壳体黏结的内燃药柱，肉厚系数 W_f 是肉厚 e_1 与药柱外半径 $D/2$ 之比：

$$W_f = 2e_1/D \tag{10.75}$$

（6）容积装填系数：推进剂容积 V_p 对可供推进剂、绝热层和保护层利用的燃烧室容积 V_c 之比（不考虑喷管）：

$$V_f = V_p/V_c = I_t/(I_s \rho_p V_c g_0) \tag{10.76}$$

式中：V_f 为容积装填系数；I_t 为总冲；I_s 为比冲；ρ_p 为推进剂的密度。

（7）余药：所谓余药是指肉厚烧完时，未燃烧的残余推进剂。

（8）余药系数 η_f 是指余药截面积 A_f 与药柱初始截面积 A_0 之比

$$\eta_f = A_f/A_0 \tag{10.77}$$

10.5.3.2　选择药柱的基本原则

选择药柱的几何形状，一般遵循下列的基本原则：

（1）内弹道（internal ballistic）特性。

药柱燃烧面积及其随时间的变化规律应满足发动机的推力-时间和压强-时间曲线要求。同时，应尽可能使其容积装填系数大，使其余药系数小，以提高发动机的质量比。

（2）结构完整性。

结构完整性包括两方面内容：一是药柱本身的结构完整性；二是燃烧室（含药柱）的结构完整性。在满足发动机的内弹道要求前提下，尽量使药柱形状简单，减少高应力和应力集中区，防止药柱过度变形、裂纹和脱黏。燃烧室要求药柱能起隔热作用，因而希望采用内孔燃烧药柱。药柱脱黏会造成燃烧室内壁与药柱黏结部位过早地暴露在燃气中，并且脱黏、裂纹和变形都会影响发动机的内弹道特性，严重时会引起发动机爆炸。

（3）工艺性。

在满足发动机的内弹道特性的基础上，从药柱结构完整性和加工工艺考虑，药柱形状越简单越好。药柱设计必须考虑工厂加工能力，尽量采用现成工艺，减少专用工装和模具。

10.5.3.3　常用几种装药的特点

1）端面燃烧装药

端面燃烧装药如图 10.51 所示，几何尺寸一般用药柱外径 D、长度 l 来表征，特点如下：

（1）形状简单、制造容易。

（2）肉厚等于药柱的长度 l，容积装填系数很高。

（3）容易保证恒面燃烧、强度高。

（4）不存在侵蚀效应。

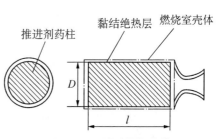

图 10.51　端面燃烧装药

（5）工作时间由药柱的长度决定，可达几百秒。

（6）发动机壳体需要较厚的绝热层，增加了消极质量。

（7）工作过程中发动机重心移动较大。

（8）推力较小，点火较困难等。

2）侧燃装药

侧燃装药包括管形药柱、星形药柱、车轮形药柱和管槽形药柱。

（1）管形药柱。

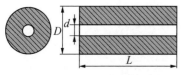

图 10.52　管形药柱

管形药柱如图 10.52 所示，主要几何参数有：药柱外直径 D、内孔直径 d 和药柱长度 L。特点是几何形状简单、制造工艺成熟；需采取绝热措施，增加了发动机的消极重量；燃烧结束时有碎药喷出，还可能导致燃烧结束时产生压力峰。

（2）星形药柱。

星形药柱如图 10.53 所示，是用药柱外径 D、肉厚 e_1、星角数 n、星边夹角 θ、过

渡圆弧半径 r、星角系数 ε、特征尺寸 l、药柱长度 L 来表征的。特点是能提供恒面性
燃烧,又可以获得减面或增面燃烧;可以压制也可以浇铸成型;贴壁浇铸时,室壁不
与燃气接触而免于受热,发动机工作时间可以长些;有余药,使装药利用率降低,同
时也使发动机压力、推力曲线有较长的拖尾现象;药柱模型复杂,制造困难,在星角
处有应力集中现象,易产生裂纹,使药柱强度降低。

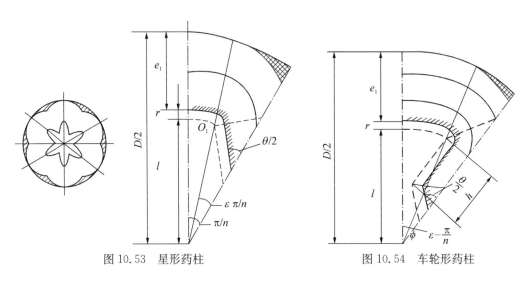

图 10.53   星形药柱   图 10.54   车轮形药柱

(3) 车轮形药柱。

车轮形药柱如图 10.54 所示,是用药柱外径 D、肉厚 e_1、特征尺寸 l^*、辐条数 n、
圆弧半径 r、辐条夹角 θ、辐条高度 H、幅角系数 ε、装药长度 l 来表征的,典型的肉厚
系数为 0.2~0.3。特点是在外径和长度相同的情况下,其燃烧面比星形药柱大;形
状更为复杂,又有很大悬臂质量的辐条,在受到冲击和振动载荷时,药柱可能出现强
度问题;由于肉厚薄,燃烧面积大。适用于推力大、工作时间短的助推器和点火发
动机。

(4) 管槽形药柱。

管槽形药柱如图 10.55 所示,主要几何参数有:药柱外径 D、药柱内径 d、药柱圆
柱端长度 l、肉厚 e_1、开槽数目 n、开槽长度 $l_\text{槽}$、开槽宽度 b 和相邻槽间夹角 2α。特点

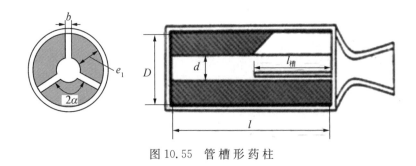

图 10.55   管 槽 形 药 柱

是无余药,药形简单,有较高的容积装填系数;但为了防止槽中的燃气与燃烧室内壁接触,需采用隔热措施,使发动机的消极重量增加。适用于大肉厚(肉厚系数为0.5~0.9)、高容积装填系数的中小型固体火箭发动机。

10.5.3.4　单室双推力药柱

单室双推力药柱的类型有采用高低两种燃速的推进剂和采用不同燃面的两种,主要用于需要在飞行器的助推段提供一个高推力,在续航段提供一个较低的推力的场合。几种单室双推力药柱如图 10.56 所示。

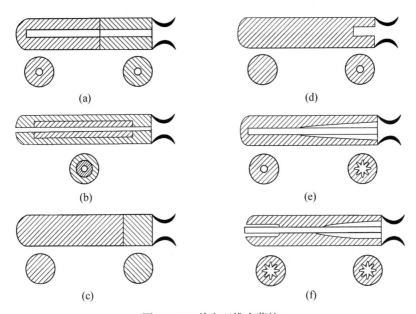

图 10.56　单室双推力药柱

（a）两种燃速药柱串装　（b）两种燃速药柱同心套装　（c）两种燃速端面燃烧药柱
（d）、（e）利用不同燃面实现加速和续航　（f）利用不同燃面实现加速-续航-加速

10.5.3.5　零维内弹道计算

内弹道学是从枪炮技术中引来的一个术语。原意是研究发射过程中弹丸在膛内的运动和膛内压强的变化。固体火箭发动机内弹道学的核心是研究发动机燃烧室内压强随时间变化的规律。因此,内弹道计算就是计算燃烧室内燃气压强-时间曲线,其最终目的是计算发动机推力-时间曲线和质量流率-时间曲线,为火箭、导弹外弹道计算提供依据。

在推导通道零维内弹道基本方程时,要做的基本假设为:

（1）燃烧室内部的气体参数,如压强 p_1,燃烧温度 T_1 均匀一致。

（2）药柱燃面上各点的燃速相等,且服从指数燃速公式。

（3）燃气服从气体状态方程。

（4）燃烧产物的成分不变,与成分有关的物理量均为常数。

(5) 喷管扩张段的燃气已达到超声速,其燃气质量流量满足超声速。

根据质量守恒定律,药柱单位时间燃烧生成的燃气质量等于流经喷管的质量流量与燃烧室内燃气质量增加率之和,公式如下:

$$\rho_p A_b r = q_m + \frac{\mathrm{d}}{\mathrm{d}t}(\rho_1 V_1) \tag{10.78}$$

式中:V_1 为燃烧室的自由容积;A_b 为药柱的燃烧面积;r 为推进剂的燃速。将燃速公式和质量流量公式代入式(10.78)得

$$\rho_p A_b a p_1^n = \Gamma(k)\,\frac{p_1 A_t}{\sqrt{RT_1}} + \rho_1\,\frac{\mathrm{d}V_1}{\mathrm{d}t} + V_1\,\frac{\mathrm{d}\rho_1}{\mathrm{d}t} \tag{10.79}$$

自由容积的变化是由药柱燃烧引起的,所以

$$\mathrm{d}V_1/\mathrm{d}t = A_b r \tag{10.80}$$

由气体状态方程 $\rho_1 = p_1/RT_1$,可得

$$\frac{\mathrm{d}\rho_1}{\mathrm{d}t} \approx \frac{1}{RT_1}\,\frac{\mathrm{d}p_1}{\mathrm{d}t} \tag{10.81}$$

$$(\rho_p - \rho_1)A_b a p_1^n RT_1 = \Gamma(k) p_1 A_t \sqrt{RT_1} + V_1\,\frac{\mathrm{d}p_1}{\mathrm{d}t} \tag{10.82}$$

引入特征速度 $C^* = \sqrt{RT_1}/\Gamma(k)$,于是式(10.82)变为零维内弹道计算的基本方程:

$$\frac{V_1}{\Gamma(k)^2}\,\frac{\mathrm{d}p_1}{\mathrm{d}t} = (C^*)^2 \rho_p A_b a p_1^n - C^* p_1 A_t \tag{10.83}$$

式(10.83)表明任一瞬间燃烧室压力的变化率为燃气生成率和流经喷管的质量流量之差,并与推进剂性质和发动机尺寸有关。

一般在稳态燃烧时,有 $\dfrac{\mathrm{d}p_1}{\mathrm{d}t} = 0$,此时式(10.83)变为

$$p_1 = (C^* \rho_p a K)^{\frac{1}{1-n}} \tag{10.84}$$

式中:$K = A_b/A_t$,叫做燃喉比。式(10.84)给出了准稳态燃烧的平衡压强公式,也称零维平衡压强公式。

10.5.4 基本组件

固体火箭发动机的基本组件有发动机壳体、喷管、点火装置、推力矢量控制装置、推力终止装置等。下面简单介绍一下发动机壳体和喷管的设计要求。

固体火箭发动机的发动机壳体不仅要容纳推进剂装药,也是承受很大载荷的压力容器。壳体的设计制造技术已经发展到可以为任何用途的固体发动机始终如一

地生产出有效而可靠的发动机壳体的程度。大多数壳体的问题源于现有技术使用不当或者设计分析不当、对使用需求理解不当或者材料选择或其工艺过程控制不当,包括生产过程中漏掉了关键项目中的非破坏性试验。壳体设计通常要综合发动机和飞行器的要求。发动机壳体除了和喷管、推进剂药柱等构成火箭发动机的结构体外,还常常作为导弹和运载火箭的基本结构。因此,壳体的优化设计往往需要在壳体设计参数和飞行器设计参数之间做出折中。另外壳体设计还常受装配和制造要求的影响。

　　几乎所有的固体火箭发动机都采用烧蚀冷却方式。一般固体火箭喷管结构设计成以钢壳体或铝壳体(外壳)来承受结构载荷(发动机工作压力载荷和喷管作动器的最大载荷),壳体上面黏结复合烧蚀衬层。烧蚀衬层用于给钢或铝壳体绝热,提供燃气充分膨胀以产生推力所需的气动内型面,并且衬层以可控制和可预测的方式烧蚀和碳化,能防止热量积累起来损坏或严重削弱外壳结构和黏结材料。固体发动机喷管设计要确保有足够厚的烧蚀层,以保证在发动机工作期间衬层和壳体黏合界面的温度低于黏结结构性能发生下降的温度。喷管的结构从简单的、单块的、非活动石墨喷管到复杂的、能控制推力矢量方向的多块活动喷管都有。简单的小型喷管一般适用于低室压、短期工作(可能不到 10 s)、低面积比和/或小推力的用途。为满足喷管设计的更高要求,例如提供推力矢量控制、在高室压下(因此传热率更高)和/或高空中(喷管膨胀比大)工作、产生很大的推力以及在更快的发动机燃烧时间(30 s以上)内保持喷管完好,通常需采用复杂喷管。

参 考 文 献

[1] 关英姿. 火箭发动机教程[M]. 哈尔滨:哈尔滨工业大学出版社,2006.

[2] G·P·萨顿,O·比布拉兹. 火箭发动机基础[M]. 洪鑫,张宝炯,等译. 北京:科学出版社,2003.

[3] 赛义德·法罗基. 飞机推进[M]. 刘洪,陈方,杜朝辉,译. 上海:上海交通大学出版社,2011.

思考和练习题

1. 简述火箭发动机的分类。
2. 试述化学火箭发动机的能量转换过程。
3. 简述固体火箭发动机的应用。
4. 挤压式液体火箭发动机与泵压式液体火箭发动机有何区别?
5. 电火箭发动机有何特点? 它包括几种类型?
6. 什么是推力室的推力? 推力室的推力由哪几部分组成?
7. 试说明火箭发动机的高度特性。
8. 某运载火箭助推器的数据如下:起飞时质量为 277 t,分离时质量为 40 t,工作时间为 129 s,推力为 4893 kN。求:①质量比;②推进剂质量分数;③推进剂的流量;④比冲;⑤推重比;⑥总冲。

9. 试分析一下影响排气速度的主要因素,并说明原因。

10. 特征速度 C^* 的定义是什么? 它的物理意义是什么?

11. 推力系数的定义是什么? 它的物理意义是什么? 影响推力系数的主要因素有哪些?

12. 某理想火箭发动机的参数如下:

燃气的平均摩尔质量为 24 kg/kmol;

燃烧室压力为 2.533 MPa;

喷管出口压力为 0.090 MPa;

燃烧室温度为 2900 K;

喉部面积为 0.0005 m²;

比热为 1.3。

试求:①喉部速度;②喉部比体积;③推进剂流量;④推力;⑤喉部的马赫数;⑥比冲。

13. 按下述条件设计一个发动机喷管:

燃烧室压力为 2.068 MPa,

环境大气压力为 0.1013 MPa,

燃烧室温度为 2861 K,

气体平均摩尔质量为 21.87 kg/kmol,

理想比冲为 230 s,

热容比为 1.229,

设计推力为 1300 N。

试求:喷管喉部面积与出口面积、喉部直径与出口直径、实际排气速度及实际比冲。

14. 随着高度变化,喷管中可能出现的过程有哪些?

15. 喷管构型主要指喷管的哪部分? 目前成熟的喷管构型有哪几种? 各自的特点是什么?

16. 实际喷管的能量损失有哪些?

17. 简述液体推进剂的分类。

18. 液体推进剂的燃烧包括哪几个过程? 有何特点?

19. 抑制液体推进剂燃烧不稳定可采取哪些措施?

20. 液体火箭发动机的气液系统有哪些?

21. 液体火箭发动机的点火系统有哪几种类型?

22. 减小后效冲量的方法有哪些?

23. 液体火箭发动机的推力室中常用的冷却方式有几种? 试述冷却机理、优缺点和使用范围。

24. 试画出再生冷却推力室内的温度分布图。

25. 固体推进剂有哪几类? 简述各类推进剂的主要特点(包括主要组分、能量范围)。

26. 简述固体推进剂药柱的分类。

27. 端面燃烧药柱、管形药柱、星形药柱、车轮形药柱、管槽形药柱有何特点?

28. 建立内弹道零维模型时采用了哪些假设? 试推导零维内弹道计算的基本方程。

29. 固体火箭发动机的基本组件有哪些?

附录 叶轮机气动热力学基本方程

A.1 重要的气流参数及气动热力学函数

A.1.1 系统与控制体

在气体动力学中,系统是指某一确定气体质点集合的总体。系统以外的环境称为外界,分隔系统与外界的界面称为系统的边界。系统通常是研究的对象,外界则用来区别于系统。系统将随系统内质点一起运动,系统内的质点始终包含在系统内,系统边界的形状和所围空间的大小可随运动而变化。系统与外界无质量交换,但可以进行有力的相互作用及能量(热和功)交换。

控制体是指在气体所在的空间中,以假想或真实气体边界包围,固定不动形状任意的空间体积,包围这个空间体积的边界面称为控制面。控制体的形状与大小不变,并相对于某坐标系固定不动。控制体内的气体质点组成可以变化,控制体既可通过控制面与外界有质量和能量交换,也可与控制体外的环境有力的相互作用。

A.1.2 拉格朗日描述与欧拉描述

描述气体物理量有两种方法:一种是拉格朗日描述;一种是欧拉描述。

拉格朗日描述也称随体描述,它着眼于流体质点,并认为流体质点的物理量是随流体质点及时间变化的,即把流体质点的物理量表示为拉格朗日坐标及时间的函数。

欧拉描述也称为空间描述,它着眼于空间点,认为流体的物理量随空间点及时间变化,即把流体物理量表示为欧拉坐标及时间的函数。从数学分析知道,某时刻一个物理量在空间的分布一旦确定,该物理量在此空间形成一个场。因此,欧拉描述实际上描述了一个物理量的场。

A.1.3 雷诺输运方程

拉格朗日描述和欧拉描述可以描述同一物理量,互相间可以转换。利用雷诺输运方程就可以把适用于一个流体闭系统的各个基本物理定律应用于控制体,很方便地导出气体动力学中一些欧拉基本方程,包括连续方程、运动方程、能量方程等。

雷诺输运方程可以表述为:系统内物理量 q 随时间的变化率,等于控制体内该物理量随时间的变化率加上通过控制面该物理量的净流出率。其中,物理量 q 可以为气体的任意标量或矢量函数,其具体表达式如下:

$$\frac{D}{Dt}\int_V q\,\mathrm{d}V = \frac{\partial}{\partial t}\int_V q\,\mathrm{d}V + \oint_A q(v \cdot \boldsymbol{n})\mathrm{d}A \qquad (\mathrm{A}.1)$$

A.1.4 物质导数

气体质点物理量随时间的变化率称为物质导数,或随体导数、随流导数、质点导数,以 $\frac{D}{Dt}$ 表示,是气体的某一物理量函数对时间的全导数,其具体表达式如下:

$$\frac{Dq}{Dt} = \frac{\partial q}{\partial t} + v \cdot \nabla q \qquad (\mathrm{A}.2)$$

式中:右边第一项称为当地导数,表示空间某一点气体物理量随时间的变化;右边第二项称为对流导数,是气体物性随空间坐标变化而变化。哈密尔顿算子 ∇ 在直角坐标系中的表达式如下:

$$\nabla = \frac{\partial}{\partial x}\boldsymbol{i} + \frac{\partial}{\partial y}\boldsymbol{j} + \frac{\partial}{\partial z}\boldsymbol{k} \qquad (\mathrm{A}.3)$$

当研究对象是气体体积分物理量时,其物质导数如下:

$$\frac{D}{Dt}\int_V q\,\mathrm{d}V = \int_V \frac{\partial q}{\partial t}\mathrm{d}V + \int_V \nabla \cdot (q\,v)\mathrm{d}V \qquad (\mathrm{A}.4)$$

应用高斯散度定理:

$$\oint_A q \cdot \boldsymbol{n}\mathrm{d}A = \int_V \nabla \cdot q\,\mathrm{d}V \qquad (\mathrm{A}.5)$$

可得

$$\frac{D}{Dt}\int_V q\,\mathrm{d}V = \frac{\partial}{\partial t}\int_V q\,\mathrm{d}V + \oint_A q(v \cdot \boldsymbol{n})\mathrm{d}A \qquad (\mathrm{A}.6)$$

式(A.6)即为雷诺输运方程。

A.1.5 质量力与表面力

作用在叶轮机械气体上的力分成两大类:质量力与表面力。

质量力又叫彻体力、体积力,是作用在流体微团内所有质量上的力,其大小与气体体积或质量成正比,而与体积以外的流体的存在无关。这类力中最常见的是重力;此外,对于非惯性坐标系,质量力还应该包括惯性力。当气体在叶轮机械气动热力学内运动时,取与转子以相同角速度旋转的动坐标系即相对坐标系来研究气体的运动时,就要考虑惯性离心力和哥氏力。

质量力是一个矢量,一般用单位质量所具有的质量力 f_v 来表示,其在直角坐标系(x, y, z)中的形式如下：

$$\boldsymbol{f}_V = f_{Vx}\boldsymbol{i} + f_{Vy}\boldsymbol{j} + f_{Vz}\boldsymbol{k} \tag{A.7}$$

式中：f_{Vx}，f_{Vy}，f_{Vz} 为单位质量力在各直角坐标轴上的投影。

表面力是作用在所研究的气体体积表面上的力，是由与这块气体相接触气体或物体的作用而产生的。表面力也是一个矢量，按其作用方向可以将单位表面力分解为两种：一是沿表面内法线方向的压力，称为压应力，用 σ 表示；另一种是沿表面切向的摩擦力，称为切应力，用 τ 表示。

任意 $\boldsymbol{n}$ 方向的平面应力，用 $\boldsymbol{P}_n$ 表示，其是一个二阶张量场，记作

$$\boldsymbol{P}_n = \boldsymbol{\pi} \cdot \boldsymbol{n} \tag{A.8}$$

应力张量 $\boldsymbol{\pi}$ 的直角坐标表达式如下：

$$\boldsymbol{\pi} = \begin{bmatrix} \sigma_{xx} & \tau_{xy} & \tau_{xz} \\ \tau_{xy} & \sigma_{yy} & \tau_{yz} \\ \tau_{xz} & \tau_{yz} & \sigma_{zz} \end{bmatrix} = \begin{bmatrix} \sigma'_{xx} & \tau_{xy} & \tau_{xz} \\ \tau_{xy} & \sigma'_{yy} & \tau_{yz} \\ \tau_{xz} & \tau_{yz} & \sigma'_{zz} \end{bmatrix} + \begin{bmatrix} -p & 0 & 0 \\ 0 & -p & 0 \\ 0 & 0 & -p \end{bmatrix} = \boldsymbol{\tau} - p\boldsymbol{I} \tag{A.9}$$

式中：切应力符号的第一个角标表示作用面的外法线方向；第二个角标表示应力的方向。$\boldsymbol{\tau}$ 为黏性应力张量。

A.1.6　亥姆霍兹速度分解定理

气体运动可分解为 3 个组成部分，即平移、转动和变形，其中变形包括拉压变形和角变形。此即亥姆霍兹速度分解定理，又称柯西-亥姆霍兹速度分解定理，其张量表达式如下：

$$v_i = v_{0i} + \frac{\partial v_i}{\partial x_j}\mathrm{d}x_j = v_{0i} + \boldsymbol{\omega} \times \mathrm{d}\boldsymbol{r} + \boldsymbol{S} \cdot \mathrm{d}\boldsymbol{r} \tag{A.10}$$

式中：v_0 为气体中选定一点 O 上的平动速度；v 为 O 点邻域内任一点的速度；$\boldsymbol{\omega}$ 为气体绕 O 点转动的瞬时角速度矢量；r 为要确定速度那一点到 O 点的矢径。转动角速度可用速度矢量 v 的旋度（或称涡量、涡强）$\mathrm{rot}\,v$ 表示

$$\boldsymbol{\omega} = \frac{1}{2}\mathrm{rot}\,v \tag{A.11}$$

旋度 $\mathrm{rot}\,v$ 的直角坐标表达式如下：

$$\mathrm{rot}\,v = \nabla \times v = \begin{vmatrix} \boldsymbol{i} & \boldsymbol{j} & \boldsymbol{k} \\ \frac{\partial}{\partial x} & \frac{\partial}{\partial y} & \frac{\partial}{\partial z} \\ v_x & v_y & v_z \end{vmatrix} = \left(\frac{\partial v_z}{\partial y} - \frac{\partial v_y}{\partial z}\right)\boldsymbol{i} + \left(\frac{\partial v_x}{\partial z} - \frac{\partial v_z}{\partial x}\right)\boldsymbol{j} + \left(\frac{\partial v_y}{\partial x} - \frac{\partial v_x}{\partial y}\right)\boldsymbol{k} \tag{A.12}$$

S 称为变形速度张量,或应变变化率张量,表达式如下:

$$S = s_{ij} = \frac{1}{2}\left(\frac{\partial v_i}{\partial x_j} + \frac{\partial v_j}{\partial x_i}\right) \tag{A.13}$$

变形速度张量 S 的直角坐标表达式如下:

$$S = s_{ij} = \begin{bmatrix} \dfrac{\partial v_x}{\partial x} & \dfrac{1}{2}\left(\dfrac{\partial v_x}{\partial y} + \dfrac{\partial v_y}{\partial x}\right) & \dfrac{1}{2}\left(\dfrac{\partial v_x}{\partial z} + \dfrac{\partial v_z}{\partial x}\right) \\ \dfrac{1}{2}\left(\dfrac{\partial v_x}{\partial y} + \dfrac{\partial v_y}{\partial x}\right) & \dfrac{\partial v_y}{\partial y} & \dfrac{1}{2}\left(\dfrac{\partial v_y}{\partial z} + \dfrac{\partial v_z}{\partial y}\right) \\ \dfrac{1}{2}\left(\dfrac{\partial v_x}{\partial z} + \dfrac{\partial v_z}{\partial x}\right) & \dfrac{1}{2}\left(\dfrac{\partial v_y}{\partial z} + \dfrac{\partial v_z}{\partial y}\right) & \dfrac{\partial v_z}{\partial z} \end{bmatrix} \tag{A.14}$$

A.1.7 广义牛顿内摩擦定理

广义牛顿内摩擦定理也称广义牛顿黏性应力公式,或牛顿流体的本构方程。本构方程是确立应力和应变率之间关系的方程式,斯托克斯通过将牛顿内摩擦定律推广到黏性流体的任意流动中,建立了牛顿流体的本构方程。其张量表达式如下:

$$\boldsymbol{p}_{ij} = -\boldsymbol{p}\delta_{ij} + 2\mu\left(\boldsymbol{s}_{ij} - \frac{1}{3}\operatorname{div} v\,\delta_{ij}\right) \tag{A.15}$$

$$\delta_{ij} = \begin{cases} 1, & i = j \\ 0, & i \neq j \end{cases} \tag{A.16}$$

式(A.16)可具体写为

$$\boldsymbol{p}_{ij} = \begin{cases} \mu\left(\dfrac{\partial v_i}{\partial x_j} + \dfrac{\partial v_j}{\partial x_i}\right), & i \neq j \\ -p + 2\mu\left(\dfrac{\partial v_i}{\partial x_j} - \dfrac{1}{3}\operatorname{div} v\right), & i = j \end{cases} \tag{A.17}$$

其对应的切应力和压应力的直角坐标表达式如下:

$$\begin{cases} \tau_{xy} = \tau_{yx} = \mu\left(\dfrac{\partial v_y}{\partial x} + \dfrac{\partial v_x}{\partial y}\right) \\[2mm] \tau_{xz} = \tau_{zx} = \mu\left(\dfrac{\partial v_x}{\partial z} + \dfrac{\partial v_z}{\partial x}\right) \\[2mm] \tau_{zy} = \tau_{yz} = \mu\left(\dfrac{\partial v_z}{\partial y} + \dfrac{\partial v_y}{\partial z}\right) \\[2mm] \sigma_{xx} = -p + 2\mu\dfrac{\partial v_x}{\partial x} - \dfrac{2}{3}\mu\left(\dfrac{\partial v_x}{\partial x} + \dfrac{\partial v_y}{\partial y} + \dfrac{\partial v_z}{\partial z}\right) \\[2mm] \sigma_{yy} = -p + 2\mu\dfrac{\partial v_y}{\partial y} - \dfrac{2}{3}\mu\left(\dfrac{\partial v_x}{\partial x} + \dfrac{\partial v_y}{\partial y} + \dfrac{\partial v_z}{\partial z}\right) \\[2mm] \sigma_{zz} = -p + 2\mu\dfrac{\partial v_z}{\partial z} - \dfrac{2}{3}\mu\left(\dfrac{\partial v_x}{\partial x} + \dfrac{\partial v_y}{\partial y} + \dfrac{\partial v_z}{\partial z}\right) \end{cases} \tag{A.18}$$

A.1.8 圆柱坐标系

在叶轮机中,由于气体微团是沿着环形的通道流动,所以采用圆柱坐标系(r, φ, x)会比较方便。任意物理量 $\boldsymbol{q}$ 在圆柱坐标系中可以表示如下:

$$\boldsymbol{q} = q_r \boldsymbol{i}_r + q_u \boldsymbol{i}_\varphi + q_x \boldsymbol{i}_x \tag{A.19}$$

圆柱坐标系与直角坐标系存在如下关系:

$$\begin{cases} \boldsymbol{i}_r = \cos\varphi \boldsymbol{i} + \sin\varphi \boldsymbol{j} \\ \boldsymbol{i}_\varphi = -\sin\varphi \boldsymbol{i} + \cos\varphi \boldsymbol{j} \end{cases} \tag{A.20}$$

由式(A.20)可得

$$\frac{\partial \boldsymbol{i}_r}{\partial \varphi} = \boldsymbol{i}_\varphi, \ \frac{\partial \boldsymbol{i}_\varphi}{\partial \varphi} = -\boldsymbol{i}_r \tag{A.21}$$

圆柱坐标系的拉梅系数 h(也称度量系数、比例系数)如下:

$$h_1 = 1, \ h_2 = r, \ h_3 = 1 \tag{A.22}$$

圆柱坐标系中哈密尔顿算子 ∇、速度的散度和旋度分别表示如下:

$$\nabla = \frac{\partial}{\partial r} \boldsymbol{i}_r + \frac{\partial}{r \partial \varphi} \boldsymbol{i}_\varphi + \frac{\partial}{\partial x} \boldsymbol{i}_x \tag{A.23}$$

$$\nabla \cdot v = \frac{\partial(r v_r)}{r \partial r} + \frac{\partial v_u}{r \partial \varphi} + \frac{\partial v_x}{\partial x} \tag{A.24}$$

$$\text{rot } v = \frac{1}{r} \begin{vmatrix} \boldsymbol{i}_r & r\boldsymbol{i}_\varphi & \boldsymbol{i}_x \\ \frac{\partial}{\partial r} & \frac{\partial}{\partial \varphi} & \frac{\partial}{\partial x} \\ v_r & r v_u & v_x \end{vmatrix} = \left(\frac{1}{r}\frac{\partial v_x}{\partial \varphi} - \frac{\partial v_u}{\partial x}\right)\boldsymbol{i}_r + \left(\frac{\partial v_r}{\partial x} - \frac{\partial v_x}{\partial r}\right)\boldsymbol{i}_\varphi + \left(\frac{\partial(r v_u)}{r \partial r} - \frac{1}{r}\frac{\partial v_r}{\partial \varphi}\right)\boldsymbol{i}_x \tag{A.25}$$

A.2 质量守恒定律与相对流动的连续方程

连续方程是质量守恒定律在运动流体中的数学表达式,根据物质不生不灭定律,物质体内的流体质量保持不变。

在叶轮机中,当研究对象为封闭系统时,根据系统的质量守恒可以得出拉格朗日连续方程。其在绝对坐标系中的表达式如下:

$$\frac{D}{Dt}\int_V \mathrm{d}m = \frac{D}{Dt}\int_V \rho \mathrm{d}V = 0 \tag{A.26}$$

在叶轮机中,当研究对象为控制体时,质量守恒定律表述为:气体流入的质量与流出的质量之差,等于控制体内部气体质量的增量。由此可以得出欧拉连续方程,其在绝对坐标系中的积分形式描述如下:

$$\frac{\partial}{\partial t}\int_V \rho \mathrm{d}V + \oint_A \rho(v \cdot \boldsymbol{n})\mathrm{d}A = 0 \tag{A.27}$$

运用高斯散度定理,可得

$$\int_V \frac{\partial \rho}{\partial t}\mathrm{d}V + \int_V \nabla \cdot (\rho v)\mathrm{d}V = 0 \tag{A.28}$$

在研究叶轮机转子内部的气体流动时,通常采用与转子一起绕叶轮机械轴线旋转的坐标系,观察者与此坐标系统一起旋转,此为相对坐标系。质量守恒定律同样适用于相对运动。连续方程在相对坐标系中的表达式只要把绝对坐标系方程中绝对速度 v 换成相对速度 w 即可。为简略起见,以下直角坐标系和圆柱坐标系的连续方程在相对坐标系中的表达式就不再写出。

积分形式欧拉连续方程在相对坐标系中的表达式如下:

$$\int_V \frac{\partial \rho}{\partial t}\mathrm{d}V + \int_V \nabla \cdot (\rho w)\mathrm{d}V = 0 \tag{A.29}$$

欧拉连续方程在绝对坐标系中的微分形式可以写成如下 4 种形式:

$$\frac{\partial \rho}{\partial t} + \nabla \cdot (\rho v) = 0 \tag{A.30}$$

$$\frac{\partial \rho}{\partial t} + v\,\nabla \rho + \rho\,\nabla \cdot v = 0 \tag{A.31}$$

$$\frac{D\rho}{Dt} + \rho\,\nabla \cdot v = 0 \tag{A.32}$$

$$\frac{D(\ln \rho)}{Dt} + \nabla \cdot v = 0 \tag{A.33}$$

在绝对直角坐标系中的速度散度表示如下:

$$\nabla \cdot v = \frac{\partial v_x}{\partial x} + \frac{\partial v_y}{\partial y} + \frac{\partial v_z}{\partial z} \tag{A.34}$$

由此,欧拉连续方程在绝对直角坐标系(x, y, z)中的微分形式如下:

$$\frac{\partial \rho}{\partial t} + \frac{\partial(\rho v_x)}{\partial x} + \frac{\partial(\rho v_y)}{\partial y} + \frac{\partial(\rho v_z)}{\partial z} = 0 \tag{A.35}$$

将式(A.35)展开,可得

$$\frac{\partial \rho}{\partial t} + v_x\,\frac{\partial \rho}{\partial x} + v_y\,\frac{\partial \rho}{\partial y} + v_z\,\frac{\partial \rho}{\partial z} + \rho\left(\frac{\partial v_x}{\partial x} + \frac{\partial v_y}{\partial y} + \frac{\partial v_z}{\partial z}\right) = 0 \tag{A.36}$$

式中:第一至四项之和就是气体密度的物质导数,其中第一项是气体密度的当地变化率,第二至四项是气体密度的迁移变化率。式(A.36)最后一个圆括弧项表示气体微团体积的相对变化率。

由圆柱坐标系中的散度公式(A. 23),可得欧拉连续方程在绝对圆柱坐标系中的微分形式如下:

$$\frac{\partial \rho}{\partial t} + \frac{\partial (r \rho v_r)}{r \partial r} + \frac{\partial (\rho v_u)}{r \partial \varphi} + \frac{\partial (\rho v_x)}{\partial x} = 0 \tag{A. 37}$$

$$或 \frac{\partial \rho}{\partial t} + \frac{\rho v_r}{r} + \frac{\partial (\rho v_r)}{\partial r} + \frac{\partial (\rho v_u)}{r \partial \varphi} + \frac{\partial (\rho v_x)}{\partial x} = 0 \tag{A. 38}$$

将式(A. 38)展开,可得

$$\frac{\partial \rho}{\partial t} + v_r \frac{\partial \rho}{\partial r} + v_u \frac{\partial \rho}{r \partial \varphi} + v_x \frac{\partial \rho}{\partial x} + \rho \left[\frac{\partial (r v_r)}{r \partial r} + \frac{\partial v_u}{r \partial \varphi} + \frac{\partial v_x}{\partial x} \right] = 0 \tag{A. 39}$$

A. 3 动量守恒定律与相对流动的运动方程

叶轮机运动方程是动量守恒定律在运动流体中的数学表达式,也称为纳维-斯托克斯方程(简称 N - S 方程),根据牛顿第二定律,物质体内动量增长率等于作用在物质体上的质量力和面上的表面力之和。

在叶轮机中,当研究对象为封闭系统时,根据系统的动量守恒可以得出拉格朗日运动方程。其在绝对坐标系中的表达式如下:

$$\frac{D_a}{Dt} \int_V \rho v \, dV = \int_V \rho \boldsymbol{f}_V dV + \oint_A \boldsymbol{P}_n dA \tag{A. 40}$$

式(A. 40)右边第一和第二项分别是作用在封闭系统上的质量力和表面力。把式(A. 7)代入式(A. 38),可得

$$\frac{D_a}{Dt} \int_V \rho v \, dV = \int_V \rho \boldsymbol{f}_V dV + \oint_A \boldsymbol{\pi} \cdot \boldsymbol{n} dA \tag{A. 41}$$

把式(A. 8)代入式(A. 39),可得拉格朗日微分形式守恒型运动方程的表达式如下:

$$\frac{D_a (\rho v)}{Dt} = -\nabla \boldsymbol{p} + \rho \boldsymbol{f} + \rho \boldsymbol{f}_V \tag{A. 42}$$

$$\boldsymbol{f} = \frac{1}{\rho} \nabla \cdot \boldsymbol{\tau} \tag{A. 43}$$

拉格朗日微分形式非守恒型运动方程的表达式如下:

$$\frac{D_a v}{Dt} = -\frac{1}{\rho} \nabla \boldsymbol{p} + \boldsymbol{f} + \boldsymbol{f}_V \tag{A. 44}$$

其在绝对直角坐标系中的微分形式如下:

$$\begin{cases} \dfrac{Dv_x}{Dt} = -\dfrac{1}{\rho}\dfrac{\partial p}{\partial x} + f_x + f_{Vx} \\[2mm] \dfrac{Dv_y}{Dt} = -\dfrac{1}{\rho}\dfrac{\partial p}{\partial y} + f_y + f_{Vy} \\[2mm] \dfrac{Dv_z}{Dt} = -\dfrac{1}{\rho}\dfrac{\partial p}{\partial z} + f_z + f_{Vz} \end{cases} \tag{A.45}$$

在绝对圆柱坐标系中,各加速度分量表示如下:

$$\begin{cases} \left(\dfrac{Dv}{Dt}\right)_r = \dfrac{Dv_r}{Dt} - \dfrac{v_u^2}{r} \\[2mm] \left(\dfrac{Dv}{Dt}\right)_\varphi = \dfrac{Dv_u}{Dt} + \dfrac{v_r v_u}{r} \\[2mm] \left(\dfrac{Dv}{Dt}\right)_x = \dfrac{Dv_x}{Dt} \end{cases} \tag{A.46}$$

把式(A.44)代入到式(A.42)中,可得运动方程在绝对圆柱坐标系中的微分形式如下:

$$\begin{cases} \dfrac{Dv_r}{Dt} - \dfrac{v_u^2}{r} = -\dfrac{1}{\rho}\dfrac{\partial p}{\partial r} + f_r + f_{Vr} \\[2mm] \dfrac{Dv_u}{Dt} + \dfrac{v_r v_u}{r} = -\dfrac{1}{\rho}\dfrac{\partial p}{r\partial \varphi} + f_u + f_{Vu} \\[2mm] \dfrac{Dv_x}{Dt} = -\dfrac{1}{\rho}\dfrac{\partial p}{\partial x} + f_x + f_{Vx} \end{cases} \tag{A.47}$$

下面推导运动方程在相对坐标系中的表达式。根据绝对坐标系与旋转相对坐标系的关系:

$$v = w + \boldsymbol{\omega} \times \boldsymbol{r} \tag{A.48}$$

$$\frac{D_a \boldsymbol{r}}{Dt} = \frac{D\boldsymbol{r}}{Dt} + \boldsymbol{\omega} \times \boldsymbol{r} \tag{A.49}$$

$$\frac{D_a v}{Dt} = \frac{Dv}{Dt} + \boldsymbol{\omega} \times v = \frac{D(w + \boldsymbol{\omega} \times \boldsymbol{r})}{Dt} + \boldsymbol{\omega} \times (w + \boldsymbol{\omega} \times \boldsymbol{r})$$
$$= \frac{Dw}{Dt} + \boldsymbol{\omega} \times \frac{D\boldsymbol{r}}{Dt} + \boldsymbol{\omega} \times w + \boldsymbol{\omega} \times (\boldsymbol{\omega} \times \boldsymbol{r}) \tag{A.50}$$

由此计算得出加速度向量:

$$\frac{D_a v}{Dt} = \frac{Dw}{Dt} + \boldsymbol{\omega} \times (\boldsymbol{\omega} \times \boldsymbol{r}) + 2\boldsymbol{\omega} \times w \tag{A.51}$$

从式(A.49)可以看出,在一个以等角速度旋转的坐标系中,质点的绝对加速度向量可以分为三部分,对应式(A.49)的右边分别为:相对加速度向量、向心加速度

向量和哥氏加速度向量。其中，向心加速度向量还可以表示为

$$\boldsymbol{\omega} \times (\boldsymbol{\omega} \times \boldsymbol{r}) = -\omega^2 \boldsymbol{r} \tag{A.52}$$

绝对坐标系微元体动量的导数可分解为

$$\frac{D_a}{Dt} \int_V \rho \, v \, \mathrm{d}V = \int_V \left[\frac{D_a v}{Dt} \rho \mathrm{d}V + v \frac{D_a}{Dt} (\rho \mathrm{d}V) \right] \tag{A.53}$$

把连续方程式(A.24)代入式(A.50)，可得

$$\frac{D_a}{Dt} \int_V \rho \, v \, \mathrm{d}V = \int_V \frac{D_a v}{Dt} \rho \mathrm{d}V \tag{A.54}$$

对于相对坐标系，同样有

$$\frac{D}{Dt} \int_V \rho \, w \, \mathrm{d}V = \int_V \left[\frac{D w}{Dt} \rho \mathrm{d}V + w \frac{D}{Dt} (\rho \mathrm{d}V) \right] = \int_V \frac{D w}{Dt} \rho \mathrm{d}V \tag{A.55}$$

所以

$$\frac{D_a}{Dt} \int_V \rho \, v \, \mathrm{d}V = \int_V \frac{D_a v}{Dt} \rho \mathrm{d}V = \int_V \rho \left[\frac{D w}{Dt} + \boldsymbol{\omega} \times (\boldsymbol{\omega} \times \boldsymbol{r}) + 2\boldsymbol{\omega} \times w \right] \mathrm{d}V$$

$$= \frac{D}{Dt} \int_V \rho \, w \, \mathrm{d}V + \int_V \rho [\boldsymbol{\omega} \times (\boldsymbol{\omega} \times \boldsymbol{r}) + 2\boldsymbol{\omega} \times w] \mathrm{d}V \tag{A.56}$$

综上，运动方程在相对坐标系中的表达式如下：

$$\frac{D}{Dt} \int_V \rho \, w \, \mathrm{d}V + \int_V \rho [\boldsymbol{\omega} \times (\boldsymbol{\omega} \times \boldsymbol{r}) + 2\boldsymbol{\omega} \times w] \mathrm{d}V = \int_V \rho \boldsymbol{f}_V \mathrm{d}V + \oint_A \boldsymbol{\pi} \cdot \boldsymbol{n} \mathrm{d}A \tag{A.57}$$

在相对圆柱坐标系中，绝对速度与相对速度的分量关系式如下：

$$v_r = w_r, \ v_u = w_u + \omega r, \ v_x = w_x \tag{A.58}$$

所以，运动方程在相对圆柱坐标系中的微分形式如下：

$$\begin{cases} \dfrac{D w_r}{Dt} - \dfrac{(w_u + \omega r)^2}{r} = -\dfrac{1}{\rho} \dfrac{\partial p}{\partial r} + f_r + f_{Vr} \\[2mm] \dfrac{D w_u}{Dt} + \dfrac{w_r w_u}{r} + 2\omega w_r = -\dfrac{1}{\rho} \dfrac{\partial p}{r \partial \varphi} + f_u + f_{Vu} \\[2mm] \dfrac{D w_x}{Dt} = -\dfrac{1}{\rho} \dfrac{\partial p}{\partial x} + f_x + f_{Vx} \end{cases} \tag{A.59}$$

在叶轮机中，当研究对象为控制体时，根据控制体的动量守恒可以得出欧拉运动方程。以应力表示的欧拉运动方程在绝对直角坐标系中的微分形式如下：

$$
\begin{cases}
\rho\left(\dfrac{\partial v_x}{\partial t} + v_x\dfrac{\partial v_x}{\partial x} + v_y\dfrac{\partial v_x}{\partial y} + v_z\dfrac{\partial v_x}{\partial z}\right) = \rho f_{Vx} + \dfrac{\partial \sigma_{xx}}{\partial x} + \dfrac{\partial \tau_{xy}}{\partial y} + \dfrac{\partial \tau_{xz}}{\partial z} \\[2mm]
\rho\left(\dfrac{\partial v_y}{\partial t} + v_x\dfrac{\partial v_y}{\partial x} + c_y\dfrac{\partial v_y}{\partial y} + c_z\dfrac{\partial v_y}{\partial z}\right) = \rho f_{Vy} + \dfrac{\partial \tau_{xy}}{\partial x} + \dfrac{\partial \sigma_{yy}}{\partial y} + \dfrac{\partial \tau_{yz}}{\partial z} \\[2mm]
\rho\left(\dfrac{\partial v_z}{\partial t} + v_x\dfrac{\partial v_z}{\partial x} + v_y\dfrac{\partial v_z}{\partial y} + v_z\dfrac{\partial v_z}{\partial z}\right) = \rho f_{Vz} + \dfrac{\partial \tau_{xz}}{\partial x} + \dfrac{\partial \tau_{yz}}{\partial y} + \dfrac{\partial \sigma_{zz}}{\partial z}
\end{cases}
\tag{A.60}
$$

将广义牛顿内摩擦定理代入式(A.60),则得绝对直角坐标系中的 N‐S 方程表达式:

$$
\begin{cases}
\rho\left(\dfrac{\partial v_x}{\partial t} + v_x\dfrac{\partial v_x}{\partial x} + v_y\dfrac{\partial v_x}{\partial y} + v_z\dfrac{\partial v_x}{\partial z}\right) = \rho f_{Vx} - \dfrac{\partial p}{\partial x} + \dfrac{\partial}{\partial x}\left\{\mu\left[2\dfrac{\partial v_x}{\partial x} - \dfrac{2}{3}\left(\dfrac{\partial v_x}{\partial x} + \dfrac{\partial v_y}{\partial y} + \dfrac{\partial v_z}{\partial z}\right)\right]\right\} \\[3mm]
\qquad\qquad + \dfrac{\partial}{\partial y}\left[\mu\left(\dfrac{\partial v_x}{\partial y} + \dfrac{\partial v_y}{\partial x}\right)\right] + \dfrac{\partial}{\partial z}\left[\mu\left(\dfrac{\partial v_z}{\partial x} + \dfrac{\partial v_x}{\partial z}\right)\right] \\[3mm]
\rho\left(\dfrac{\partial v_y}{\partial t} + v_x\dfrac{\partial v_y}{\partial x} + v_y\dfrac{\partial v_y}{\partial y} + v_z\dfrac{\partial v_y}{\partial z}\right) = \rho f_{Vy} - \dfrac{\partial p}{\partial y} + \dfrac{\partial}{\partial y}\left\{\mu\left[2\dfrac{\partial v_y}{\partial y} - \dfrac{2}{3}\left(\dfrac{\partial v_x}{\partial x} + \dfrac{\partial v_y}{\partial y} + \dfrac{\partial v_z}{\partial z}\right)\right]\right\} \\[3mm]
\qquad\qquad + \dfrac{\partial}{\partial z}\left[\mu\left(\dfrac{\partial v_y}{\partial z} + \dfrac{\partial v_z}{\partial y}\right)\right] + \dfrac{\partial}{\partial x}\left[\mu\left(\dfrac{\partial v_x}{\partial y} + \dfrac{\partial v_y}{\partial x}\right)\right] \\[3mm]
\rho\left(\dfrac{\partial v_z}{\partial t} + v_x\dfrac{\partial v_z}{\partial x} + v_y\dfrac{\partial v_z}{\partial y} + v_z\dfrac{\partial v_z}{\partial z}\right) = \rho f_{Vz} - \dfrac{\partial p}{\partial z} + \dfrac{\partial}{\partial z}\left\{\mu\left[2\dfrac{\partial v_z}{\partial z} - \dfrac{2}{3}\left(\dfrac{\partial v_x}{\partial x} + \dfrac{\partial v_y}{\partial y} + \dfrac{\partial v_z}{\partial z}\right)\right]\right\} \\[3mm]
\qquad\qquad + \dfrac{\partial}{\partial x}\left[\mu\left(\dfrac{\partial v_z}{\partial x} + \dfrac{\partial v_x}{\partial z}\right)\right] + \dfrac{\partial}{\partial y}\left[\mu\left(\dfrac{\partial v_y}{\partial z} + \dfrac{\partial v_z}{\partial y}\right)\right]
\end{cases}
$$

$$\tag{A.61}$$

绝对圆柱坐标系中的 N‐S 方程表达式如下:

$$
\begin{cases}
\dfrac{\partial v_r}{\partial t} + v_r\dfrac{\partial v_r}{\partial r} + \dfrac{v_u}{r}\dfrac{\partial v_r}{\partial \varphi} - \dfrac{v_u^2}{r} + v_x\dfrac{\partial v_r}{\partial x} = f_{Vr} - \dfrac{1}{\rho}\dfrac{\partial p}{\partial r} + \dfrac{1}{3}\dfrac{\mu}{\rho}\dfrac{\partial}{\partial r}(\nabla \cdot v) + \\[3mm]
\qquad\qquad \dfrac{\mu}{\rho}\left[\dfrac{1}{r}\dfrac{\partial}{\partial r}\left(r\dfrac{\partial v_r}{\partial r}\right) + \dfrac{1}{r^2}\dfrac{\partial^2 v_r}{\partial \varphi^2} + \dfrac{\partial^2 v_r}{\partial z^2} - \dfrac{v_r}{r^2} - \dfrac{2}{r^2}\dfrac{\partial v_u}{\partial \varphi}\right] \\[3mm]
\dfrac{\partial v_u}{\partial t} + v_r\dfrac{\partial v_u}{\partial r} + \dfrac{v_u}{r}\dfrac{\partial v_u}{\partial \varphi} + \dfrac{v_r v_u}{r} + v_x\dfrac{\partial v_u}{\partial x} = f_{Vu} - \dfrac{1}{\rho}\dfrac{\partial p}{r\,\partial \varphi} + \dfrac{1}{3}\dfrac{\mu}{\rho}\dfrac{\partial}{r\,\partial \varphi}(\nabla \cdot v) + \\[3mm]
\qquad\qquad \dfrac{\mu}{\rho}\left[\dfrac{1}{r}\dfrac{\partial}{\partial r}\left(r\dfrac{\partial v_u}{\partial r}\right) + \dfrac{1}{r^2}\dfrac{\partial^2 v_u}{\partial \varphi^2} + \dfrac{\partial^2 v_u}{\partial x^2} - \dfrac{v_u}{r^2} - \dfrac{2}{r^2}\dfrac{\partial v_r}{\partial \varphi}\right] \\[3mm]
\dfrac{\partial v_x}{\partial t} + v_r\dfrac{\partial v_x}{\partial r} + \dfrac{v_u}{r}\dfrac{\partial v_x}{\partial \varphi} + v_x\dfrac{\partial v_x}{\partial z} = f_{Vx} - \dfrac{1}{\rho}\dfrac{\partial p}{\partial x} + \dfrac{1}{3}\dfrac{\mu}{\rho}\dfrac{\partial}{\partial x}(\nabla \cdot v) + \\[3mm]
\qquad\qquad \dfrac{\mu}{\rho}\left[\dfrac{1}{r}\dfrac{\partial}{\partial r}\left(r\dfrac{\partial v_x}{\partial r}\right) + \dfrac{1}{r^2}\dfrac{\partial^2 v_x}{\partial \varphi^2} + \dfrac{\partial^2 v_x}{\partial x^2}\right]
\end{cases}
$$

$$\tag{A.62}$$

欧拉运动方程在相对坐标系中积分形式方程的表达式如下:

$$\frac{\partial}{\partial t}\int_V \rho w\, \mathrm{d}V + \int_V \nabla \cdot (\rho w w)\mathrm{d}V + \int_V \rho(2\boldsymbol{\omega}\times w - \omega^2 r)\mathrm{d}V = \int_V \rho \boldsymbol{f}_V \mathrm{d}V + \oint_A \boldsymbol{\pi}\cdot \boldsymbol{n}\mathrm{d}A$$

$$(\mathrm{A.63})$$

相对坐标系中微分形式守恒型动量方程的表达式如下：

$$\frac{\partial}{\partial t}(\rho w) + \nabla \cdot (\rho w w) + 2\rho \boldsymbol{\omega}\times w - \rho\omega^2 r = \rho \boldsymbol{f}_V + \nabla \cdot \boldsymbol{\pi} \qquad (\mathrm{A.64})$$

相对坐标系微分形式非守恒型动量方程的表达式如下：

$$\frac{\partial w}{\partial t} + (w\cdot\nabla)w + 2\boldsymbol{\omega}\times w - \omega^2 r = \boldsymbol{f}_V - \frac{1}{\rho}\nabla p + \frac{1}{\rho}\nabla\cdot\boldsymbol{\tau} \qquad (\mathrm{A.65})$$

A.4　动量矩定律

叶轮机动量矩方程是动量矩守恒定律在运动流体中的数学表达式，也即物质体内动量矩增长率等于作用在物质体上的力矩之和。

欧拉动量矩方程的积分形式表达式如下：

$$\frac{\partial}{\partial t}\int_V \boldsymbol{r}_0\times\rho v\, \mathrm{d}V + \oint_A (\boldsymbol{r}_0\times\rho v)(v\cdot\boldsymbol{n})\mathrm{d}A = \int_V \boldsymbol{r}_0\times\rho \boldsymbol{f}_V \mathrm{d}V + \oint_A \boldsymbol{r}_0\times\boldsymbol{P}_n \mathrm{d}A$$

$$(\mathrm{A.66})$$

式中：$\boldsymbol{r}_0$ 为从坐标原点到控制体内或控制面上某点的向径。

A.5　能量守恒定律（热力学第一定律）与相对流动的能量方程

热力学第一定律是能量守恒定律在热力学系统中的应用。在叶轮机械气动热力学中的能量形式为热量、机械功和气体的内能。叶轮机能量方程就是热力学第一定律在运动气体中的数学表达式。根据热力学第一定律，气体总内能的变化率等于热量的变化率和对外界的做功率之和。

气体的内能包括气体热力状态函数的狭义内能和流动的动能：

$$\int_V \rho E\, \mathrm{d}V = \int_V \rho\left(e + \frac{1}{2}v^2\right)\mathrm{d}V \qquad (\mathrm{A.67})$$

在叶轮机中，当研究对象为封闭系统时，根据系统的热力学第一定律可以得出拉格朗日能量方程，其在绝对坐标系中的积分形式表达式如下：

$$\frac{D}{Dt}\int_V \rho\left(e + \frac{1}{2}v^2\right)\mathrm{d}V = \int_V \rho q_R \mathrm{d}V + \oint_A \boldsymbol{q}_\lambda\cdot\boldsymbol{n}\mathrm{d}A + \int_V \rho v\cdot\boldsymbol{f}_V \mathrm{d}V + \oint_A v\cdot\boldsymbol{\pi}\cdot\boldsymbol{n}\mathrm{d}A$$

$$(\mathrm{A.68})$$

式中：$\int_V \rho q_R \mathrm{d}V$ 为单位时间外界对单位质量流体的热辐射量；$\oint_A \boldsymbol{q}_\lambda\cdot\boldsymbol{n}\mathrm{d}A$ 为单位时间通过系统表面单位面积的热传导，$\boldsymbol{q}_\lambda$ 可由傅立叶定律求出：

$$q_\lambda = -\kappa \nabla T \tag{A.69}$$

在相对坐标系中,作用于系统的力还有向心加速度和哥氏加速度引起的惯性力,他们属于质量力性质,故有式(A.70):

$$\frac{D}{Dt}\int_V \rho\left(e + \frac{1}{2}w^2\right)dV = \int_V \rho q_R dV + \oint_A q_\lambda \cdot n dA + \oint_A w \cdot \pi \cdot n dA +$$
$$\int_V \rho w \cdot [f_V - \omega \times (\omega \times r) - 2\omega \times w]dV \tag{A.70}$$

其中,离心力做功率:

$$w \cdot [\omega \times (\omega \times r)] = -\omega^2 r w_r = -\frac{D}{Dt}\left(\frac{\omega^2 r^2}{2}\right) \tag{A.71}$$

哥式力的方向与 w 互相垂直,故哥式力做功率:

$$w \cdot (\omega \times w) = 0 \tag{A.72}$$

表面力做功率:

$$\oint_A w \cdot \pi \cdot n dA = \oint_A w \cdot \tau \cdot n dA - \oint_A w \cdot pI \cdot n dA$$
$$= \oint_A w \cdot \tau \cdot n dA - \oint_A (w \cdot n)p dA \tag{A.73}$$

将式(A.69)、式(A.70)和式(A.71)代入式(A.68),则可得出拉格朗日能量方程在相对坐标系中的积分形式表达式为

$$\frac{D}{Dt}\int_V \rho\left(e + \frac{1}{2}w^2 - \frac{1}{2}\omega^2 r^2\right)dV = \int_V \rho q_R dV + \oint_A q_\lambda \cdot n dA + \oint_A w \cdot \tau \cdot n dA -$$
$$\oint_A p w \cdot n dA + \int_V \rho w \cdot f_V dV \tag{A.74}$$

在叶轮机中,当研究对象为控制体时,根据控制体的热力学第一定律可以得出欧拉能量方程,其在相对坐标系中的积分形式表达式为

$$\frac{\partial}{\partial t}\int_V \rho\left(e + \frac{1}{2}w^2 - \frac{1}{2}\omega^2 r^2\right)dV + \int_V \nabla \cdot \left[\rho\left(e + \frac{1}{2}w^2 - \frac{1}{2}\omega^2 r^2\right)w\right]dV + \int_V \nabla \cdot p w \, dV$$
$$= \oint_A w \cdot \tau \cdot n dA + \int_V \rho w \cdot f_V dV + \int_V \rho q_R dV + \oint_A q_\lambda \cdot n dA \tag{A.75}$$

热力学中,$h = e + p/\rho$,h 为静焓。引入转焓 h':

$$h' = h + \frac{1}{2}w^2 - \frac{1}{2}\omega^2 r^2 \tag{A.76}$$

把式(A.74)代入式(A.73)，可以得出转焓形式的欧拉能量方程在相对坐标系中的积分形式表达式：

$$\frac{\partial}{\partial t}\int_V (\rho h' - p)\mathrm{d}V + \int_V \nabla \cdot (\rho h' w)\mathrm{d}V$$

$$= \oint_A w \cdot \boldsymbol{\tau} \cdot \boldsymbol{n}\mathrm{d}A + \int_V \rho w \cdot \boldsymbol{f}_V \mathrm{d}V + \int_V \rho q_R \mathrm{d}V + \oint_A \boldsymbol{q}_\lambda \cdot \boldsymbol{n}\mathrm{d}A \tag{A.77}$$

据此，可以得出欧拉相对坐标系微分形式守恒型能量方程：

$$\frac{\partial}{\partial t}(\rho h' - p) + \nabla \cdot (\rho h' w) = \nabla \cdot (\boldsymbol{\tau} \cdot w) + \rho w \cdot \boldsymbol{f}_V + \rho q_R + \nabla \cdot \boldsymbol{q}_\lambda \tag{A.78}$$

欧拉相对坐标系微分形式非守恒型能量方程：

$$\frac{Dh'}{Dt} = \frac{\partial h'}{\partial t} + (w \cdot \nabla)h' = \frac{1}{\rho}\frac{\partial p}{\partial t} + \frac{1}{\rho}\nabla \cdot \boldsymbol{\tau} \cdot w + w \cdot \boldsymbol{f}_V + q_R + \frac{1}{\rho}\nabla \cdot \boldsymbol{q}_\lambda \tag{A.79}$$

索　　引